숲과 문화 총서 ①

소나무와 우리 문화

전영우 편

수문출판사

재판을 펴내며

풍채 좋던 나무의 가지 하나가 바람 때문에 부러진 일로 나라 안의 온 신문 방송이 호들갑을 떨던 정이품(正二品) 벼슬을 가졌던 소나무, 토지를 소유하고 있는 부자 나무로 국가로부터 납세 번호를 부여받아 올해도 어김없이 재산세를 내야 할 석송령(石松靈)소나무, 조선의 정궁으로 복원되는 경복궁에 유일하게 사용되는 적송(赤松)이라는 소나무, 육 백년 전 조선이 개성에서 한양으로 서울을 옮길 때, 목멱산(木覓山)에 심었던 그 소나무가 애국가 가사의 한 구절로 오늘도 불리고 있는 남산위에 저 소나무, 이런 소나무를 우리는 가지고 있다.

솔잎을 가르는 장엄한 바람 소리를 태아에게 들려주면서 시기와 증오, 원한을 가라앉히고자 솔밭에 정좌하여 태교를 실천하던 우리의 어머니들, 사철 변치않는 늘 푸름과 청정한 기상의 강인한 생명력을 본받아 지조, 절조, 절개와 같은 소나무의 덕목을 머리 속에 심어 주었던 우리의 아버지들. 우리 문화를 속속들이 알지 못하는 이방인들이 기이하게 여길 이런 소나무를 우리는 어제도 가지고 있었고, 오늘날도 여전히 가지고 있다. 오늘날까지 우리의 가슴속에 담겨서 일관된 정서로, 또는 생활 전통의 문화 요소로 이어져 내려오고 있는 이런 소나무를 모르는 한국 사람도 있을까?

얼마 전에 산림청에서 실시한 우리 국민의 산림에 대한 의식 조사 결과, 우리 국민이 가장 좋아하는 나무는 소나무였고, 다음으로 은행나무, 잣나무 순이라고 한다. 이 땅에 사는 사람들은 주변에 볼 수 있는 다른 나무도 많은 데, 왜 유독 소나무를 가장 먼저 머리 속에 떠올렸을까? 그것은 소나무가 우리 문화 속에 자리잡고 있는 비중이 다른 무엇과도 비교할 수 없을 만큼 크기 때문일 것이다.

흔히 우리 문화를 나무와 관련하여 소나무 문화라고 한다. 소나무 문화하고 하는 이유는 소나무가 우리 조상의 삶에 지대한 영향을 끼쳤기 때문으로 생각할 수 있다. 한 생명이 태어나서 삶을 마감할 때까지, 소나무와 맺게 되는 인연을 한번 살펴보자. 삼칠일 동안 잡인의 출입을 금하고자, 솔가지를 끼워 금줄을 쳤으니, 이 땅에 살아왔던 우리들의 선조는 태어난 순간부터 소나무와 인연을 맺었다고 할 수 있다. 솔가지나 솔갈비의 연기를 맡으면서, 소나무로 만든 집에서 성장을 하고, 소나무에서 유래된 생활도구나 농기구와 인연을 맺으면서, 소나무와 관련 있는 음식을 먹으면서 살다가, 이승을 하직할 때는 송판으로 만든 관에 묻혀서 뒷산 솔밭에 묻혔다. 소나무에서 나고, 소나무 속에서 살다가, 소나무에 죽는 이러한 소나무에 의존한 생활형태 때문에, 우리 문화를 소나무 문화라고 하는 것이다.

이 책은 숲과 문화 연구회에서 매년 개최하고 있는 학술토론회의 첫 결과물이다. 산림학자, 연구가, 예술가, 행정가, 도편수, 농민 등 소나무와 관련 있는 다양한 분야의 전문가 서른 두명이 1993년 8월 대관령 자연휴양림에 모여서 2박3일 동안 소나무와 관련된 각자의 관심분야를 발표 토론한 평가물이다. 그래서 이 책은 소나무 숲의 육성과 개량은 물론이고, 우리 문화 속에 뿌리 깊게 자리잡고 있는 소나무의 역할을 새로운 시각으로 접근하고 있는 유익한 내용을 담고 있다.

어려운 출판여건 속에서도 「소나무와 우리문화」의 재판 발행을 흔쾌히 맡아주신 수문출판사 이수용 사장께 다시 한번 감사드린다.

1999년 10월
전영우

소나무학술토론회에 부쳐

늘 같은 암초록색을 지닌 잎과 붉은 색을 띤 줄기를 가지고 열악한 입지 환경 속에서도 우람하고 힘차게 자라는 그 기상에서 오는 강직성, 그리고 어느 곳에서나 잘 적응하여 자라면서 만드는 줄기와 가지의 곡선에서 오는 유연성은 우리 소나무가 지닌 두 가지 대표적인 특성이라 할 것입니다.

그리고 우리 민족의 지나간 역사 속에 나타난 특성을 은근과 끈기라고 말할 수 있다면, 소나무의 강직함은 우리 민족의 끈기로, 그 유연함은 우리 민족의 은근함으로 비유될 수 있을 것입니다. 이처럼 소나무는 우리 민족의 삶속에 녹아 스며 들어 수 천 년을 한결같이 우리와 함께한 가장 대표적인 나무입니다.

그러나 지난 30여 년 간 진행된 급격한 도시화에 따른 농산촌 인구의 감소와 연료의 현대화 등 인간의 간섭이 상대적으로 줄어든 때문에 자연스럽게 갱신 유지되던 소나무 숲은 이대로 그냥 내버려 둔다면 더는 순수한 소나무 숲으로 남아 있지 못할 것으로 보입니다.

그런가 하면 솔잎 혹파리에 의한 피해는 날이 갈수록 늘고 있으며, 각종 개발에 따른 숲의 절대 면적은 줄고 있으며, 이렇게 줄어 들기만 하는 소나무 숲 유전 자원의 보존 문제 등도 소나무 숲의 보호와 관리를 위해 우선적으로 검토되어야 하는 중요한 과제로 떠오르고 있습니다. 그뿐만 아니라 소나무와 관련된 여러 가지 전통 문화 유산도 우리가 모르는 사이에 나날이 잊혀져 가고 있습니다.

이러한 즈음에 우리 숲을 아끼는 모임인 숲과 문화 연구회에서는 1993년도 사업 가운데 하나로 소나무 학술 토론회를 마련하여, 도대체 소나무에 대하여 우리가 알고 있는 것은 무엇이며, 아직 모르고 있는 것은 어떤 부분인가에 대해 알아 보고, 남는 것이 있다면 더 늦기 전에 정리해 두기 위하여 여기 우리의 정성을 모아 소나무에 관한 토론의 장을 마련해 보았습니다. 소나무 숲 안에서 펼쳐질 이 행사를 통해서, 우리가 가지는 소나무에 대한 관심사를 논의해 보고자 하는 이유는, 우리의 문화적 배경이나 생활 전통 속에서 소나무가 차지하는 역할을 생각할 때 소나무가 어느 개인이나 소수 전문가의 전유물일 수 없다고 믿기 때문입니다. 한 민족의 삶과 정서 속에 뿌리 깊게 자리하고 있는 소나무가 수 천 년에 걸쳐 이땅에 더불어 살아 오면서 오늘의 우리 정신 속에 문화의 한 요소로 되어 있는 사실을 인식한다면 단순히 임학도만을 위한 행사로 끝내기에는 뭔가 모자람이 있다고 헤아려져, 임학 관계 전문가는 물론이고 여러 다른 분야의 전문가들도 한 자리에 함께 모시게 되었습니다.

이 학술 토론회가 예정대로 개최되고, 「소나무와 우리 문화」라는 한 권의 책이 세상에 나올 수 있게 된 데에는 여러분들의 도움이 있었습니다. 소나무 학술 토론회의 행사는 물론이고 우리들이 펴내고 있는 〈숲과 문화〉가 나오면서부터 지금까지 큰 도움을 주신 국민대학교 임업대학 고영주 교수의 정신적, 물질적 성원에 가장 먼저 감사를 드립니다. 또한 바쁜 시간을 쪼개어 원고를 준비해 주신 서른 두분의 주제 발표자의 노고와 마감 시간에 쫓기면서까지 버젓한 출판물로 만들어 주신 두솔 기획의 이봉교 실장께 깊은 감사의 말씀을 드립니다. 계속적으로 우리의 활동을 후원해주시는 김광정 변호사, 엠디자인 박춘우 사장과 학술 토론회 행사장 선정에 도움을 주신 산림 조합 중앙회 박 경 차장, 간행물 출판에 부분적으로 도움을 주신 하나 은행, 포스터 제작에 도움을 준 웰커뮤니케이션즈 등에게도 우리의 고마운 마음을 함께 전합니다. 그리고 이러한 행사를 열 수 있도록 보이지 않은 응원을 해주신 숲과 문화 연구회의 회원 여러분들께 마찬가지로 고마운 말씀을 드립니다.

재정적으로 그리 넉넉한 모임도 아닌 겨우 열 세사람이 모여 꾸며 나가는 우리 모임이지만, 이러한 소나무 학술 토론회 행사를 마련할 수 있게 된 데는 우리 숲을 아끼고 사랑하는 뜻이 한마음이 될 수 있었기에 가능한 일이라 믿습니다. 이렇게 우리 숲을 아끼는 모임이라는 이름에 걸맞게 앞으로도 숲에 대한 남다른 사랑과 관심을 가지고 숲의 역할과 기능뿐만 아니라 숲의 문화적인 가치에 이르기까지 우리의 힘 닿는대로 모으고 간추려서, 우리의 이 아름답기만 한 숲에 대해 아직은 속속들이 모르고 있는 우리와 우리의 이웃들에게 그에 얽힌 유익하고 재미있는 얘기들을 진솔하게 옮기고자 합니다.

1993년 8월 20일

숲과 문화 연구회
발행인 겸 편집인 전 영 우

차례

3. 소나무와 소나무 숲

4. 우리 문화화 소나무

1

소나무
숲의 육성

지구상의 소나무 속 수종의 발달과 분포

김 진 수 (고려대학교 산림자원학과 교수)

1. 시작하면서

소나무 - 매우 친근하게 들리는, 한국적인 이름이다. 소나무는 지구상에 널리 퍼져있는 100 여종이 넘는 소나무 종류 중의 하나다. 지구의 북반구에 있는 유라시아와 미대륙의 거의 모든 나라에, 그 나라 국민의 생활이나 문화와 밀접하게 관련이 있어온 소나무 종류가 있다. 이 점에서 우리나라는 그 어느나라와 비교할 수 없을만큼 소나무와 친근한 역사를 지니고 있다. 여러사람이, 그것도 서로 다른 분야의 사람이 모여서 소나무에 관해서 이야기를 나눈다니 이런 기회에 우리나라 소나무 뿐만 아니라 지구상의 그 많은 수종이 어떻게 발달했으며 어디에 분포하고 있는가를 간단히 정리해 봄도 뜻이 있다고 생각한다.

"소나무속"은 일정한 특징을 공통으로 나누어 가지고 있는 여러 종류의 소나무를 한데 묶어 부르는 분류학적 용어이다. 소나무는 우리나라에 자생하는 소나무속 수종의 하나이다. 따라서 비슷한 두 단어를 구분하여 사용해야 할 땐 표현이 거북하게 되고 혼란이 오기쉽다. 이 글에서는 소나무속이라는 용어가 조금은 낯설고 딱딱한 듯 하여 꼭 필요하다고 생각되는 경우를 제외하고는 "소나무류"란 말을 사용하였다. 특정의 수종을 지칭하지 않는 소나무의 여러종류를 뜻하는 것으로 이해하면 될 것이다.

어려운 일인지 잘 알면서도 전문용어를 가능한 피하고 쉽게 쓰려고 노력하였으나 모임에 얼마나 어울리고 도움이 될지 걱정스럽다. 사실 세계의 소나무 종류를 이야기 하는 일은 그 내용이 너무 방대하기도 하지만 무엇보다 글쓴이의 부족한 지식으로는 역부족이기 때문에 소나무종류의 분포를 지역별로 개략적으로 훑어보는 수 밖에 없다고 생각한다. 조금이나마 세계의 소나무종류에 대한 이해에 보탬이 되기를 바라는 마음이다.

2. 소나무속의 기원과 발달

소나무류가 지구상에 출현한 것은 중생대(Mesozoic era)의 삼첩기 (Triassic period)말기로, 지금으로부터 대략 1억 7천만년 전으로 추정되고 있다. 이 때에는 개화식물이나 활엽수도 존재하지 않았으며, 단지 거대한 horsetails (속새과 식물), tree ferns (목생양치류)와 소나무류의 조상인 원시적인 구과식물이 번성하였다. 동물계에서는 파충류와 어러종류의 공룡이 주를 이루었다.

물론 소나무류의 출현은 갑자기 이루어진 것이 아니고 수백만년 동안 서서히 진행된 진화과정의 산물인 것이다. 여러가지의 생리적, 생태적 자료를 종합해 보면 소나무류는 주로 생장기 (여름)와 휴면기 (겨울)의 조건을 지닌 온대기후지역의 고원이나 산경사면에서 발달한 것으로 여겨진다. 특히 그 동안의 지리적, 고생물학적 연구결과, 현재는 베링해 (Bering Sea)의 밑에 잠겨있지만 신생대 (Cenozoic era)의 제3기 (Tertiary period) 중간까지 알라스카와 시베리아의 북동부를 연결하고 있었던 Beringia가 소나무류의 기원지로 추정되고 있다.

화석연구는 소나무류의 과거역사를 이해하는 데 매우 유용한 정보를 제공한다. 소나무류의 화분화석이 삼첩기의 퇴적층에서 발견되었다는 확실한 기록은 없다. 소나무류가 삼첩기의 말기에 출현했다 하더라도 이들이 적당한 입지를 찾아 세력을 확장하고 난 후에나 잎, 구과, 가지나 줄기 등이 퇴적될 수 있고, 이렇게 되기 까지 수백만년이 걸렸을 것이다. 실지로 쥬라기 (Jurassic period)의 소나무류 화석도 많지않은 편이다. 이들은 개체목 또는 소그룹으로 발견되며 다른 수종과 섞여있기도 한다. 소나무류는 주로 산악지에 서식했기 때문에 강이나 폭포 등에 의해서 식물재료가 아래로 이동되어야 호수의 밑바닥에 퇴적될 수 있었다. 따라서 발견되는 화석의 양이 부족할 뿐만 아니라, 그나마도 완전치 못하거나 파손되어 식별이 불가능한 경우도 있다.

중생대 백악기 (Cretaceous period)의 퇴적층에서는 소나무류의 화석이 빈번히 발견되며 주로 북극해의 섬들에서 북반구의 중간정도의 위도 사이에 집중되어 있다. 실지로 북위 32° 이하의 지역과 남반구에서는 소나무류의 화석이 발견되지 않고 있다. 지금부터 대략 1억년 전인 백악기에 소나무는 이미 단유관속아속과 복유관속아속의 두개의 아속 (subgenus)*으로 분리된 것으로 보이며, 발견된 많은 종류의 수종이 발달초기 임에도 불구하고 현재의 수종과 놀라울 정도로 유사하다.

쥬라기를 거치면서 백악기에 이르러 소나무류는 Beringia에서 서쪽으로는 시베리아로, 동쪽으로는 미대륙을 넘고 그린랜드와 아이스랜드를 거쳐 북유럽에 전파되었다. 그러나 소나무류의 중요한 전파경로는 태평양의 양쪽해안을 따라 남쪽으로 이동한 것이다. 이주 속도는 매우 느리고 기복이 심해서 현재의 북쪽 분포한계선까지 이르는데도 수백만년이 소요되었다. 당시 지구의 상태는 지각의 변동과 바다의 침식 등으로 대륙이 갈라진 후 다시 합쳐지기도 했으며, 기후조건도 계속적으로 변화하였다. 산악지가 준평원으로 변하고 사막은 비옥지가 되었다가 다시 황폐화 하였으며 양극의 위치 조차도 고정되지 못하고 변하였다.

소나무류는 멀리 이동하지 못하고 변화하는 환경에 적응해 나가야 했다. 백악기 동안에 북미대륙은 북극권에서 멕시코만에 달하는 바다에 의해서 동서로 분리되었다. 소나무류는 이때부터 동, 서의 양쪽

경로를 따라 멕시코와 중미에 도달하였다. 제3기에 유럽과 시베리아가 역시 바다에 의해 분리된 것도 당시의 소나무류의 이동에는 물론 현재의 분포에 큰 영향을 주었다.

크고 작은 수많은 지리적 변화가 있었지만 제3기는 소나무의 남쪽으로의 확장과 진화가 매우 신속히 진행된 시기였다. 기후가 한냉해지기 전까지 서부유럽의 식생은 열대성이었으며 시베리아 전체, 즉 우랄산맥에서 태평양의 동북지역인 캄차카반도에 이르는 지역의 식생은 놀라울 정도로 단조로웠다. 이들은 대부분 Alnus, Platanus, Fagus, Carpinus, Populus 등의 활엽수 종류로 구성되어 있었다. 그러나 제3기의 후반부에 이르러 기온이 떨어지기 시작하였고 북극권에서는 소나무류의 생존이 어렵게 되고 궁극적으로 소멸되기 시작했다. 훨씬 남쪽의 서부유럽과 아시아에서도 소나무류가 추위의 위협을 받았으며, 알프스에 의해서 보호받은 지중해 지역과 동쪽지역은 안전하였다.

이어 계속된 제4기의 빙하작용 때문에 북미와 유럽대륙의 상당부분은 1000m 이상되는 두께의 얼음으로 덮혀버렸다. 북유럽의 저지대에서는 스칸디나비아와 알프스로부터 얼음이 이동하여 소나무류를 포함한 모든 것을 죽였다. 소멸의 위험이 없는 소수의 피난처 (refugia)에서 겨우 2-3종의 소나무류가 생존할 수 있었다. 건조한 시베리아에서는 오히려 대기중의 습도가 높지 않았던 관계로 빙하작용이 그리 심하지 않았다. 아시아 지역에서의 소나무류의 파괴는 빙하작용 보다는 현재 보다도 훨씬 혹독했던 추위때문이었다. 북미대륙에는 빙하가 카나다를 덮었고 미국의 경우 서쪽은 워싱톤주의 중간까지, 동쪽은 펜실바니아주 까지 그리고 내륙은 더욱 밑으로 내려가 미씨시피강과 오하이오강이 합치는 지점까지 이르렀다.

한편 알라스카와 유콘계곡에는 지역에 따라 빙하가 형성되지 않아 콘톨타 소나무(P. contorta)와 방크스 소나무(P. banksiana)의 피난처가 되기도 하였다. 그러나 일반적으로 소나무류는 빙하가 반복되는 과정중에 남쪽으로 이미 이동하였거나 빙하의 선단부

---

* 침엽 안의 관속의 수에 따라 소나무속을 단유관속아속과 복유관속아속으로 나눈다. 전자의 경우 대개 한속의 침엽이 다섯인 관계로 잣나무류 (soft pines), 후자를 소나무류 (hard pine)라 부른다. 고유수종의 이름과 혼동될 염려가 있기 때문에 조금 복잡하지만 단, 복유관속아속의 표현을 사용하였다.

아래에 잔존하였던 것이 빙하가 끝난 후 다시 북쪽으로 세력을 확장하여 현재의 분포를 갖게된 것이다. 위에 언급된 두 수종은 북미대륙에서 이같은 역사를 지닌 대표적인 수종으로서 빙하가 끝난 뒤 각기 서, 동쪽에서 북쪽으로 빠르게 이동하여 빙하에 의해 점령되었던 지역을 차지하였고, red pine과 잣나무류가 그 뒤를 이었다.

미국의 남부지역은 제3기의 소나무류가 계속해서 생장하였고 별다른 피해가 없었다. 제3기의 수종들은 특히 캘리포니아에서 두드러지게 발견된다. 멕시코에는 제3기 초반에 해안지역을 따라 소나무류가 들어갔다. 현재 소나무류의 수종이 다양한 멕시코의 중앙고원은 화산지대였기 때문에 화산활동이 어느정도 약해진 제3기 중반부가 되어서야 소나무류의 생육이 가능하였다. 소나무류가 이지역에서 임분을 형성하고 중미로 확산된 것은 제4기에서 이루어진 일이었다.

동아시아에서의 소나무류의 이동과 진화역사는 북반구의 타지역과 현저히 다르다. 대빙하기에 두꺼운 얼음층이 형성되면서 수면이 낮아졌고 많은 섬들이 반도가 되거나 큰섬으로 합쳐졌다. 산악지역을 따라 몇수종이 말레이반도에 남하하여 적도를 건너 수마트라에 도달하였다. 이들은 방향을 바꾸어 북쪽의 필리핀에 도달한 것으로 여겨진다. 더 이상의 남쪽으로의 이동은 없었던 것 같은데, 이는 인도네시아의 다른 섬에는 소나무류의 자생수종이 없으며 습하고도 무더운 적도지방에서 소나무류의 화석이 발견되지 않기 때문이다.

앞에서 언급되었지만 시베리아는 건조한 기후로 인해 심각한 빙하작용이 없었다. 동북아시아의 북쪽지방 역시 같은 위도에 있는 유럽이나 북미에서 형성되었던 빙하작용이 없었다. 따라서 이지역에는 아직도 제3기에 생존한 몇종의 소나무류가 존재한다. 이 지역에서는 주로 만주, 한반도 그리고 일본 등지에서 소나무류의 화석이 발견되었으며 이 중에는 소나무, 곰솔, 잣나무처럼 현존하는 수종들과 이들과 다른 특성을 지니고 있어 별개의 이름으로 명명된 것들이 있다.

먼저 복유관속아속의 경우, 러시아의 연해주지역에서 중생대의 쥬라기에 속하는 소나무류의 화석이 발견되었다. 제3기의 퇴적층에서는 많은 소나무류의 화석이 발견되었는데, 연해주지역과 사할린에서 최소한 3-4종의 소나무류가 보고되었다. 한반도에서는 이미 백악기의 소나무류 화석이 발견되었으며, 경북의 포항, 연일, 감포 지역과 강원도의 통천, 북평 등지의 제3기의 층에서 많은 양의 소나무류화석이 보고되었다. 이들 중에는 지금의 소나무류와 특성을 달리하여 별개의 종으로 명명된 4-5종의 소나무류가 있으며, 대부분은 종의 식별없이 소나무류의 수종으로만 보고되었다.

중국대륙의 소나무류화석에 관한 보고는 별다른 것이 없는데, 아마도 소나무류의 서식지가 높은 지역에 치중되어 있어서 낮은 지역의 퇴적층에 도달하기가 어려웠기 때문으로 추정되고 있다. 일본에서는 혹카이도에서 제3기 초기의 소나무류가 발견되었으며, 특히 제3기 최신세(Pliocene)의 층에서 풍부하였다. 이 중에는 현재의 소나무(P. densiflora)와 곰솔(P. thunbergii)이 포함되어 있다.

단유관속아속인 잣나무류 역시 여러지역에서 현존하는 잣나무(P. koraiensis), 눈잣나무(P. pumila), 섬잣나무(P. parviflora)와 함께 2-3종의 화석이 발견되었다. 일본에서 발견되는 잣나무의 화석은 대개 제4기의 퇴적층의 젓나무나 가문비나무 종류와 관련이 있으며, 섬잣나무 역시 제3기와 제4기의 층에서 발견되었다. 일본의 잣나무는 제3기의 중신세 (Miocene)에 북쪽에서 전래되었으며 주로 산악지역에 서식하다가 제4기의 갱신세 (Pleitocene)에 해발고가 낮은 곳으로 내려온 것으로 추정된다.

오츠크 남부의 제3기의 층에서 잣나무의 화석이 발견되었다는 보고가 있으나, 보다 광범한 러시아 극동지역 (흑룡강 중부, 연해주, 만주)에서의 연구결과는 잣나무가 제3기에는 존재하지 않았으며 빙하기 이후의 현세 (Holocene)에 남쪽에서 건너온 것임을 제시하고 있다. 따라서 잣나무는 갱신세 까지는 러시아 국경의 남쪽에만 존재했던 것으로 여겨진다.

눈잣나무는 제3기에 캄차카반도에 존재했으며 단지 산악지역에만 빙하작용이 있었기 때문에 적당한 피난처에 생존했다가 빙하가 물러나면서 다시 고지대로 복귀한 것으로 추정된다.

빙하가 물러간 후에 소나무류의 수종들은 다시 북쪽으로 이동하여 세력을 확장했지만 어느경우에나 단기간에 대면적의 임분을 형성했던 것은 결코 아니다. 사실 소나무류의 대면적의 산림형성은 제4기의 최근에 일어난 일이다. 그 전에는 오히려 소나무류가 소면적으로 그룹을 이루거나 분산되어 개체목으

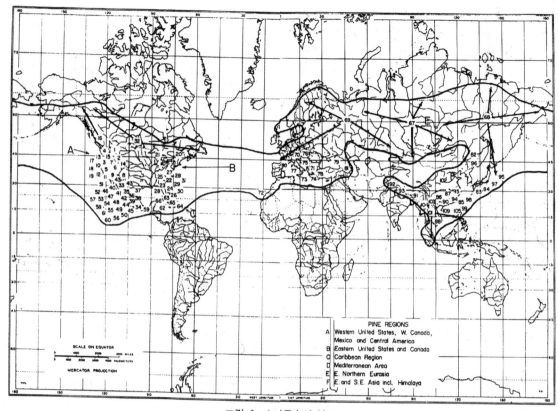

그림 1. 소나무속의 분포

그림 속의 번호는 표 1의 번호와 일치함.

로 존재하는 경우가 많았던 것으로 생각된다. 특히 백악기 이후에 기후적 변화가 미세했던 동아시아 지역같은 경우 이러한 현상이 두드러졌다.

는 아직 정확한 수종의 특성이 파악되지 못한 경우도 있어 앞으로도 그 수는 다소 증가할 것으로 생각된다.

3. 소나무속 수종의 지역별 분포

빙하기가 끝나자 소나무류는 북반구의 사막과 툰드라를 제외한 나머지 지역을 점령하였지만 예전처럼 북쪽의 지역에 도달하지 못하였다. 그러나 현재에도 소나무속은 더욱 많은 수종이 존재하는 참나무속을 제외하고는 북반구에서 분포영역이 가장 넓은 속이다 (그림 1, 2). 현재 지구상에 존재하는 소나무속의 수종은 100을 넘는다 (표 1). 이 중 약 1/3은 단유관속아속의 수종이고 나머지는 복유관속아속에 속한다. 정확한 수는 학자나 분류체계에 따라 차이가 있을뿐만 아니라 일부지역에서

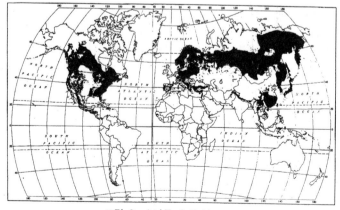

그림 2. 소나무 속의 분포

표 1-1. 소나무속 수종의 학명과 영명

Name	Reference Number	American-English
Pinus albiculis Engelm.	1	White bark pine
Pinus aristata Engelm.	6	Briatlecone pine
Pinus arizonica Engelm.	43	Arizona pine
Pinus armandi Franchet	86	Armand pine
Pinus attenuata Lemmon	17	Knobcone pine
Pinus ayacahuite Eherenberg	33	Mexican white pine
Pinus balfouriana Grev.& Balf.	5	Foxtail pine
Pinus banksiana Lamb.	32	Jack pine
Pinus brutia Ten.	78	Calabrian pine
Pinus bungeana Zucc.	87	Lace-bark pine
Pinus canariensis Smith	72	Canary pine
Pinus caribaea Morelet	62	Caribbean pine
Pinus cembra L.	70	Swiss stone pine
Pinus cembroides Zucc.	36	Mexican pinon
Pinus chihuahuana Engelm.	40	Chihuahua pine
Pinus clausa (Champ.) Vasey	28	Sand pine
Pinus contorta Dougl.	16	Lodgepole pine
Pinus cooperi Blanco	51	Cooper pine
Pinus coulteri D.Don	12	Coulter pine
Pinus cubensis Grisebach	65	Cuba pine
Pinus culminicola And. & Beam.	39	No English name
Pinus dalatensis de Ferre	88	No English name
Pinus densata Mast. (hybrid between 102 and 103)		No English name
Pinus densiflora Sieb. & Zucc.	95	Japanese red pine
Pinus douglasiana Martinez	56	No English name
Pinus durangensis Martinez	48	Durango pine
Pinus echinata Mill.	25	Shortleaf pine
Pinus edulis Engelm.	8	Colorado pinon
Pinus eldarica Medw.	81	No English name
Pinus elliottii Engelm. var. densa Little & Dor.	63	So.Fla.var.of slash pine
Pinus elliottii Engelm. var.elliottii	23	Slash pine
Pinus engelmannii Carr.	53	Apache pine
Pinus fenzeliana Hand.-Maz.	89	No English name
Pinus flexilis James	2	Limber pine
Pinus funebris Komarov	96	No English name
Pinus gerardiana Wall.	92	Chilghoza pine
Pinus glabra Walt	26	Spruce pine
Pinus greggii Engelm.	60	Gregg pine
Pinus griffithii McClelland	91	Himalayan white pine
Pinus halepensis Mill.	77	Aleppo pine
Pinus hartwegii Lindl.	49	Hartweg pine
Pinus heldreichii Chr.	75	Heldreich pine
Pinus herrerai Mart.	46	No English name
Pinus himekomatsu Miyable & Kudo	84	Japanese white pine
Pinus hwangshanensis Hsia	100	No English name
Pinus insularis Endl.	105	Benguet or Luzon pine
Pinus jeffreyi Grev.& Balf.	13	Jeffrey pine
Pinus khasya Royle	104	Khasia pine
Pinus koraiensis Sieb.& Zucc.	82	Korean pine
Pinus kwangtungensis Chun	90	No English name
Pinus lambertiana Dougl.	3	Sugar pine
Pinus lawsonii Roezl	44	Lawson pine
Pinus leiophylla Sch.& Deppe	41	Smooth-leaved pine
Pinus luchuensis Mayr	98	Luchu or Okinawa pine
Pinus lumholtzii Rob & Fern.	42	Lumholtz pine
Pinus massoniata Lamb.	94	Masson pine
Pinus merkusii De Vriese	101	Merkus pine or Tenasserin pine
Pinus michoacana Martinez	52	No English name
Pinus monophylla Torrey	7	Singleleaf pinon
Pinus montata Mill.	76	Mountain pine
Pinus montezumae Lamb.	47	Montezuma pine
Pinus monticola Dougl.	4	Western white pine
Pinus morrisonicola Hayata	85	No English name
Pinus muricata D.Don	18	Bishop pine
Pinus nelsonii Shaw	38	Nelson Pinon pine
Pinus nigra Arn.	74	Austrian pine
Pinus oaxacana Mirov	57	No English name
Pinus occidentalis Swartz	64	Cuban pine
Pinus oocarpa Schiede	59	No English name
Pinus palustris Mill.	22	Longleaf pine
Pinus patula Schl.& Cham.	61	Jelecote pine
Pinus pentaphylla Mayr	83	Japanese white pine
Pinus peuce Grisebach	71	Balkan pine
Pinus pinaster Ait.	80	French maritime pine or cluster pine
Pinus pinceana Gord.	37	Pince's pine
Pinus pinea L.	73	Italian stone pine
Pinus pityusa Steven	79	Pitzunda pine
Pinus ponderosa Laws.	14	Ponderosa pine
Pinus pringlei Shaw	58	Pringle pine
Pinus pseudostrobus Lindl.	54	False Weimouth pine
Pinus pumila Regel	68	Dwarf Siberian pine or Japanese stone pine
Pinus pungens Lamb.	31	Table mountain pine
Pinus quadrifolia Sud.	9	Parry pinon
Pinus radiata D.Don	19	Monterey pine
Pinus resinosa Ait.	21	Noeway pine or red pine
Pinus rigida Mill.	29	Pitch pine
Pinus roxburghii Sarg.	93	Chir pine
Pinus rudis Endl.	50	No English name
Pinus sabiniana Dougl.	10	Digger pine
Pinus serotina Michx.	30	Pond pine
Pinus sibirica Mayr	67	Siberian pine (in Siberia it is called "Kedr")
Pinus strobiformis Engelm.	35	No English name
Pinus strobus L.	20	Eastern white pine (in England and Europe in general it is called Weimouth pine)
Pinus strobus L. var chipensis, Martinez	34	Chiapas pine
Pinus sylvestris L.	69	Scots pine (German Gemeine kiefer)
Pinus tabulaeformis Carr.	102	Chinese pine
Pinus taeda L.	24	Loblolly pine
Pinus taiwenensis Hayata	99	Formosa pne
Pinus tenuifolia Benth.	55	No English name
Pinus teocote Schl.& Cham.	45	Aztec pine
Pinus thunbergii Parl.	97	Japanese black pine
Pinus torreyana Parry	11	Torrey pine
Pinus tropicalis Morelet	66	No English name
Pinus virginiana Mill.	27	Virginia pine
Pinus washoensis Mason & Stockwell	15	Washoe pine
Pinus yunnanensis Franchet	103	Yunnan pine

표 1-2. 지역별 소나무속 수종명

Western America
(north of Mexico)

Haploxylon pines	Diploxylon pines
1. *Pinus albicaulis* Engelm.	10. *Pinus sabiniana* Dougl.
2. *Pinus flexilis* James	11. *Pinus torreyana* Parry
3. *Pinus lambertiana* Dougl.	12. *Pinus coulteri* D.Don
4. *Pinus monticola* Dougl.	13. *Pinus jeffreyi* Grev.& Balf.
5. *Pinus balfouriana* Balf.	14. *Pinus ponderosa* Laws.
6. *Pinus aristata* Engelm.	15. *Pinus washoensis* Mason & Stockwell
7. *Pinus monophylla* Torr.	16. *Pinus contorta* Dougl.
8. *Pinus edulis* Engelm.	17. *Pinus attenuata* Lemmon
9. *Pinus quadrifolia* Sud.	18. *Pinus muricata* D.Don
	19. *Pinus radiata* D.Don

Eastern America
(north of Mexico)

Haploxylon pines	Diploxylon pines
20. *Pinus strobus* L.	21. *Pinus resinosa* Ait.
	22. *Pinus palustris* Mill.
	23. *Pinus elliottii* Engelm. var. elliottii
	24. *Pinus taeda* L.
	25. *Pinus echinata* Mill.
	26. *Pinus glabra* Walt.
	27. *Pinus virginiana* Mill.
	28. *Pinus clausa* (Chapm.) Vasey
	29. *Pinus rigida* Mill.
	30. *Pinus serotina* Michx.
	31. *Pinus pungens* Lamb.
	32. *Pinus banksiana* Lamb.

Mexico and Most of Central America

Haploxylon pines	Diploxylon pines
33. *Pinus ayacahuite* Ehrenberg	40. *Pinus chihauhuana* Engelm.
34. *Pinus strobus* L. var. chiapensis	41. *Pinus leiphylla* Sch.& Deppe Martinez
35. *Pinus strobiformis* Engelm.	42. *Pinus lumholtzii* Rob & Fern.
36. *Pinus cembroidews* Zucc.	43. *Pinus arizonica* Engelm.
37. *Pinus pinceana* Gord.	44. *Pinus lawsonii* Roezl
38. *Pinus nelsonii* Shaw	45. *Pinus toecote* Schl.& Cham.
39. *Pinus culminicola* And.& Beam.	46. *Pinus herrerai* Martinez
	47. *Pinus montezumae* Lamb.
	48. *Pinus durangensis* Martinez
	49. *Pinus hartwegii* Lindl.
	50. *Pinus rudis* Endl.
	51. *Pinus cooperi* Blanco
	52. *Pinus michoacana* Martinez
	53. *Pinus engelmannii* Carr.
	54. *Pinus pseudostrobus* Lindl.
	55. *Pinus tenuifolia* Benth.
	56. *Pinus douglasiana* Martinez

57. *Pinus oaxacana* Mirov
58. *Pinus pringlei* Shaw
59. *Pinus oocarpa* Schiede
60. *Pinus greggii* Engelm.
61. *Pinus patula* Schl.&Cham.

Caribbean Area including southernmost part of Florida and Gulf Coast of Central America

Haploxylon pines	Diploxylon pines
None	62. *Pinus caribaea* Morelet
	63. *Pinus elliottii* var. densa, Little & Dor.
	64. *Pinus ocidentalis* Swarrtz
	65. *Pinus cubensis* Grisebach
	66. *Pinus tropicalis* Morelet

Northern Eurasia

Haploxylon pines	Diploxylon pines
67. *Pinus sibirica* Mayr	69. *Pinus sylvestris* L.
68. *Pinus pumila* Regel	

Mediterranean Region

Haploxylon pines	Diploxylon pines
70. *Pinus cembra* L.	72. *Pinus canariensis* Smith
71. *Pinus peuce* Grisebach	73. *Pinus pinea* L.
	74. *Pinus nigra* Arn.
	75. *Pinus heldreichii* Christ.
	76. *Pinus montana* Mill.
	77. *Pinus halepensis* Mill.
	78. *Pinus brutia* Ten.
	79. *Pinus pityusa* Steven
	80. *Pinus pinaster* Ait.
	81. *Pinus eldarica* Medw.

East and Southeast Asia

Haploxylon pines	Diploxylon pines
82. *Pinus koraiensis* Soeb.& Zucc.	93. *Pinus roxburghii* Sarg.
83. *Pinus pentaphylla* Mayr	94. *Pinus massoniana* Lamb.
84. *Pinus himekomatsu* Miyabe & Kudo	95. *Pinus densiflora* Sieb.& Zucc.
85. *Pinus morrisonicola* Hayata	96. *Pinus funebris* Komarov
86. *Pinus armandi* Franchet	97. *Pinus thunbergii* Parl.
87. *Pinus bungeana* Zucc.	98. *Pinus luchuensis* Mayr
88. *Pinus dalatensis* de Ferre	99. *Pinus taiwanensis* Hayata
89. *Pinus fenzeliana* Hand.-Maz.	100. *Pinus hwangshanensis* Hsia
90. *Pinus kwangtungensis* Chunn	101. *Pinus merkusii* De Vriese
91. *Pinus griffithii* McClelland	102. *Pinus tabulaeformis* Carr.
92. *Pinus gerardiana* Wall.	103. *Pinus yunnanensis* Franchet
	104. *Pinus khasya* Royle
	105. *Pinus insularis* Endl.

소나무류는 유라시아대륙의 거의 동쪽끝인 캄차카 반도에서 서쪽으로는 유럽의 영국, 스페인 그리고 카나리아제도 (서경 18°)까지 분포한다. 위도상으로는 노르웨이의 북쪽 (북위 72.°)에서 남쪽으로는 수마트라 (남위 2°), 즉 74°의 범위에 출현한다. 미대륙에서는 보다 좁은 범위에 분포하는데 동서로는 카나다 동쪽 (서경 62°)에서 서쪽으로는 유콘지역 (서경 137°)까지, 남북으로는 카나다 북동지역 (북위 65°)에서 중미의 니카라과 (북위 12°)까지 출현한다.

적도 아래에서도 출현하는 *P. merkusii*를 제외하고는 남반구에서 발견되는 소나무류는 없다. 가장 북단에서 발견되는 수종은 북극권에까지 분포하는 *P. pumila*와 *P. sylvestris*가 있으며 *P. sibirica*도 간혹 포함된다. 남쪽으로 내려가면 수종의 수가 증가하는데, 특히 북위 36°, 즉 미국의 캘리포니아 중부에서 노스 캐롤라이나 , 유럽의 지브랄타에서 일본의 중부에 이르는 지역에서 최고치 (약 40종)를 보이며 더욱 내려가면 불규칙적으로 감소한다. 북위 12°까지 내려가면 중미와 동남아시아의 모든 수종들의 한계영역이 되고 위에 설명된 *P. merkusii*만이 북위 5°에서 부터 수마트라에 출현한다.

이러한 소나무류의 남북에 따른 분포한계를 두가지 아속별로 보면 큰차이가 없다(그림 3, 4). 즉, 단유관속아속의 두수종, *P. sibirica*와 *P. pumila* 그리고 복유관속아속의 *P. sylvestris*는 비슷한 정도로 북극권 안에까지 분포하며 남쪽한계 역시 *P. merkusii*를 제외하면 모두 대략 12°정도가 된다.

수종을 대륙별로 고찰해보면 유라시아대륙에 약 25종의 복유관속 수종이 있는 반면 미대륙에는 배에 해당하는 50종 정도가 분포한다. 단유관속아속의 수종은 양대륙에서 각기 17과 15종이 분포하여 비슷한

양상을 보인다. 전체적으로 보아 지구상의 소나무속 수종의 약 1/3만이 구대륙에 존재하는데, 특히 서유럽의 중부이북에는 소나무의 종류가 매우 빈약하다.

소나무류의 많은 수종이 태평양을 사이에 두고 있는 양대륙에 고르게 분포함을 알 수 있는데 멕시코의 몇수종을 포함시키면 북미의 서쪽과 동아시아에 각기 24종의 소나무류가 존재한다. 이는 소나무류의 기원이 양대륙이 연결되었던 북쪽의 Beringia일 것이라는 설을 뒷받침하는 것이라고 생각된다.

소나무류는 원래가 산악지대에서 출발했기 때문에 아직까지도 적당한 정도의 고도를 좋아한다. 그러나 수종에 따라서 매우 높은 곳에까지 서식하는 경우가 있는데 미국 서부와 멕시코의 일부수종은 해발 4000m 가까운 곳까지 서식한다. 가장 높은 곳에 서식하는 수종은 멕시코의 *P. rudis*로 해발 4000m 이상의 높이에서 발견된다. 반면에 미국 동부와 중미 그리고 각 대륙의 해안가처럼 아주 낮은 곳에서 자라는 수종도 상당수 있다.

소나무류의 분포를 편의상 다음과 같은 몇개의 지역으로 구분하여 설명할 수 있다 (표 2). 북미대륙에는 전체의 2/3에 가까운 60종 이상의 소나무류의 수종이 분포하고 있다. 분포범위는 대체적으로 알라스카의 남쪽, 매켄지강에서 산살바도르와 니카라구아까지의 광범한 지역이다. 수종이 가장 많이 몰려있는 곳은 북위 15°에서 35°의 범위로 미국 동,서부의 남쪽과 멕시코 및 중미지역이 포함된다.

미대륙에는 동쪽보다 서쪽에서 더 많은 수종이 발견되지만 특히 멕시코에서 가장 많은 수의 소나무 종류가 발견된다. 일반적으로 동부의 수종들은 서부의 수종들에 비해 변이가 심하지 않고 멕시코의 소나무들과 쉽게 교잡되지 않는다. 그들은 북서쪽에서 이주해와 비교적 안정된 환경에 잘 적응돼 있으며

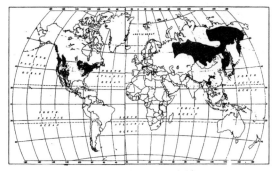

그림 3. 단유관속아속의 분포

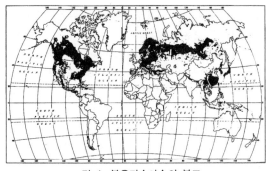

그림 4. 복유관속아속의 분포

표 2. 지역별 수종의 수와 특징

지 역	수종수	지 역 특 징
북미대륙 동부	13	남북에 걸쳐 대면적산림형성. 변이가심하지 않으며 대부분 낮은지역에서 생육.
북미대륙서부	20	산악지에 대면적산림 형성. 4000m가까운 높은 지역에서도 생육하는 수종이 있음. 세계에서 가장 크게 자라고 오래 사는 수종이 있음.
멕시코(중미포함)	31+	중간 크기의 산림형성. 바닷가에 자라는 수종은 없으며 많은 수종이 높은 산악지에 생육. 해발 4000m 이상의 고지대에서 발견되는 수종도 있음. 수종간의 변이가 심하고 분류상 명확치 못한 경우가 많음. 앞으로 더 많은 수종이 확인될 가능성이 큼.
카리브해안	4	한 수종을 제외하고는 여러 섬에 분산되어 분포.
지중해	12	일부 수종은 내륙의 산악지에 분포. 수종에 따라서 천연임분과 식재임분의 구분이 애매함.
유라시아대륙북부	3	수종이 단순하며 대면적 산림형성. 많은 수종이 낮은 지역에서 2000m 까지의 산악지에 분포.
동부아시아	24+	북쪽에 대면적산림이 있고 기타 지역은 분산되어 분포. 바닷가와 중간 정도의 고도에 많이 분포 단유관속아속 수종의 변이가 큼. 아직 완전히 조사되지 못한 수종이 있음
계	107+	수종의 수는 학자나 분류체계에 따라 다소 차이가 있음. 표 1에는 105종이 기재되었음.

보통 그리 높지않은 지역에 분포하고 수종에 따라서는 대면적을 점유하고 있다. 이 지역의 중요수종들은 북쪽에는 *P. banksiana, P. resinosa, P. strobus*등이 있으며 남쪽에는 *P. elliottii, P. palustris, P. taeda, P. echinata* 등이 있다. 이 이외에도 중요성이 덜한 수종으로는 *P. clausa, P. glabra, P. pungens, P. serotina, P. rigida, P. virginiana* 등이 있다.

반면에 서부의 수종들은 유전적으로 복잡하고 수종간의 특성을 나누어 가지는 경우가 많으며 대면적을 점유하는 일이 드물다. 따라서 이지역에는 독특한

입지에 고유한 특성을 지니는 많은 종류의 소나무가 존재한다. 시에라 네바다의 경사지에 매우 크게 자라는 세수종이 있는데, 이 중에서 *P. lambertiana*는 수고 70m. 흉고직경 3m 정도 까지 자라 세계에서 가장 크게 자라는 소나무 수종이다. 이 소나무의 구과의 길이는 50-60cm 정도로 세계에서 가장 길다. 또한 *P. ponderosa*와 *P. jeffrey*는 이에 못미치지만 매우 크게 자란다. 네바다주와 캘리포니아의 동부 산악지에 흩어져있는 *P. longaeva*는 고사된 한개체로 부터 최소한 4800이상의 나이테가 계산되어 가장 수명이 긴 수종으로 인정되고 있다.

캘리포니아와 멕시코에만 40종 이상의 많은 소나무 수종이 분포한다. 두 지역에는 실지로 같은 수종의 분포가 겹치는 부분이 있으며 멕시코의 북부와 캘리포니아 남부는 지리적으로도 매우 유사하다. 그러나 본격적인 멕시코 특유의 수종들은 국경을 훨씬 넘어선 동쪽의 몬트레이에서 부터 남쪽으로 출현한다. 캘리포니아에는 그지역 고유의 수종과 매우 제한된 분포를 지닌 제3기의 수종이 존재하는 반면에 멕시코의 고지대에는 역사가 짧고 변이가 심하며 상호간에 교잡이 쉬운 여러종류의 수종이 분포한다. 소나무류의 진화와 종형성의 관점에서 매우 중요한 이 지역의 기원은 비교적 최근인 제3기로 간주된다.

멕시코는 열대성의 기후와 국소적인 다양한 지형 때문에 소나무류의 새로운 종의 형성이 가능하다고 여겨진다. 수종간의 교잡이 쉽게 일어나고 또 차세대 개체간의 교잡이 계속되기 때문에 늘 새로운 변이체가 생겨나고 언젠가 새로운 종으로 형성될 수 있다. 이 지역의 변이는 지속적으로 생겨나고 또 변하고 있기 때문에 정확한 종의 식별은 물론 기존종의 존속여부도 쉽게 점칠 수 없다. 카리브해지역에는 4가지의 소나무 수종이 있는데 중미의 대서양연안과 여러 섬에 흩어져 분포하며 이 중 한수종만 산악지에 서식한다.

지중해지역은 소나무류의 자연분포를 정확히 파악하기가 어렵다. 왜냐하면 고대 그리스나 로마, 아랍등지에서 오래전부터 식재된 것과 천연생과의 식별이 어려울 때가 많기 때문이다. 이 지역에는 과거에는 소나무류의 대면적 순림은 아니라해도 현재보다는 훨씬 많은 양의 소나무류가 존재했다고 믿어진다. 지중해성 소나무류는 지중해의 해안가와 도서지방에 국한된 것이 아니라 알프스, 칼파치안, 카나리군도에 분포한다. 총 12수종이 보고되었는데 *P.*

halepensis와 P. pityusa가 해안가에 자라며 기타는 산악지에 분포한다. 산악지에서는 흔히 지역적 품종의 변이를 보이는 P. nigra가 임분을 형성한다. 알프스나 칼파치안산맥까지 분포하는 수종은 P. cembra와 P. montana이다. 스페인 동남부에서 이태리와 그리스를 지나쳐 터키의 서쪽해안까지 분포하는 P. nigra는 수형의 아름다움과 식용가능한 종자때문에 이미 로마시대 이전부터 식재되어왔다.

북유럽에는 앞에서도 설명되었듯이 소나무속의 수종이 매우 빈약하다. 지구상에서 가장 넓은 지역을 점하고 있는 P. sylvestris는 동서로는 스코트랜드에서 시베리아의 태평양연안 까지, 남북으로는 노르웨이에서 스페인까지 그리고 고립되어 지중해지역까지 분포한다. 물론 이지역 안에는 임분이 인위적으로 조성되고 잘 관리된 곳이 많지만, 유럽의 일부와 러시아에 속하는 북동지역에는 아직도 좋은 천연임분이 존재한다. 또한 2가지 단유관속아속의 수종이 있는데 P. sibirica는 주로 시베리아에 분포하며 북몽고와 동부유럽에서도 발견된다. 눈잣나무라 불리우는 P. pumila는 관목의 형태로 시베리아의 북동지역에 널리 분포하며 그 영역은 한반도와 일본에까지 걸쳐 있다.

동아시아 지역에는 비교적 많은 수의 수종이 분포하고 있으며 아직 분류학적으로 식별이 완전치 못한 경우도 있고 충분히 조사되지 못한 지역도 있어 앞으로도 새로운 종이 기록될 가능성도 있다. 이 지역에는 중국, 일본, 한반도, 한반도와 인접한 러시아뿐만 아니라 타이완, 버마, 월남, 필리핀 등의 동남아와 인도, 히말라야가 포함된다. 북쪽지역보다는 남쪽에서 더 많은 수종이 분포하나 역시 대면적을 점하기보다는 특정지역에 국소적으로 산재하는 경우가 많다. 그러나 이지역에서는 멕시코의 고원지대처럼 수종간의 교잡이 용이하다거나 진화적 과정이 활발하지는 못한 편이다.

중국대륙에서 분포영역이 비교적 넓은 수종은 동남부에 분포하는 P. massoniana와 한반도위의 만주에서 동남으로 길게 분포하는 P. tabulaeformis가 있다. 전자는 변이가 많지 않은 수종인 반면에 후자의 경우 많은 변종이 발견되고 있다. 인도차이나에는 소나무류가 소규모로 상록활엽수림에 섞여서 나타나는데 대표적인 수종으로 P. khasya와 P. merkusii가 있다. 이들은 제4기에 말레이반도를 거쳐 수마트라와 필리핀까지 이동한 수종이다. P. merkusii는 현재 필리핀과 수마트라의 산악지에서 발견되며, 특히 한 지점이기는 하지만 적도 이하에서도 존재한다. 제4기에 소나무들은 서쪽의 히말라야지역으로도 이동하여 해안을 따라 지중해지역에 도달하였다. 후에 이 지역은 사막으로 변하여 지중해지역의 소나무들은 히말라야지역의 소나무들과 격리되었다. 이 지역에는 3수종이 분포하는데 이 중 P. roxburghii와 단유관속 수종인 P. griffithii가 동서에 길게 분포한다.

4. 한반도와 직접 관련이 있는 수종의 분포

한반도와 직접적으로 관련된 수종은 단유관속아속의 4수종과 복유관속아속의 2수종, 2변종이다. 먼저 백송으로 불리우는 P. bungeana는 중국의 수종으로 호북과 화북지방의 산악지에 분포한다. 백송은 대면적의 임분을 형성하지 못하고 산재되어 있는 경우가 많으며 분포지의 서쪽에서는 흔히 P. tabulaeformis와 함께 자란다. 백송의 수피는 밋밋하며 큰조각으로 벗겨져 플라타누스를 연상케 하지만 나이가 들면서 회백색으로 변한다. 중국에서는 이 나무를 백피송, 백골송, 호피송 등의 이름으로 부르며 오래전부터 사원이나 궁궐에 식재하였다. 우리나라에는 600여년 전에 외교사절단에 의해서 들어온 것으로 알려져 있다.

섬잣나무 (P. parviflora)는 우리나라에서는 울릉도 서쪽의 태하령의 해발 600m 근처에서 주로 발견된다. 섬잣나무는 또 일본의 거의 전역에 걸쳐 산발적으로 분포하는데 학자에 따라서는 일본의 남북에 따라 두가지 수종으로 분류하기도 한다.

눈잣나무 (P. pumila)는 한반도의 설악산, 금강산, 묘향산 등의 고산지대에 국소적으로 자라며 설악산에는 중청봉에서 대청봉에 이르는 능선의 양쪽에 분포하는데 이 지역이 눈잣나무의 남한계선임과 아울러 남한에서의 유일한 생존지역으로 알려져 있다 (그림 5). 눈잣나무는 산정상부에서 바람의 영향으로 땅을 기듯이 아주 낮게 자라며 부적합한 환경과 조수의 피해로 인하여 종자에 의한 생식이 어렵고, 땅을 포복하는 가지에서 새로운 뿌리를 내리는, 소나무속에서는 드물게 관찰되는 특성을 지니고 있다. 눈잣나무는 시베리아의 동북지역, 만주와 일본의 고산지대에서 자라며 상대적으로 낮은지역에서는 관목의 형태로 자란다. 학자에 따라서는 눈잣나무를 독립된 종으로 간주하지 않고 P. sibirica와 관련이 있거나 변종으로 보기도 한다.

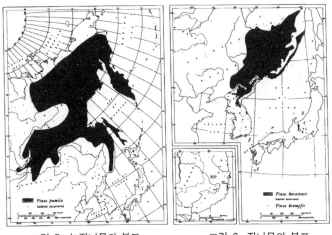

| 그림 5. 눈잣나무의 분포 | 그림 6. 잣나무의 분포 |

잣나무 (*P. koraiensis*)는 100여종이 넘는 소나무속의 수종에서 유일하게 한국산이라는 이름이 붙어있는 수종으로 영명으로도 Korean pine 또는 Korean white pine으로 불리운다. 잣나무는 만주의 동쪽과 흑룡강지역, 러시아의 연해주와 한반도에 출현하는 수종이며 일본에는 본섬의 고산지대에 부분적으로 분포한다 (그림 6). 잣나무는 만주와 연해주에서 대개 해발 600m 에서 900m 의 범위에 많으며 젓나무류나 활엽수와 섞여자라는 경우가 많다. 양질의 목재를 생산하기 때문에 좋은 임분의 상당부분이 소실되고 있는 것으로 보고되고 있다. 한반도에서의 잣나무의 천연분포는 대부분이 고산지대에 국한되어 있으며 낮은 곳에서는 활엽수종과 섞여 자라며, 설악산을 제외하고는 지리산, 덕유산, 가야산 등의 해발 800m 이상되는 지역에서 소집단으로 서식하고 있음을 관찰할 수 있다. 우리나라에서는 이렇게 제한적인 분포를 보이는 잣나무가 종실과 유용한 목재생산을 위하여 최근에 가장 많이 식재되고 있는 수종이다.

복유관속아속의 수종 중에 앞에서 설명된 중국의 *P. tabulaeformis*의 변종으로 만주곰솔(*P. tabulaeformis var. mukdemsis*)이 있다. 이는 만주와 평안도의 일부지역에 출현한다고 보고되었으나 정확한 분포는 물론 생물학적 특성에 대한 조사가 충분히 이루어지지 못하였다.

미인송 또는 장백송 (*Pinus sylvestris var. sylvestriformis*)은 유럽소나무의 변종이라 알려져 있으나 한 때에는 우리나라 소나무의 변종으로 간주되기도 하였고 최근에는 소나무와 유럽소나무와의 이입교잡종이라는 학설도 있어 앞으로 구체적인 특성이나 타수종과의 관련성 등이 구명되어야 할 것이다. 장백송은 백두산지역과 인근의 만주에 제한적으로 분포하나 워낙 희소한 관계로 보호받고 있다.

곰솔 (*P. thunbergii*)은 흔히 해송이라 불리며 경기도 남양에서 부터 해안을 따라 남해안을 거쳐 동해안의 울진까지 분포하는 바닷가의 수종이다 (그림 7). 바람과 소금기에 견디는 힘이 강하기 때문에 자연분포지역 이외의 바닷가나 인접지에 많이 식재되었다. 곰솔은 일본의 해안에도 고르게 분포한다. 곰솔과 소나무의 분포가 겹치는 지역에서 두수종간의 교잡이 일어나 잡종이 생기는 것으로 알려졌다.

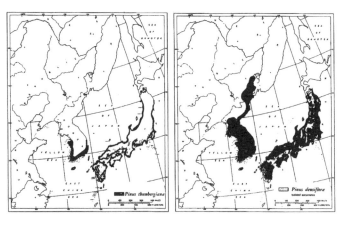

| 그림 7. 곰솔의 분포 | 그림 8. 소나무의 분포 |

소나무 (*P. densiflora*)는 한반도에는 물론 중국과의 국경을 넘어 만주의 동쪽지역에도 분포한다 (그림 8). 또한 산동반도에도 산발적으로 존재한다고 보고되었다. 일본에서도 혹까이도를 제외한 거의 전역에 분포한다. 소나무는 우리나라에서 남쪽으로는 제주도, 동쪽으로는 울릉도, 서쪽으로는 흑산도와 홍도에도 서식하며 육지에서는 함경, 평안도의 고원지대를 제외하고는 거의 전역에 분포한다. 수직적으로는 남부에서는 해발 1200m 이하, 중부에서는 1000m 이하, 북부에서는 900m 이하에서 자라나 주로 200-400m 정도의 중간 범위에서 잘 자란다.

소나무는 양수에 해당되지만 노령림의 그늘 아래에서 치수발생이 양호하여 천연갱신에 의해 순림을 이루는 경우가 많다. 환경에 대한 적응력이 뛰어나 산악지뿐만 아니라 낮은 지역이나 바닷가에서도 잘 생육한다.

우리나라에 언제부터 소나무류가 증가하기 시작하였으며 현재와 같은 분포를 갖게 되었는지를 수종별로 이야기 할 수는 없으나 그 동안 일부지역에서 얻어진 화분분석의 결과는 전체적인 흐름에 관한 몇가지 단서를 제공해 준다. 지금부터 약 10000 - 6700년전의 시기에는 한반도의 식생은 참나무류와 기타 낙엽활엽수가 주를 이루었으며,이 시대의 기후는 전 시대에 비해 상당히 온난화 되었던 것으로 추정된다. 소나무류의 현저한 증가는 지금부터 6700 - 4500년전의 약 2000여년 동안의 일로 여겨진다. 그러나 소나무류의 증가가 이러한 기후변화와 직접 관련된 것으로 해석할 수는 없다. 왜냐하면 몇지역에서 탄편의 함유량이 높은 점토층위에 소나무류의 화분이 급증하기 때문이다. 이러한 사실로부터 당시에는 산불이 자주 발생하여 소나무의 이차림이 성립되기 쉬운 환경이 조성되었던 것으로 추정할 수 있다. 아마도 그 당시의 강우량이 지금과 크게 다르지 않은 반면에 연평균기온이 조금 높았었다면 기후가 상당히 건조하여 산불이 빈번히 일어날 수 있는 가능성이 컸을 것이다. 우기에 토양침식이 일어나고 건조기에 토양이 메마르게 된것 역시 다른 종류에 비해 소나무류의 생육에 유리하게 작용했을 것이다.

4500 - 1400년전의 기간 동안에는 소나무류가 감소하여 다시 참나무류. 개서나무류. 느릅나무류 등이 우월하게 나타난다. 이 시대 이후 젓나무가 증가하여 기후가 차츰 한냉하게 된 것을 알 수 있다. 그 이후에는 농경활동이 활발해지고 산림의 파괴가 가속화 되었고 각지의 화분도의 최상부에는 소나무류의 화분이 80%이상의 높은 출현빈도를 보여 현재와 같은 소나무의 임상이 전개되었음을 알려준다.

5. 마치면서

몇권의 책과 제한된 양의 자료를 토대로 지구상의 소나무류의 발달역사와 분포를 간단하게 정리하면서 우리나라 소나무류의 기원과 발달과정을 보다 상세히 써보고 싶었으나 절대적인 자료의 부족을 다시 한번 실감해야 했다. 한반도에서의 소나무류의 이동과 발달역사를 파악하는 데 화석에 의한 고생물학적 연구는 필수적이다. 그러나 이분야의 연구는 타분야에 비해서는 매우 미진한 편이며 국가나 일반인의 이에 대한 인식도 부족하다고 생각된다. 한반도에서 화석이 처음으로 보고된 것은 1800년대 후반으로 독일학자에 의한 것이었다. 그후 20세기 초에서 1940년대 까지는 주로 일본의 지질학자들에 의하여 연구가 진행되었다. 우리나라의 과학자에의한 연구는 1960년대에 들어와서 시작되었고 1970년대에 이르러 고생물학을 전공하는 학자가 증가되었다. 앞으로 연구가 활발히 진행되어 소나무류 뿐만 아니라 타생물에 대한 보다 상세하고도 가치있는 결과가 얻어질 것을 기대해 본다.

이 분야의 연구가 상대적으로 빈약한 것은 한반도의 지질시대적인 특성과도 관련이 있을 것이다. 한반도에는 지질시대적으로 선캄브리아의 지층과 화성암류가 전국토의 70%이상을 점하고 있다. 선캄브리아지층은 오랜 지질시대를 거치면서 변성작용을 받아 대부분 변성암류로 되었기 때문에 화석 본래의 구조와 형태가 파괴되어 화석의 산출이 매우 드물고 화성암류에는 지각내부의 마그마가 관입 고결되어 생성되었기 때문에 화석이 존재하지 않는다. 따라서 한반도에서 화석이 발견될 수 있는 퇴적암류의 분포는 전국토의 30%를 넘지 못하고 이 중에도 화석이 풍부한 해성층이 제한되어 있어 발견되는 화석의 종류와 양도 빈약한 편이다.

우리나라에 자생하는 소나무종류의 대부분이 이북과 만주 또는 러시아에도 분포하지만 이 지역의 자연분포에 대한 정확한 지식은 물론 생태적 특성, 유전변이의 정도 등에 대한 정보가 결여되어있다. 수종에 따라서는 이 지역의 유전자원을 반드시 수집하여 활용할 필요도 있기 때문에 앞으로 이 방면에 많은 관심을 가져야 할 것이다.

우리 모두가 무언가 모르게 가지고 있는 소나무에 대한 특별한 애정은 소나무가 우리나라에 매우 흔하고 우리의 생활문화와 매우 밀접하게 관련되어 있었을 뿐만 아니라 우리가 늘 추구해야 했던 굳건한 기개와 강직함을 간직하고 있기때문이겠지만, 한편으로는 바위 위에서 온갖 고난을 그대로 맞이하며 굽은채 살아가는 모습속에서, 슬픔을 넘어 응어리진 우리의 삶을 발견하고 같이 느껴왔기 때문은 아닐까? 그 이유가 무엇이든 간에 소나무는 정확한 수종명과 상관없이 우리에게 가장 친근하고 가까운 우리의 나무일 것이다. 우리의 것이고 늘 곁에 있었기 때문에 잘 알고 있는 것처럼 느껴왔으나 정작 이를 아끼고 소중하게 지켜야 할 필요가 생겼을 때, 그동안 우리의 것에 대해 너무 소홀했음과 알고있는 지식이 터무니 없이 빈약함에 당황하게 되는 일은 소나무의 경우에 그대로 적용되는 것 같다.

몇가지 안되는 소나무 종류에 대한 개별적인 것은 고사하고 가장 많고도 흔한 소나무에 대하여 우리가 무엇을 알고있으며 그동안 무엇을 연구했는지를 생각해보면 부끄럽기 그지없다. 우리나라의 소나무종류는 언제 어디에서부터 출발하였으며 어떻게 지금과 같은 분포를 갖게 되었는가? 어떤 특성을 가지고 있길래 어느 곳에서는 그렇게 좋은 모양으로 자라고 또 다른 곳에서는 그렇게 볼품이 없는 것일까? 왜 유독 우리나라에서만 솔잎혹파리에 의한 소나무의 피해가 이렇게 심하며, 또 앞으로 우리나라의 소나무는 어떻게 되는 것일까? 너무도 자주 자문하고 생각할 때마다 답답하게 느끼는 이유는 이 문제가 단순히 어렵다는 생각때문이 아니라, 소나무와 더불어 생각하고 그 속에서 일할 때 답이 나올 수 있으며, 이 일을 수행해야할 책임은 누구보다도 학자들에 있다는 것을 잘 알기 때문이다.

어떤이는 우리나라의 소나무가 생태적으로 점차 쇠퇴해 간다고 이야기한다. 또 어떤이는 병충해나 산성비의 피해 때문에 머지않아 소나무숲이 소멸될 것이라고도 말한다. 정말로 이 땅에서 소나무가 사라질지도 모를일이다. 소나무류는 1억년 이상을 지구상에서 환경에 적응하면서 오늘에 이르렀다. 가장 극심한 환경변화였던 빙하작용은 부분적이기도 했지만 결빙지역 안에서도 안전한 피난처가 있었기 때문에 이를 극복할 수 있었다. 인간의 출현이후 문명의 발달과 더불어 인간에 의해 야기되고 있는 생태계의 변화는 수백, 수천만년 동안에 자연적으로 진행되었던 변화와는 그 종류를 달리할 뿐만 아니라 강도도 비교할 수 없을만큼 급격한 것이 아닌지 모르겠다.

소나무는 매우 슬프고도 아름다운 사랑의 이야기를 간직하고 있다. 요정 Pitys는 목축신인 Pan의 매력에 끌려 사랑하게 되었다. 그러나 피티스를 사랑하던 북풍의 신 Boreas는 말다툼 끝에 화가나서 피티스를 바위 위에 밀쳐버려 그녀의 팔다리를 망가뜨렸다. 불쌍한 피티스는 한그루의 소나무가 되었다. 소나무의 부러진 가지에 맑게 맺히는 송진의 방울은 그녀가 자신의 젊은날과 애인, 특히 팬을 생각하며 남모르게 흘리는 눈물방울이다.

오늘날의 소나무의 현실은 그리스의 신화처럼 낭만적이지 못하다. 소나무는 여기 저기에서 북풍에 의해서가 아니라 인간의 직·간접적인 행위에 의해서 심하게 찢기고 부러지고 있다. 정말로 아름답고 소중한 우리의 것을 지키려면, 우리의 것을 더욱 상세히 알기위해 노력도 해야 하지만 우선 우리의 것을 아끼는 마음을 가져야할 것이다. 우리의 것인 소나무를 아끼는 마음의 시작은 소나무를 사랑하는 것이리라.

참고 문헌

김준민. 1980. 한국의 환경변천과 농경의 기원. 한국생태학회지 3(1-2): 40-51

김진수. 1990. 산림자원의 효율적 이용 및 보전을 위한 잣나무의 생태유전학적 연구. 문교부 자유공모과제 최종보고서, 147p.

박정동. 1985. 눈잣나무 군총의 생태학적 연구. 고려대학교 대학원 석사학위 논문, 38p.

이창복. 1986. 신고 수목학. 향문사, 331p.

이하영. 1987. 한국의 고생물. 대우학술총서,자연과학 44. 민음사, 434p.

중국과학원. 1978. 중국식물지 제 7권. 542p.

Critchfield, W. B. and E. L. Little, Jr. 1966. Geographic Distribution of the Pines of the World. USDA Forest Service, 97p

Little, Jr. E. L. and W. B. Critchfield. 1969. Subdivision of the Genus *Pinus* (Pines). USDA Forest Service, 51p.

Mirov, N. T. 1967. The Genus *Pinus*. The Ronald Press Company, 602p.

Mirov, N. T. and J. Hasbrauk. 1976. The Story of Pines. Indiana University Press, 148p.

소나무가 사라져 가고 있다

마 상 규 (임업기계훈련원 원장)

숲과 문화의 편집자로부터 소나무에 대해 토론회가 있으니, 발표할 제목을 제출하라고 요청이 왔을 때, 곧 바로 생각나는 것이 소나무가 사라지고 있다라는 것이었다.

1. 소나무는 사라지고 있는 것일까?

평소 소나무가 쫓겨 나가고 있다고 느껴왔던 점을 토론회를 통해 이것이 사실인지 아니면 착각인지에 대해 알아 보고자 이 제목을 신청을 했으나 막상 글로서 발표하라고 하니 당혹스러운 일이 아닐 수 없다. 대자연의 섭리를 어떻게 감히 인간이 밝힐 수 있을 것인가 하는 조심스러운 생각이 들지만 소나무를 아끼는 뜻에서 염려된 사실을 밝히는 것이 옳은 것 같았다.

그러면 왜 소나무가 사라지고 있다는 사실을 느끼고 필자 나름대로 이를 확신하고 있는 이유를 설명하고자 한다.

① 직장관계로 10여년 넘게 영동고속도로를 이용하면서 느낀 사실이다. 서울에서 원주까지 도로변의 소나무가 소멸되는 현상을 피부로 느낄 정도이었다.
② 그리고 작업현장에서 참나무류의 번성을 보았다. 과거 소나무 벌채지는 대부분 참나무림으로 천이되었고, 소나무 밑에는 다른 식물의 침입이 어렵다고 하였으나, 참나무류가 무성하여지고 있음을 발견할 수 있었다.
③ 소나무 천연갱신이 어렵다는 일선 실무자의 말들

이 사실로 받아들여지게 되었다.

소나무림의 상태로 보아 소나무 천연갱신이 어렵다고 하여 필자의 느낌과 일치하게 되었다.
④ 해외에서 오랫만에 고국을 방문한 학자들도 같은 느낌을 갖고 있다. 독일 임과대학 교수와 국민대 임과대학 학장으로 계셨던 고영주 박사님도 소나무가 쇠퇴하고 있다는 느낌을 갖고 계셨으며, 미국에서 오신 남궁 진 박사도 전에 보지 못했던 활엽수가 왜 이리 무성하게 되었느냐는 의문을 제시하기도 하여 필지의 느낌이 사실인 것 같이 느끼게 되었다.

이상과 같은 사실로 인해 소나무가 사라지고 있다는 논리를 제시하고 여러분의 의견을 듣고자 한다. 다만 토의의 근본 목적을 「만일 소나무가 사라지고 있다는 것이 사실이라면 생태적, 문화적, 임업적 측면에서 소나무를 지키는 대책」이 강구되어야 할 것이 아닌가 하는 점을 제안하기 위함이다.

2. 소나무가 사라지고 있는 이유는?

아시는 바와 같이 소나무의 생태적 특성은 선구수종이고 양수라는 사실을 먼저 인식하여야 한다. 즉, 다른 수종이 침입하기 어려운 조건일 경우 먼저 침입을 하여 생활하는 생태적 특성을 이해한다면 소나무가 사라지는 이유를 예측할 수 있을 것이다.
① 과거 보아왔던 소나무림은 인위적인 극성상이었다. 즉 자연에 의해 소나무림이 발달된 것이 아니라 오랫동안 인간의 간섭에 의해 소나무림이

조성된 것이라는 것이다.
- 우리나라는 소나무 문화권이었다.
  유럽은 활엽수 문화권에 해당하는데 비해 한국을 포함한 동양권이 침엽수 문화권에 속하는 이유는;
  제철 기술이 뒤져 단단한 활엽수재 보다는 연한 소나무를 다루기가 용이하여 소나무를 선호하였던 것이 아닌가 생각된다. 이유야 어찌하였든 소나무를 보호하고 활엽수는 천시하였다.
- 활엽수를 잡목시 하여 소나무에 보다 좋은 기회를 주었다.
  현재도 활엽수를 잡목(별 쓸모없는 나무)시 하고 있으나 사실은 수입재의 대부분이 활엽수이고 가구재는 활엽수를 이용하고 있으면서도 우리 활엽수에 대해서는 아직도 잡목으로 취급하고 있는 것은 소나무 문화 유산인 것 같다.
  이와같이 활엽수를 잡목시 하여 녹비와 연료재로 계속 채취 이용한 관계로 활엽수가 자랄 기회를 잃게 되고 동시에 소나무에게 보다 좋은 생활환경을 주게 되었다. 마치 소나무림 조성을 위한 보육작업 효과를 사회적 관습이 만들어 준 셈이다.
- 낙엽채취는 소나무 침입과 천연갱신에 좋은 조건을 주었다.
  낙엽채취는 토양을 척박하게 만든다. 이는 선구 수종인 소나무 생활조건을 만들어 준 셈이다. 또한 표토가 척박하게 되면 하층식생이 발달되기 어려우므로 양수의 성질을 가진 소나무의 천연갱신에 호조건을 준 셈이다.
- 마을에서 멀어질수록 소나무림의 비율이 낮다.
  지금도 마을 근방은 소나무림이 주종을 이루고 있으나, 멀리 떨어질수록 활엽수림의 비율이 많다는 것은 결국 인간의 간섭이 컸다는 것을 증명하고 있는 셈이다.
  결국 소나무림은 우리의 생활습관에 의해 조성된 것이며 그 습관(녹비채취, 낙엽채취, 연료채취 등)이 변화됨으로 이에 따라 소나무림에도 영향을 받게 되었을 것이다.
② 원래의 산림 상태로 발전된 기회를 갖게 되었다.
- 기후 특성상 한국의 산림은 낙엽 활엽수로 구성되어 있어야 생태적으로 맞는 현상이다. 인간의 간섭이 사라지므로 활엽수가 원래의 고향으로 돌아가고 있다.
- 녹비 대신에 화학비료, 임산연료 대신에 석탄으로, 참나무 숯 대신에 가스를 이용하므로 더 이상 활엽수 생장을 억제할 인간의 간섭이 줄어 들었다.
- 낙엽채취 등이 사라지므로 표토는 비옥하게 되고 그 동안 맹아로 연명한 활엽수에게 시간이 지날수록 보다 좋은 생활 조건을 주게 되어 결국 소나무를 이길 수 있는 힘을 갖게 되었다.
③ 소나무 단순림은 병충해와 산화에 약하다.
- 솔잎혹파리의 피해는 임내 투광량을 증대시키는 계기가 되었고 임상에 있던 참나무류에 생장 촉진 기회를 주었다.
- 단순림은 병충해 피해에 약하다.
  옛날에는 송충이 피해, 지금은 솔잎혹파리 피해, 다음은 무엇이 나타날지 모르는 일이다. 소나무가 사라지고 있는 치명적인 원인 중의 하나가 병충해 피해이다. 단순림은 목재 생산 측면에서 생태학적으로 불안정하고 경제적으로 불안한 것이다.
④ 소나무 보육을 소홀히 하였다.
- 소나무는 우리 국민 정서에 중요한 위치에 있다.
  애국가 속에서 보면, 한국인의 기상을 상징하는 수종이다. 이를 관심을 갖고 보육을 했어야 하나 수도권 근교와 고속도로변의 소나무가 사라져 가고 있는 것은 아쉬운 일이다.
- 소나무를 활엽수와 경쟁을 시키면 생태적 특성으로 보아 소나무가 지기 마련이다. 척박하고 건조한 곳과 같은 어려운 환경하에서는 이겨나 갈 수 있는 소나무는 활엽수가 들어오면 쫓겨 나가는 성질이 있으므로 보육을 해주었어야 하나, 병충해 피해를 받은 나무를 보육할 필요가 있겠느냐는 생각하에 자연에 맡겨 두었다.
- 소나무림을 벌채하고 대신 다른 수종을 식재하여 왔다. 병충해에 약한 것도 원인이 되었으나 소나무를 값지게 생각하지 않은 사회풍토에도 원인이 있었다고 생각된다. 우리 수종을 심고 가꾸는 연구보다는 외국 수종의 도입과 새로운 수종 개발에 더 열중하였지 않은가 생각된다.
  결국 소나무가 사라진 것은 국민생활 습관의 변화, 병충해와 산화피해 그리고 국민 모두의 합작에 의해 나타난 것이다. 자연의 힘에 계속 방임시켜 둘 경우 소나무는 원래의 자리(다른 수종이 자랄 수 없는 곳)으로 돌아가고 그 자리는 온대림 대표 수종인 낙엽활엽수림으로 전환 될 것이다.

3. 정말 소나무림은 사라질 것인가?

필자는 그렇게 될 것으로 믿는다. 다만 다른 수종이 살기 어려운 바위산, 건조한 산등성이, 척박한 토지는 토양 조건상 소나무가 살 수 있는 지역에서만 생활을 연명할 것이다. 토질적 극성상 지역을 제외하고 종국적으로 소나무림은 사라질 것이다.
① 우리나라 산림 토양의 비옥도가 높아가고 있다. 과거 치산녹화와 입산 금지 등의 영향, 연료 문화의 변화 등으로 산림토양의 조건이 좋아지고 있기때문에 더 이상 소나무에게 기회를 주지 않을 것이다.
② 현존 소나무림의 임상에는 대부분 참나무류가 침입되어 있고 시간이 지날수록 침입조건이 좋아지고 있으며 제벌과 간벌등을 통해 참나무류의 활력도가 높아질 것이므로 차세대에는 다시 소나무림으로 복구하기 어려울 것이다. 이는 과거의 조림지를 보면 충분히 증명할 수 있다.
③ 병충해에 의한 피해 역사 때문에 소나무 인공 조림을 계속 기피할 것이며 소나무 인공 조림을 하고자 할 경우 토질 조건이 좋아질수록 소나무림 조성 비용이 증가 될 것이다.
④ 소나무가 혼효되어 있는 천연림을 자연 그대로 방임시키고 있기 때문에 경쟁력이 약한 소나무가 활엽수 등에 의해 피압을 받아 탈락될 것이다.
결국은 시간 문제이지 현존 소나무 세대가 지나면 대부분의 소나무림이 급격히 사라질 것이며 종국에는 소나무 문화권, 소나무 임업권에서 활엽수 문화와 임업권으로 전환될 것이므로 판단 된다.

4. 소나무를 이대로 방임할 것인가?

모든 생물을 자연 그대로 방임 시킬 경우 자연의 순리를 따르게 된다. 소나무도 자연 그대로 방임 시킬 경우 어쩔 수 없이 원래의 고향으로 돌아가게 되고 그 자리는 원래의 주인이 차지 하게 된다. 그렇게 되면 한국은 활엽수 위주의 나라가 되게 된다.
부락 가까이는 상수리 나무와 굴참나무림이 될 것이며, 시간이 지나면 여러 종류의 활엽수종이 들어오게 되어 풍치도 낙엽 활엽수 위주가 되며, 생활 문화도 활엽수 중심이 될 것이다.
그러나 임업이란 그리고 과학 기술이란 자연의 흐름을 정지시켜 인간이 바라는 자연을 만드는 일이다. 소나무를 한국의 수종 그리고 임업 대상의 수종으로 생각한다면 자연의 흐름을 정지시켜 주어야 한다.

소나무를 어떻게 볼 것인가?

풍치면에서 보면, 소나무 없는 겨울 풍경, 소나무 없는 뒷 동산 풍경, 붉은 빛나는 소나무(赤松)가 없는 산림내의 풍경은 가치가 있는 것인가
문화면에서 보면, 소나무 없는 자연은 전통성이 없는 문화와 같지 않을까. 애국가 속의 소나무는 어디서 찾을 것인가. 소나무 박물관에서 볼 것인가.
임업측면에서 보면, 우리나라의 대표적인 침엽수종이고 토양 조건상 소나무만한 수종이 없으며 목재의 질과 생장등으로 보아 영원히 한국 수종인데 이를 방임할 것인가. 소나무를 다시 생각해 볼 때이다. 건강하고 그리고 값지게 키우는 방법을 강구하여 우리 민족 유산으로 넘겨 주어야 할 것이다. 그래서 소나무가 사라지도록 맡겨 둘 것이 아니라 소나무에 대한 과학기술과 경영기법을 개발하여 우리 민족과 영원히 함께 할 수 있도록 소나무가 살아갈 기회를 만들어 주어야 할 때이다.

소나무 숲의 토양

이 천 용 (임업연구원 입지환경과 연구관)

1. 숲 토양이란 무엇인가.

토양은 생명을 지탱하여 주는 발판이다. 러시아의 토양학자 드크체프는 토양이란 지구표면을 덮고 있는 암석의 풍화물과 동식물의 분해물과의 혼합물로서 母岩, 地形, 生物, 氣候, 時間의 상호작용에 의하여 생성된다고 하였다. 오왕근은 흙은 살아있는 자연체로서 지구의 옷이라 표현하였다.

숲토양은 바위가 먼저 바람, 온도의 변화, 화학작용, 생물 등의 작용에 의하여 풍화물이 생기고, 이곳에 먼저 양분을 많이 요구하지 않는 하등식물인 이끼류 또는 공중질소고정식물이 먼저 침입하여 정착한다. 여기서 식물의 유체는 토양에 남아 다음에 침입하는 식물의 에너지원이 되고 또 수분을 갖게 된다. 이와같이 생물적 소순환을 통하여 암석풍화물의 표면에는 질소나 칼슘 등이 축적되며 양분공급이 증가하면 고등식물의 정착이 쉽고 유기물도 점점 쌓인다. 이 낙엽층 이야말로 숲의 가장 뚜렷한 특징이다. 낙엽을 가장 많이 떨어 뜨리는 나무는 가을에 잎이 전부 지는 낙엽송이지만 늙은 소나무도 1년에 헥타아르당 3.7톤이나 된다. 낙엽이 땅에 쌓이면 이것을 먹고 사는 작은 동물-톡톡이, 진드기, 거미, 쥐며느리, 개미들은 낙엽을 잘게 부수고, 배설물은 토양의 상태를 개선한다. 1헥타아르에 사는 지렁이는 매년 30톤의 흙과 낙엽을 먹어 치운다. 또한 토양미생물- 곰팡이, 세균, 방선균 등이 모여 살면서 낙엽을 더 작게 분해할 때 검은색의 유기물이 나오고 이것이 땅속에 스며든다.

그 속에는 질소, 인, 칼리와 같은 양분이 들어 있으므로 나무뿌리가 흡수하여 자기가 자라는 데 보충을 한다.

낙엽이 쌓여 있으면 이불을 덮은 것 같이 외부의 급격한 기온의 변화를 막아주고 강한 빗방울이 땅을 때려도 직접 흙을 파헤치지 못하므로 침식이 발생하지 않는다.

낙엽층 바로 밑의 토양은 낙엽의 분해물이 토양알갱이와 결합하여 굵은 덩어리를 만들고 그사이에 나무뿌리가 숨쉬는 공기와, 임목생장에 필수적인 물을 가두어 둔다.

땅속은 나무들이 햇볕을 차단하고 낙엽이 덮여 있어서 쉽사리 마르지 않는다. 특히 소나무의 뿌리는 수직으로 곧게 뻗는 성질을 갖고 있어서 1m 까지 들어가면 웬만큼 가물어도 말라죽지는 않는다.

2. 소나무 숲 토양의 역사

과거 우리나라는 소나무 숲이 대부분인 단순림이었다. 1930년대 전국 산림면적의 75%가 소나무였으며 사유림이 많았다. 소나무 단순림은 토양이 건조하고 지력도 낮은 지역에 분포하고 면적도 넓어 활엽수가 침입할 기회가 적었다. 불리한 토양 상태가 장기간 지속되면서 비옥도는 쉽게 개선될 수 없었고 화강암과 화강편마암을 모암으로 한 토양에서는 기상요인 등에 의해 침식이 발생하여 임간나지(林間裸地)가 급격히 증가하였다. 또한 농촌의 연료로 매년 많은 낙엽과 풀이 채취되어 양료의 순환이 충분하지 못하여 토양은 점점 더 척박하였다. 그러나 1960~70년대에 소나무를 놔둔채 사방사업을 실시한 결과 그림1과 같이 소나무의 생장이 증가하였다.

1972년 사방사업을 실시한 영일군 의창읍 대련동의 이암지대에 자생하고 있는 천연생 소나무는 평균 나이가 20년 내외인데도 수고는 약 4m에 불과하였는데 이곳은 표1과 같이 토양내 양료가 극히 적고 표토의 풍화가 빨라 표면침식이 심하며 강산성토양으로 질소와 인산이 크게 부족한 지역이다. 그러나 사방시공후에는 3년간의 연속시비와 비료목의 영향으로 그림1과 같이 사방전 연생장량이 10cm에 불과하던 소나무가, 시공한 이듬해 부터 급격한 생장증가현상을 보여 1975~1976년에는 년 40cm씩 자랐다. 그 후 사후관리없이 방치되자 생장이 계속 감퇴하여 시공후 10년에는 15cm씩 생장하였다.

표1. 사방전 이암지대의 토양특성

지형	토성	pH	유기물	N	p	CEC	K	Na	Ca	Mg
산복	식양토	4.3	0.5%	0.04%	7.0 ppm	9.0	0.5	0.3	1.3	2.0

※ CEC와 양이온의 단위는 me/100g임

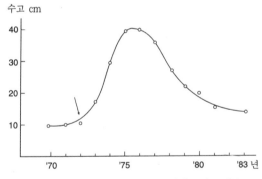

그림1. 사방후 영일지방소나무의 연평균 수고생장

이러한 결과로서 현재 토양의 침식이 방지되고 비옥도도 증가하여 소나무 생장은 과거와 같지 않다.

3. 토양형에 따른 소나무 숲의 분포

우리나라의 산림토양은 땅속 깊이 있는 암석의 영향을 가장 많이 받았으며 지질, 지형, 토색, 구조 등에 따라 편의상 분류된다. 소나무 숲이 가장많이 분포되어 있는 곳은 제일 흔한 암석인 화강암과 화강편마암지역에 있는 갈색산림토양(B)인데 이것은 습윤한 온대 및 난대기후대에 분포하며, A-B-C층을 갖고 토양의 성질이 양호하며, 표토층에 양료가 많은 산성토양군으로서 지형과 토양수분에 따라 다시 6개의 토양형으로 나뉜다. 경기도와 강원도의 내륙지방에 분포하는 소나무와 강송의 생장이 가장 좋다.

영월 등 석회암지역의 암적색산림토양(DR), 영일 및 포항지방의 이암 등에서 생기는 회갈색산림토양(GrB)에도 소나무는 분포하나 전자는 산성을 요구하는 소나무에는 알카리성토양이기 때문에, 후자는 물리적성질이 불량하기 때문에 생장이 나쁘다.

참고로 소나무의 산림토양형별 평균수고 생장량은 다음 표2와 같다.

표2. 소나무의 평균수고 생장

토 양 군	20년	30년	40년	50년	60년
갈색건조산림토양(B1)	6.9	8.6	9.4	9.9	10.2
갈색약습산림토양(B2)	9.1	12.2	14.3	16.0	17.4
회갈색산림토양(GrB)	5.7	8.3	10.1	11.5	12.6

대체로 갈색산림토양(B)에서도 약습토양(B4), 적윤토양(B3), 약건토양(B2), 건조토양(B1)의 순으로 생장이 좋다. 그러나 소나무는 B4, GrB, DR에는 많이 분포하지 않는다. B4지역은 농지나 과수원으로 많이 사용되고 또한 쉽게 접근할 수 있어서 다른 수종이 식재되어 있다. GrB는 척박하고 건조하여, DR은 알카리성토양이므로 분포지역이 적다.

한편 일본의 소나무도 B4토양에서 생장이 양호하다.

중부지방소나무는 전국적으로 분포하나 온대중북부와 중부지역의 B3, B4토양에서 생장이 좋고 그외 지역 및 토양형에서는 생장의 차가 적다. 강송은 강원도와 경북북부지방의 B3, B4토양에서만 생장이 좋다.

4. 소나무 수체와 낙엽의 양분 함량

소나무 10년생의 부위별 양분함량비율을 보면 뿌리에 20%, 수간에 70%, 가지에 5%, 잎에 5%로서 수간에 가장 많이 들어 있고 N, P, K의 농도는 잎에 가장 많다. 즉 N은 1.0%, P는 0.15%, K는 0.8%로서 다른 침엽수에 비하여 N과 P는 낮으며 K는 높은데 비교적 양분요구도가 낮은 수종이다.

소나무 낙엽내 양분 농도도 계절에 따라 변하여 봄의 N농도는 1.1%이나 가을에는 0.5%로 감소한다. 소나무잎은 분해가 잘안되어 산마루와 같이 건조한 곳에는 조부식으로 남는다.

낙엽내 질소와 칼슘이 많으면 분해가 잘되는데 질소농도가 높아지면 탄질률은 작아져 미생물의 분해활동에 유리하며, 칼슘은 분해에 의해 생성된 산성물질을 중화하여 pH의 저하를 방지하므로써 미생물의 활동을 조장한다.

5. 소나무 생장과 입지환경

임업연구원 조사에 의하면 소나무생장은 지형, 표고, 토심과 큰상관이 있으며 그중에서도 지형이 가장 중요하다고 하였다. 소나무는 산자락이 산중턱이상의 지역보다 생장이 양호하며 오목한 곳과 붕적토인 곳에서 생장이 좋다. 경사는 36도이상이면 생장이 나쁘다. 중부지방소나무는 표고가 200m이상인 곳이 이하인 곳보다 좋았고 강송은 400m이상인 곳이 좋았다고 하였다.

산마루는 건조하므로 낙엽의 분해가 불완전 하여 많은 산성유기물이 생성되고, 이것을 중화하는 염기도 지형적인 요인으로 유실되기 쉽다. 표고가 너무 높으면 기온이 낮으므로 낙엽분해가 저해된다.

6. 소나무 생장과 토양특성

1) 토성
유기물이 적은 사질토양이나 치밀한 구조를 가진 점토질토양에서 생장이 나쁘다. 사양토와 식양토에서 생장이 양호하고 세근도 잘발달한다.

2) 견밀도
토양이 딱딱하면 물리적 압력이 뿌리의 비대생장에 큰 영향을 주므로 소나무는 이러한 토양에서 비대생장을 작게한다. 견밀도는 1.5kg/㎠ 이하가 좋고 3.0kg/㎠ 이상이면 생장이 나쁘다.

3) 토심
뿌리가 물리적인 큰저항 없이 깊게 들어갈 수 있으려면 적어도 토양의 깊이는 30cm 이상되어야 하고 70cm이상 되어야 양호한 생장을 기대할 수 있다.

4) 토양수분
적윤한 곳이 좋으며, 건조한 곳에서는 소나무의 생장이 불량하다. 표토의 액상이 높으면 생장이 양호하다.

5) 화학성
토양내 질소와 유기물이 많으면 뿌리가 토양에서

차지하는 비율(뿌리밀도)이 증가하지만 소나무는 토양내 질소가 0.4%이상 되면 질소가 증가되어도 뿌리밀도가 늘지 않는다. 유기물과 염기포화도가 높을 수록 생장이 양호하며 Na가 많을 수록 생장이 불량한데 우리나라 소나무의 대표적인 자생지 강원도 양양지방의 소나무숲 토양의 산도(pH)는 6.0으로 약산성이고 유기물은 2.0%로 적으며 전질소는 0.1%, 인산은 10ppm으로 비교적 양분이 적다. 칼리는 0.3me/100g, Na는 0.15me/100g, Ca는 0.3me/100g, Mg는 0.2me/100g 들어 있다. 중부지방소나무 숲의 토양의 좋고 나쁨을 판단하는 토양양분의 기준은 표3과 같다.

표3. 토양 양분에 의한 소나무의 適地 판정기준

판정기준	pH	질소 %	인산 ppm	치환성K me/100g	치환성Ca me/100g	치환성Mg me/100g	CEC
양호	5.4~5.6	0.4~1.0	30 이상	0.4이상	6 이상	1.0 이상	18 이상
불량	5.0 이하	0.2 이하	10 이하	0.2이하	2 이하	0.5 이하	10 이하

참고 문헌

1. 김태훈 외. 1988. 산림토양분류에 관한 연구. 임연연보 37:19-34
2. 김태훈 외. 1991. 토양형별 주요수종의 생장. 임연연보42:91-106
3. 三宅正久. 1976. 조선반도의 임야황폐원인. 농림출판. 159쪽
4. 大政正隆. 1978. 삼림학. 공립출판. 553쪽
5. 이원규 외. 1986. 소나무. 곰솔 천연치수림의 제벌지타시비시험. 임연연보33:55-66
6. 이천용. 1986. 토양 및 식생변화에 따른 산지사방공사의 효과에 관한 연구. 고려대 박사논문. 60쪽
7. 이천용. 1992. 산림환경토양학. 보성문화사. 350쪽
8. 산림자원조사소. 1970. 적지적수 조림을 위한 산림토양조사. 임시연보 17:77-107
9. 정인구. 1975. 비배임업. 가리연구회. 434쪽
10. 토양조사연구반. 1987. 입지환경인자에 의한 지위지수에 관한 연구. 임연연보34: 48-64
11. 토양조사연구반. 1988. 입지환경인자에 의한 지위지수에 관한 연구. 임연연보36: 22-43

소나무의 서식지 선택 특성에 대하여

임 주 훈 (국민대 박사 후 과정)

1. 머리 말

소나무가 우리 산림(남한)에서 차지하는 면적은 단일 수종으로서 으뜸인 전체의 42퍼센트나 된다. 온대림 지역에서 어떤 하나의 식물종이 어떤 지역을 우점하면서 서식하고 있는 경우는 극히 드문데도, 소나무가 이렇게 많은 면적을 차지하고 있다는 사실은 생태학을 전공하는 누구에게나 의아한 사실일 것이다. 또한 산불이나 지진 등에 의한 피해가 아닌 곤충인 솔잎혹파리에 의해 소나무 숲이 전멸되고 있다는 사실 또한 너무나도 의아하게 받아들여 질 것이다. 그러나 그것은 아메리카 인디언이 거의 사라져 보호되고 있는 인류 사회의 경우와 비교할 때 너무나도 당연한 현실이다. 물론 인류에 있어서의 작인(作因)은 자연 생태계에서의 경우와는 무척 다르며 그 해석 방법에 있어서도 동일시 될 수는 없지만 단지 존재 유무에 관한 기록만을 비교한다면 무엇이 다르겠는가? 또 목적이나 방법이야 다르지만 소나무를 보호해야 한다는 명제에 대해서 어느 누구가 반대를 할 수 있겠는가! 본인은 산림입지학적 관점에서 소나무가 자라고 있는 숲의 입지 및 종조성상의 구조를 분석해 봄으로써 소나무의 서식지 선택 특성에 대하여 말하고자 한다.

2. 본 론

1) 종들의 일반적인 서식지 선택 특성

우리가 살고 있는 이 지구 생태계 속에는 수없이 많은 종들과 그들의 개체들이 순환적 구조를 이루면서 살아가고 있다. 즉, 지구상의 모든 개체들은 그들을 둘러싸고 있는 환경에 대한 각각의 고유한 반응 기작을 가지면서 지구라고 일컬어지는 생물권 안에서 각자의 자리를 차지하고 생육하고 있다. 그들은 리비히가 '최소량의 법칙'을 제안하면서 지적했듯이 여러 가지 환경 요인 중에서 가장 조금 그들에게 제공되는 인자에 의해 제한을 받으며 살고 있으며, 또한 그러한 제한요인들을 극복하기 위한 여러 가지 적응적 특성들을 가지고 그가 속한 종의 개체수를 최대한으로 유지하려는 노력을 하고 있다.

종들이 가지고 있는 모든 환경 인자들에 대한 내성의 차이는 환경적응적 특성으로 나타나는 데, 그 예로서 생육형, 종자의 산포(형태적 적응 및 산포 방법의 선택 등), 생육기(계절)의 선택, 생장 속도의 조절, 공생체의 선택, 특정 분비 물질을 이용한 타생물로부터의 보호 등을 들 수 있다.

종들이 가지고 있는 환경 적응 능력 중 식물들에게 특히 선호되고 있는 방법으로써 서식지 선택을 들 수 있다. 모든 종들은 다른 종과의 경쟁이 없을 경우, 모든 종의 생활에 적당한 중간 정도의 입지에 그들의 개체수를 가장 많이 분포시킬 것이다. 즉, 어떤 종의 개체들은 어떤 환경 인자에 대하여 정규 분포를 나타내는 곡선을 그릴 것이다. 그러나 이 지구상에는 셀 수 없이 많은 환경 인자들이 존재하므로 어떤 종의 분포는 다차원의 공간 속에서 한정된 부분에 그들의 최적범위를 가지게 될 것이며, 우리는 이를 생리적 적지라고 일컫는다. 그러나 이 생리적 적지는 다른 종들에게도 마찬가지의 선택 대상이 될 수 있으므로 종들은 서로 입지를 차지하기 위하여 경쟁을 하게 된다. 결국 어떤 종의 분포는 그 종을 둘러싸고 그 종의 생육을 억제하고 있는 많은 경쟁종들과의 서식지에 대한 싸움의 결과로서 얻어지는 제한된 분포 영역 으로 국한되게 되는데 우리는 이것을 생태적 적지라고 부른다.

어떤 종들은 다른 종들보다 환경에 대한 적응 능력이나 다른 종들에 대한 경쟁 능력이 뛰어나 중간입지를 우점하게 되지만 경쟁에서 밀려난 종들은 그들의 환경 적응 능력에 따라 다른 종들이 도저히 침입할 수 없는 입지들에서 그들의 종을 보존하며 그들을 밀어냈던 좋은 입지에 현존하는 종들이 어떤 환경인자의 변화로 인하여 그 입지로부터 축출되기를 기다리고 있다. 물론 그 기다림은 실현이 될 수도 있지만 영원히 이루어지지 못하는 경우도 많다. 우리가 흔히 유럽의 식생과 북미의 식생을 비교할 때 유럽의 식물종이 다양하지 못한 작인으로서 빙하기를 들고, 알프스 산맥을 도피를 못하게 한 차단벽으로 인정하는 것들이 그 좋은 예이다.

한편 어떤 종들은 그들을 필요로 하는 다른 종들에 의해서 환경이나 다른 종들로 부터 보호되어 그들의 분포 영역을 넓히기도 한다. 인류는 지구 생태계의 구성원 중에서 가장 독특하게 그들의 개체수를 증가시켰으며 그들의 욕구를 충족시키기 위하여 많은 종들의 선택적 이용을 통하여 각 종들의 개체수를 증가시켰다. 예를 들어, 야생동물의 가축화를 통하여 소, 돼지, 벌 등의 개체수를 증가시켰고, 인류를 지키기 위한 특정의 목적으로 인하여 개나 고양이, 모르모트(쥐) 등을 증가시켰다. 어떤 동물들은 인류의 의도와는 다르게 자연 자원의 파괴로 인하여 (인공 구조물의 설치 등) 개체수가 증가되었는데 들쥐, 바퀴벌레 등이 그 예이다. 물론 감소되는 경우도 흔하다.

이와같이 볼 때, 소나무는 과연 위에서 언급된 여러가지 특성들 중 어떤 특성을 가지고 서식지를 선택해 왔으며 앞으로는 어떤 상태로 남을 수 있겠는가?

2) 서식지의 일반적인 분류 및 특성

지리적인 분포지를 고려하지 않는다면 서식지는 크게 일반입지와 특수입지로 대별할 수 있다. 즉, 어떤 산의 서식지는 해발고에 따라 상, 중, 하로 구분되며 구분된 각각에서 다시 그 지형적 특성에 따라 사면, 능선, 계곡으로 대별할 수 있는데, 이 세 가지 중 사면 부위는 일반입지로, 능선과 계곡은 특수 입지로 취급한다(그림1). 물론 사면상의 전석지나 암반지 등은 특수입지로 취급한다. 임업에서 관심 대상이 되는 것은 주로 일반입지이며 식생이나 생태적인 측면, 자연 보호를 위한 조사를 위해서는 특수입지에 대한 조사도 함께 실시되어야 한다.

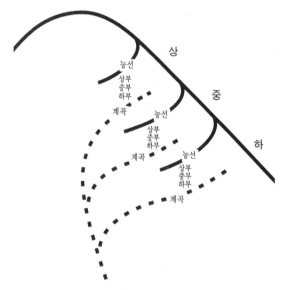

그림1. 서식지의 일반적인 분류

서식지에 대한 입지학적 분류를 위해서는 기본적으로 사면 부위의 식생을 조사하여 각각의 입지를 분류하여야 한다. 여러 지역에서의 조사 결과들을 종합 분석함으로서 생장구역을 구획하고 거기에 적합한 조림 수종들을 선정할 수 있게 된다. 보다 자세한 설명은 알베르트 라이프(Albert Reif) 교수의 '임업에 있어서의 산림 식생학과 산림 입지학의 중요성(숲과 문화 제2권 제2호, 1993)'을 참조하기 바란다. 능선과 계곡 부위는 지형적인 이유로 좁고 긴 식생대를 형성하는데 임업에서는 이용보다는 보존의 대상이 되는 곳이다. 물론 계곡의 경우 음나무나 물푸레나무 등의 특수용재를 생산하기 위한 시업을 적용할 수 있다.

3) 소나무의 서식지 선택 특성

소나무가 출현하고 있는 서식지와 그들이 어떻게 변하고 있는가를 알아보기 위해서 소나무의 우점도

표1. 소나무의 우점도 감소에 따른 몇 가지 교목성 종조성의 변화

지 역 번 호	KJATTTACCDSKAAK 141124711123152 43 3	CATATDCCTJAC 213152119262 31 0 67 4	CTCCJDD 2711343 2 89	TSJ 831	CCCA 2214 56	CDCSAC 152182 5 0 1	AACC 1322 2 78	T 6
해 발 고	1 144144332322724 525454024442842 0000000000C0000	577143233277 056729860302 000000000000	4 22422 4826062 0000000	22 630 000	2311 4460 0000	232333 777262 000000	1 1435 0088 0000	2 5 0
방 위	SSNSSSSSSSNSNNW E W E W WWEW E	NWSWSNNNNNSS E W E EE EE	SNNNNNN WEE W E	SNN	ESNS WEE	NNSSSS EEWEW	NNSN EW E	S W
경 사	4163 22223 21 305058000055555	111111112 32 072025775500	2321212 5235055	321 270	2216 0525	333333 650250	12 2 0750	1 5
사 면 위 치	RRUMMMMMMMLLL	RUMMMMMMLLL	UMMMMM	MML	RULL	UMMLLL	UMVV	M
출 현 종 수	3232221223344312 099537929135078	213123212425 325779158210	2321212 9238072	334 452	2222 9045	331322 798775	2432 7153	2 3
교목층 높이	1 1 1121 783799378880052	12 1 1 212 267588083259	111 1 1 0229091	11 968	1111 0045	111111 220682	111 8742	1 2
소 나 무 T1	55555555555555	444444444444	3333333	222	1111	111+11	1111	1
굴참나무 T1	2 1	1 2322		+	1	5534	12	
졸참나무 T1	r 1		2 3 2 3			11+ 44	1 1	
상수리나무T1	r		1	111	33	5444		
신갈나무 T1	+		1		1	1 ++	43 1	
갈참나무 T1							43	
떡갈나무 T1							1	
물푸레나무T1			2			1+		
곰 솔 T1			+	+				5
소 나 무 T2	5212 1 1+ 2	1 11+ 11 2 1	2++1 1	31+	+11	+ 1	1	
굴참나무 T2	+ +	1 2111		+	1+	2211	1	
졸참나무 T2	1 1111 1	1+ + 1	1 2 1	+	2	2212		2
상수리나무T2	r 1 +	+	1 1	1	1+21		1	
신갈나무 T2	++ 1 2			2	1+	++	11	
떡갈나무 T2	+	++			+ 1			
물푸레나무T2	+ 1 2							
곰 솔 T2			r	+				3
소 나 무 S	4 2122 1	+ + +					1	
굴참나무 S	+2 + +	2 2+11 2		+		11	1	
졸참나무 S	1 + 111111 2	+2+ 2 1	2++ +	11+	+	1r	+	1
상수리나무S	+1 1			3	++2+		+	
신갈나무 S	1+ +112+3+	2 2+		2		r	11	
떡갈나무 S	+2233	2 + 1 +	1+1 +	1	12		1	
갈참나무 S			2 2				2	
물푸레나무S	+ + 1++	++				++	+++	
소 나 무 H	+	+	+				
굴참나무 H	+ +11	1+++				+++r	
졸참나무 H	++++ + +	1 + ++ +	+ 3 3		+r	+	+
신갈나무 H	+		2	2			
떡갈나무 H	11	2 +1	2 2		++ 1		
물푸레나무H		+			r	+	

A:강원도; C:충청북도; D:충청남도; J:전라북도; K:전라남도; S:경상북도; T:경상남도

(자료: 환경청, 1988 - 1990, 자연생태계 전국조사 - 식생)

별 교목성 수종들의 우점도 변화를 나타내는 표를 작성하였다. 이 분석에 사용된 자료는 환경청(현 환경처)에서 실시한 자연생태계 전국조사 중 식생에 관한 보고(1988년부터 1990년까지)이다. 표 아랫부분에 제시되었듯이 제주도를 제외한 전국의 자료 중에서 선택하여 다시 실어 본 것이다.

소나무의 서식지 선택 특성을 알아보기 위해 우선 표1에서 소나무의 교목층(T1)이 우점도 5를 나타내는 곳의 입지 특성을 살펴 보면, 전국에 걸쳐 출현하며 해발고는 150m에서 1420m까지로서 그 폭이 매우 넓고(실제 분포 지역은 더 넓지만), 방위도 8방위로 나누어 살펴 보아도 모든 방향에서 다 나타나고, 경사에 있어서도 평탄지(3도)에서 급경사지(60도)에 이르기까지 다양하다. 사면 위치에 있어서도 계곡을 제외한 전역(R:능선, U:사면 상부, M:사면 중부, L:사면 하부)에서 출현하므로 소나무는 그 입지 선택의 폭이 매우 크다는 것을 알 수 있다.

그러나 현재 우점도 5를 보이고 있는 소나무 숲이 과연 그대로 존속될 수 있는가에 대해서는 의문의 여지가 많다.

이 표에 나타나 있는 증거로서 크게 2가지를 찾아볼 수 있다. 첫번째 이유로는, 소나무가 우점도 5를 가지고 있는 조사지들에 있어서의 하층(아교목층 T2, 관목층S, 초본층H) 소나무의 우점도를 들 수 있다. K1, J4와 같은 능선부에서는 하층의 소나무가 차지하는 우점도가 다른 종들에 비하여 높고, 초본층에 교목성 수종이 없어 소나무 숲의 존속이 가능하다고 판단되나, 나머지 조사지들에서는 소나무가 다른 종들에 비해 우점도가 상대적으로 낮아서 다음 세대에 가서는 다른 수종들과 혼효 상태를 이루다가 세대가 계속되면 결국 참나무류나 물푸레나무 등의 활엽수종들에 의해서 교체될 것으로 생각된다. 두번째 이유로서는 소나무의 우점도가 낮아짐에 따라 다른 활엽수종들이나 곰솔의 우점도가 높아지는 것을 들 수 있는데 이들 입지에서는 하층 소나무의 우점도가 당연히 낮게 나타난다. 이 표만을 가지고 소나무 숲의 천이계열을 단정지을 수는 없으나 자연적인 천이가 일어날 경우 소나무는 참나무류에 의해서 대체될 것이며 표의 교목층을 구성하고 있는 종들의 우점도에서 볼 수 있듯이 소나무 숲에 대한 침입 속도는 굴참나무 - 졸참나무 - 상수리나무 - 신갈나무 - 갈참나무 의 순으로 추정할 수 있겠다. 물론 어떤 수종이 침입할 것인가는 소나무가 서식하고

있는 입지 특성에 의하여 달라질 것이다.

이상의 이유 때문에 의문으로 제기될 수 있는 또 하나의 사실은 '현재 우점도가 높은 소나무 숲의 경우 과연 자연적인 상태에서 서식지를 선택한 것인가?' 하는 것이다. 본인의 연구(암반지 식생에 관한)나 경험 등에 비추어 볼 때 소나무가 자연적인 상태에서 선택할 수 있는 서식지 즉 생태적 적지는 ① 능선 ② 사면상의 특수입지 - 암반지 ③ 하안림이나 하천상에 발달된 퇴적지 등으로서 배수가 잘 되어 토양이 건조한 곳이라고 할 수 있다. 이는 현존하는 소나무 숲이 인간 간섭에 의해 생태적 적지에서 생리적 적지의 부분으로 그 영역이 확장된 상태라는 의미이기도 하다. 그 예로서 대표적인 것이 부락 근처 산 하단부에 발달된 소나무 숲이나 이조시대의 황장봉산에 발달된 소나무 숲을 들 수 있다.

4) 소나무의 서식지 분류를 위한 식생 분류

우리 나라는 식생 분류에 있어서 우점종을 선택하고 있다. 따라서 소나무의 우점도가 높은 식물 군락의 명칭들은 표 2와 같이 수종이나 관목 등 목본류가 그 대부분을 차지하고 있다.

표2. 소나무의 우점도가 높은 식물 군락들

군락군명	군락명
곰솔 군락군	곰솔-소나무 군락
굴참나무 군락군	굴참나무-소나무 군락
물참나무 군락군	물참나무-소나무 군락
서어나무 군락군	서어나무-소나무 군락
상수리나무 군락군	상수리나무-소나무 군락
소나무 군락군	소나무 군락
	소나무-곰솔 군락
	소나무-굴참나무 군락
	소나무-노간주나무 군락
	소나무-때죽나무 군락
	소나무-상수리나무 군락
	소나무-서어나무 군락
	소나무-쇠물푸레 군락
	소나무-신갈나무 군락
	소나무-싸리 군락
	소나무-졸참나무 군락
	소나무-진달래 군락
신갈나무 군락군	신갈나무-소나무 군락
	졸참나무 군락군
	졸참나무-소나무 군락
측백나무 군락군	측백나무-소나무 군락
일본잎갈나무 식재림	일본잎갈나무-소나무 식재림

표 3. 소나무 임분 내 각 임지의 특성을 나타내는 식물들의 분포

지 역 번 호	CCTCDJACK 222141822 35 9　1	JCCTTACCCDTD 422431111312 62　0678	CJACASCDS 127133112 4 3	KACDTCAAASACCA 1 11155242111229 5　4　3 278	TTTT 9786	AAKCJA 153236 1 0
해 발 고	524222334 045660622 000000000	434471232213 244467862249 000000000000	123342232 630203444 000000000	1 14234712731354 55772205820880 00000000000000	3　2 0865 0000	722247 542700 000000
방 위	NESNNNSSW E E　W	SSSSSWNNNNSN WW W　EEE E	NNSSNNSSN E W W WWE	SNNNSSSWNSNSN EWEE EE　EE E	NNSS EE W	WNSSNS EWWWE
경 사	123111331 005550505	422 11112261 055820773505	1 2222223 250077005	1331263 31 2 35652058520500	2331 5225	12 323 755000
사 면 위 치	RRMMMLLLL	RUUMMMMMMM	LLMMMMMM	RUUMMLLLLLUVVV	MMMM	ULMMML
출 현 종 수	222114222 393872758	222231212223 909757153259	241243234 429215913	33332522332322 09797056077531	2332 8243	114122 275801
교목층 높이	11　1111 209998822	11　11 11 800975082178	111 11 423776888	111　1111 111 73228956068421	21 1 3292	221112 650005

김의털	H	211++++ +					
제비꽃	H	++ +	++　　++				
까치수영	H		+ + + +　　+				
솔새	H		1+ ++++ +				
개솔새	H		1+　　2				
산구절초	H		++　　+				
마가목	H		+　1+				
산씀바귀	H		r	+　　+			
도라지	H		++	+　++r	+		
노간주나무	H		+	++ +++			
고삼	H			r+　+			
산오이풀	H			+　++			
자귀나무	H			+　++			
쌀새	H			+　++			
뚝갈	H			+++++			
잔대	H			+	++　+		
산씀바귀	H		r		+　+		
쇠물푸레	H				+　　++		
멍석딸기	H				1　++		
머루	H				++　+　　+		
기름나물	H				+　　+ +		
기린초	H				++ r		
수리취	H				+ +　+		
우산나물	H				++　　+	+	
황철나무	T1				5		
수염며느리밥풀	H					+++	
곰솔	T1					++5	
곰솔	T2					r+3	
땅비싸리	S					++3	
갈참나무	T1				43		
조릿대	H	311+			4 53		
서어나무	S	2			1		3
물푸레나무	T1	1+					2

소나무	T1	415332115	513544443354	145512555	511441 5+111	4321	455134
소나무	T2	1 11+ 12	2+2 1111+ 2	12 1 1	51 +11++ 1 +	+3	1+
고사리	H	++ +	+ + ++	++++ ++	++++　　+	+r	++12
기름새	H S	+　　+1	3 121 2　1	r +	1 3+　+ +	1	2
굴참나무	S	+ + +	22 11　+	2 1 +	2 + 1		1

종명	층													
졸참나무	S	+	+ 2	2 +2 ++		211 1111	1	+1+	r +		+11	11	
상수리나무	T1	5 113	4	r		4 3		14				1	
그늘사초	H	11+ ++	+12+2		+21 3221	++22	r +		+		2	
청미래덩굴	H	++++ +	++ + ++ 1		+	+	r		+	+ +	
억새	H	+ 1+	++1 212	12+1++1+1	1 1			+	
삽주	H	++ +	++++ 1	+++++++	++11++ ++r		+++	+ 1	
새	H	+ +	+ 2 11++ 1	+1 1+11	+1 21		++1	1+	
굴참나무	T2	1 +	+ +1 11 1	+	222 2 1 1		1	
졸참나무	T2	1 + 1	1 + 21	2 11 11	22+ 2	1 2	1 1	
때죽나무	S	+ + 1	11	+		++	1	
개옻나무	S	+211+ +	+	+		+1+1	++	
물푸레나무	T2	1		+	+	+	2	
물푸레나무	S	+ ++	+	+	+ +++	++1	
졸참나무	S	1	+ ++ 33 +	+++ ++	r	+ +	+++ +	
청미래덩굴	S	++	++	2	+	+++1	+	
진달래	S	12 +1	+ 1 +1++ 1	+		4331	
철쭉꽃	S	+	3 +1	2 1	3		2	
오이풀	H	+	++++	+ +	++	+	++	
산벚나무	T2	+ +++		1	1 ++		1	
마타리	H		++				2	
노간주나무	T2	+	++++				2	
둥글레	H	+	+ +	+1	+++ r+	+		
꽃며느리밥풀	H	+	2 ++	+	+ 1 r	1	
개암나무	S	+++	++	+	r	+	1	
싸리	H	++r+ 1	+	+	+	+r	
노루발	H	+ ++	+++	r +	+		1	
제비쑥	H							
굴참나무	T1	+ 1	1 1 22 3	1	552 5 4 2	23	
졸참나무	T1	441	2 33r	1	11 1	+2	
대사초	H	2		2 1	+++ + 2 3	1+	+1+2	
신갈나무	S	+ 2	+12112	1 + 3r1		++ 2	
참취	H	+++	+ + ++ +	r+ ++++	+ 11 +1+ r+++	+r	+	
애기나리	H	1 2	+ +	+	+	+++	1++	2 11+
자귀나무	S	r	22	r ++	r		+ 2	
산철쭉	S						+ 2	
조록싸리	S	22		2 2 1	11 322 2 1+	+ +	2 +	
노간주나무	S	r +	+ ++ 2	+ ++	+ 1+			
생강나무	S	+ +	+	22 ++ + 3+++			
노린재나무	S	++		++ + 2 1	r		
땅비싸리	H	+	11	+	r	+		
청가시덩굴	H	+	+ r	+	+ +		
참싸리	S	+	++11	22+ 221	2++ 1+	+	+1	
싸리	S	1	++ 1+1	+ 31	++	2	
당단풍	S	+	2	+	+1	1 +	
산벚나무	S	+		+		2 1	
쇠물푸레	T2	+		+1		2 1	
서어나무	T2	+		2+ 4	+1		
소나무	S	1	+ +	21 22 4 +	+		
굴참나무	H	+ ++ +	+ 11	++1 + r	+	
화살나무	H	+	+ ++	+	
산딸기	H	++	+	+ ++	
미역줄나무	H	+	+	2	
남산제비꽃	H	+		++ +	
칡	H	+	+ + ++	1 + 1+ r	
세잎양지꽃	H		+	+	
사철쑥	H	r+	++ +	+ r++ +	
붉나무	H		+	+ ++ +	
백선	H	+		+	
등골나물	H	+	++ +++ +	r	+	
미역취	H	++ ++ +	+ ++	+ + +	1+
큰까치수영	H	+	+++	+ + ++r +	+

개옷나무 H

조록싸리 H

참싸리 H

진달래 H

쑥 H

엉겅퀴 H

철쭉꽃 H

산박하 H

큰기름새 H

산초나무 H

생강나무 H

노린재나무 H

구절초 H

생강나무 T2

작살나무 S

소나무 H

양지꽃 H

갈참나무 S

신갈나무 T1

밀나물 H

신갈나무 T2

국수나무 H

댕댕이덩굴 H

닭의장풀 H

당단풍 T2

떡갈나무 T2

그늘쑥 H

선밀나물 H

산거울 H

떡갈나무 H

으아리 H

조팝나무 H

분취 H

펑의다리 H

꼭두서니 H

떡갈나무 S

상수리나무 T2

상수리나무 S

산초나무 S

국수나무 S

맑은대쑥 H

쇠물푸레 S

옻나무 S

붉나무 S

쪽동백나무 T2

마 H

담쟁이덩굴 H

개옷나무 T2

주름조개풀 H

때죽나무 T2

쪽동백나무 S

노루오줌 H

단풍취 H

신갈나무 H

물푸레나무 H

드물게 출현한 종: 가막살나무S(J1:+,K2:+,K3:1); 각시둥굴레H(A4:+); 갈기조팝나무S(A1:1); 갈매나무H(A11:+); 갈참나무T2(C23:1, C24:1); 갈참나무H(S2:1); 갈퀴꼭두서니H(S3:+); 감태나무S(K3:+,T8:+); 강아지풀H(T1:r); 개갈퀴H(A11:+); 개고사리H(T9:+); 개망초 H(C1:r); 개머루S(A9:+); 개머루H(J2:+); 개미취H(A11:+,T1:r); 개미탑H(K1:+); 개벚나무T2(A13:1); 개벚나무S(A11:+); 개벚지나무 T2(A4:1); 개벚지나무S(A:4:+); 개별꽃H(A9:+); 개비자나무S(C27:+); 개암나무T2(J3:1,T7:r); 개암나무H(S2:+,T3:+); 계요등S(T7:+, T8:+); 계요등H(K1:+); 고광나무T2(J3:1); 고광나무S(C27:+); 고깔제비꽃H(A5:+,A6:+,C25:+); 고들빼기H(T4:+); 고려엉겅퀴H(A11: +);고로쇠나무T2(A8:+,C27:1); 고로쇠나무S (A9:+,A13:+,C27:+); 고비H(T7:+); 고추나무T2(A9:+); 고추나무H(S1:r); 곰솔H(T6:); 곰취H(A3:+); 광대싸리S(A1:1,D5:+); 광대싸리H(A1:+); 광대수염H(T1:2); 구릿대H(A12:+); 굴피나무T2(C2:2,J1:+); 굴피나무S(K3: +,T8:+); 금강제비꽃H(A3:+); 금마타리H(A6:+); 금불초H(C1:r); 까치박달T2(C28:1); 꿀풀H(C24:+,K3:); 펑의밥S(S23:+); 나도겨이

삭H(K2:1,T1:1); 나도밤나무T2(J1:1,T9:+); 나래회나무H(A12:+); 나비나물H(C22:+,T3:+); 난티잎개암나무S(A4:1); 난티잎개암나무H(A4:+); 넉줄고사리H(J1:+); 노각나무T2(K3:1); 노랑괴불주머니H(C27:+); 노린재나무T2(C28:+); 노박덩굴H(T5:+); 다래S(A8:+,C21:+); 다릅나무S(A8:+,S1:r); 단풍나무S(A9:+,C27:+,J1:+,T9:+); 단풍마S(A1:+); 단풍마H(C15:+D5:+); 달래H(C1:r); 담배풀H(C24:+); 당단풍H(A5:+,A6:+); 댕댕이덩굴S(C1:1,T8:+); 더덕H(C15:+,D5:+); 더위지기H(A2:+); 덜꿩나무T2(T7:+); 덜꿩나무S(T7:r,T9:2); 도꼬로마H(A1:+,A4:+); 도라지모시대H(A12:+); 돌가시나무H(K3:+); 동백나무T2(K3:2); 동백나무S(K3:+); 동백나무H(K3:+); 때죽나무H(T2:+); 떡갈나무T1(A3:1); 마S(S1:r); 마가목T2(D2:+); 마가목S(D2:+); 말오줌때T2(K3:1); 말오줌때S(T8:r); 망초H(C24:+); 매듭풀H(K1:+); 매발톱나무S(A11:+); 매화노루발H(D2:+); 맥문동H(C22:+); 머루S(A8:+,C21:+); 모시대H(A9:+); 묏미나리H(J2:+); 물개암나무S(A11:+); 물박달T2(C25:+); 물앵도S(A3:+); 물오리나무T1(T2:+); 물오리나무S(S2:+); 미역줄나무S(A3:1,A13:+,C28:1); 바위양지꽃H(J4:+); 박달나무T1(J3:1); 박주가리H(A2:+); 밤나무T1(C25:1,J1:2,T7:1); 밤나무T2(C25:+,J1:+,K3:1); 밤나무S(C25:+,K3:+,S2:1); 밤나무H(S2:+); 방아풀H(K3:+,S3:1); 방풍H(D1:+); 뱀딸기H(S2:+,S3:+); 벌등골나물H(A11:+); 벚나무T2(C22:+); 벚나무S(C15:+); 병꽃나무S(A11:+); 보리수나무S(C23:+); 보춘화H(K1:1); 분꽃H(T1:r); 붉나무T2(C22:1); 붉은병꽃S(A9:+); 비노리H(J3:+); 비목나무T1(J1:+); 비목나무T2(C28:1); 비목나무S(C27:+,C28:+,J1:+,T9:+); 비목나무H(C20:+); 비수리H(T5:+,T6:+); 빗자루H(A1:+); 뺑쑥H(C1:r); 사람주나무S(J4:+); 사스레피T2(T6:+); 사스레피S(K3:1,T8:+); 사스레피H(K3:+,T6:+); 사초 속?H(C26:+); 산가막살T2(T2:+); 산개벚나무T2(S2:1); 산겨릅나무T2(A9:+); 산고사리H(A11:2); 산꿩의다리H(C27:+,J4:+); 산벚나무T1(C23:1); 산벚나무H(A2:+); 산비장이H(C24:+); 산뽕나무T2(A8:+); 산뽕나무S(A8:+,C21:+,D3:+); 산쑥H(A1:+,T1:1); 산조팝나무S(A9:+); 산짚신나물H(A1:+); 산철쭉T2(K2:2); 산철쭉H(T8:+); 산초나무T2(A9:+); 상수리나무H(A4:1); 새우난초H(A12:+); 서어나무H(A5:+); 솔나물H(S3:+,T5:+); 솜나물H(C23:+); 송이풀H(A12:+,J4:+); 수리딸기S(K2:+); 시호H(J4:+); 실고사리H(T8:+); 실사초H(T1:2); 실새풀H(T7:1,T8:1); 십자고사리H(C27:+); 쑥부쟁이H(J2:+,T3:+); 씀바귀H(S3:r); 아까시나무T2(C25:1,T9:+); 아까시나무S(A4:+); 아욱제비꽃H(A3:+); 알며느리밥풀H(K3:+); 애기풀H(C24:+); 야광나무S(A11:+,J1:+); 여뀌H(C1:1,C27:+); 여로H(J1:+); 예덕나무T2(J3:1); 오리나무T1(J2:+); 오리나무T2(C27:2); 오리나무S(J2:+); 옻나무T2(A3:1); 옻나무H(A3:1); 왕머루H(A5:+,A6:+,J2:+); 용담H(C15:+,D5:+); 우단꼭두서니H(T1:r); 원추리H(C25:+,S4:+); 윤노리나무S(K3:+); 으름H(C20:+,T4:+)); 은꿩의다리H(A1:+); 은대난초H(S3:+); 은방울꽃H(A3:+,A11:+); 은분취H(S2:+); 음나무H(A11:+); 음나무H(C25:+,S2:+); 이고들빼기H(C24:+); 익모초H(T4:+); 일월비비추H(J4:1); 자귀나무T2(C18:+,D3:+); 잔털제비꽃H(T9:+); 잣나무S(J4:+); 잣나무H(A2:+); 전나무T1(A11:2); 전나무S(A4:+,A11:+); 전나무H(T9:+); 정금나무T2(K3:1); 정금나무S(J4:+); 조개풀H(C1:1); 조팝나무S(C19:1,C24:+,D4:1); 조희풀H(A9:+); 족도리풀H(C22:+); 족제비고사리H(S1:r); 졸방제비꽃H(C27:+); 종덩굴H(A3:+); 중나리H(C24:+); 쥐깨풀H(T1:r); 쥐똥나무S(C27:+); 지네고사리H(J4:+); 지리대사초H(K2:2); 지리바꽃H(J4:+); 진퍼리까치수영H(D1:+); 짚신나물H(S3:+); 쪽동백나무H(C15:+,D5:+); 찔레꽃S(C19:+,D4:+,T8:+); 찔레꽃H(C25:+,T1:2); 참개암나무S(C2:+,J1:r,T8:+); 참느릅나무S(A11:+); 참싸리T2(A1:+); 참억새H(T8:+); 참회나무S(C24:+); 철쭉꽃T2(K2:2,T2:+); 청가시덩굴S(A1:1,T1:1); 청알록제비꽃(C15:+,D5:+); 초피나무S(C28:+); 층꽃나무S(T8:+); 층층나무T1(J1:+,J3:2); 층층나무T2(J1:+); 층층나무S(C28:+); 칡T2(A1:1); 칡S(A1:1,C1:2,T5:+); 큰개별꽃H(A12:+); 태백제비꽃H(A12:+); 털대사초H(S2:1); 털진달래T2(T2:+); 파리풀H(A1:+,T5:+); 팥배나무T2(T6:+); 팥배나무S(J1:+); 패랭이꽃H(C1:r,C23:+); 팽나무T1(J1:1); 팽나무S(J2:r); 피나무T1(A12); 피나무S(A12:+); 하늘말나리H(J2:+,J4:+); 할미꽃H(S3:r,T1:r); 함박꽃나무S(C27:2); 합다리나무S(K3:+); 향유H(C22:+); 호랑버들T1(A9:+); 호랑버들S(J2:r); 화살나무S(A11:+,C22:+); 황고사리H(K2:+); 황철나무T2(A9:2); 회나무S(C27:+,K2:+); 회잎나무S(C27:+); 흰참꽃S(J4:2);

A:강원도; C:충청북도; D:충청남도; J:전라북도; K:전라남도; S:경상북도; T:경상남도

(자료: 환경청, 1988 - 1990, 자연생태계 전국조사 - 식생)

그러나 입지학에서 소나무의 생태적 적지를 보다 정확하게 선택하기 위해서는 초본류 중에서 입지 특성을 독특하게 나타낼 수 있는 표징종들을 선정하여 입지를 구분하여야 할 것으로 생각한다.

표3은 소나무가 출현한 임분내 각 입지의 특성을 나타내는 식물들의 분포를 보여주는 것이다.

이 표의 첫 부분에는 입지를 보다 자세히 세분할 수 있는 종들이 제시되어 있고(건조지에서 습윤지로, 해안), 그 다음으로는 소나무가 출현하는 임분에 나타나는 일반적인 식물들이 제시되었다 - 여기서 목본류가 군락 분류에 얼마나 부적당한가를 알 수 있다. 그 예로서 싸리와 진달래는 소나무 숲 뿐만이 아니라 참나무류의 숲에서도 많이 출현하고 있다. 그 다음으로는 앞서 구분되었던 종들과는 다르

게, 입지 특성을 구체적으로 설명하기에는 그 분포 영역이 넓지만 전체 지역에 걸쳐서는 분포하지 않는 종들이 나타나 있다.

3. 맺음 말

소나무는 현재 우리나라 전역에 걸쳐 널리 분포하고 있다. 과거 소나무는 우리 조상들의 적극적인 보호 아래 가장 애용되던 나무로서 현재 소나무의 분포 영역은 소나무가 자연 상태에서 차지할 수 있는 생태적 적지를 벗어나 생리적 분포 영역의 일부분까지 널리 퍼져 있음을 지적할 수 있다. 특히 소나무가 선택하고 있는 입지 즉, 소나무의 생태적 적지는 ① 능선 ② 사면상의 특수입지 - 암반지 ③ 하안림이나 하천 위에 발달된 퇴적지 등으로서 배수가 잘

되어 토양이 건조한 곳이라고 할 수 있다.

한편 어떤 수종에 국한된 사항은 아니지만 '과연 어떤 지역의 소나무를 보호할 것인가?'라는 질문에 대한 답을 위해서는 식물 군락의 구분이 단지 우점종을 이용하는 방식에 그치지 말아야 할 것으로 생각하며, 초본류를 표징종으로 선정한 군락명을 사용하는 것이 바람직하다고 제안한다. 소나무 숲 뿐만이 아니라 우리나라 전역의 효율적인 숲 관리를 위해서는 이와같은 측면에 대한 적극적인 검토가 진행되어야 할 것으로 생각한다. 아울러 이를 위해서는 식물종 특히, 초본식물들의 서식지 선택 특성에 대한 연구도 선행되어야 함을 지적한다.

강송의 천연 갱신에 관한 생태학적 접근

이 돈 구, 조 재 창 (서울대학교 산림자원학과)

1. 머리 말

우리나라에서 소나무 조림에 대하여는 긍정적인 면과 부정적인 면으로 뚜렷하게 구분된다. 긍정적인 면은 오히려 비임학인이나 식물학에 조예가 그다지 깊지 않은 층에 많이 찾아 볼 수 있다. 이것은 역사적으로 우리 민족의 문화와 소나무와의 관계가 깊기 때문일 것이다. 즉, 궁궐, 사찰 등 주택 건축은 물론이려니와 선박, 심지어 棺까지 소나무를 이용하였다. 또한 4군자에는 속하지 않지만 4군자류의 소재로서 대나무와 같이 꿋꿋한 기상과 변하지 않는 일편단심의 지조를 상징하여 옛 선인들의 큰 사랑을 받아왔다. 文人畵에서 뿐만아니라 과거의 역사적 산림 경관을 찾아 볼 수 있는 山水畵의 대부분은 소나무가 중심이 되어 있다. 이렇듯 소나무는 유형, 무형으로, 물질적, 정신적 양면 모두에 걸쳐 크게 이용되어 왔다. 따라서 소나무는 우리 문화의 중심에서 큰 자리를 차지하고 있으며, 이러한 역사적 사실이 지금까지 이어져와 아직도 우리 민족의 가슴 속에는 크게 간직되고 있다.

그러나 임학인이나 식물생태학자들 간에도 소나무에 대한 인식을 좋지 않게 갖는 경우가 있다. 그 가장 큰 이유로서는 소나무가 임지의 토양을 척박하게 만들어 지력을 떨어뜨리고 길항작용으로 다른 식물이나 미생물의 생육을 방해한다고 믿기 때문이다. 그래서 심지어 소나무 망국론까지 나오게 된 것이다. 그렇지만 싫든 좋든 소나무는 자생적으로 우리나라에 출현하여 우리나라의 목재자원으로써 量的으로 상당한 비중을 차지하고 있고 이제까지 가장 널리 사용된 목재자원이기 때문에 결코 무시할 수 없다. 그리고 인문 사회학적으로는 소나무를 미화할 수도 비하할 수도 있지만 자연상태에서는 있는 그대로 평가하는 것이 우선적으로 필요하다. 그리고 이것을 토대로 소나무의 이용 가능성과 용도 개발이 이루어져야 한다. 즉 임업은 바로 문화적 배경과 자연 환경적 특성 모두를 고려하여 그중 가장 최적의 길을 택하도록 해야 하는 것이다. 이런 의미에서 볼 때 소나무는 몇가지 면에서 임업적 관리 대상이 되어야 하는 이유가 있다.

첫째, 위에서 언급한 것처럼 현재의 목재자원으로서의 量的 가치가 높다. 따라서 이러한 목재자원의 활용 부가가치를 높이기 위해서는 관리를 제대로 하여야 한다.

둘째, 소나무는 우리 국토에 알맞는 수종이다. 따라서 비록 소나무보다 더 가치가 높은 수종들이 많지만 우리나라 자연환경과 산림 생태계에서의 위치가 크며 이것만으로도 우리나라에 존재할 가치가 충분하다고 본다.

셋째, 유전자원의 확보 차원에서 계속 관리되어야 한다. 우리나라는 입지상 다양한 소나무류와 지역종이 분포하며 이것은 유전자원으로서의 가치가 높다. 또한 생태계, 경관 및 생물다양성을 위해서는 소나무를 계속 유지시켜야 한다. 특히 강송은 우리나라 특산 수종으로서만이 아니라 우수한 목재자원으로서의 가치가 대단히 높다. 따라서 단순히 종의 보호

및 유전자원 확보 측면에서만이 아니라 산림자원 경영을 위해서도 생태적 관리를 해야 한다.

넷째, 소나무는 자연 생태계에서 소나무로서의 주어진 기능과 역할이 있다. 그럼으로써 전체의 산림 생태계가 균형과 조화를 이루게 되며 전체적으로 생태계의 안정을 도모한다.

이러한 이유로 소나무도 산림 경영과 조림적 관리의 중요한 대상이다. 그러나 우리나라 임학은 역사가 짧고 또한 우리나라 소나무 우량 임분이 많지 않고 현재의 소나무 임분도 어리기 때문에 연구가 많지 않았다.

따라서 이 논문에서는 우수한 형질을 가진 剛松을 어떻게 하여야 천연갱신이 잘 이루어 질 수 있는가를 위하여 생태적 그리고 조림적 방법을 살펴보고, 천연갱신을 통한 소나무 임분 조성과 보속적 관리 방안을 다루어 보고자 한다.

2. 소나무의 분포 및 특성

소나무(*Pinus densiflora* Sieb. et Zucc.)는 중국의 산동지방으로 부터 한반도, 일본 등지에 분포하나 우리나라에 가장 많이 분포하는 대표적인 수종중 하나이다. 소나무는 인간의 농경활동으로 인해 번창하게 되었는데, 화분 분석에 따르면 한반도는 6,000년 전에는 주로 활엽수림으로 덮혀 있었으나 2,000년전부터 점차 소나무림이 증가하였다(이,1986). 일본의 경우 1,500년전부터 소나무가 급속하게 증가하였다(Tsukada 1966,1981).

산지를 개간하고, 퇴비를 만들기 위하여 잎과 가지를 채취하였기 때문에 활엽수림은 급속히 파괴되었으며, 고려시대부터 보편화된 온돌로 인하여 더 많은 숲이 파괴되었다. 한편, 신라시대부터 보호하기 시작한 소나무림은 고려시대를 거쳐 조선시대에 와서는 법으로 이를 엄격하게 보호하였다. 이러한 선별적인 보호와 인간에 의한 교란으로 활엽수림이 파괴되고 그 대신 소나무림이 계속적으로 유지될 수 있었다.

우리나라에서 소나무에 대한 연구는 1910년대 부터 본격적으로 시작되어(Nakai,1911), Uyeki에 의해 종합적인 연구가 이루어 졌는데, 지방에 따라 동북형, 금강형, 중부남부 평지형, 중부남부 고지형, 위봉형, 안강형의 6개로 나누었으며, 지형에 따라 습지형, 산정형, 건조 사지형, 암상형으로 구분하였다(Uyeki, 1928).

이중 금강형 소나무는 강원도와 경상북도 북부지역에 이르는 태백산맥에 주로 분포하고 있으며, 수간이 통직하고 수피가 얇으며 변재보다 심재비율이 높은 아주 뛰어난 재질을 갖고 있다. 현 등(1967)의 연구에 의하면 강송의 수지구가 곰솔의 수지구와 유사함을 들어 강송은 곰솔과의 이입잡종이라 하였으나, 최근 연구(안, 1972;류 등 1985)에서 여타 지역에서 일반 소나무에서도 이와 같은 현상이 발견됨으로서 수지구 수에 의한 곰솔과의 이입잡종으로 보기는 어려울 뿐만아니라(김과 이, 1992), 동위효소 분석(김 등, 1993)에 의해 강송과 소나무는 유전적으로 차이가 없음을 밝혔다. 소나무의 생장과 재질은 유전적인 차이뿐만아니라, 환경적인 차이로 인하여 달라질 수 있으며, 특히 강송의 분포지인 태백산맥은 겨울철 적설량이 많은 지역이어서 소나무의 생장 초기에 수분공급이 충분하여 생장에 많은 도움을 줄 수도 있을 것이다. 따라서 동위효소 분석뿐만 아니라 직접적인 유전적 특성과 산지 시험을 통하여 소나무와 강송의 차이를 구명하여야 할 것이다.

이 논문에서 연구의 대상지는 경상북도 울진군 서면 소광리와 강원도 평창군 대화면 하안미리이며, 특히 소광리 지역은 일명 춘양목의 주 산지에 위치하고 있으나, 지형이 험준하여 도벌 및 난벌의 피해를 받지 않아 1959년에 산림청에서 육종림으로 지정하여 보호하고 있다.

3. 교란과 소나무의 갱신과의 관계

자연 상태에서 식물 군집은 시간과 더불어 항상 변하고 있으며, 이러한 변화 즉 군집 구조의 변화를 천이라 한다. Clement(1916)는 천이 예측이 가능하며 시간의 흐름에 따라 일정한 방향으로 진행된다고 주창한 이래 많은 생태학자의 논란을 받아 왔다. 즉 군집은 자발적인 환경의 변경으로 타 군집으로 이행되는 거대한 유기체로 인식하였으며 이때 외부적인 자극인 교란에 대해서 안정성을 가진다고 하였으나 실제로 자연 상태에서의 극상림은 일부 좁은 면적으로 나타나고 있으며, 종 조성이 균질한 곳은 거의 없다(Sousa,1984). 따라서 Clement가 말하는 천이의 시각은 1차 천이의 관찰 결과이며 대부분 2차 천이로 이루어진 산림지역에서는 적용하는데 무리가 따른다.

특히 산림 경관은 이질적인 모자이크 형상을 이루고 있다. 이러한 이질적인 경관형태는 공간 및 시간적으로 서로 다른 천이 단계 및 종 조성을 갖게 되며, 급격한 환경적 구배 즉, 물리적인 환경 조건이 다를 경우 더욱 다양한 경관을 보여 주게 된다. 그러나 비교적 유사한 입지에서도 즉, 동일한 종의 이입 기회, 생장, 갱신기회를 갖는 곳에서도 군집의 구조는 서로 다른데, 교란은 이러한 시간 및 공간적인 군집의 구조와 동태의 이질성을 나타내는 중요한 원인중 하나이다(Sousa, 1984).

따라서 본 논문에서는 강송림에서의 교란상태를 알아보고, 교란에 따른 강송의 적응형태 및 갱신에 관해 생태학적으로 접근해 보기로 한다.

3.1. 교란의 정의

교란은 생태계, 군집을 파괴하는 시간적으로 불연속적인 사건으로 자원이나 환경의 변화를 일으킨다. 교란의 종류는 매우 많다. 가장 일반적인 것으로 산불, 바람, 산사태, 눈사태, 화산폭발 등이 있다. 이 중 산불은 전 지역에서 가장 많이 발생하며, 군집동태에 가장 큰 영향을 주고 있다. 교란은 각기 표 1과 같은 요소를 지니고 있으며, 요소에 따라 동일한 교란일지라도 군집에 미치는 영향은 매우 달라진다.

전통적인 천이개념에서 교란은 매우 희귀한 사건으로 인식하여 왔기 때문에 교란에 의한 군집의 동태변화는 무시되었다. 그러나 실제로 교란의 발생빈도는 매우 높다. 군집내 교란의 평균 발생 비율은 대략 1% 내외이며, 수명이 짧은 수종의 군집은 이보다 높아, 교란 발생 비율은 0.5-2.0% 범위를 가지며 발생 주기로 환산하면 50-200년 정도이다(Runkle, 1985). 교란 발생 주기는 북미대륙의 경우 적게는 2-3년에서 400-750년이다(Oliver와 Larson, 1990).

표 1. 교란체계의 요소 및 정의

요 소	정 의
분 포	공간적인 분포
빈 도	단위 시간당 평균 교란 발생 수
주 기	빈도의 반대 개념으로 교란발생의 평균 기간
크 기	교란의 크기는 교란의 정도와 강도로 나눔
예 측	발생주기의 변이
회전주기	전 지역에서 교란이 나타나는데 걸리는 시간 (turnover rate)

3.2. 강송림의 산불발생 주기

산불은 온대 및 북부 한대 산림에서 교란 중 가장 큰 요인이다. 산불의 강도, 빈도, 발생 면적은 發火原의 빈도 및 계절성, 원료(탈것)들의 수분함량, 원료들의 年 蓄積率, 원료의 화학적, 구조적 특성, 경관의 지역적 특징(지형 등), 발화 당시의 기상에 의해 영향을 받는다.

북미 대륙이나 한대림의 경우 번개가 주 발화 요인이나, 우리나라의 경우, 번개는 강우를 동반하기 때문에 자연적인 발화는 거의 일어나지 않고 사람에 의해 발생되는 것이 50% 이상이다. 일본의 경우, 산불의 99% 이상이 인간에 의해 발생하였다(Nakagoshi, 1987).

표 2. 울진군 소광리 육종림에서 산불 발생 추정년도

조사구	발 생 년 도
조사구 1	1950 1938 1902 1817 1755
조사구 2	1950 1917
조사구 3	1971 1950 1938 1927 1915 1906 1903
	1900 1872 1862 1855 1817 1783
조사구 4	1960 1950 1927 1917 1911
조사구 5	1960 1950 1927 1922 1914
조사구 6	1960 1950 1927 1917 1911
조사구 7	1950 1946 1938 1932 1922
조사구 8	1950 1938 1932
조사구 9	1950 1946
조사구 10	1958
조사구 11	1968

표 2는 울진군 소광리 강송림에서 산불 발생년도를 나타낸 것이다. 소나무는 산불에 의한 상흔(fire-scar)을 남기므로(그림 1), 산불 발생년도 추정을 위하여 지표면에서 10cm 되는 부분에서 나무를 절단 후 상흔의 연령을 계산하였다. 산불 추정년도는 상흔을 갖고 있는 나무를 절단하는 것이 가장 정확한 방법이나, 벌목을 하여야 하기 때문에 일반적으로 생장추를 이용하여 추정한다. 본 논문에서는 1991년도 2월에 폭설로 인한 피해목을 벌채하였기 때문에 이들의 벌근목을 조사하였다. 조사구는 가능한 산불의 피해를 계곡에 의해 분리될 수 있는 지역을 선정하였다.

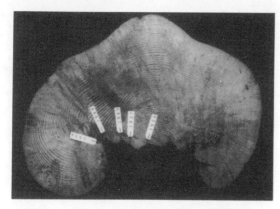

그림1. 소광리 계곡 부위에서 자라는 근원경 55cm이며 수령 82년생인 강송의 산불에 의한 상흔 횡단면

산불 발생빈도는 크게 두가지로 나누고 있다. 첫째, 어떤지역 전체의 발생빈도와 단위지역의 발생빈도이다(Forman과 Boerner, 1981). 지역 전체의 산불 발생빈도는 호수의 침전물 속의 탄화물로도 추정하며 단위 시간에 발생빈도를 나타낸 것이다. 지역 전체의 산불 발생빈도보다 단위 지역의 산불 발생빈도가 군집의 동태에 더욱 유용하다.

소광리 강송림의 산불 발생 주기는 대략 9년이었으며, 1900년대 이후 산불 발생 주기는 6년으로 1900년 이전의 23년보다 산불이 보다 빈번하게 발생한 것을 알 수 있다. 1900년 이후 산불이 자주 발생한 원인은 구 한말 이후 화전 등의 인간의 활동이 증가하였기 때문일 것이다.

조사구 1에서 산불 발생 주기는 48년으로 가장 길었다. 이곳의 경사는 평균 55%로 매우 급하여 산불 피해가 적었던 것으로 판단된다. 이곳의 산불 흔적 조사를 위하여 선정한 나무의 年齡은 약 330년으로, 1755년 산불발생과 이 나무의 발생시기인 1663년사이에 산불발생 흔적이 없으므로 실제 발생주기는 48년보다 길 것으로 보인다. 이곳의 年齡分布는 30년부터 500년까지이며 주로 200년생이 가장 많았다. 조사구 1은 연구 대상지중 가장 노령림에 속하는 곳으로 직경급 분포는 흉고직경 5cm에서부터 110cm까지 분포하며 40-50cm 급이 가장 많았다. 산불 발생 주기는 기후 및 임상 상태에 따라 달라지는데 건조한 곳은 발생주기가 짧아진다. 산불의 형태는 수관화와 지표화로 나누는데, 산불 강도는 수관화가 지표화보다 높다. 수관화가 발생하면 대부분 나무가 죽게되어 임분의 천이가 다시 시작되며, 산불주기가 짧을수록 산불에 적응하는 식생으로 변하게 된다.

북부 캐나다와 알래스카의 한대림에서는 산불 발생 주기가 평균 50-100년이었으며, 서부 캐나다에서 방크스소나무(*Pinus banksiana*)와 로지폴소나무(*P. contorta*)림의 산불 발생주기는 25년이었고, 미주소나무(*Pinus resinosa*)와 스트로브잣나무(*P. strobus*)는 20-40년이었다(Heinselman, 1981). Clark (1990)에 의해 미네소타주의 침엽수-활엽수림에서 지난 750년간의 산불 발생주기 조사에서 빈도는 약 8.6년이었다.

수관화는 대부분의 식생을 죽이므로 발생한 곳에서는 군집의 변화를 일으킨다. 특히 소나무는 수관화 이후 다시 종자로 부터 갱신되므로 현재 임상의 영급분포로서 수관화를 추정할 수 있다(Yarie, 1981;Wagner, 1978;Lorimer, 1980). 이 연구 대상지에 출현하는 영급분포는 60년, 80년, 120, 160년, 220년으로 수관화 발생주기는 44년이나, 현재 상층수관을 이루는 대부분의 소나무의 연령이 140-160년이며 일부 지역에서 220년에서부터 330년이었다. 능선부에서부터 산정부에 80년생이 분포하므로 실제 추정 수관화 발생주기는 80년 정도일 것이다. Whitney(1986)의 연구에 따르면 미주소나무의 수관화 발생주기는 80년이었으며, 솔송나무 혼효림에서는 약 1,200년이었다.

3.3 설해

설해는 풍해와 더불어 대표적인 자연적인 교란 중 하나이다. 우리나라와 같은 지형이 복잡한 곳에서는 바람의 강도는 약해지나 소나무의 경우는 비교적 바람의 피해에 강하다고 볼 수 있다.

그러나, 설해는 눈이 나무에 계속적으로 쌓여 그 무게에 의해서 기계적인 손상을 줄 뿐만 아니라, 줄기를 부러뜨리게하며, 심하면 뿌리채 뽑히기도 한다. 나무에 피해를 줄 수 있는 강설은 기온이 상대적으로 높고 습기를 많이 가진 눈이 내릴 때 발생한다(Oliver와 Larson, 1990). 설해 피해는 낙엽수보다는 표면적이 넓은 상록수에 보다 많이 나타난다. 15m 정도의 상록수에 최대 5톤의 강설이 부착될 수 있다(Oliver와 Larson, 1990).

울진군 소광리의 육종림에서는 1991년 2월에 내린 눈으로 인해 많은 피해를 입었다. 유령림과 노령림는 서로 다른 피해 형태를 보였는데, 유령림의 경우, 主幹의 상당부의 절단이 많았으나, 노령림에서는 대부분 피해가 주간의 하단부 즉 뿌리 근방에서

부터 절단되었으며, 약 20%는 뿌리채 뽑혀 넘어졌다. 主幹의 손상 원인은 주로 산불에 의한 피해목에서 발생하였다. 유령림에서 설해 피해목은 수고생장이 상당기간 정지되어, 주변의 다른 소나무와의 경쟁에서 지게되므로 임분의 동태 및 군집구조의 변화는 생기지 않는다.

상층목이 뿌리채 넘어진 경우, 지표의 변화가 생기며 뿌리에 의해 작은 언덕(mound)과 구덩이(pit)가 생기게 된다. 이 때 생긴 gap은 수관이 열려 광 조건이 변하며, 아울러 토양의 경우, 주변과 물리적, 화학적 변화가 생기므로 기존의 치수보다 새로운 수종이 들어와 정착하게 된다.

뿌리채 뽑혀서 생긴 gap의 크기는 상층 수종의 임령과 임분의 밀도에 따라 차이가 있으나, 평균 5m 내외이었고, 지표면의 깊이가 1m이었으며, 폭은 4m 내외로 면적은 13㎡ 정도이었다. Gap내에 출현하는 수종은 종자의 散布性이 있는 소나무, 철쭉, 쪽동백, 쇠물푸레, 참싸리 등이었으며, 소나무는 5-6개의 치수가 발생하였다.

그러나 60년에서 80년생 사이의 임분에서 주간의 절단에 따른 피압목이 관찰되지 않는 점으로 보아 설해에 의해 교란의 주기는 상당히 길 것으로 판단된다.

4. 산불과 군집 구조와의 관계

산불은 소나무 군집과 밀접한 관계가 있다. 북미의 경우, 유럽인이 정착한 이후 잦은 산불로 인해 소나무림이 증가하였다(West 등, 1981). 산불은 지표면의 유기물을 태워 소나무의 발아를 촉진시키며, 또한 경쟁수종을 죽이므로 소나무림으로 유지하게 한다. 미주소나무과 스트로브잣나무는 강력한 수관화의 발생주기가 120년에서 200년 정도일 떄 내음성 수종을 계속적으로 도태시킴으로서 소나무림으로 유지하게 된다(Whitney, 1986). 소나무는 대체로 수피가 두껍고, 활엽수보다는 상처 치유 능력이 뛰어나므로(Whitney, 1986), 지표화 발생 때는 생존율이 활엽수보다 높을 수 있다.

그림 2는 울진군 소광리 육종림을 TWINSPAN (Hill, 1979)에 의해 분류한 군집이다. 총 조사구 수는 90개이었으며, 각 조사구의 면적은 500㎡ (25m×20m)이었다.

육종림의 군집은 크게 소나무림과 신갈나무 및 기타 활엽수로 크게 구분되었다(그림 2). 소나무는 능

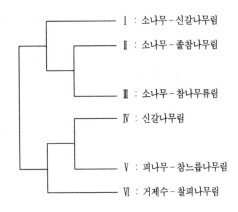

그림 2. TWINSPAN에 의한 울진군 소광리 육종림의 군집 분류

선과 산정부에 주로 분포하였으며, 일부 폐경지인 계곡부에 분포하였다. 활엽수는 신갈나무가 가장 많이 분포하며, 주로 능선부에 분포하고, 거제수나무, 층층나무, 피나무는 계곡부에 분포하고 있다.

군집 I은 소나무림이 우점종이며 주로 능선 및 능선 사면부에 분포하고 있다. 방위는 주로 남서사면이 많으나, 이곳의 소나무림 분포와 방위는 상관이 없으며 지형과 관계가 깊다. 군집 I은 산불의 흔적이 가장 많은 곳으로 산불에 의해 유지되어온 전형적인 군집형이다. 중요치 분석에서 소나무의 상대피도는 76%이나, 상대밀도가 48%로 낮아 주로 대경목이 많음을 알 수 있으며, 중요치는 62%이었다(표 3). 산불에 적응된 수종으로 산불에 내성은 없으나 깊은 뿌리를 갖고 있어 산불에 의한 지상부가 죽으면 다시 뿌리에서 맹아가 발생하는 수종으로 이곳 군집 I에서 대표적인 것이 신갈나무와 쇠물푸레나무이다. 이러한 分枝形 수종은 산불 주기가 짧을수록 맹아 발생에 따른 뿌리의 활력이 떨어지므로, 종자로부터 발생하는 소나무에 비해 수고 생장이 좋지 못하여 계속적으로 소나무림으로 유지될 수 있었다. 신갈나무의 상대피도는 12%이었고, 쇠물푸레나무는 0.8%로 매우 낮으나, 신갈나무는 상대적으로 쇠물푸레보다 대경목이기 때문이며 상대밀도는 신갈나무가 19%, 쇠물푸레나무가 12%로 비슷한 값을 보였다. 굴참나무는 수피가 매우 두껍고, 코르크 또한 내열성이 좋아 지표화에 매우 강하여 군집 I에서 비교적 높은 5%의 중요치를 보였다.

군집 II는 소나무-졸참나무 군집으로 계곡부에 산재한 폐경지의 이차림과 사면부에 분포한다. 소나무의 중요치는 42%로 높으나, 졸참나무, 신갈나무,

표 3. 소광리 육종림의 각 군집별 중요치 분석

군집→ 수종명	I 상대피도	I 상대밀도	I 중요치	II 상대피도	II 상대밀도	II 중요치	III 상대피도	III 상대밀도	III 중요치	IV 상대피도	IV 상대밀도	IV 중요치	V 상대피도	V 상대밀도	V 중요치	VI 상대피도	VI 상대밀도	VI 중요치
가 래 나 무							1.8	1.1	1.5									
갈 참 나 무	1.1	0.2	0.6	2.3	2.3	2.2	1.2	1.0	1.1									
개 옻 나 무	0.1	1.6	0.8	0.0	0.2	0.1	0.0	0.4	0.2									
거 제 수 나 무	2.9	0.9	1.9	29.5	8.9	19.2												
고 광 나 무	0.0	0.4	0.2	0.1	2.4	1.2	0.4	14.0	7.6									
고 로 쇠 나 무				0.4	1.2	0.8	3.8	3.9	3.8	4.2	2.5	3.4	9.4	6.4	7.9	1.8	2.9	2.3
고 추 나 무	0.0	0.1	0.1	0.0	0.5	0.2	0.0	0.8	0.4	0.1	5.1	2.6						
광 대 싸 리	0.0	0.3	0.1	0.0	0.7	0.4												
굴 참 나 무	6.5	4.0	5.2	3.5	2.9	3.2	1.2	0.2	0.7									
까 치 박 달	1.6	0.8	1.2															
노 린 재 나 무	0.0	0.4	0.2	0.1	2.5	1.3	0.0	0.4	0.2									
다 래	0.3	5.1	2.7	0.4	7.2	3.8	0.3	4.6	2.5									
다 릅 나 무	0.0	0.2	0.1	0.2	0.3	0.3	2.1	2.8	2.4	0.0	0.4	0.2	0.0	0.4	0.2			
참 느 릅	0.1	0.2	0.1	0.5	0.6	0.6	1.0	1.1	1.0	21.9	7.2	14.6	3.5	3.8	3.6			
당 단 풍	0.2	1.2	0.7	1.1	9.2	5.2	5.4	39.6	22.5	4.0	12.8	8.4	1.5	6.8	4.2	4.8	11.9	8.4
돌 배 나 무	0.2	1.0	0.6	1.9	2.4	2.2												
물 박 달 나 무	0.1	0.2	0.2	2.3	1.8	2.0	2.7	0.6	1.6									
물 푸 레	0.1	1.0	0.5	1.7	6.6	4.2	0.7	1.4	1.0	7.6	4.6	6.1						
박 달 나 무	1.5	0.4	1.0	4.9	1.7	3.3												
복 자 기	0.1	0.9	0.5															
복 장 나 무	1.8	0.4	1.1															
사 시 나 무	0.9	0.4	0.6	0.6	0.2	0.4	12.4	4.2	8.3									
산 벚 나 무	0.5	0.8	0.6	3.0	1.6	2.3												
산 뽕 나 무	0.0	0.3	0.1	0.4	3.1	1.8	0.0	0.2	0.1	0.0	0.8	0.4						
생 강 나 무	0.0	0.7	0.4	0.1	2.2	1.1	0.1	3.4	1.7	1.3	21.6	11.5	0.3	10.1	5.2	0.2	5.1	2.6
서 어 나 무	0.2	1.0	0.6															
소 나 무	75.9	48.0	62.0	66.3	18.5	42.4	43.5	5.1	24.3	3.8	0.4	2.1						
쇠 물 푸 레	0.8	14.2	7.4	0.6	9.2	4.9	0.6	6.3	3.5	0.2	0.9	0.5	0.0	0.4	0.2			
신 갈 나 무	11.6	19.2	15.4	7.4	12.5	9.9	13.6	7.0	10.3	43.9	14.6	29.3	10.2	3.6	6.9	5.3	2.9	4.1
왕 느 릅 나 무	0.1	0.5	0.3	0.7	2.2	1.4												
음 나 무	0.6	0.4	0.5	8.0	3.9	6.0	5.2	1.2	3.2	7.1	1.2	4.1						
일 본 잎 갈	0.2	0.4	0.3															
졸 참 나 무	2.8	1.8	2.3	10.1	10.9	10.5	10.0	4.3	7.1	1.2	0.4	0.8						
진 달 래	0.1	3.6	1.8	0.0	2.6	1.3	0.0	0.2	0.1	0.1	2.3	1.2						
쪽 동 백 나 무	0.1	0.5	0.3	0.5	3.0	1.7	0.3	1.5	0.9	0.0	0.2	0.1						
찰 피 나 무	0.3	0.0	0.1	4.5	3.5	4.0	3.1	2.8	3.0	16.6	12.7	14.6						
참 개 암 나 무	0.0	0.2	0.1	0.1	0.8	0.4	0.0	2.3	1.2	0.1	5.1	2.6	0.7	18.6	9.7	0.1	5.5	2.8
참 빗 살 나 무	0.0	0.4	0.2	0.0	0.8	0.4												
참 회 나 무	0.0	0.7	0.3	0.4	1.2	0.8	0.0	1.7	0.8									
철 쭉	0.2	3.2	1.7	0.1	3.3	1.7	0.0	1.0	0.5	0.6	8.6	4.6	0.3	2.8	1.5	0.0	0.4	0.2
층 층 나 무	0.1	0.2	0.1	8.1	8.5	8.3	10.0	6.8	8.4									
팥 배 나 무	0.2	0.7	0.4															
피 나 무	0.0	0.2	0.1	2.5	3.8	3.1	10.5	6.9	8.7	29.4	7.6	18.5	0.8	2.5	1.7			
함 박 꽃 나 무	0.4	0.4	0.4	1.1	8.5	4.8												

쇠물푸레나무의 중요치는 각각 11%, 10%, 5%로 높은 편이다. 이곳의 군집은 군집 I보다는 참나무류로 천이가 상당히 진행된 곳이며, 임령은 40년에서 80년 사이가 많다. 소나무림에서 일반적으로 상층 수관에 도달할 수 있는 참나무류의 치수는 산불 후 40년 정도면 소나무-참나무류림이 될 수 있는데 (Forman과 Boerner, 1981), 이곳 군집의 산불 발생년도는 43년 전인 1953년도에 가장 많이 발생하였다.

군집 III은 주로 능선부에 위치하며, 소나무의 중요치가 24%로 소나무림이나 당단풍나무와 신갈나무림의 중요치도 높은 편이다(표 3). 이곳의 소나무는 능선부에 위치하며 직경이 50cm에서 80cm가 대부분인 대경목이 주로 분포하고 있는 지역으로, 급경사지나 암반이 노출된 지역이 많아, 탈것(원료, fuel)의 누적이 많지 않아 산불을 회피할 수 있었다 (Engstrom과 Mann, 1991).

군집 IV는 신갈나무가 우점하는 사면형 군집으로 신갈나무의 중요치가 29%로 가장 높았고, 그 다음으로 피나무, 당단풍나무, 사시나무의 중요치는 비슷한 값을 보였다(표 3). 군집 IV는 中部 亞高山 闊葉樹 林형 군집 중, 대표적인 능선부형 군집(산림청, 1992)으로 종 조성이 강원도 평창군 가리왕산 지역과 유사하나, 지형적인 분포 차이는 이곳이 산불의 주기가 짧기(표 2) 때문이다.

군집 V와 군집 VI은 활엽수림 군집으로 종 조성의 차이는 있으나, 지형적으로 같은 계곡 및 사면에 분포하고 있다. 군집 VI의 거제수나무 역시 교란 후 일제히 발생하여 동령림을 이루는 수종이다.

군집을 이해하기 위하여 우점도뿐만아니라 종 조성의 다양한 정도를 나타내는 종다양성 지수분석이 필요하게 된다. 군집 I의 종다양도 지수는 0.73으로 전체 군집 중 가장 낮은 값을 보였는데, 교란의 강도가 중간 정도 일 때 종다양도는 높고, 교란이 많거나, 아주 적을 때 낮아지므로(Connel, 1978), 지속적으로 교란이 있었음을 알 수 있다. 소나무-졸참나무림 군집인 군집 II는 종다양도 지수가 가장 높은 1.22이었으나 최대 종다양도 지수가 1.75로 아직도 소나무림 우점종 군집이나, 점차 참나무류의 우점도가 증가할 것으로 보인다(표 4).

표 5는 각 군집간의 유사도 지수를 나타낸 것이다. 소나무가 우점종인 군집 I, II, III 간의 유사도 지수가 높게 나타났으며, 활엽수 우점종 군집인 IV,

표 4. 소광리 육종림에서 각 군집의 종다양성 지수

군집명	H'(Shannon)	J'(evenness)	D'(dominance)	H'max
I	0.73	0.51	0.49	1.43
II	1.22	0.70	0.30	1.75
III	1.09	0.69	0.31	1.57
IV	1.11	0.79	0.21	1.40
V	1.15	0.84	0.16	1.38
VI	1.18	0.89	0.11	1.32

표 5. 소광리 육종림에서 각 군집간의 유사도 지수

군집명	I	II	III	IV	V
II	69.77				
III	45.47	62.65			
IV	20.72	23.23	31.69		
V	13.31	19.91	27.03	44.50	
VI	6.46	17.37	22.38	38.64	41.77

V, VI 간의 유사도 지수는 낮아, 서로 이질적인 군집임을 알 수 있다.

5. 소나무림의 산불 후 갱신 형태

산불 후 갱신 형태는 크게 두가지로 나눌 수 있다. 첫째, 산불 후 지상부는 죽게 되어도 뿌리 부근에서 맹아가 발생하여 갱신이 가능한 수종과, 둘째, 산불 후 땅속의 종자나, 다른 곳에서 이입된 종자에 의해 갱신되는 형태이다.

울진군 소광리 육종림에서 산불 후 뿌리 부근에서 맹아가 발생하는 수종은 신갈나무, 쇠물푸레나무, 굴참나무, 졸참나무, 철쭉, 피나무, 물푸레나무, 개옻나무, 당단풍 등이었다. 그러나 이러한 맹아가 발생하는 수종이라도 산불의 강도에 따라 맹아 발생력의 차이가 있다. 일반적으로 산불 발생시 토양 표면의 온도는 200℃에서 300℃ 사이이며 때에 따라서 500℃가 넘을 수 있으나 토양속 3cm 이하까지 100℃가 넘는 경우는 거의 없다(Christensen, 1985). 따라서 잦은 산불에도 지속적으로 맹아에 의한 갱신이 가능한 수종은 깊은 뿌리조직를 갖고 있는 수종이 유리한데, 이러한 수종으로 신갈나무, 쇠물푸레나무, 철쭉 등이 있다.

종자에 의한 갱신 형태는 다시 두 가지로 나눌 수

있는데, 埋土 種子와 移入 종자로 부터 갱신되는 형태이다. 관목은 매토종자에 의한 갱신을 하는 경우가 많은데 매토종자에 의한 갱신 수종은 참싸리, 개옻나무, 산초나무, 덜꿩나무, 청미래덩굴 등이다(Nakagoshi 등, 1983). 이러한 수종은 산불 내화성 종자로서 일반적으로 종피가 두껍기 때문에 산불의 높은 온도로 인하여 발아가 촉진된다. 예를 들어, 개옻나무와 참싸리는 48 - 74℃ 내외에서 종자의 발아가 촉진된다(Nakagoshi 등, 1987).

다른 곳으로부터 이입된 종자에 의한 갱신 형태는 소나무를 비롯한 대부분의 참나무류, 거제수나무, 사시나무 등이 있다. 결실이 많고, 가볍고 멀리 날아갈 수 있는 종자 구조를 가진 수종이 산불 후 초기 정착할 가능성이 높다. 이러한 수종은 대체로 정착한 후 초기의 수고 생장이 빠른 양수 수종이 많다.

강원도 평창군 대화면 및 진부면 소재 국유림에서 각 임분별 종자 채집망을 설치하여 종자 하종량을 조사하였다(표 6). 종자 채집망의 크기는 1㎡이었으며, 각 임분 별로 8개의 채집망을 설치하였다(산림청, 1991).

각 임분에서 채집된 종자의 양으로 ha당 하종량을 계산하였다. 소나무의 종자가 가장 많았으며, 그 다음은 거제수나무이었다. 이들 수종은 종자의 결실이 많을 뿐만 아니라 산포하기 쉬운 종자 구조를 갖고 있다. 그러나 이들 종자가 다른 임분에서는 발견되지 않았는데, 이는 종자 채집망이 설치된 임분간의 거리가 멀리 떨어져(5km) 있기 때문으로 판단된다. 따라서 종자의 비산 거리에 대한 연구도 앞으로 필요할 것이다.

표 6. 평창군 대화면, 진부면 소재 국유림의 각 임분에서 종자 하종량(粒數/ha) 추정

	소나무림	소나무-신갈나무림	신갈나무-활엽수림	신갈나무림
소 나 무	340,182			
신갈나무	19,760	3,705		4,940
당 단 풍	1,372		15,092	
거제수나무			196,365	
층층나무			35,815	4,940
까치박달			8,645	
피 나 무				2,470
물푸레나무				7,410

각 임분별로 추정된 하종량과 동일 임분에서 발생한 치수의 비율을 보면 소나무림에서는 7월의 조사에서 치수 발생율은 하종량의 0.7%이었으나, 10월에 재조사한 결과 치수가 거의 발견되지 않은 점으로 미루어 보아, 발생후 초본류와의 경쟁에서 도태된 것으로 판단되었다.

울진군 소광리 육종림에서 토양내 ha 당 소나무 종자의 수는 140,000개이었으나 여기에는 발아력이 없는 여러 해된 종자도 같이 포함되어 있었다. 이 지역은 관목이나 초본류와의 경쟁이 없는 임도의 성토부위에 위치하고 있으므로 종자 발아에는 적당한 조건이어서 3년간 치수 발생량을 조사한 결과 년간 50,000그루/ha으로 추정되었다. 따라서 실제의 종자 하종량은 이보다 더 많을 것으로 보인다.

참나무류는 대체로 종자가 무겁고, 落果 후 이동거리가 짧고 산불 후 조기 정착에는 어려움이 있다. 그러나 종자가 크기 때문에 종자내 양분이 많아 낮은 광도에서 발아할 수 있고 발아 후 생존에도 도움을 준다(Swaine과 Whitmore 1988). 육종림에서는 20년된 소나무 임분에서도 굴참나무와 졸참나무의 치수가 발생되었는데, 거의 자라지 않는 전생치수 상태로 존재하였다.

소나무 임분으로 형성되기 까지 걸린 기간을 알아보기 위하여 폐경지에 조사구(25㎡, 5개)를 설치한 후 밀도를 측정하고 소나무 46그루를 임의로 선정한 후 연령, 수고 및 근원경을 측정하였다. 그림 3은 조사구내에서 소나무 樹齡, 根元徑 및 樹高 분포를 나타낸 것이다.

조사구내의 수령은 9년에서 23년까지로 나타났으며, 평균은 16년이었고, 초기 정착 후 14년간 계속 치수가 발생하였다. 수고는 4m에서 12.6m까지였고, 평균 7.8m이었다. 근원경은 평균 8cm이었으며, 범위는 2cm에서 19cm까지 분포하였다(그림 3).

그림 4는 소나무 임분에서 樹齡과 樹高 및 根元徑과의 관계를 나타낸 것이다.

이들 회귀식은 높은 유의성(p<0.01)이 인정되었다. 즉, 종자로 부터 빨리 정착할수록 생장이 좋을 뿐만 아니라, 수고가 높아 상층 수관을 점유할 가능성이 높다는 것을 말하고 있다.

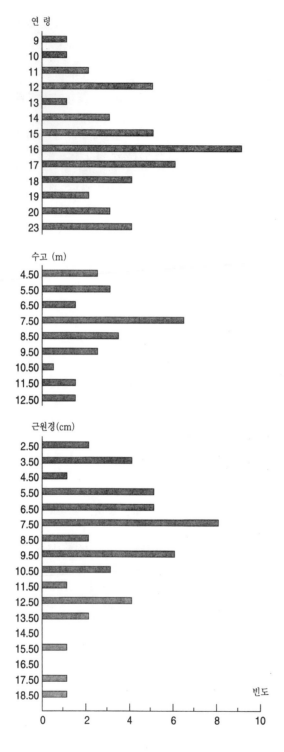

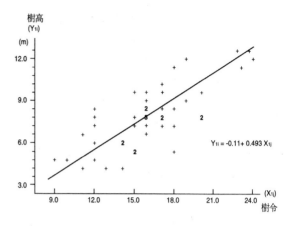

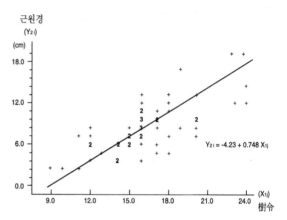

그림 4. 폐경지에서 소나무 임분의 樹令과 樹高
및 根元徑과의 관계

그림 3. 폐경지에서의 소나무 林分의 樹齡,
樹高, 根元徑 構造

6. 맺는 말

소나무는 역사적으로나, 문화적으로나 우리 생활
과는 매우 밀접한 나무임에 분명하다. 항상 푸르름
을 잃지않고 우리의 주위에 있어 왔고, 앞으로도 있
을 것이다. 그리고 따뜻함과 넉넉함을 주었다. 草根
木被의 木被는 바로 소나무의 속껍질을 말하며 송화
가루 날리는 春窮期 3月의 배고픔을 달래주었다. 솔
가지 몇개로 깊어가는 겨울밤 지친 몸을 묻을 수 있
는 아래목의 따스함도 소나무가 담당하였다. 고려
청자의 고운 하늘 빛도 소나무잎으로 구워냈었다.

이러한 소나무가 지금 중요한 길목에 서 있다. 농
촌의 근대화로 인한 연료림 채취는 줄어 들었고, 아
울러 강력한 산림 보호 정책으로 우리나라의 숲의
구조가 침엽수에서 활엽수로 이행되고 있으며, 솔잎
혹파리에 의해 전국적으로 소나무에 피해가 심하여

소나무는 사라져갈 우려까지 가지게 되었다.

요즘 남산의 소나무 살리기 등의 소나무에 대한 인식이 활발해 지고 있으며, 서울에서는 도시 조경용으로 중요한 수종 중 하나로 자리 잡고 있지만, 식재되고 있는 소나무는 줄기가 굽고 잘 자라지 못하여 수형이 좋지 못한 것이 대부분이다. 물론, 모진 風霜을 겪어 忍苦의 세월을 보이는 것 같은 소나무의 형상이 우리 민족의 정서와 調和될지 몰라도, 앞으로 우리가 바라는 소나무의 모양은 아닌 것 같다. 따라서 우리가 손쉽게 접하게 되는 조경용 소나무일지라도 우리가 나갈 바를 가르키는 것 같은 줄기가 곧은 소나무를 심어야 할 것이다.

소나무는 천이계열상 방해 극상에 속하는 수종이지만, 지구상의 어느 곳도 교란이 없는 곳은 없기 때문에 교란 후 발생하는 소나무를 토양을 불량화시키거나 파괴시키는 것과 동일하게 취급하여서는 안될 것이다. 소나무 망국론이란 말이 나온 것도 교란 후 주로 소나무가 발생되었기 때문일 것이다. 천이의 고전적인 의미로 볼 때 극상림에 가까울수록 좋은 의미로 받아들이는 경향이 있는데, 실제로 천이는 계속적으로 순환하게 되며, 아주 일부만이 극상에 도달하게 된다.

울진군 소광리 육종림에서의 산불 발생 주기는 약 9년이었으며, 지표화보다는 수관화의 발생 이후 소나무의 갱신이 이루어졌다고 생각한다. 소나무 종자 하종량은 년간 최소 50,000개/ha 이상으로 추정되었으며, 소나무 묘목이 정착되는 기간은 약 10년이었으나, 이중 상당 부분 도태되므로 실제 정착에 소요되는 기간은 약 5년이었다. 20년 된 소나무림의 평균 밀도는 60,000그루/ha이었으며, 이중 10%는 경쟁에서 도태되어 고사되었다. 따라서 소나무는 발생 초기부터 밀도를 높여 종내 경쟁을 시켜주므로서, 다른 종의 침입을 방지할 수 있다. 이 연구 대상지에서 소나무림의 수령이 20년정도 되었을 때 활엽수가 이입되었으며, 60년정도부터 내음성을 보이는 졸참나무, 서어나무, 들메나무 등이 정착하게 되었다. 그러나, 주기적인 지표화로 인하여 이러한 활엽수는 우점종이 되지 않았으며, 주로 산불 후 뿌리 부근의 맹아에 의해 갱신이 이루지는 신갈나무, 굴참나무, 쇠물푸레나무 등이 우점하게 되었다.

지속적인 소나무의 천연갱신을 유도하기 위하여, 소나무림에서 천이계열을 밝혀, 천이를 遲延시킬 필요가 있다. 이러한 생태적인 관리를 위한 천이 모델들이 시도되었는데(Luken, 1990), 기본이 되는 원리는 억제(inhibition) 모델(Connel과 Slatyer, 1977)로서, 먼저 정착하는 종이 우점종으로 남을 확률이 높으며, 수명이 짧은 종에서 수명이 긴 종으로 천이가 진행되나, 질서있는 대치가 아니라는 것이다. 그중 Pickett 등(1987)이 제시한 모델이 가장 많이 이용되고 있는데, 즉, 인위적인 교란, 정착 조절, 생장 조절의 3가지로 구성되어 있다. 따라서 소나무의 천연갱신을 유도하기 위하여서는 이 모델이 적합할 것이라 생각한다.

인위적 교란이 일어나면 어떤 종은 다른 종에 대하여 입지의 자원 이용도를 높여 주는 것이라 볼 수 있다. 따라서, 소나무 천연 갱신은 주로 산불 등의 요인에 의한 대규모의 교란이 발생하여 토양층의 광물질이 노출되고 다른 종이 도태된 이후에 나타난 2차 천이의 형태이므로, 처방화입(prescribed burning), 불도저나 굴삭기에 의한 토양처리, 선택성 제초제 살포, 또는 토양 층의 경운 등에 의하여 교란을 일으키면 산불에 의한 교란과 비슷한 결과를 보일 것이다. 그러나 인위적인 산불은 경우 우리나라는 지형이 복잡하고 아주 심하여, 인위적인 산불의 조절이 매우 어렵기 때문에 적용하기 어려울 것이다. 따라서, 불도저나 굴삭기를 이용한 토양처리의 경우, 경사가 급하지 않다면 경제적으로 가능한 방법일 것이다. 평창군 대화면 소재 국유림내에서 선택성 제초제인 헥사지논을 처리하여 천연갱신의 유도를 시도하여 소나무 치수 발생이 많아짐을 관찰할 수 있었다.

소나무는 종자 하종량이 많으므로 발아에 적당한 林床의 처리를 하였을 경우 소나무의 정착은 쉽게 성공될 수 있을 것이다. 정착 초기의 다른 수종 특히 참나무류에 의한 피압을 막기 위하여 임상처리 즉, 인위적인 교란 등으로 이러한 수종을 제거하거나, 또는 정착한 후에 소나무 밀도를 높여 주므로서 종내 경쟁을 유발시키거나, 그외에 선택성 제초제의 처리를 하면 소나무의 천연 하종갱신은 쉽게 이루어질 것이다. 천연갱신이 유도된 경우일지라도, 타 수종과의 경쟁에 이길 수 있도록, 차후 관리를 병행하면 더욱 유리할 것이다.

7. 참고 문헌

1. 김진수, 이석우, 황재우, 권기원. 1993. 금강 소나무-유전적으로 별개의 품종으로 인정될 수

있는가? 한림지 82:166-175.

2. 류장발, 홍성호, 정헌관. 1985. 침엽의 수지구 위치에 의한 우리나라 소나무의 이입교잡 현상 연구. 한림지 69:19-27

3. 산림청. 1991. 국유림 경영 현대화 산학 협동 실연 연구보고서(II).

4. 산림청. 1992. 국유림 경영 현대화 산학 협동 실연 연구보고서(III).

5. 안건용. 1972. 일대 잡종송의 교배친화력과 특성에 관한 연구. 한림지. 16:1-32.

6. 이영노. 1986. 한국의 송백류. 이화여대 출판부

7. 현신규, 구군회, 안건용. 1967. 동부산 적송에 있어서의 이입교잡 현상. 임목 육종연구소 연구 보고. 5:43-52.

8. Christensen,N.L.1985.Shrubland fire regimes and their evolutionary consequences.in "The Ecology of natural disturbance and patch dynamics".(S.T.A. Pickett & P.S. White, eds). Academic Press, New York

9. Cornel, J.H. 1978.Diversity in tropical rain forests and coral reefs. Science 199:1302-1310.

10. Connel, J.H. and Slatyer, R.O. 1977.Mechanisms of succesion in natural communities and their role in community stability and organization. American Naturalist, 111:1119-1144.

11. Engstrom, F.B. & D.H., Mann. 1990. Fire ecology of red pine(*Pinus resinosa*) in northern Vermont, U.S.A. Can. J.For.Res. 21: 882-889.

12. Forman, R.T.T. & R.E. Boerner. 1981. Fire frequency and the Pine Barrens of New Jersey. Bull. Torr. Bot. 108:34-50.

13. Heinselman, M.L. 1981. Fire and succession in the conifer forests of Northern North America. in D.C. West, H.H. Shugart & D.B. Botkin (eds). Forest Succession. Springer-Verlag, New York.

14. Lorimer C.G. 1980. Age structure and disturbance history of a southern Appalachian virgin forest. Ecology 61:1169-1184.

15. Luken, J.O. 1990. Directing Ecological Succession. Champman and Hill 251pp.

16. Nakagoshi, N., Nehira, K. & Nakane, K.1983. Regeneration of vegetation in the burned pine forest in southern Hiroshima Prefecture, Japan IV. Buried viable seeds in the early stage of succession. Mem. Fac. Integrated Arts and Sci. Hiroshima Univ. Ser. IV, 7:95-126.

17. Nakagoshi, N., K. Nehira & F. Takahashi. 1987. The role of fire in Pine forests of Japan. in "The role of fire in ecological systems." (ed) L. Trabaud. Academic Pub., Hague.

18. Runkle, J.R. 1985. Disturbance regimes in temperate forest. (in) The ecology of natural disturbance and patch dynamics (eds) S.T.A, Pickett & P.S. White.Academic Press.

19. Sousa, W.P. 1984. The Role of disturbance in natural communites. Ann. Rev. Ecol. Syst. 15: 353-391.

20. Swaine, M.D, & T.C. Whitmore. 1988 On the definition of ecological species groups in tropical rain forests. Vegetatio 75:81-86.

21. Tsukada, M. 1966. Late postglacial absolute pollen diagram in Lake Nojiri. Bot. Mag. Tokyo, 79:179-184.

22. Tsukada, M. 1981. The last 12,000 years-the vegetation history of Japan II.New pollen zones. Jpn. J.Ecol. 31:201-215.

23. Uyeki, H. 1928. On the physiognomy of Pinus densiflora growing in Corea and sylvicultural treatment for its improvement. Bull. Agr. & For. Coll. Suigen.

24. Wagner, C.E. 1978. Age-class distribution and the forest fire cycle. Can. J.For. Res. 8: 220-227.

25. West, D.C., H.H., Shugart & D.B., Botkin. 1981. Forest succession: Concepts and Application. Springer-Verlag, New York.

26. Whitney, G.G. 1986. Relation of Michinga's presettlement pin forests to substrate and disturbance history. Ecology 67:1548-1559.

27. Yarie, J. 1981. Forest fire cycles and life tables:a case study from interior Alaska. Can. J.For. Res. 11:554-562.

소나무의 학제적 중요성에 대하여:

임업 분야를 중심으로

신 원 섭, 지 기 환 (충북대학교 임학과)

1. 서 론

소나무는 우리 나라를 대표하는 나무이다. 여기서 대표한다는 말은 여러 의미로 해석할 수 있는데 우선 소나무는 우리 나라 전역에 거쳐 분포하며 - 남으로는 제주도에서 동으로는 울릉도에 이르고 서쪽으로는 홍도와 흑산도 까지 분포하며 북으로는 함경남북도까지 (임경빈, 1976) - 또 가장 많은 나무이기 때문이다. 문화적, 정서적 측면에서 본다 하여도 소나무는 우리 나라를 대표하는 나무라고 말할 수 있다. 전영우(1991)가 분석한 우리 나라 한시의 예를 들면 우리 나라 한시에 출현한 나무의 빈도수 중에서 소나무는 버드나무에 이어 가장 많이 인용된 나무로 기록되어 있다. 특히 그가 분석한 책 속에 수록된 한시들 중 나무를 직접 주제로 한 네편은 모두 소나무를 대상으로 하고 있다는 점으로 보아도 소나무가 우리의 전통 문학에서 차지하는 비중이 더없이 크다는 것을 말해 준다.

실용적인 면에서도 소나무는 약용, 식용, 건축용, 그리고 난방용으로 중요한 수종이었다. 박봉우 (1991)는 소나무가 이렇게 우리 생활 깊숙이 차지하고 있는 점을 들어 우리의 문화를 가히 '소나무 문화' 라고 칭하였다. 이렇게 우리와 밀접한 관련을 맺고 있는 소나무가 과연 학문적 주제로는 얼마나 중요하게 다루어지고 있는가를 알아보려는 것이 본고의 기본적인 목적이다. 또한 소나무를 주제로 한 연구들의 역사적 동향은 어떤 지를 살펴보고, 구체적으로 소나무를 주제로 한 연구들이 어떤 방면의 것들인지

를 조사해 보려는 것이 본고의 부차적인 목적이다.

2. 자료 수집 방법

소나무를 주제로 한 연구는 여러 분야에서 수행되어 왔고 이들을 전부 조사한다는 것은 어려운 일이므로 본고는 임업 분야에서의 연구로 한정키로 하였다. 임업 분야에서도 여러 개의 학술지들이 발간되며 각 대학에서도 자체로 '연습림 보고' 등의 논문집을 발간하고 있지만 가장 광범위한 주제를 포함하고 역사성이 있어 각 시기별 비교가 용이한 '한국임학회지' 를 기본적 자료 수집의 근거로 삼기로 하였다. 본 조사는 한국 임학회지 제 1권(1962년 2월) 부터 82권 2호(1993년 6월) 까지 게재된 779편의 논문의 내용을 분석하여 자료를 수집하였으며 내용상의 분류는 윤국병 등(1992)이 분류한 체계가 가장 세분되어 있으므로 그 분류법을 따르기로 하였다(표 1).

표 1. 내용 분류를 위한 임학의 체계

1. 기 초 학	2. 삼림생산학	3. 삼림경제학	4. 임업정책학	5. 삼림이용학
-수 목 학	-임업종묘학	-삼림평가학	-임업정책학	-목재채취학
-수목생리학	-조 림 학	-삼림경제학	-사방공학	-목 재 이 학
-삼림생태학	-측 수 학	-삼림관리학	-조 림 학	-임산제조학
-임목육종학	-삼림경영학	-목재시장론	-삼림법규학	-목재방부학
-삼림토양학	-삼림토목학		-야생동물보호학	-특수임산물이용학
-수목병리학	-특용수 재배학			-삼림수자원학
-삼림해충학				
-삼림보호학				

3. 결 과

전체 769편의 논문들을 제목과 요약을 통하여 내용 분석하여 본 결과 총 105편의 논문이 소나무에 관한 논제이거나 소나무를 대상으로 쓴 논문이었다 (그림 1). 이는 전체 논문의 약 14%를 차지하는 비율이었다. 한 주제가 차지하는 비율이 전체 논문의 14%에 해당한다는 것은 매우 높은 수준이라 할 수 있다. 다시 말하여, 소나무는 우리 임학 분야에서 중요한 연구 수종으로 다루어지고 있음을 볼 수 있다.

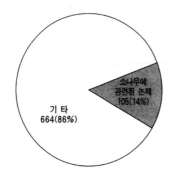

그림 1. 소나무에 관련된 논문의 수

표 2는 소나무를 주제로 한 논문들의 수를 발표 연도별로 정리하여 보여 주고 있다. 논문의 수를 매 연도별로 구분하면 그 수가 많지 않기 때문에 한림 지 1호가 발간된 '62년 부터 시작하여 '69년까지; ' 70년 - '79년까지; '80년 - '89년까지; '90년 이후 까지 각 연대별로 구분을 하여 빈도수를 조사 하였 다. 표 2에서 볼 수 있듯이, 60년대에 발표된 논문 들은 다른 시기에 비하여 월등히 높은 비율로(약 24%) 소나무에 관련된 논문이 많이 발표되었음을 알 수 있고, 그 이후 70년대, 80년대, 90년대에는 약간의 차이는 있지만 대략적으로 10%를 약간 웃도 는 정도의 비율을 나타내고 있다.

표 2. 발표된 연대별로 본 소나무 관련 논문수

년 도	전체 논문수	소나무 관련 논문수	비 율
1962 - 1969	82	22	24%
1970 - 1979	195	24	12%
1980 - 1989	368	46	13%
1990 이 후	124	13	10%
합 계	769	105	14%

표 3은 소나무를 주제로 혹은 연구 재료로 이용한 논문들이 구체적으로 어떤 분야에 속하는지를 보여 주고 있다. 이 표에서 볼 수 있듯이 대부분의 연구 는 기초학, 특히 생리학 생태학 육종학의 분야에서 이루어져 왔으며 조림학 등을 포함한 산림 생산학 분야가 그 다음을 차지하고 있다. 반대로 사회 임학 분야에서는 소나무를 주제로한 논문은 거의 찾아볼 수 없었다. 이는 소나무에 관한 연구가 생물학적인

표 3. 소나무를 주제로 한 논문의 학제적 분류

과 목	빈 도 수
1. 기초학 77	
1.1 수목학	2
1.2 수목생리학	24
1.3 삼림생태학	16
1.4 임목육종학	15
1.5 삼림토양학	-
1.6 수목병리학	5
1.7 삼림해충학	15
1.8 삼림보호학	
2. 삼림생산학	24
2.1 임업종묘학	3
2.2 조림학	11
2.3 측수학	5
2.4 산림경영학	4
2.5 삼림토목학	-
2.6 특용수재배학	1
3. 삼림경제학	0
3.1 삼림평가학	-
3.2 삼림경제학	-
3.3 삼림관리학	-
3.4 목재시장론	-
4. 임업정책학	0
4.1 임정학	-
4.2 사방공학	-
4.3 조경학	-
4.4 산림법규학	-
4.5 야생동물보호학	-
4.6 삼림수자원학	-
5. 삼림이용학 4	
5.1 목재채취학	-
5.2 목재이학	3
5.3 임산제조학	-
5.4 임산가공학	1
5.5 목재방부학	-
5.6 특수임산물이용학	-

분야에 치중돼 있음을 보여준다 하겠다. 분류의 과정에 있어서 몇 가지의 논문들은 그 구분을 명확히 할 수 없는 것들도 있었다. 이러한 것들은 그 과목을 담당하는 동료 교수들에게 논의하여 되도록이면 객관적인 분류를 하려고 노력하였다.

4. 결 론

필자가 본고에서 밝히려 하였던 것은 우리 나라의 대표적 수종인 소나무가 학문적 주제로 얼마나 중요하게 다루어져 왔는가 하는 것이었다. 1962년 창간호부터 최근에 발간된 (1993년 6월) 한국 임학회지에 게재된 769편의 논문을 분석하여 본 결과 이 중 약 14%에 해당하는 105편의 논문이 소나무를 주제로 혹은 소재로 삼은 연구들이었다. 이들 연구의 발표된 수를 연도별로 조사하여 본 결과 1960년대에 발표된 논문들 중 전체의 약 24%에 해당하는 논문이 소나무에 관련된 것이었고 나머지 연대들(즉, '70, '80, '90년대)에서는 거의 비슷한 비율인 10%를 약간 웃도는 수준으로 소나무에 관한 연구가 한국 임학회지에 발표되었다.

매 연대별로 살펴보았을 때 그 비율이 큰 변동없이 10%정도로 유지하고 있는 것으로 보아 앞으로의 추세도 큰 이변이 생기지 않는 한 전체 연구의 10% 정도는 소나무에 관련된 연구가 수행될 것이라는 예측이 가능하여 진다. 물론 엄밀히 따져보면 이들 소나무에 관한 연구가 단일 수종을 대상으로 한 것이 아니지만(적송, 해송, 강송, 곰솔, 리기다 소나무, 테다 소나무, 방크스 소나무, 슬래쉬 소나무, 리기테다 소나무 등을 대상으로 하였음), 한 주제에 대하여 전체 연구의 10% 정도가 집중되었다면 소나무의 학제적 중요성은 인정된 셈이라 할 수 있겠다.

연구의 주제에 관하여는 이미 결과 부분에서 언급한대로 대부분(약 96% 정도)의 소나무에 대한 연구가 기초 및 산림 생산학 분야에 편종되어 있었다. 그중에서 특히 수목 생리학(약 23%정도), 삼림 생태학(약 15%정도), 임목 육종학(약 15%정도), 산림 해충학(약 15%정도), 조림학(약 10%정도)의 연구가 주를 이루었다. 이러한 경향에 비추어 본다면 아직 소나무에 관한 연구는 생물학적인 측면에 치우쳐 있고 사회 임업 연구의 주제로서 소나무는 거의 다루어지지 않았다고 볼 수 있다. 만일 소나무가 우리 나라의 대표적 수종이고 우리 민족의 문화와 정서 속에서 뿌리 깊은 맥을 이루고 있다면 좀더 다양한 주제로서의 소나무에 대한 연구가 바람직하다 할 것이다. 이러한 연구 방향의 편중성은 임학회지 자체의 성격 때문으로도 설명될 수 있는데 임학회지에 게재된 논문들의 대부분이 생물학적 연구이기 때문이다[예, 제 1호의 경우 약 50%가 '70(10호와 11호)에는 약 67%가 '80년(46호, 47호, 48호, 49호)에는 전체 논문 중의 약 58%가, '90년(79권 1, 2, 3, 4호)에는 약 65%가 생물학적 연구].

이상에서 살펴본 바와 같이 - 비록 단순한 빈도수에 의한 결과이지만 - 소나무가 임학 분야에서 학제적인 소재로 상당히 중요한 수종이며 매년 그에 대한 연구가 비슷한 수준으로 발표되고 있는 것으로 보아 그 중요성은 시류에 의해 변함없음을 알 수 있다. 소나무가 우리 문화, 정서 그리고 실용적인 측면에서 중요한 수종임을 비추어 볼 때 임학 외의 각 학문분야에서 이것이 얼마나 중요히 다루어지고 있는지를 조사하여 보는 것도 흥미로울 것이다.

참고 문헌

1. 박봉우. 1991. 소나무, 황장목, 황금장표. 숲과 문화 1(2):12-16.
2. 임경빈. 1991. 나무백과. 일지사.
3. 윤국병, 김장수, 정현배. 1992. 임업통론. 일조각
4. 전영우. 1991. 우리의 한시 속에 나타난 나무나 숲. 숲과 문화 1(4):24-29.

조선 시대의 소나무 시책(松政또는 松禁)

-현재의 소나무림 쇠퇴와 그 관련 여부에 대하여-

전 영 우 (국민대학교 산림자원학과 교수)

1. 머리 말

우리 산하의 대표적 수종인 소나무가 사라져 가고 있다는 우려의 소리들이 숲을 연구하는 학자나 또는 현업 부서에서 직접 숲을 다루는 여러분들로부터 근래에 심심찮게 들려오고 있다. 우리의 정서 속에, 정신 속에 용해되어 우리 민족과 함께 수천년을 면면이 이어온 소나무가 과연 사라져 가고 있다면 그 근본적인 원인은 무엇일까? 소나무의 이러한 쇠퇴현상은 오늘을 사는 우리에게만 한정적으로 나타나는 징후일까? 또는 그렇지 않으면 옛날부터 우리들이 알게 모르게 이어져 온 지속적인 현상의 일면일까? 만일 이러한 소나무 쇠퇴의 현상이 오늘날 만의 한정된 특정한 현상이 아니라고 한다면 도대체 언제부터 어떠한 원인 때문에 소나무가 사라져 가고 있는 이러한 쇠퇴 현상의 징후가 나타나게 된 것일까? 만일 이와 같은 소나무의 쇠퇴현상이 사실이라고 하면 이러한 현상이 현재나 미래의 우리 산림에 득이 될 것인가 또는 실이 될 것인가 하는 점을 면밀히 검토하고 분석해 볼 필요가 있다고 생각한다.

이 글에서는 우선 조선시대의 소나무와 관련된 산림시책인 송정(松政) 또는 송금(松禁)에 대한 내용을 한번 정리하여 앞에서 언급한 소나무 쇠퇴의 현상이 조선조부터 시작된 것이 아닌가 하는 문제 제기를 한번 해보자는 의도도 있다.

이와 같은 시도는 과거 우리 조상들이 시행해 왔던 나무나 산림과 관련된 임업시책들에 대한 충분한 연구와 검토없이는 미래의 임학이나 임업 발전을 위해 현명해 질 수 있기는 어려운 일이라고 생각하는 필자 나름의 이유 때문이기도 하다. 더구나 이러한 노력은 생산과 이용에 수십년에서 수백년씩이나 소요되는 나무나 숲을 대상으로 하는 임학(업)의 경우는 더욱 그러하다고 하겠다.

조선시대의 소나무와 관련된 산림 정책을 분석하기 위해서 조선 왕조의 일반적인 산림 시책을 한번 정리해 보고, 소나무와 관련된 산림시책은 어떤 내용들이 있었는가를 분석해 본 후, 소나무와 관련된 송정 또는 금송 정책이 시행된 시대적 배경과 목적, 송금정책의 폐해(弊害)와 현재 소나무 숲의 쇠퇴와의 관련 여부에 대하여 논하여 보고자 한다.

한편, 우리 숲을 아끼는 모임인 숲과 문화 연구회에서 93년도 사업의 일환으로 소나무 학술토론회를 기획하고 있고, 소나무와 관련된 다방면의 전문가들이 여러가지 주제를 깊이 있게 다룰 예정이기 때문에 이와같은 문제의 제기는 소나무 학술 토론회에 함께 숙의하고 검토 분석할 수 있는 좋은 소재가 되리라 생각한다. 이 글은 앞에서 언급한 이러한 내용의 주제를 본격적으로 다루어 보기 위한 문제 제기의 시론적인 성격을 띠고 있음도 동시에 밝히고자

✳ 이 글을 작성하는데 도움 말씀과 참고 문헌을 구해 주신 국민대 국사학과 박종기 교수, 산림자원학과 고영주 교수, 농촌경제연구원 김기원 박사께 심심한 사의를 전한다.

한다.

2. 조선 시대의 산림 관련 정책

조선시대의 산림 전반에 관한 시책을 다룬 문헌은 많지 않다. 경국대전(經國大典)의 공전(工典) 재식조(栽植條)와 형전(刑典) 금제조(禁制條)에, 속대전의 예전 잡령조와 형전 금제조, 대전통편의 형전 금제조 및 대전회통 등의 조선 시대의 법전에 나와 있는 재식(栽植), 보호관리 (保護管理) 등에 관한 산림제도의 규정 등이 산림 시책에 대한 일반적인 문헌으로 들 수 있다. 이러한 조선 시대의 법전에 실린 규정의 내용도 산림제도 전반에 관한 시책이라기 보다는 오히려 소나무와 관련된 제도나 규정에 관한 내용이 더 많음을 알 수 있다.

조선시대의 법전 중 대표적인 법전의 종류와 산림 관련 시책을 규정하고 있는 그 내용은 다음과 같다.

가. 경국대전(經國大典)은 조선시대 통치의 기본이 되는 통일법전으로 세조 때 부터 편찬에 착수하여 성종 때 (1485년) 시행된 우리나라에 전해오는 법전 중 가장 오래된 유일한 것으로 산림 시책에 관한 내용은 다음과 같은 것이 있다.

공전 (工典) 식재조 본칙(本則)의 내용: "여러 고을의 옻나무, 뽕나무, 과목의 수와 닥나무, 완전(莞田), 전죽(箭竹)의 산지는 대장을 작성하여 본조와 본도, 본읍에 간직하여 두고 식재하여 기른다"는 기록.

 - 지방의 금산에는 벌목과 방화를 금하며, 매년 봄에 묘목을 심거나 씨를 뿌려서 키우되 연말에는 심거나 뿌린 수를 모두 보고한다. 이를 위반한 벌채자는 곤장 90대를 가하고, 매수자와 산지기는 곤장 80을 가하는 외에 주무관리는 곤장 60을 가한다는 기록
 - 보호관리체로서 도성내외의 산림에 입표하고 근방 서민들로 하여금 분할 수담케 하고 임목토석 등의 채취를 금하는 기록.
 - 번식배양관리와 식목관리에 대한 기록.

나. 속대전
 - 각도의 황장목을 키우는 봉산에는 경차관(지방에 파견하는 임시직)을 파견하여 경상도(안동, 영양, 예천, 영덕, 문경, 봉화, 영해 등 7개읍)와 전라도 (순천, 거마도, 여양, 절금도, 강진, 완도 등)에서는 10년에 한 번 벌채하고 강원도 (삼척 등 22개읍)에서는 5년에 한 번씩

벌채하여 재궁감을 골라낸다.
 - 각도의 봉산의 금송을 함부로 벤 자는 엄중히 논죄하며 소나무가 잘 자라는 산의 조선 재목을 병사, 수사, 또는 수령이 함부로 벌채하거나 벌채를 허락한 자는 사매 군기율로 논죄하며 솔밭에 방화한 자는 일률로 논한다.
 - 산의 소나무를 함부로 벌채한 사람으로부터 사사로이 속전을 거둔 수령이나 변자는 뇌물받기를 꾀한 죄로 다스린다.
 - 영액의 나무 기르는 땅에는 엄격히 금양하는 곳에 표시를 정한 경계 안에서 함부로 경작하거나 방화하는 자는 또한 송전율(松田律: 나라에서 지방관청의 지정보호림에서 도벌하는 행위를 규제하는 형벌)에 의하여 다스린다.

다. 대전통편 (大典通編)은 1785년 (정조 9년)에 경국대전과 대전속록, 대전후속록, 속대전 및 그밖의 법령을 통합하여 편찬한 법전으로 산림제도에 관한 규정은 다음과 같은 내용이 있다.
 - 공조 재식조에는 지방에 사는 사람으로서 사사로이 소나무 1천 그루를 심어서 재목이 될 만큼 키운 자는 해당 수령이 친히 심사하고 관찰사에 보고하여 상을 준다.
 - 형전 금제조(刑典 禁制條)에는 궁궐내의 소나무를 작벌(斫伐)한 자는 무기한으로 변방으로 정배 보내며, 한성국도 주변 10리 이내에 작벌한 자는곤장 백대와 3년의 도형(徒刑)을 병과한다고 기록되어 있으며, 특히 금산에서 금송을 작벌한 자는 사형에 처하고 아홉 그루 이하를 작벌한 자는 사형은 면하되 정배를 보낸다고 기록.

라. 대전회통 (大典會通)은 1865년(고종 2년)에 대전통편을 저본으로 하여 편찬된 조선시대 최우의 법전을 산림제도에 관한 규정 중 다음과 같은 기록이 있다.
 - 형전 금제조에 선송산(宣松山) 선재를 사신(師臣)이나 수령이 자의로 허가하고 자의로 작벌(斫伐)한 자는 사매군기율(私賣軍器律)로 논죄한다는 기록.

이들 법전과는 대조적으로, 정조 6년 (1782년)에 영의정 서명선이 왕지를 받들어 궁내외의 식목에 관한 규정을 정리 편찬한 식목실총(植木實總 또는 植木節目)만이 우리들이 오늘날 접할 수 있는 유일한 일반 산림관계 법전이라고 할 수 있다. 식목실총의

주요 내용은 도성내의 왕궁 중심의 풍치와 과일을 거두기 위한 업무의 분담과 집행 요령을 기술한 것으로 입법취지가 담겨있는 서문과 11 절목의 내용으로 되어 있다. 11 절목의 내용을 김영진 (1982)에 의해서 정리된 내용 중 과수에 관련된 내용을 제외한 부분을 그대로 옮겨 보면 다음과 같다.

"1조: 매년 봄과 가을에 궁내외에 식목을 하되 도청(都廳)이 주관할 것이며, 궁사(宮司)도 또한 간검(看檢)할 것이다.

2조: 궁내의 식목은 군문(軍門) 스스로 행하고 잘 자라도록 수호할 것이나 궁사와 각종 관계자, 그리고 동산지기(東山直) 등도 각기 각별한 간검을 소홀히 하지 말 것이다.

3조: 접목을 할 때는 유능한 사람을 고를 것이며, 각종 접지(接枝)는 도청에서 일괄 공급하고 궁사도 또한 이를 간검할 것이다.

4조: 궁 밖의 오른편 기슭이나 그 너머 공터에는 옛부터 꽃나무와 과일나무, 그리고 잡목 등이 있는 바 잘 보호하되, 동산지기는 전과 같은 소임을 다하고, 궁사는 때때로 돌보아 각별한 관리를 할 것이다.

7조: 안산(安山)에 나무를 심는 것은 어영청(御營廳)이 담당하며, 식목 후에는 산지기를 정하여 각별히 수호하되 과일나무도 또한 같다.

8조: 각종 나무를 심은 후 고사한 것 같으나 해가 지나면 다시 소생하는 것이 있으므로 고사하였다고 가볍게 뽑아 버림은 불가하다. 다음해에 고사 여부를 다시 확인하고 심을 것이다. 궁 안과 궁 밖의 오른편 숲은 궁사가 고사 여부를 살필 것이며, 안산과 함춘원은 해당 영문이 살필 것이다."

3. 조선 시대의 소나무와 관련된 산림 시책

"우리나라의 산림정책은 오직 송금 한가지 조목만 있을 뿐, 전나무, 잣나무, 단풍나무, 비자나무 들에 대해서는 하나도 문제삼지 않았다 (乃我邦山林之政 唯有松禁一條 檜柏楓榧 一無所聞)"라고 하는 귀절이 다산 정약용(1818)의 목민심서 공전 육조(工典 六條) 중 제1조 산림란에 나오는 것을 참고할 수 있듯이, 조선시대의 산림정책은 거의 대부분 소나무를 중심으로 이루어져 왔다고 해도 과언이 아니다.

이와같은 내용을 뒷받침할 수 있는 문헌으로서는 소나무와 관련된 공사에 관하여 정한 규칙이나 조목인 조선시대의 사목(事目)이나 절목(節目)들로부터

찾을 수 있다. 소나무를 보호 육성하기 위해 제정된 사목이나 절목을 보면 송금사목(松禁事目), 도성내외 송목금벌 사목(都城內外 松木禁伐 事目), 송계절목(松契節目), 금송계좌목(禁松契座目), 송정절목(松政節目), 금송절목(禁松節目) 등을 찾을 수 있다. 이들 사목이나 절목에 대한 내용은 다음과 같다.

가. 송금사목(松禁事目)은 조선시대의 송목(松木)의 작벌단속에 관한 국왕의 명령, 또는 소관부처의 상주에 대한 윤허로서 이루어진 법문, 사례 또는 규칙으로 특별한 성격을 띤 단독법규로서 산림의 보호와 산림 범법자의 처벌에 적용하는 규정을 말한다. 1788년 (정조 12년)에 제정된 이 규정은 전문과 28개 조항의 사목으로 구성되어 있다. 서문격인 전문의 내용은 다음과 같다. "소나무는 전함이나 세곡 운반을 위한 수송선의 건조, 그리고 궁실의 용재로 효용이 크기 때문에 국정의 하나로서 남벌을 금하고 보호 육성해야 하며, 감관(監官)이나 산지기(山直)를 두어 모경(冒耕)과 입장 (入葬)을 금하고 수령이나 변장(邊將), 도백 등이 모두 이를 살피도록 해야 할 것이다. 그러나 간교하고 교활한 일부 백성이 최근 법망이 해이한 틈을 타서 남벌, 모경, 입장 등을 하여 소나무 보호가 여의치 않으므로, 권하고 응징하고 상벌하는 법을 통일하여 관이 법을 지키고 백성이 영을 따르도록 고금의 문헌을 참고하여 이 절목을 제정한다" 김영진(1982). 김영진은 이 송금사목이 "최초의 완전한 산림보호 규정으로 식목실총과 함께 임정사와 임업기술사 연구에 좋은 자료가 될 것"이라고 보고한 바 있다.

한편, 이와같은 송금사목은 각기 다른 시대의 기록에도 나타나고 있는데 1788년에 제정된 송금사목과는 별도로 세종 6년 (1424)에 송목양성 병선수호 조례 (松木養成 兵船守護 條例)라는 법 중에 있는 소나무에 관련된 금지의 제사항과 벌을 규정한 송금사목(松禁事目)에 대하여 현신규(1977)가 보고한바 있으며, 이와같은 시책이 주로 소나무의 보육을 위한 것이기 때문에 송금(松禁), 또는 송정(松政)이라고 한다고 보고하였다. 또, 정약용의 목민심서(1818)의 공전 육조(工典 六條) 중 제1조 산림조에는 이름을 밝히지 않은 재상이 찬정(撰定)한 '송정절목(松政節目)'에 대한 언급을 하고 있지만 정확한 출전을 밝히지 않고 있다. 또한 이 '송정절목'에 대한 인용과는

별도로 '금송절목(禁松節目)'이라는 용어를 역시 산림조에 2회 인용하고 있는데 이는 송금사목(일명 송금절목)을 뜻하는 것인지 또는 소나무에 대한 다른 종류의 절목(사목)을 뜻하는 것인지는 분명하지 않다.

나. 도성내외 송목 금벌사목(都城內外 松木禁伐事目)은 예종 1년인 1469년에 재가가 된 벌칙의 규정으로서, 도성 안팎의 사산(四山: 백악산, 남산, 인왕산, 타락산)의 소나무를 벌채한 자, 또 그것을 감독하지 못한 산지기, 사산의 감역관, 병조, 한성부의 해당관리에 대한 벌칙이 규정된 것이다. 임경빈(1992)은 한국정신문화연구원이 간행한 한국 민족문화 대백과 사전의 '송금'란에 사산송목금벌사목(四山松木禁伐事目)이라고 보고 하였지만, 한국정신문화연구원에서 간행한 경국대전의 주석편에는 도성내외송목금벌사목으로 주해되어 있다.

다. 송계절목(松契節目)은 정조 24년인 1800년 경에 송금사목에 규정된 내용을 구체적으로 실천하기 위해서 지금의 하동군에서 제정한 절목으로 추정하고 있다. 내용은 소나무 보호의 중요성을 강조한 서문격인 전문과 11개항의 규약과 각 마을의 감관과 산지기의 명단으로 구성되어 있다. 규장각 도서 한국본 종합목록에는 철종 5년인 1854년의 부여현에서 제정한 송계절목(松契節目)도 등록되어 있다.

라. 금송계 좌목(禁松契 座目)은 현재의 경기도 이천군 대월면 가좌리의 마을 사람들이 1838년으로 추정되는 헌종 4년에 소나무를 보호 관리하기 위한 금송계를 조직하고 그 결성 동기와 내규 등을 엮은 16장 1책의 좌목을 말한다. 김영진(1982)에 의하면 이 금송계 좌목은 "한 부락의 구성원이 자치적으로 산림보호 조직을 만들어 수령에게서 처벌권을 위임받아 자체의 재정 부담으로 산림을 보호하고 공회를 통해 그 능률을 높힌 것"으로 조선시대의 소나무 관련 시책 뿐만 아니라 임업사를 연구하는데 좋은 자료가 될 것으로 판단된다.

마. 소나무와 관련된 그 밖의 규정: 서울대학교 규장각 도서관리실에서 펴낸 규장각 도서 한국본 종합목록에 의하면 소나무와 관련된 다른 여러 종류의 규정들인 전주부 건지산 금양절목 (全州府 乾止山 禁養節目), 부여현의 송계절목, 농암송계

좌목 (籠巖松契座目), 송계완의(松契完議), 송금계입의(松禁契立議) 등의 기록을 접할 수 있다. 이와 같은 문헌들은 앞으로 우리나라 임업사나 소나무에 대한 산림시책의 연구에 중요한 자료의 구실을 하리라 믿는다.

조선시대의 산림시책이 이와같이 소나무 중심이었음은 그 당시 법전의 관련된 규정이나 조목에서 엿볼 수 있을 뿐만 아니라, 봉산(封山)이나 금산(禁山) 및 송산(松山)과 같은 소나무에 관련된 대표적인 제도나 정책인 송정(松政)을 통해서도 볼 수 있다.

이숭녕(1981)은 조선조의 개국과 아울러 시행한 송목금벌(松木禁伐 또는 松禁)의 정책은 불완전한 소나무의 공급과 수요를 해결하기 위한 대책으로 즉, '소나무에 관한 행정'으로 송정(松政)이 시행되었다고 보고한 바 있다. 이와같은 조선정부의 개국과 더불어 시행된 송목금벌의 정책 때문에 소나무와 관련된 특이한 용어가 발달되었는데, 송정, 송전(松田), 금산(禁山), 봉산(封山) 등이 그러하다고 이숭녕(1981)은 이조송정고 (李朝松政考)에서 보고 한바 있다. 특히 봉산과 금산에 대한 그의 해석은 임학을 하는 우리들에게 참고가 될 것 같기에 함께 인용을 하면

금산: 경국대전에 규정된 용어로, 소나무의 양육이 목적인 입산금지의 산

봉산: 경국대전 편찬 후기에 사용된 용어로 이미 성장한 소나무의 보호를 위한 입산 금지의 산으로 정의하는 한편, 조선 후기에 와서는 금산이나 봉산이 같은 의미로 사용되기도 하였다고 보고하였다.

한동환(1993)은 보다 구체적으로 지방의 금산은 영조조에 봉산으로 명칭이 바뀌었다고 보고하는 한편 지방의 금산은 송림이 울창한 지역인 반면, 한양의 금산은 "나무를 이용하지 않으면서도 엄격하게 나무를 보호하고 배양하려 한 의도가 풍수의 논리인 나무를 심어 지맥을 배양하는 비보술을 통하여 왕조의 번영을 누리고자 하려 한 데 있다"고 주장하기도 하였다.

단편적으로 이조시대의 송정이나 송금에 관한 내용을 접해 볼 수 있는 현대의 문헌들은 이숭녕(1981)의 이조송정고, 임정학의 일부분으로 다루어진 지용하의 한국 임정사 (1964년 간 , 명수사), 박태식 등(1977)의 산림정책학, 김장수 등(1991)의 임정학 등을 들 수 있으며, 고려대학교 민족문화연

구소(1977)에서 간행한 한국 현대 문화사대계(III)의 과학기술편에 수록된 현신규의 한국임업기술사와 정신문화연구원(1992)에서 간행한 한국민족문화사대계 중에 소나무와 관련이 있는 여러 항목들을 들 수가 있다.

한편 최근에 발표된 두편의 논문(한동환[1993]의 '우리 식의 그린벨트를 찾아서'와 김선경[1993]의 조선후기 산송[山訟]과 산림 소유권의 실태')에서도 금산과 소나무의 금양(禁養)에 대한 새로운 정리가 지리학도와 사학도에 의해서 있었다.

이들 현대의 문헌들에 대부분 인용되고 있는 송정(松政)의 출처는 만기요람(萬機要覽)이다. 즉, 만기요람의 재용편(財用編)과 군정편으로 구성되어 있는 내용 중 재용편에 독립 항으로 서술된 '송정'에는, 각도 봉산(各道 封山) 및 저명 송산(著名 松山)에 대한 내용이 수록되어 있기 때문에 조선시대의 소나무와 관계된 정책을 엿볼 수 있는 귀중한 기록이다. 만기요람(萬機要覽)이란 1808년에 서영보와 심상규 등이 왕명을 받들어 찬진한 책으로 18세기 후반기부터 19세기 초에 이르는 조선 왕조의 재정과 군정에 관한 내용들을 집약하여 재용편(財用編)에는 송정(松政)란 외에 조선재(造船材) 조의 양호절목(兩湖節目)과 영남절목(嶺南節目)이 역시 실려있다. 만기요람의 송정은 다음과 같은 총례로 찬정하여 반행(頒行)하였음을 밝히고 있다.

4. 만기요람 재용편 송정 총례

"송정의 일은 그 쓰임이 매우 크므로 금하는 것이 매우 엄하다. 위로는 궁전의 재목으로부터 아래로는 전함, 조선(漕船: 물건을 실어 나르는 배)에 이르기까지 그 수요가 다양하므로 반드시 길러야 되는 것이다. 이러므로 봉산(封山: 나라에서 벌채를 금한 산)을 확정하여 식목을 권장하고 벌채를 금지하며, 대전(大典: 대전통편을 말함)에 명확히 기재하고 사목을 만든 것이다.

삼남과 동, 북, 해서 등 6도(경기, 관서는 봉산, 송전이 없음)는 봉산, 황장(黃腸: 황장목을 금양하는 산림) 봉산, 송전(松田)을 물론하고 대개 소나무를 심는 데 적당한 곳은 다 그 수요가 있고, 금양(禁養:나무의 작벌을 금하고 나무를 기른다)하는 절목도 또한 그 법이 있으니, 숙종 갑자년(1684)에 절목을 특별히 찬정하여 제도(諸道)에 반시(頒示)하고, 정조 12년(1788년)에 고쳐 찬정하여 반행하였다".

각도의 봉산은 "공충청 봉산 73처, 전라도 봉산 142처, 황장 3처, 경상도 봉산 65처, 황장 14처, 송전 264처, 황해도 봉산 2처, 강원도 봉산 43처, 함경도 송전 29처, 이상 육도 봉산 282처, 황장 600처, 송전 293처'로 서술되어 있다.

저명송산은 "호서의 안면도, 호남의 변산, 완도, 고돌산, 팔영산, 금오도, 절이도, 영남의 남해, 거제, 호서의 순위, 장산, 관동의 태백산(그남쪽은 안동, 봉화에 속함), 오대산, 설악산, 관북의 칠보산은 다 소나무가 많은 곳으로서, 국중(國中)에서 유명하나 점점 전과 같지 못하고, 각처의 소나무가 잘 되는 산으로 일컫는 곳까지도 한 그루의 나무도 없으니, 장흥의 천관산(天冠山)은 곧 원(元)세조가 왜를 칠 때에 배를 만들던 곳인데 지금은 민숭민숭하여 한 그루의 재목도 없다. 대체 소나무는 백년을 기른 것이 아니면 동량(棟樑)이 될 수 없는 데 도벌하는 자가 한 자귀로 다 없애서 한 번 도벌한 뒤에는 다시 계속할 수 없게 되니, 그 기르기 어려운 것이 이와같고, 취하기 쉬운 것은 저와 같아서, 재목의 쓰임이 날로 궤갈(櫃竭)하여 수십년을 지나면 궁실, 전선, 조선의 재목을 다시 취할 곳이 없으므로 식자는 이것을 근심한다"로 서술되어 있다.

한편 만기요람의 재용편에 수록되어 있는 조선재, 조복미포, 퇴선(漕船材, 漕復米布, 退船)란의 양호(兩湖)의 절목에는 "호남에서 조선에 쓰는 재목은 봉산에서 작벌하는 것을 허하되, 호조에서 비변사에 보고하면 해도의 감영에 관문(상관이 하관에게 또는 상급관청이 하급관청에게 보내는 공문서 또는 허가서)을 내어 수영(수군절도사의 군영)에 지위(명령을 내려서 알려 주는 것)해서 부근에 있는 봉산에서 취해 쓰게 한다. 호서에서의 조선에 쓰는 재목은 안면도의 소나무를 작벌하는 것을 허하되, 아산현감이 순영에 보고하면, 순영에서 장문하여 호조에 계하한 뒤에 호조에서 비변사에게 보고하면 비변사에서 해도의 수영에 관문을 내어 취해 쓰게 한다"라고 서술되어 있으며, 영남(嶺南)의 절목에는 조선에 쓰는 재목은 봉산에서 작벌하는 것을 허하고, 선체가 썩어서 사용할 수 없게 된 것은 조곡의 상납을 마친 뒤에 차사원이 선혜청에 보고하면 낭청이 부정의 유무를 조사하여 비국에 일일이 보고해서 순영에 관문를 내면 순영에서는 통영에 이관하여 부근에 있는 봉산에서 취해 쓰게 한다"라고 기록되어 있다.

이 만기요람의 '송정'을 통해서 조선조의 산림시

책의 방향이 소나무 벌채 엄금제도를 통한 소극적인 보호 관리에 중점을 두었음을 알 수 있으며, 봉산, 송산, 황장목, 황장봉산, 송전, 금양 등의 제도나 규정이 소나무를 대상으로 만들어진 용어임을 알 수 있다. 만기요람의 '조선재'란의 양호의 절목과 영남의 절목에서 알 수 있듯이 배를 건조하기 위한 조선재를 봉산에서 벌채하고자 할 때에 호남에서는 호조에서 → 비변사 → 감영 → 수영으로, 호서에서는 아산현감 → 순영 → 호조 → 비변사 → 수영에 이르는 여러단계의 벌채 허가를 얻어야 한다는 사실을 이 기록으로 알 수 있다.

조선시대의 소나무를 위한 정책이, 위의 문헌들에 의해서 확인할 수 있듯이 왕조가 필요로 하는 궁전, 왕족과 고관의 저택, 사찰의 중건을 위한 건축재, 황장목(왕, 왕대비, 왕비의 유해를 안치하기 위한 재궁(梓宮)을 만드는 데 사용하는 품질이 좋은 소나무를 뜻하나 중국에서 가래나무〔梓木〕로 관을 만들었으므로 이 이름이 생겼다고 함)과 같은 관곽재, 병선과 물건을 실어나르는 배의 건조를 위한 조선재 등을 위한 소나무림의 벌채량을 충족 시키기 위한 송산, 봉산의 지정으로 엄격한 보호 관리 위주의 정책인 반면 보속적인 목재의 수확을 충족하기 위한 소나무 숲의 조림적 조치나 무육갱신을 위한 시책은 찾아 볼 수 없다.

이러한 목재의 보속적 생산을 충족하기 위한 무육갱신방법의 결핍은 조선 후기 실학의 집대성자인 다산 정약용의 목민심서에도 나타나 있음을 알 수 있다. 다산은 목민심서 공전 산림조에,

"봉산에서 기르는 소나무는 엄중한 금령이 있으니 미땅히 그것을 삼가 지켜야 하며 농간하는 작폐가 있으면 마땅히 그것을 세밀하게 살펴야 할 것이다(封山養松 其有碼禁 宜謹守之 有其奸幣 宜細察之),

"사양산의 송금은 그 사사로운 벌채에 대한 규제가 봉산의 경우와 같다(私養山之禁 其私伐 與封山同)",

"봉산의 소나무는 차라리 썩혀 버릴지언정 사용하기를 청구할 수는 없는 것이다(封山之松 寧適朽棄 不可以請用也)" 등의 항목에 대하여 설명하면서 송금제도나 송정에 대한 제도적 보완을 하여 백성의 피해를 없애야 한다는 주장을 편 반면에, 소나무의 무육이나 갱신에는 오히려 다른 생각을 가졌음을 산림조의 계속되는 다음과 같은 항에서 알 수 있다.

"소나무를 심고 배양하라는 법의 조문은 비록 있

지만 해치지 않으면 되는데 무엇 때문에 심을 것인가(植松培松 誰有法條 能弗害之而己矣 何以植之)"의 항목에 대하여 설명하면서 "생각컨데 바람이 불면 솔씨가 떨어져 자연이 송림이 이루어지니 금양만 하면 되는 것인데 무엇 때문에 심을 것인가"라고 하면서 그의 소나무에 대한 유명한 시 '승발송행 (僧拔松行: 숲과 문화 1권 4호에 '한시 속에 나타난 나무나 숲'에 보고한 시로서 탐관오리의 삼림 수탈을 준엄하게 질타하는 내용이 들어 있음)'을 그 실례로서 언급하고 있다.

이상과 같은 내용에서 실학을 집대성한 다산 역시 소나무 숲에 대한 인식이 금양만이 소나무 숲을 위한 최선의 보호 관리 방법이지, 황폐일로에 있는 소나무 숲을 위한 조림적 조치인 무육방법이나 갱신방법에는 인식이 미치지 못하고 있음을 알 수 있다.

이와같은 벌채를 엄격하게 금지하는 정책으로 소나무 숲을 관리하고자 한 조선조의 시책은 조선왕조실록에 나타난 아래의 기록으로도 알 수 있다.

1424년 세종 6년에 이미 송목양성 병선수호 조례(松木養成 兵船守護 條例)라는 소나무 벌채를 엄금하는 규정이 송금사목으로 기록되어 있으며,

1441년 세종 23년에는 송목금벌지법이 시행되었으며,

1448년 세종 30년에는 조선용 소나무의 보호육성을 위하여 300여개소의 송산을 연해지방 도서와 각처 300여 개소에 지정하여 송목의 금양지를 설정하였으며,

1461년 세조 7년에는 금송에 대한 상벌제를 정하여 소나무를 벌채한 자에게 곤장의 형벌을 주었으며,

1469년 예종 1년에는 서울과 지방의 관사에 소나무를 제외한 잡목을 베는 것을 허락하였으며, 도성 내외 송목금벌 사목에 의하여 소나무를 벤 자는 곤장의 형벌을 주었으며,

1474년 성종 5년에는 조선제조와 건축용 소나무의 공급처인 변산의 숲이 고갈되어서 완도로 옮긴 기록이 있으며,

1607년 선조 40년에는 매년 봄에 소나무의 묘목을 심든지 또는 씨를 뿌려 소나무를 배양하고, 심은 나무의 그루수를 세어서 왕에게 보고하라는 기록 등을 쉽게 찾을 수 있다.

이와같은 소나무의 금양을 위한 송정 이외에 왕조실록에 나타난 소나무와 관련된 기록은 솔나방(송

충)의 피해와 구제에 대한 것이다. 조선 왕조실록에 기록된 송충과 관련된 기록의 일부를 적어보면 다음과 같다.

- 1393년 태조 2년 개성 송악산의 소나무에 송충의 피해를 받은 기록
- 1398년 태조 7년 종묘 북산의 소나무 송충 구제
- 1417년 태종 17년 황해도, 평안도의 송충 피해와 구제 기록
- 1447년 세종 29년 도성의 사산에 있는 소나무들이 송충 피해를 입은 기록
- 1516년 중종 11년 도성 사산의 소나무 송충 피해와 국가 전체적 재해라는 기록
- 1607년 선조 40년 사직단 남서북 삼면의 소나무 송충 피해 기록
- 1687년 숙종 13년 관서에서 시작된 송충의 피해가 경기도까지 퍼졌다는 기록

이와같은 소나무를 위한 금양과 관련된 시책이나 송충의 구제와 같은 기록들은 여러종류의 옛 문헌을 통해서 오늘날까지 전해 오고 있지만, 소나무 숲을 적극적으로 가꾸고(무육: 撫育) 관리하여 갱신시키거나 지속적인 보속수확을 도모한 기록은 찾기가 힘든 지경이다.

소나무에 대한 양묘와 벌채, 구황식품으로서의 역할에 대한 기록은 조선시대의 농업서적 곳곳에서 찾을 수 있지만 소나무 숲의 무육과 갱신을 위한 내용은 이들 농서에서도 찾기가 힘든 형편이다.

1910년 이전의 조선시대에 저술, 편찬된 농서들 중에 선정된 232권의 농업관련 서적에 소나무와 관련된 내용이 수록된 농서를 보면 다음과 같다 (김영진의 농림수산 고문헌 비요를 참고).

가. 농상집요(農桑輯要)의 6권의 죽목 (竹木)란에 소나무와 대나무를 위시한 20여종의 경제수종에 대한 각론적 풀이와 벌목요령이 기술되어 있음.

나. 촬요신서 (撮要新書)에는 소나무나 잣나무는 정월에 심는 것이 좋으며, 춘분후에는 소나무를 심지 말아야 한다는 내용이 기술되어 있다.

다. 고사촬요 (攷事撮要)에는 구황식품에 대한 내용 중 소나무 잎의 분말을 이용한다는 내용이 있다.

라. 농가집성 (農家集成)은 상편과 하편으로 구성되어 있는데, 하편에 있는 구황촬요란에 소나무의 잎이나 껍질을 가루로 만들어 곡식의 가루와 섞어 대용식을 만들어서 구황식으로 활용하는 방법

이 있다.

마. 색경 (穡經)의 상권에 과수원예의 뒤편에 소나무 등의 주요 경제 수종에 대한 풀이가 있다.

바. 산림경제 (山林經濟)의 제 2권 제 5종수(種樹)는 소나무와 잣나무 기타 과수나 유실수 등의 종자 채취, 파종, 이식, 비배관리, 병충구제 등을 각론 형식으로 기술하고 있다.

사. 고사신서 (攷事新書): 15권으로 구성된 내용중 제11권 농포문화를 구성하고 있는 종수총서(種樹總敍)란에 노송, 만년송과 기타 과수에 대한 각론적 풀이가 있다.

아. 본사 (本史): 12권으로 구성되어 있으며, 제7권에 소나무, 잣나무 등의 정목 (貞木)과 계수나무 등의 향목 (香木), 오동나무 등의 교목 (喬木) 및 치자나무 등의 관목 (灌木) 등을 풀이하고 있다.

자. 해동농서 (海東農書)는 정조 22-23년 (1798-1799년) 연간에 서호수가 농무, 과류 등의 15개 부분에 대하여 저술한 것으로 8권 14책으로 정리되어 있으며, 제3권에 소나무, 잣나무 등의 16종의 경제수종에 대하여 다루고 있다.

차. 농정회요 (農政會要)는 순조 30년 (1830년대)경에 최한기가 편찬한 종합농업기술서로서 10책으로 전해지며, 6책에 소나무, 잣나무, 전나무외 11개 경제 수종의 재배법을 기술하고 있다.

카. 임원경제지 (林園經濟志)는 1842-1845년간에 서유구가 저술한 종합농업 기술서로서 16지의 본문으로 구성되어 있다. 만학지 중 목류를 다루는 26권은 소나무, 잣나무, 회나무 등의 25종에 대한 풀이를 하고 있다.

타. 죽교편람 (竹僑便覽)은 헌종 15년(1849년)에 한석효가 9권 3책으로 엮은 책으로 제3책의 종수 (種樹)란에 소나무, 뽕나무, 닥나무 등의 경제수종에 대한 각론적 재배법을 다루고 있다.

조선시대에 시행된 산림 시책을 이상과 같이 살펴본 바와 같이 소나무를 중심으로한 시책이었음을 쉽게 우리는 알 수 있었다. 조선 왕조 500여 년 동안에 오직 한 종류의 나무를 보호 관리하기 위한 이러한 시책이 지속적으로 시행되어 온 것은 다른 어느 나라에서도 찾아 보기 힘든 일관적인 나무나 숲을 위한 정책임을 알 수 있었다. 그러면 송금정책이 왜 이렇게 시행되었을까?

5. 송금 정책이 시행된 배경

송금정책은 결론적으로 왕조의 절대적인 필요에 따라서 시행될 수 밖에 없었던 산림 시책이라고 할 수 있다. 송금정책이 시행될 수 밖에 없었던 시대적 배경, 소나무 수요가 증대된 배경과 생태학적 배경에 대하여 다음과 같이 정리를 해 보았다.

가. 시대적 배경 : 송금정책이 시행될 수 밖에 없었던 시대적 배경으로는, 조선의 개국과 더불어 도읍이 송도에서 한성으로 이전하므로써 궁궐 및 왕족과 중신들을 위한 가옥의 건축에 필요한 재목의 조달은 소나무에 의존할 수 밖에 없었을 것이다. 소나무 공급을 원활하게 하기 위해서는 일반 백성들이 사용하는 소나무의 사용에 대한 제한은 전제군주시대에는 자연스러운 시책이었을 것이라고 상상할 수 있을 것이다.

또한, 고려말 국정의 문란으로 사점(私占)에 의한 산림 피해가 극심했기 때문에 태조는 산림의 사점을 금하고 금령으로 산림을 보호하려고 하였다. 그 결과 조선 개국후 100여 년간은 법제의 정비, 전제의 개혁 등으로 산림시책에 좋은 결과를 보였으나 그 이후는 당쟁, 사화에 의한 정책의 문란, 외침(外侵)에 의한 국력의 쇠퇴, 천재지변의 대 피해 등으로 산림시책은 문란해 질 수 밖에 없었다. 조선 후기에 이르러 산림시책, 특히 소나무 중심의 정책의 정비등으로 해결책을 모색하려고 하였으나 끝내 극복할 수 없었다.

나. 소나무 수요의 증대 : 소나무의 용도 증가에 따른 소나무의 수요증대가 여러가지 이유들 중에서 중요한 요인으로 생각된다. 소나무의 수요 증가는 특히 인구증가와 농경 문화발달과 비례했을 것으로 추측할 수 있을 것이다. 조선시대에 인구 추산에 대한 기록은 정조 13년 (1789)에 편성한 호구 총수로서 알 수 있다. 이 호구총수로 조선시대의 인구를 대략 600~700 만명으로 추산하고 있다(한주성, 1991). 이만한 인구의 수와 그에 수반된 농경문화를 지탱하기 위해서 필요한 연료와 목재 소요량이 적지 않았을 것이며 소나무가 중요한 공급원이 되었을 것으로 쉽게 추측할 수 있다.

우리 역사상, 소나무만큼 목재로서 다양한 용도로 사용된 나무도 없다. 소나무의 용도는 임경빈 (1992)의 보고처럼 기둥, 서까래, 대들보, 창틀 문짝 등에 쓰이는 건축재, 상자, 옷장, 병풍틀, 말, 되, 벼룻집 등의 가구재, 소반, 주걱, 목기, 제상, 떡판 등의 식생활용구, 지게, 절구, 절구공이, 쟁기, 풍구, 가래, 멍에, 가마니틀, 자리틀, 물레, 벌통, 풀무, 물방아공이, 사다리 등의 농기구재, 관재, 장구, 나막신재, 조선용재, 그리고 황장목 등 우리 생활과 뗄래야 뗄 수 없는 나무임을 알 수 있다. 또한 소나무의 장작은 솔갈비 등과 함께 온돌의 난방용과 취사를 위한 연료로서, 제련 및 주물과정에 필요로하는 화력연료로서 이용된 흑탄의 제조에 이용가치가 어느 수종에 비해서 높았으며, 이러한 높은 이용가치 때문에 수요량도 많았을 것으로 추정할 수 있다. 이러한 소나무에 의존한 생활형태때문에 우리의 문화를 '소나무 문화' 라고 특징 짓고 "소나무에서 나고 소나무 속에서 살고 소나무에 죽는다"는 말처럼 소나무와의 연관성을 주장하기도 하였다(박봉우, 1992).

다. 생태학적 배경 : 화분분석에 의해서 우리나라 숲을 구성하고 있는 수종의 변화과정을 분석한 임양재(1982)의 보고에 의하면 6,700년에서 일만년 전에는 참나무류가 번창하면서 그 뒤 소나무속에 속하는 나무들이 나타나서 참나무속, 버드나무속, 서나무속, 느릅나무속, 호도나무속, 자작나무속, 개암나무속들의 나무들과 함께 살아왔으며, 6,700~4,500년 전에는 소나무속이 현저히 증가했던 시기로 추산 가능하고, 4,500~1,400여년 전에 소나무속이 다소 감소하는 경향이 나타나서 다시 참나무속이 우점하는 현상을 나타내었다고 추정하였다. 이와같은 수종의 번창과 쇠락의 원인에는 여러가지 요인이 있겠지만 우선적으로 생각할 수 있는 요인으로는 기상변화에 의한 식생의 변화를 생각할 수 있으며, 다음으로 인구증가와 농경 문화발달에 의한 산림파괴를 들 수 있겠다. 소나무가 어떠한 경로를 통해서 무성하게 되었는가에 대한 해답을 찾기는 쉽지 않다.

온대지방에서, 일반적으로 알려져 있는 것처럼, 연평균 기온이 낮아지는 북부지방으로 갈수록, 또는 해발고도가 높은 고지대로 갈수록 생육기간이 짧아지기 때문에 침엽수가 활엽수에 비해서 생육에 대한 상대적인 경쟁력이 우세하기 때문에 우리나라에서도 침엽수인 소나무 단순림이나 또는 활엽수와 혼효된 상태의 소나무림이 나타났으리라 가정할 수 있을 것이며, 이와 같은 소나무 림의 발달은 고려 시대와 조선 시대에 걸쳐 인구의 증가와 농경문화의 발달에 따른 목재의 수요에 중요한 구실을 했을 것으로 추정할 수 있다. 수요와 공급의 균형이 급격히 무너지기 시작한 고려말과 조선조 초기부터는 소나무에 대한 보호관리의 시책인 송정, 금양, 송금과 같은 산림시책이 시행되었고, 그 결과 일반 백성이 필요로 하는 소나무 벌채에 의한 목재의 공급이 원활하지 못하였을 것이고, 그러한 이유 때문에 활잡목이라고 하는 활엽수재로부터 필요로 한 목재의 수급을 대신하기 위해서 활엽수의 제거가 뒤따르게 되었을 것으로 추정할 수 있다. 예종 원년인 1469년의 기록에 의하면 3월에는 도성내외송목 금벌사목(都城內外松木禁伐事目)에 의하여 도성 안팎의 4산 (백악산, 남산, 인왕산, 타락산)의 소나무와 밤나무 및 잡목의 벌채도 금했지만, 같은 해 8월에 서울과 지방의 관사에 소나무를 제외한 잡목을 베는 것을 허락하였다는 기록을 발견할 수 있다(경국대전 주석편). 기록에 나타난 내용처럼, 소나무와 활엽수가 혼효상태인 숲을 대상으로 잡목이라고 불리우던 활엽수류에 대한 공식적인 벌채의 허가로 인한 경쟁 상대인 활엽수의 제거를 가져왔고, 이러한 활엽수의 제거는 소나무 단순림이 형성되게 해주는 천연하종갱신에 적극적인 도움을 주게 된 요인으로 생각할 수 있다. 다산 정약용이 목민심서에서 언급한 "바람이 불면 솔씨가 떨어져 자연히 송림이 이루어지니 금양만 하면 되는 것인데 무엇때문에 심을 것인가"라는 내용처럼 활엽수와 경쟁상태가 인간의 간섭에 의해서 자연스럽게 해결된 상태에서 소나무 단순림이 지속적으로 형성되었을 것으로 생각할 수 있다.

한편, 소나무는 자체의 종자 비산 지역이 넓고 건조 지역에도 생육이 양호한 극양수의 생육특성을 소나무 자체가 보유하고 있기 때문에 조림 기술이 없던 시기에도 화강암 지역으로 소나무의 분포가 천연적으로 확대될 수 있었다는 보고도 있다 (三宅正久, 1976).

6. 소나무 단순림으로 형성된 이유

우리나라의 소나무 숲이 단순림으로 형성된 원인으로서 여러가지를 추정할 수 있겠지만, 소나무 숲에 대한 지속적인 인간의 간섭이 주된 원인으로 생각할 수 있다. 즉, 고려 시대에 이어 조선 시대에 지속적인 인구 증가에 따른 농경 문화의 발전과 비례해서 소나무의 이용가치와 용도는 더욱 증가하고 확대되었기 때문일 것으로 생각할 수 있다. 인구증가에 따른 농경 문화의 발전에 따라서 소나무의 수요는 지속적으로 증대되었을 것으로 추정할 수 있다. 소나무의 수요 증대에 대한 안정적인 공급 대책으로서 조선조의 개국 초기부터 소나무에 대한 보호관리 시책인 금양정책이 추진되었다. 금양과 송금과 같은 소나무의 보호가 주된 산림시책이었기 때문에 소나무 외의 수종은 잡목으로 취급하였다. 이렇게 잡목으로 취급된 활엽수에 대해서는 백성들이 자유롭게 채취 이용할 수 있도록 하였다. 잡목으로 취급된 활엽수에 대한 채취가 용이했기 때문에, 즉 인간의 간섭 (소나무 숲에서 자라는 활엽수가 제거되었기 때문에)에 의해서 소나무 숲이 지속적으로 단순림으로 변할 수 밖에 없었다고 추측이 가능하다. 그러나, 이렇게 형성된 단순림은 조림 무육에 대한 적절한 조처가 없었기 때문에 수십년 또는 수백년에 걸쳐 황폐화 과정을 밟을 수 밖에 없었던 것은 필연적인 귀결이라고 할 수 있다.

7. 소나무 단순림의 황폐화

우리나라와 같은 온대의 산림식물대는 활엽수 위주의 침엽수가 혼효된 상태의 숲이 일반적으로 추측할 수 있는 숲의 모습이라고 할 수 있다. 그러나, 앞에서도 언급했듯이 우리나라의 숲은 소나무 중심으로 조선시대 500여년 동안 보호 관리되었기 때문에 다음과 같은 여러가지 문제점들이 파생되었을 것으로 三宅正久 (1976)은 그의 저서 "조선반도의 임야 황폐의 원인 (朝鮮 半島 林野 荒廢 原因)"에서 서술하고 있다.

가. 인간의 간섭에 의한 인위적인 소나무 단순림의 조성으로 임황이 조악해졌다. 조선조 초에 시행된 송금정책에는 그 당시의 임상이 활엽수와 침엽수인 소나무 혼효림의 상태인 숲의 구조에 대하여 소나무 보호 중심의 산림시책과 활잡목에 대한 벌채를 허용하였기 때문에 인구가 밀집된 중부와 남부지방의 숲들은 소나무 단순림이 광역 확대되었을 것으로 추정할 수 있다. 서남해안 지대가 북부에 비해서 경사가 완만한 야산이 많고, 농경지가 많았기 때문에 인구집중을 초래했을 것

이며, 한정된 임산물 생산량이 인구증가와 인구 집중에 따른 수요를 충족시킬 수 없었을 것이다.

나. 단순해진 숲의 구조로 숲 자체가 쇠약하게 되었다. 쇠약해진 소나무 단순림에 조선왕조 실록에 나타난 송충의 피해가 기승을 부리게 되었으며, 구제도 중요한 소나무 보호의 시책이었을 것이다.

다. 단순화된 수종 구성과 조악해진 임황으로 숲의 지위가 불량하게 변하여 생산력의 감소를 초래하였다. 우리나라는 지질학상 산림면적의 2/3가 풍화가 용이한 화강암 및 화강편마암으로 구성되어 있기 때문에 임황이 불량해지면 황폐현상이 발생하기가 쉬웠을 것이다. 또한 대륙성 기후로서 건조기가 여름을 제외한 계절에 많이 나타나며, 계절간의 기온차가 큰 기후조건을 가지고 있는 것도 소나무 단순림의 황폐화를 더욱 가속시키도록 작용했을 것이다.

라. 무절제한 임산물 채취 때문에 지력이 저하되어 2차적인 피해를 받았다. 1935년에 조사된 통계에 의하면 장작으로 연간 552만톤이 생산되어 년간 생장량(2.3%)인 344만톤을 초과하여 벌채되었으며, 낙엽, 낙지 등을 2천3백만톤 채취하고, 사료용 시초도 대량 채취되었다는 보고와 같이 연료를 위한 임산물의 채취가 임지의 황폐화를 확산시키는데 중요한 역할을 했을 것이다. 이와 같은 연료의 채취는 겨울이 춥고 긴 우리나라의 기후적인 사정으로 발달된 온돌때문에 연료소비가 더 많았을 것이며, 음식을 데워먹고 흰 옷을 삶아 입는 백의민족의 생활방식이나 습관도 중요한 몫을 차지 했을 것이다.

마. 송금정책이 중심인 소나무 보호 관리 시책만 존재하였고, 조림이나 기타 무육조치를 적절하게 시행할 수 없었다. 앞에서도 언급하였지만 조선시대는 숲에 대한 적절한 무육이나 갱신에 대한 지식이 없었음이 중요한 요인이 될 수 있을 것이다. 이와 같은 여건은 중앙집권적인 조선왕조시대에서는 필연적인 결과이었다. 즉 봉건제도의 결여로 인한 산림황폐에 대한 지방관의 책임도 없었으며, 산림이 황폐화될 위험이 있을 때 조림 및 무육 조치를 적절하게 실시할 수 있는 지식도 없었으며, 봉건영주도 없었을 것이다.

8. 송금 정책의 폐해와 현재 소나무 숲의 쇠퇴와의 관련 여부

지금까지 조선시대의 소나무 시책인 송정이나 송금에 대하여 정리를 해 보았다. 서언에서도 밝혔듯이 이 글의 주된 목적은 오늘날 우리들이 눈으로 보고있는 소나무 숲의 쇠퇴가 단순히 현재의 요인들인 솔잎혹파리의 피해, 산성비, 상대적으로 줄어든 인간의 간섭때문에 파생된 문제만이 아니라는 것이 필자의 주장이다. 이러한 주장을 논리적으로 뒤받침하기 위해서는 명확한 과학적인 분석이 따라야 하리라 믿는다. 과학적 분석의 방법에는 화분분석에 의한 고대의 수목의 분포에 대한 연구가 필요할 것이며, 또한 우리나 산림의 역사에 대한 연구도 필요하리라 생각된다. 더불어서, 여전히 그 중요성을 잃지 않고 있는 소나무에 대한 다음과 같은 연구도 함께 진행되어야 하리라 생각한다.

문제의 제기
가. 우리나라의 소나무 숲은 어떠한 경로를 통하여 번성하였을까?

나. 우리나라의 소나무 숲은 어떠한 경로를 통하여 소나무 단순림으로 형성되었을까?

다. 소나무 단순림의 형성은 인간의 간섭때문인가 그렇지 않으면 자연적인 천이의 과정인가? 만일 인간의 간섭에 의한 것이라면, 조선시대의 송정(松政)이 주된 원인일까?

라. 조선시대의 송정이 만일 소나무 단순림의 형성에 주된 원인이라면, 어떠한 요인에 의한 기작(機作)때문일까?

마. 소나무 단순림의 형성과정은 역사상 우리에게 득을 주었는가, 실을 주었는가? 득과 실이 과연 있다면 무엇일까?

바. 소나무 단순림 자체는 과연 인간의 간섭때문에 천이의 과정이 중지된 아극상 상태의 숲인가? 또는 인간의 간섭이 아닌 다른 요인때문에 극상으로 진행되지 못하고 있는 것인가?

사. 소나무의 천연갱신은 과연 가능한가? 가능하다면 왜 쉽게 자연의 힘에 의해서 다시 갱신을 시키지 못하고 있는 것인가?

아. 우리나라의 자연환경에서 소나무를 대신할만한 침엽수는 무엇이며, 만일 소나무를 대신할만한 적절한 수종이 없다면, 우리들이 현재할 수 있는 소나무 숲에 대한 시책은 과연 무엇이겠는가?

9. 맺는 말

소나무는, 서언에서도 언급했듯이, 우리 민족의 생활터전에서 우리의 삶과 함께 인연을 맺어 오면서 수천년 동안 사랑을 받아온 중요한 수목이다. 이렇게 중요한 수목인 소나무에 대해서 조금 더 넓게, 그리고 깊이있게 지식의 외연을 넓히고자할 때 필자가 느낀 소외는 답답함뿐이었음이 솔직한 심정이다. 우선 필자의 일천한 학문의 깊이 때문에, 또 참고할 수 있는 문헌의 절대적 부족때문임이 그 주된 이유이리라. 그러나 현재 대학에서 다루고, 가르쳐야할 관련된 분야의 어떠한 교과목의 교재에서나 국내에서 발행된 어떤 전문 서적에서도, 또한 지난 30여년 동안의 임학계의 학술 논문을 뒤적여 봐도 위에서 제기한 것과 같은 의문에 대한 해답을 찾기는 어려웠기 때문이기도 하다. 숲을 대상으로 학문을 하면서 숲을 옳게 찾지 않는 우리들 학문을 하는 사람에게는 이러한 문제 해결에 대한 책임은 없는지, 산림행정을 맡아 수행하면서 임기응변식의 사업의 성과에 매달려 조기 목표 달성의 신화에는 책임이 없을런지 우리 각자 심각한 반성과 자각이 뒤따라야 하리라 믿는다.

10. 참고 문헌

국역 대전회통. 1975. 고려대학교 부설 민족문화 연구소. pp.

규장각 도서 한국본 종합목록. 1981. 서울대학교 도서관

김규성. 1971. 국역 만기요람. 민족문화 추진회

김선경. 1993. 조선후기 산송과 산림소유권의 실태. 동방학지

김영준. 1982. 농림수산 고문헌비요. 한국 농촌경제 연구원

김장수 등. 1991. 임정학. 탐구당

대전통편

박봉우. 1992. 소나무, 황장목, 황장금표. 숲과 문화 1권 2호.

박태식. 1977. 산림정책학. 향문사

역주 경국대전. 1986. 주석편. 한국 정신문화 연구원

역주 경국대전. 1986. 번역편. 한국 정신문화 연구원

임양재. 1982. 산림과 생태학 (김장수 등 공저). 향문사

정약용. 1981-1988. 목민심서. 창작과 비평사

지용하. 1964. 한국임정사. 명수사

한국 민족문화 대백과사전. 1992. 한국 정신문화 연구원간

한동환. 1993. 우리 식의 그린벨트를 찾아서. 풍수, 그 삶의 지리, 생명의 지리. 푸른나무.

한주성. 1990. 인간과 환경. 1991. 교학연구사

현신규. 1977. 한국 임업기술사 (한국 현대문화사 대계 III 고려대 민족문화연구소)

三宅正久. 1976. 조선반도의 임야 황폐의 원인 (朝鮮 半島 林野 荒廢 原因)

대전통편

속대전

강원도 지역 소나무 임분의 조림학적 고찰

배 상 원 (독일 프라이부르그대학교 임과 대학 조림학 연구소)

Pinus densiflora(소나무)는 한국 전역, 일본 그리고 중국 산동 반도 지역에 천연 분포되어 있으며, 수고 30m, 흉고 직경 1m 이상 자라는 상록교목으로(Hayaschi, 1952) 한국에서는 해변을 제외한 거의 전 지역에서 자라고 있다.

한국에서는 소나무가 다양하게 이용되고 있는데, 목재 이외에도 송이버섯이 부산물로서 주요한 위치를 차지하고 있다. 특히 소나무 목재 생산량을 보면 국내 연간 목재 생산량의 65% (약 80萬 m³)를 차지하고 있으며, 그 중 대경재(말구 직경 30cm 이상)가 4.6%를 차지하고 있다(임업 연구원, 1991).

그러나 일반 용재로 이용되는 목재의 90% 이상이 (약 900萬 m³) 수입되고 있는 상황이고, 70년 이후부터 연간 목재 수요가 7%씩 증가되어 왔으며 앞으로도 이러한 증가추세는 지속될 것으로 예상되고 있다(임업연구원, 1991). 이와 같이 원목의 수요가 증가됨에도 불구하고 국내 목재 생산은 정체 상태 머물고 있다. 이러한 현상은 현재 한국 산림의 약 90%가 30년생 미만으로 자체 목재 생산량의 증가가 짧은 기간 내에 이루어질 수 없음을 말해 주고 있다. 특히 이런 영급구조는 한국 산림이 목재 생산기에 도달하질 못하였고, 무육 단계에 들어 있음을 잘 설명해 주고 있다.

위와 같이 무육 단계에 도달한 임분들에 대한 체계적인 무육을 위하여서는 각 임분별 경영 목적이 우선(예를 들면 대경재 생산을 위한) 확립되어야 한다. 경영목적이 설정이 되어야 이에 알맞은 무육 방식이 결정될 수가 있기 때문이다.

대경재의 수요가 점증하는 현재 상황에서 국내 대경재 생산의 주요한 위치를 차지할 수종은 면적상으로나 목재생산 측면에서 볼 때 현재까지는 소나무밖에 없다고 볼 수 있다.

소나무는 양수로써 선구수종의 특성을 가지고 있는데 선구수종은 최종림을 이루는 수종이 아니라 초기단계의 숲을 이루는 수종이다. 모든 선구수종들처럼 소나무도 초기단계에 주수종의 역할을 하지만 천이과정이 경과함에 따라 다른 수종들(특히 음수)과의 경쟁에서 도태를 당하여 척박하거나 건조한 입지에서 우위를 차지하게 된다. 이러한 경쟁관계는 소나무가 특수입지(건조지, 습지 등)에서 생태적 생장지로 정착하고 있는 것으로 표현된다(Ellenberg, 1982). 그리고 소나무는 양수, 선구수종으로서 초기 생장이 왕성하나, 임령 40~50년에 이르면 생장이 급격히 저하하는 특성을 지니고 있다. 이와 같은 소나무의 생장 특성은 소나무 임분의 무육에 주요한 지침이 된다.

강원도 지역 소나무의 무육

대경재를 짧은 기간 내에 생산해 낼 수 있는 방법은 소나무의 유년기 생장을 일정한 수의 소나무(미래목)에 집중시키는 것이다.

구주적송(*Pinus sylvestris*)의 미래목 간벌 방식(Abetz, 1972)에 의하면 우세목 평균 수고 12 m에서 약 250본/ha의 미래목을 선정하며 Burschel

과 Huss(1987)는 우세목 평균 수고 8~12 m에서 200~250본/ha의 미래목을 선정하는 것을 제안하였다. 여기에서는 미래목의 가지치기를 고급 대경재 생산의 전제조건으로 제시하였다.

이 미래목 간벌 방식에서는 미래목 선정 직후에 각 임지의 조건에 따라 미래목을 중심으로 2~2.5m의 반경 내에 있는 나무들을 제거하고 그 후에 5m 높이까지 가지치기를 한다.

소나무의 미래목 선정 시기를 정하기 위하여서는 구주적송과 소나무의 생장곡선을 비교하여 두 수종 간의 수고생장관계를 추정할 수가 있다. 한국 소나무의 수고생장곡선은 김(1962)과 Wiedemann (1943)의 수확표에 따른 강원도 소나무와 구주적송의 수고생장곡선을 비교하면, 구주적송의 수고생장은 유년기에는 소나무보다 저조하나 시간이 경과함에 따라 소나무의 생장이 구주적송보다 저조하다. 이러한 수고생장의 차이점은 소나무의 피해목 선정 시기를 정하는 데 이용된다. 소나무의 유년기 생장이 구주적송보다 빠르기 때문에 유년기 생장을 대경재 생산에 이용하기 위하여서는 독일에서 구주적송에 일반적으로 적용하는 우세목 평균 수고 12m 보다는 더 일찍 미래목을 선정하는 것이 적합하다.

위와 같은 점을 감안하면 강원도산 소나무의 미래목 선정시기는 Burschel과 Huss(1987)가 제안한 대로 나무의 평균 높이가 8~10m 사이에 이르렀을 때 시행하는 것이 알맞다. Abetz(1972)가 제안한 것 같이 간벌의 반복기는 우세목 수고생장이 2~3m 정도 되었을 때 시행되어야 할 것이다. 여기에서 유의하여야 할 것은 입지조건에 따라 간벌의 반복기가 늘어나는 것과 미래목들의 생장 상태를 늘 감안하여야 하는 것이다.

강원도 산 소나무의 무육 모델(배, 1993)은 우세목 수고를 기준으로 벌기령을 80년으로 선정하였는데, 우세목 평균 수고가 5m 일 때 ha 당 본수를 3,000본으로 줄이고, 우세목 수고가 8 m 일 때 미래목을 지위에 따라 150~250본/ha 정도로 선정하고 가지치기를 시행하는 것을 제안하였다.

위에 적은 무육 방식 모델들은 소나무의 유년생장을 일정한 수의 미래목에 집중시키고, 초기에는 강도 높은 간벌을 하고, 후기에는 약하게 간벌을 시행하는 것을 근간으로 하고 있으며 일정한 기간 내에 고급대경재를 생산해 내는 것에 중점을 두고 있다. 그러나 이 모델들은 전 임분에 적용할 수 있는 획일적인 작업 방식을 제안하는 것이라기 보다는 임분무육방법의 결정에 도움을 줄 수 있는 일종의 보조기능을 갖고 있을 따름이다.

특히 소나무외에 다른 활엽수종들이 미래목의 역할을 하고 있다면 이 활엽수종들이 미래목으로 선정될 수 있는 가능성을 배제해서는 안될 것이다. 그리고 앞에서 언급한 것과 같이 소나무의 생태학적 천이 과정의 특성을 고려한다면 소나무가 지역에 따라서 다른 수종에 피압을 당하는 것은 자연적인 현상이다.

이러한 자연 현상에 역행하는 인위적인 행위는 소나무 임분 무육에 커다란 문제점을 동반한다. 소나무 순림을 인위적으로 유지하는 것보다는 자연 현상에 순응하는 소나무 - 활엽수 혼효림을 만들어 가는 것이 장기적인 안목으로 보면 경제적으로나 생태학적으로 유리하다.

강원도 지역의 소나무 천연 갱신

강원도에서 모수 작업으로 이루어진 9개 천연갱신지를 조사한 바에 의하면(배, 1993), 1 ha 당 소나무 치수의 숫자가 700~20,000본이 보통이라 할 수 있는데 활엽수의 피복도가 대부분 소나무보다는 높은 상태이다. 특히 활엽수는 대부분 참나무 류로서 임분에 따라서는 ha 당 본수가 소나무보다 높다. 이 외에도 관목 류들이 많이 나타나는데 전체적으로 보면 소나무는 하예작업을 통하여 생장공간을 인위적으로 만들어 주질 않으면 지피 식물, 관목 류, 활엽수 들에 의하여 피압을 당하는 상황이기 때문에 임지에 따라서는 매년 하예작업이 필요한 형편이다. 소나무 이외의 다른 수종들은 하예작업에 의해 모두 맹아목으로 되어 한 뿌리에서 3~4개의 줄기가 모여 나서 자라고 있다.

이 외에도 소나무 천연 치수들이 임지에 골고루 산재되어 있지 않고 일부 면적에 몰려서 자라고 있기 때문에 분포도가 불리한 반면, 다른 활엽수들은 소나무에 비하여 비교적 골고루 분포되어 있다. 소나무와 참나무 류(활엽수 류)들의 수고생장을 비교하여 보면 임지 경사면의 위치에 관계없이 참나무 류의 연간 수고 생장량이 소나무보다 높으며, 특히 경사면 하부에서는 활엽수 외에도 지피 식물들이 번식을 많이 하여서 소나무들이 자리를 잡는데 심한 경쟁을 해야만 하는데 대부분의 경우에는 치수 발생이 어려운 상황이다.

그리고 소나무와 참나무 류의 수고를 비교해 보면 이것 역시 소나무가 우위를 차지 못하고 있다.

소나무 치수의 본수, 분포도 그리고 수고 등을 종합하여 보면 조사지 내에서 소나무가 단순림을 형성하기에는 힘겨운 상태이며, 상황에 따라서는 참나무 류가 우위를 차지할 상황이다. 특히 이러한 갱신 상황에서는 분포도에 따라 소면적별로(예를 들면 소나무 치수가 많이 자라고 있는 소면적이라든가 활엽수 류가 많이 자라는 소면적) 그 곳을 주로 차지하는 우점 수종을 기준으로 치수 무육을 하는 것이 중요하다.

소나무가 많은 곳에서는 활엽수 류를 제거하여 소나무를 자랄 수 있게 하고, 활엽수 류가 많은 곳에서는 소나무를 그대로 두고 활엽수 맹아목을 위한 무육을 하는 것이 바람직 하다. 한 임분 내에서 주어진 치수 상태에 따라 무육을 하는 것이 소나무 위주의 획일적인 무육을 하는 것보다는 자연 현상에 순응하는 작업이다.

특히 활엽수가 맹아목으로 이루어져 있기 때문에 생길 수 있는 문제점으로는 맹아목의 재질과 맹아목의 생장 특성을 제대로 파악하기 힘든 것을 들 수가 있다.

끝으로 갱신을 할 때 지피 식생과 소나무 치수, 그리고 활엽수 맹아목들과의 극심한 경쟁 상태는 소나무 갱신에 커다란 문제점이 되는데, 우선적으로 지피식생을 억제하는 천연 갱신 방법이 모색되어야 할 것이다.

참고 문헌

김동훈(1963). 강원도 산 소나무 임분의 수확과 생장에 관한 연구. The Research Reports of the Office of Rural Development Vol. 6. (71-90).

배상원(1993). Untersuchungen zur Struktur und waldbaulichen Behandlung von Kiefernwäldern (*Pinus densiflora* S. et. Z.) in der Kangweon-Provinz, Korea, Dissertation. Waldbau-Institut, Uni. Freiburg. 14p.

임업 연구원(1991). 한국의 임업과 임산업 63p.

Abetz, P.(1972). Zur waldbaulichen Behandlung der Kiefer in der nordbadischen Rheinebene, AFZ. 27, 591-594.

Burschel. P. und Huss. J.(1987). Grundriß des Waldbaus. Paul Parey.

Ellenberg, H.(1982). Vegetation Mtteleuropas mit den Alpen in ökologischer Sicht. 3. Auflage, Ulmer Verlag.

Wiedemann, (1943). Kiefernertragstafel : in Schober 1972, Ertragstafel wichtiger Baumarten.

2
소나무의 개량

우리 나라 소나무와 일본 소나무

박 용 구 (慶北大學校 林學科 敎授)

1. 서 론

세계의 소나무속은 100여종이 넘게 분포하고 있다. 이 중에 동아시아 지역에 분포하고 있는 것은 15개 수종으로 단유관속군이 7종, 복유관속군이 8종에 이른다. 일본은 지형 형성과정이 대륙에서 분리되어 생긴 것으로 우리나라의 기후와 식생이 비슷하다. 양쪽지역에 분포되어 있는 소나무속의 수종을 보면 일본이 7개 수종, 우리나라는 5개 수종이 분포되어 있다(표 1). 일본에는 우리나라보다 두가지 수종이 더 많은데 제일 남쪽 沖繩에 있는 琉球松과 本州 북부에 있는 北五葉은 우리나라에 분포하지 않는 것으로 알려져 있다(Mirov, 1967).

표1. 한국과 일본에 천연분포하고 있는 소나무

한 국	일 본
복유관속군	
소나무(*P. densiflora*) ; 2엽송	アカマツ (*P. densiflora*) ; 2엽송
곰솔 (*P. thunbergii*) ; 2엽송	クロマツ (*P. thunbergii*) ; 2엽송
	琉球松 (*P. luchunensis*) ; 2엽송
단유관속군	
잣나무(*P. koraiensis*) ; 5엽송	チョセンマツ(*P. koraiensis*) ; 5엽송
섬잣나무(*P. parviflora*) ; 5엽송	五葉松(*P. pentaphylla* var. *himekomatsu*)* : 5엽송
	北五葉(*P. pentaphylla*)* ; 5엽송
눈잣나무(*P. pumila*) ; 5엽송	ハイマツ(*P. pumila*) ; 5엽송

Shaw(1914)는 *P.pentaphylla*와 *P. himekomatsu*가 *P. parviflora*와 같다고 했으나 Hayashi(1954)에 따르면 일본구주와 本州 남부지역에는 *P. himekomatsu*가 本州북부지역과 북해도 일부에는 *P.pentaphylla*가 분포하고 있어 本州의 중앙지역에는 두 수종의 자연 잡종이 일어난다고 하였으며, 우리나라 울릉도에 있는 것은 *P. himekomatsu*라고 명명하고 있다. 木野(1975)는 *P. himekomatsu*를 *P. pentaphylla* var. *himekomatsu*로 명명하고 두 수종의 가장 큰 차이는 종자에 붙어있는 날개로 *himekomatsu*가 *pentaphylla*보다 약간 큰 날개를 가지고 있다고 기술하고 있다. 이상을 고찰해 보면 두 수종의 명확한 구분은 지리적 분포지역에 따른 것으로 생각되며 우리나라의 울릉도에 있는 것은 일본에서는 *P. pentaphylla* var. *himekomatsu*로 명명하고있는데 반해 우리나라에서는 *P. parviflora*로 불리우고있다 (李,1985).

눈잣나무(누은잣나무; 안학수, 1967, 한국식물명감,p4)는 분포중심이 연해주, 만주지역으로 우리나라에는 고산지대의 극히 일부에만 분포하고 있을 뿐이다. 잣나무는 일본의 長野縣 고산지방에 격리분포되어 있어 우리나라에 비해 그 분포 지역이 매우 한정되어 있다. 곰솔의 경우 일본 전역의 해안가에 분포하고 있으며 북쪽은 青森縣 下北郡 大間町 북위 약 41°34′에서 부터 남쪽은 鹿兒島縣 吐喝剌七島의 寶島, 북위 약 29° 까지 분포하고 있다. 그러나 우리나라의 경우 남쪽은 제주도(북위 33°20′)에서 부터 북쪽은 동해안 강원도 울진(북위37°), 서해안 경기도 화성군 송산면(북위 37°15′)까지 분포하고 있으며 그 이상 북쪽에는 곰솔 천연림이 없다.

소나무를 보면 우리나라는 제주도에서 부터 북한을 포함하여 만주 지역까지 연속적으로 천연분포되어 있으나 일본의 경우 가장 남쪽의 분포한계는 屋久島에서 부터 북쪽은 本州 靑森縣까지 분포하고 있어서 북해도를 제외한 전국에 걸쳐 분포하고 있다.

이상에서 보듯이 우리나라와 일본의 소나무 속은 천연분포되어 있는 수종이 거의 비슷하며 그중에서도 소나무는 두나라 어느쪽에나 가장 많은 면적에 자생하고 있는 수종이다.

本稿에서는 우리나라 소나무에 대한 연구개요, 일본의 유명한 소나무림에 대해 개략적인 고찰을 하고 끝으로 이들 양지역 소나무림의 유전적 관계를 살펴서 계통발생적 자료를 얻을 수 있는 접근방법을 생각해보고져 했다. 본고의 궁극적 목적은 문제의 결론을 맺는 것이 아니라 문제의 提起에 있음을 明記하는 바이다.

2. 우리 나라 소나무

우리나라 소나무에 대한 체계적인 연구의 嚆矢는 1928년 植木교수의『朝鮮産 赤松의 樹相 및 改良에 關한 造林學的 考察』로 연구의 방대함과 그 내용의 충실면에서 지금도 소나무연구의 귀중한 자료로 이용되고 있다. 여기에 그 서언을 요약하여 소개하면 다음과 같다.

朝鮮의 林業經營者는 將來에 어떠한 樹種을 造林해야 할 것인가? 朝鮮 全地域에 적당한 造林 樹種으로는 우선 소나무류 밖에 없다고 생각된다. 그러므로 現在 大面積을 점하고 있는 소나무림은 앞으로도 朝鮮 林業上 重要한 造林 樹種으로써 外國産 소나무가 導入 되더라도 造林上 重要한 位置에 있음을 다시 論할 필요가 없다.

그러나 朝鮮産 소나무는 만곡재가 많아서 用材로써 價値가 떨어지는 것이 유감스러운 일이다. 그 原因을 糾明하여 優良材 生産을 위한 硏究를 하는 것이 朝鮮에 있어서 가장 緊急한 일일 것으로 생각이 된다. 著者는 朝鮮의 소나무 및 소나무림을 觀察하기 20년, 짧은 세월이라서 아직도 가보지 못한 未踏地가 많아 著者의 硏究가 완전치 못하지만 지금까지 觀察 및 硏究해온 것이 朝鮮의 現時點의 林業界에 多少 貢獻할 수 있기를 바라면서 여기에 發表하는 바이다.

昭和3年7月7日(西紀1928年7月7日) 朝鮮總督府水原高等農林學校 農學博士 植木 秀幹

그로부터 65년이 지난 지금에도 植木교수가 해결하려 했던 이 문제가 아직도 확실한 해결책을 찾지 못하고 있음은 임학을 하는 우리 모두가 깊이 반성해야 할 일로 생각된다.

植木은 각 지방에 표준이 되는 개체목을 선발, 그 특성을 관찰하여 지방형(동북형, 금강형, 중부남부평지형, 중부남부고지형, 위봉형, 안강형), 지형에 의한 수형(습지형, 산정형, 건조사지형), 樹相에 의한 변이에 기인하여 17개 품종 및 의종으로 蛇松(F. anguina m.), 尋松(F. angustata m.), 珊瑚松(L. coralliformis m.), 玉松(L. compacta m.), 開枝松(F. divaricata m.), 多行松(L. dumosa m.), 金剛松(F. erecta m.), 二叉松(L. furcata m.), 傘平松(L. horizontalis m.), 猿候松(V. longiramea Mayr), 琴座松(L. lyraformis m.), 仁王松(L. monstrosa m.), 처진松(V. pendula Mayr), 朝鮮多行松(F. multicaulis m.), 天狗松(L. polycladia m.), 元天狗松(L. ramiaggregata m.), 傘松(F. umbeliformis m.)등의 이름을 붙였다. 또한 수피, 수간, 침엽, 구과 및 종자, 꽃, 뿌리, 재질등에 대한 변이도 조사하여 그 특징을 가진 품종 및 변종을 명명하였다. 그러나 이들 품종, 변종, 의종들의 차대 유전성에 대한 것은 언급이 없으며 주로 현지의 표현형적인 연구에 그치고 있어서 아쉬움이 크지만 1920년 경의 연구로는 탁월한 것이며 이들의 결과는 지금도 여러가지 중요한 자료를 제공하고 있다고 생각된다.

植木이후 우리나라 소나무에 대한 연구는 현신규 박사의 교잡에 관한 연구이외는 별로 특별한 것이 없었다. 1972년 필자에 의해 시작된 임목육종연구소 천연림집단의 유전변이에 관한 시험이 연구제목으로 설정이 되어 천연 집단간의 집단유전학적 연구가 시작되었다. 그당시 시험 목적을 보면 전국에 잔존하고 있는 천연집단간의 유전변이를 조사하여 변이가 가장 큰 집단을 찾아내어 선발, 육종원으로 이용함과 동시에 그 유전자를 보존하므로써 시대에 따라 변천하는 임목 육종의 목적에 속히 대처하는데 있다고 했다. 현재의 유전자원 보존림의 뜻을 지니고 있었고, 현지 보존과 현지외 보존의 방법으로 추진하려는 의도를 가지고 있었다. 1972년 전국을 대상으로 일단지 50ha이상의 천연생림으로 간주되는 장령림 이상의 소나무림 20개 집단을 선발하여 연도별로 임황, 지황조사를 실시하고 각 집단마다 3개 소집단을 선정하여 한 소집단에서 50개체의 소나무에 대해 침엽의 수지구수, 엽폭 및 엽장, 기공수와 peroxidase 동위효소 변이 및 차대를 조성하여 그 유전적 특성을 조사하였다.

또한 이보다 2년이 늦은 74년 부터 임경빈 박사의 주도에 의해 주요수종의 집단 및 우량개체 선발 시험이 임목육종연구소 특정과제로 채택이 되어 소나무 천연림 집단의 유전변이 시험에서 기왕에 선발된 집단자료를 이용하여 실시되었다. 천연림 연구집단과 중복된 집단도 있었으나 74년 부터 79년 까지 18개 집단에 대해 주로 형태적인 특성과 생화학적인 특성 및 차대특성에 대해 조사분석하여 집단간 변이를 보고한 바 있다.

이 두 연구는 72년 부터 79년까지 계속 되었으며 그동안 필자(72-79년), 임경빈 박사(76-79년), 김진수 교수(76년), 권기원 교수(76년), 이경제 교수(77년), 전영우 교수(79년)등이 직접 간접으로 본 연구에 참여 또는 관여하여 많은 기여를 하였다.

표 2는 소나무 천연집단에서 선발한 20개 집단에 대한 위도, 면적, 수지구수, 동위효소변이 및 백자묘 출현빈도에 대해 요약해 놓은 것이다. 이상의 20개 집단과 임경빈 박사가 선발 연구했던 18개 집단 즉 경북 주왕산, 서산 안면도, 강원도 오대산, 주문진 삼산리, 울진 하원리, 수원 이목동, 인제 기린, 정선 임계, 삼척 하장, 왕산 대기, 봉화 춘양, 양주 진접, 경기 광주, 제천 백운, 보은 내속리, 무주 안성, 구례 광의, 제주 중문등 18개 집단을 합하면 우리나라의 대표적인 松林을 망라한 것이라고 말할 수 있을 것이다.

소나무 천연림 집단의 유전변이 시험 결과에 의해서 29ha의 현지외 보존과 '79년 까지 안면(115ha), 연곡(78ha), 평창(119ha)집단을 현지보존림으로 지정하고 있다.

현지보존림과 현지외 보존림에 대해서는 여러가지 기술적인 문제와 이론적인 논쟁이 계속되고 있는 것도 사실이다. 보존하는 일단지 최소면적을 얼마로 해야만이 그 집단이 가지고 있는 유전변이를 될수록 많이 포함시킬 수가 있는지? 멘델 집단에서 근친교배가 일어나지 않기 위한 최소한도의 개체수 (effective size)는 얼마나 되는지? 현지보존림을 조성할때 종자 채취 모수의 수와 어떤 구조가 되도록 선정할 것인지? 등에 대한 많은 논쟁이 진행되고 있

표 2. 72년부터 79년까지 우리나라 소나무 20개 선발 집단에 대한 지리적 인자와 집단평균 동위효소수, 수지구수, 변이묘 출현율

집 단 명	위 도	면적 (ha)	동위효소수	수지구수	변이묘수 (x 1/1000)
청송 주왕산	36°19′	4,380	6.76	4.80	0.56
안동 길안	36°30′	280	6.92	6.02	1.00
서산 안면	36°30′	200	7.33	9.17	0.68
명주 왕산	37°35′	250	8.11	7.47	1.31
보은 속리산	36°33′	100	4.92	6.13	0.90
익산 여산	36°10′	100	5.32	7.14	0.02
거창 웅양	35°45′	80	4.74	6.72	0.54
봉화 재산	36°45′	39	5.09	8.71	0.74
용인 모현	37°20′	50	6.85	6.33	1.34
명주 연곡	37°50′	400	7.47	6.09	0.52
평창 대화	37°32′	160	7.46	5.90	0.0
정선 임계	37°29′	75	7.83	5.71	0.0
삼척 노곡	37°17′	65	7.07	5.46	0.39
인제 기린	37°57′	171	6.28	5.61	0.33
명주 성산	37°33′	107	6.85	6.55	0.35
부안 상서	35°38′	50	6.91	5.79	0.28
제천 백운	37°08′	180	5.74	6.39	-
영덕 병곡	36°37′	130	5.60	7.74	-
고창 고창	35°26′	60	6.46	6.37	-
구례 마산	35°15′	100	7.41	6.61	-

지만 확실한 결론은 아직 없는 형편이다. 수종에 따라, 지역에 따라, 연구가에 따라 각각 다른 것이 현실이다. 임목육종연구소에서 수행한 현지외 보존림의 경우 식재시 집단 경계가 확실치 않아 이용에 어려움이 있는 것도 있으나 새로운 자료를 제공받을 수 있는 집단도 남아 있다. 앞으로 많은 보완을 하여 새 계획을 수립하는데 좋은 기초 자료를 제공 받을 수 있을 것으로 기대된다.

'80년 이후부터 오늘날 까지 우리나라 소나무 집단에 대한 연구는 수명의 뛰어난 연구가들에 의해 주로 동위효소 변이을 이용한 집단분석을 기초로 계속되어 많은 성과를 올리고 있는바 자세한 결과는 한국 임학회지를 참조하기 바란다.

3. 일본 소나무

일본에 있어서 소나무 분포는 북쪽으로는 青森縣 下北郡 大間町의 북위 41°31′이며 남쪽한계는 屋久 島의 30°15′에 걸쳐 北海道와 沖繩를 제외한 전국적

으로 자생하고 있다.

소나무로 이름난 산지가 많이 있으며 또한 전국적인 명성은 없으나 양질의 목재를 생산하는 지역도 많이 있다. 특히 岩手, 福島, 長野, 宮崎등은 유명한 소나무 산지로 알려진 곳이다. 또한 蓄積은 廣島, 岡山등 中國지방의 瀨戶內海가 많다. 그러나 소나무는 국유림에는 비교적 적으며 특히 인공림이 적다. 대부분이 민유림에 인공림이 많으며 현재 대경목의 美林은 별로 남아있지 않은 상태이다. 유명한 산지를 북쪽에서 남쪽순으로 기술하면 다음과 같다. 전체 14개 집단중 12개 집단은 소나무 집단이고 그중 2개의 곰솔집단(12. 穆佐松과 14. 茂道松)이 포함되어있다.

1. 甲地松	8. 大山松
2. 御堂松	9. 滑松
3. 東山松	10. 大道松
4. 白旗松	11. 日向松
5. 律島松	12. 穆佐松
6. 霧上松	13. 霧島松
7. 取訪森松	14. 茂道松

그림 1. 日本 有名松의 分布圖

1. 甲地松 : 青森縣 上北郡 甲地村 3,300ha(1,000 ha인공림) 흑색화산회토 연평균기온 10℃내외, 冬期에는 -10℃내외, 강우량 연 1,150mm이고 적설량 1.00-1.50m로 눈이 많은 지역이나 설해가 거의없다. 통직하고 지하고가 높다. 어릴 때는 흑색의 수피지만 나이가 들면 수피색이 흰색을 띈 적색으로 변하며 거북이 등처럼 크게 갈라지는 수피는 지하에서 5-6m높이까지 붙어 있다. 결실량은 적고 구과 크기도 작은 편이다. 목재는 결이 바르고 옹이가 적고 송진함량도 낮다. 목재 색깔은 담황색이다.

2. 御堂松 : 岩手縣 岩手郡 御堂村 名馬의 産地로 화입에 의한 목초지 跡地에 소나무가 성립되었

다. 분포면적 1,420ha, 흑색화산회토(모래가 많아 건조한 편), 연평균기온 9.1℃, 연강우량 1,150mm, 적설량 30cm이내로 적은 편이다. 재질은 우량하며, 줄기는 무절재로 연륜폭이 넓지만 일정하고 외관적형태는 원추형, 줄기는 통직하고, 가지와 잎은 가늘고 적다. 수피는 유령일때는 흑갈색이나 장령림이 되면 적갈색, 목리가 바르며 節은 비교적 많지만 심재폭이 일반적으로 넓다.

3. 東山松 : 岩手縣 東磐井郡 南西方北山川畔의 日形, 老松, 黃海, 藤澤의 각 읍면에서 부터 千澱, 大原을 따라 興田村에 달하는 지역이다. 수성암지역(日形, 老松, 黃海, 藤澤)과 화강암지역(千澱, 大原), 연평균 기온 18.4℃. 연간강우량 1,050mm, 적설량이 적다. 110ha, 노령림은 우산형이지만 수관은 비교적 작다. 상장생장이 좋아 수간은 완만하고 개체에 따라 우열의 차이가 심하다. 수피는 적색이 강하다. 잎은 가늘고 담녹색, 가지는 가늘고 수평각을 이룬다.

4. 白旗松 : 山形縣 南置賜郡, 西置賜郡, 東置賜郡, 西村山郡, 南村山郡과 福島縣에도 山形縣에 가까운 伊達, 信夫郡에 분포하고 있으며 대부분이 인공림으로 50ha에 이른다. 화강편마풍화토, 연평균기온 10℃-11℃, 강우량 1,500-2,000mm에 달한다. 수간이 통직하고 지하고가 높으며, 옹이가 적고, 가지가 가늘고 균일한 임분을 이룬다. 유령시에는 적갈색이나 암갈색을 띄나 수령이 많아지면 적색으로 변한다. 구과의 착생이 극히 불량하다. 무절제의 판재를 생산한다.

5. 律島松 : 福島縣 雙葉郡 浪江町에서 서방으로 약 25km, 津島村 大字 赤宇木字門平을 중심으로 泉田川의 양쪽 언덕 동서 4km, 남북 8km 지역에 분포되어 있다. 인공림이 2,496ha에 달하며 천연림이 4,765ha에 이르고 있다. 화강암, 낙엽층 1.5cm, 조부식층 1.0cm, 표층 50cm, 하층 110cm, 지표하 70cm까지는 소나무의 側根이 많다. 연평균강우량 1,500mm, 눈은 그리 많지 않다. 지하고가 높고 수간은 正圓, 통직완만한 長材를 생산, 수지가 적고, 연륜폭이 일정하며 심재율이 매우 높다. 가벼워서 가공력이 높으며 비틀림이 적다. 심재의 색상이 아름답다.

6. 霧上松 : 長野縣 北佐久郡 輕井澤町 小沼村 일

대의 표고 1,000-1,300m사이에 분포하는 형질이 우수한 소나무림이다. 輕井澤, 沓卦, 追分, 鹽野의 지역내 국유림 1,500ha로 축적은 약 193,500㎥로 달한다. 용암분출로 모암이 형성되었다. 강우량 1,400mm, 수형이 좋고 통직하다. 결실은 中間 程度, 목재색은 담백색, 편심재가 적고, 심재부는 홍적갈색이며 가공성이 좋다.

7. 取訪森松: 富士山麓淺間神社옆에 있는 吉田口登山道양측의 평탄지에 분포한다. 표고 860-940m 토양은 사질양토로 가볍고 얕으나 돌이 없다. 연강우량 1,750mm, 원래 50ha였으나 현재 20ha정도 만이 잔존하고 있다. 수관형은 笠型이며 수간이 통직하고 완만한 것이 특징이다. 가지수는 적으나 비교적 굵고, 가지각은 수평이거나 약간 처진다. 결실은 중정도이고 심재부는 비교적 크다.

8. 大山松: 鳥取縣 大山 山頂에서 서쪽과 동쪽에 면한 산복 해발 300m정도에 美林이 있다. 인공림이 적고 대부분이 천연림, 基岩은 安山岩이며 표토는 화산회가 섞인 사질양토, 강우량은 해에 따라 차이가 많으며 1,600 - 2,600mm를 넘는 경우도 있다. 수형은 원추형, 통직완만재 생산, 수피는 담적갈색으로 얇고, 후피부의 높이는 3m정도이며 약간 흑갈색을 띤다. 윤생지수는 5-6본, 송진함량이 약간 많은 것은 화산회토와 같이 토심이 깊은 곳에 생육하기 때문이고 赤土에서는 송진 함량이 적다.

9. 滑松: 山口縣 佐波郡 八坂, 柚野村에 걸쳐 2,542ha로 山口營林署 滑山國有林, 해발 200-900m의 구릉지대에 분포한다. 기암은 석영반암 60%, 석영조면암 40%로 이들이 풍화된 사양토 및 식질양토로 결합정도가 낮고 지위는 중정도이며, 수형은 원추형, 수피는 담적갈색이다. 통직 무절제 목재를 생산하며 편심이 없으며, 심재부분이 많고 수지함량이 낮다. 목재가 가볍고 가공성이 좋다.

10. 大道松: 高知縣 幡多郡 昭和村 大道를 중심으로 대부분이 국유림, 해발 350-1,100m에 분포한다. 현존 삼림 면적 270ha, 砂岩 및 頁岩에서 유래한 식양토, 연평균 강우량 2,500mm, 수형은 원추형이며 간형은 통직, 완만하나 종자결실은 극히 불량하다. 목재는 옹이가 적고 송진

함량도 적다. 가공성이 좋다.

11. 日向松: 宮崎縣 北部 日向山 北部 단지의 尾鈴, 石河內 經營區에서 東臼午郡 일대 구릉지 및 大分縣 南部 高世層地帶에 생육하는 형질이 좋고 수고가 높은 소나무림이다. 대부분이 천연갱신에 의해 성립, 첨판암 및 사암이 基岩으로 이들이 풍화된 토양위에 화산회가 퇴적되어 이루어진 토양이다. 강우량 2,300-2,400mm, 지하고가 수고 평균 65%에 달한다. 수관길이가 짧고, 수간은 완만하다. 결실양이 적고 해걸이현상이 심하다.

12. 穆佐松: 宮崎縣 東諸縣郡, 宮崎郡 및 北諸縣郡의 日向山脈 前哨地帶에 생육하는 곰솔림이다. 화산회토, 강우량 2,500 - 3,000mm, 구주산 적송보다는 가지가 굵지만 해안 지방의 곰솔보다는 가늘다. 다른 곰솔보다 수지함량이 매우 적어서 송판에서도 송진이 나지않는다. 가공성이 뛰어난다.

13. 霧島松: 鹿兒島縣과 宮崎縣에 걸쳐 霧島國有林 內 西霧島, 高原, 白鳥, 霧島의 4경영구에 있어서 약 320㎢에 달하는 광대한 면적에 분포하고 있다. 안산암, 현무암등의 모암에 화산이 분출한 화산회토가 덮여서 형성된 복잡한 토양, 연강우량 2,500- 4,500mm, 수형은 廣卵形이며, 지하고가 높고, 수간이 통직하고 완만도가 높다. 낙지성이 높아 가지의 방사각이 약간 크다. 수지가 적고 무절제 목재를 생산하며 가공성이 좋다.

14. 茂道松 : 熊本縣의 남쪽경계인 水保市 大字垈를 중심으로 바닷가에 생육하는 곰솔림, 18,000 ha, 구주본토의 중부 서해안지역으로 곰솔분포의 중심지역이다. 강우량 2,000mm, 輝石安山岩이 기암인 화산회가 풍화된 토양으로 산도가 높다. 수관은 원추, 수고는 매우 높고, 완만하며 수고끝에 가서 급격하게 소살재로 된다. 연륜폭이 넓고 비중이 가벼워 조선용재로 많이 이용되고있으며, 수지가 적고 목재색도 흰색을 띄기 때문에 심재는 건축용재로 호평을 받고 있다.

이상은 소나무의 유명한 산지를 중심으로 살펴 본 것이다. 일본 소나무에 대한 많은 연구가 보고 된바 있으며 자세한 것은 일본 임학회지를 참조하기 바란다.

4. 우리 나라 소나무와 일본 소나무의 분포 중심에 대한 小考

표 3. 천연림 집단에 있어서의 유전변이와 그 발생 요인
(박, 1977)

변이 종류	변 이 요 인
위도 변이	자연도태, 돌연변이, 이주, 격리, by chance
생태 변이	자연도태, 돌연변이, 이주, 격리, by chance
계통발생 변이	유전자부동, 돌연변이, by chance
분포 변이	유전자부동, 돌연변이, by chance
가계 변이	mating system, 돌연변이, by chance
개체 변이	돌연변이, by chance

천연림의 유전변이 종류와 그 변이 요인을 크게 나누면 다음 표와 같다.

위도, 생태변이는 자연도태와 큰 관계가 있으며 계통발생 변이와 분포변이는 자연도태와 관계가 없는 유전자 변이에서 축적될 수가 있다. 이러한 유전자변이의 축적에 의해 계통발생 변이를 찾아내면 분포의 중심을 알아낼수가 있으며 분포중심이 그 종의 origin내지는 제2차 근원이 된다고 추정할수가 있다. 자연도태와 관계가 없는 유전자들에서 일어나는 변이는 돌연변이에 의존하여 일어나며 돌연변이는 시간에 비례하므로 중립적 돌연변이가 많이 축적된 집단일수록 오래된 집단이 되며 이들 집단은 근원 또는 제2차 근원 집단이 될 가능성이 높다. 그러므로 이러한 집단을 선정 보존하면 그 집단이 기지고 있는 유전변이가 많이 포함되기 때문에 유전자보존의 효율성이 매우 높아질 것이다. 또한 이러한 집단 변이가 경사변이를 나타낼경우 계통발생경로를 추정할수도 있다.

그러나 어떠한 방법에 의해 이들 변이를 밝혀낼 수가 있겠는가?

필자는 1969년 부터 1976년 까지 우리나라 소나무 4개 집단(12개 소집단), 일본 5개 집단(15개 소집단)에 대해 개체별 peroxidase변이와 침엽장, 폭, 수지구수, 기공수등에 대한 변이를 조사한 결과 기공수는 위도변이, 침엽장, 폭, 두께와 수지구수는 생태변이 그리고 동위효소 변이는 분포변이를 나타낸다고 추론하였다. 동위효소 변이의 분포변이는 일본의 경우 위도에 대해 負相關를 가지나 우리나라의 경우 正相關를 가짐으로써 양 지역의 계통발생 방향

이 다름을 추정하였다.

오늘날 peroxidase동위효소변이는 재현성에 문제가 제기되고 있으며 또한 너무 많은 밴드가 나타남으로써 지배하고 있는 유전자형을 찾아내기 힘드는 등의 이유로 다른 동위효소에 비해 그 이용 빈도가 많지 않는 것이 사실이다. 그러나 본고에서는 각 밴드를 하나의 형질로 보고 분석한 결과만을 제시하였다. 또한 수많은 중립적인 유전자 가운데 오직 한 두개, 많다고 해도 수십개정도의 동위효소변이에 의해 전체적인 것을 추론한다는 것도 여러가지 문제점을 가지고 있는 것이 사실이다. 그러나 집단별로 種內, 種間의 유전 구조를 효과적으로 분석할만한 유용한 방법이 지금까지는 거의 없는 실정이다. 아직도 고려해야 할 점이 많이 있기는 하지만 집단 분석에서 가장 많이 이용하고 있는 것이 동위효소 변이 분석 방법이다.

본 연구결과 뿐만 아니라 여러가지 다른 자료를 근거로 우리나라 소나무의 계통발생 분포경로는 북쪽에서 남쪽으로, 일본의 소나무는 남쪽에서 북쪽으로 분포지역을 확대해 간 것으로 추론하였다. 이러한 추론은 고생물학적 자료와 화분화석 및 인문 역사학적 자료에서도 찾아 볼수가 있다. Mirov(1967)에 따르면 우리나라와 일본을 포함한 동아시아 지역의 고생물학적 연구결과 다음과 같은 사실을 기술하고 있다. 연해주 동쪽지역에서 쥬라기(1.8억 - 1.3억년전)시대 소나무화석이 발견되었으며 한국에서는 백아기(1.3억 - 0.7억년전)의 소나무 화석이 발견되었다. Miki연구 결과 남쪽지역에서 소나무 화석이 발견되지 않은 점으로 미루어봐서 동아시아지역의 소나무는 북쪽에서 내려온 것으로 추정된다고 추론하였다.

또한 이러한 추정은 화분화석연구가 많이 되어있는 일본에서 증명되고 있다. 즉 빙하기 말기인 12,000여년 전 일본열도가 빙하에서 깨어날때 북쪽에 있던 소나무는 사멸되고 남쪽에 있던 소나무가 살아서 지금부터 약 5,000년 전 포리내시안족들이 일본열도에 상륙하여 농경문화를 정착시켜 북진할때 火田 跡地에 소나무가 침입하여 왕성하게 자라서 이들을 따라 같이 북진 한 것으로 추정된다. 소나무 화분화석에서도 지금부터 약 3,500년 - 4,000년 전에 소나무 빈도가 급격하게 높아지고 있는 것은 일본의 농경문화의 도입시기와 비슷하므로 상기와 같은 추정이 가능한 것이다.

소나무의 근원이 어디일까? 모든 소나무가 우리나라 전역에서 그리고 일본에서 일제히 번성한 것은 아닐진데 어디부터 시작이 되었을까? 전체의 분포 중심은 모른다 하더라도 시작 지점에 가까운 집단은 어느 것일까? 긴세월 동안 인간의 간섭에 의해 그 유전적 줄기가 흐트러지고 훼손이 되었다 할지라도 그밑에 흐르고 있는 원류는 바꾸지 않고 있는 것은 아닐런지? 이러한 긴세월 동안 바꾸지 않고 있는 그 원류의 흔적을 찾아내고 알아낼 수 있는 방법은 없는 것인지?

앞에서 언급한 것과 같은 집단내의 유전변이중에서 유전분포의 흔적을 찾아 볼 수 있게 하는 것은 환경에 관계가 없는 인자의 유전변이를 찾아내는 일이 아닐까? 그러한 유전변이가 분포변이의 형태로 나타나고 이러한 분포변이가 커다란 흐름을 가질때 계통발생변이를 찾아볼 수 있게 되는 것은 아닐런지? 막연한 생각이지만 만약 이러한 생각이 조금이라도 가능성이 있다면 이러한 변이를 즉 환경에 관계가 없거나 환경의 영향을 대단히 적게 받는 인자 (factor, character; 특징)들의 변이의 흐름을 찾아 냄으로써 가능한 것은 아닐런지? 그러한 변이가 소위 중립적인 변이라고 한다면 이러한 중립적변이를 나타내는 것은 무엇일까? 木村는 동위효소 변이가 중립적인 변이에 속하며, 자연도태와 관계가 있는 형질보다 중요한 진화원이 된다는 중립설을 제창한 바도 있다. 그러면 동위효소의 변이만으로 소나무 천연림의 유전적 흐름을 찾아낼 수가 있을 것인가? 중립적인 유전자의 수는 얼마나 많을 것인가? 이들의 전체적인 흐름을 보려면 얼마나 많은 종류의 동위효소를 분석해야 가능 할 수가 있겠는가? 동위효소 말고 다른 더 확실한 방법은 없는 것일가? 아직은 어려운 문제가 山積해 있어서 어찌 보면 오리무중인 것같다. 이런 중에서도 우선 우리나라 소나무는 북쪽에서 남쪽으로 일본 소나무는 남쪽에서 북쪽으로의 유전적 흐름을 가졌다고 가정해서 볼때 이 가설을 뒷받침 할만한 강력한 증거는 어디에서 찾아 볼 수가 있을 것인지? 아직은 이 가설을 뒷받침해줄 만한 집단유전학적 증거가 불충분하며 이 가설 자체에 대한 의문점도 많이 남아있는 형편이다.

그러므로 이 가설에 대한 증거을 제시하려 처음으로 시도했던 미진한 결과를 여기에 감히 제시하는 것은 이 가설을 증명하기 위한 많은 새로운 시도가 시작되기 바라는 것과 또 한편으로는 이 가설을 뒤집기 위한 철저한 도전이 이루어져야 한다는 문제제기를 위한 것이다.

참고 문헌

1) 石川健康. 1955. 日本の有名松. 林業普及シリーズ. 林野廳 編. pp209.
2) 임경빈. 김진수. 권기원. 이경제. 1975.1976. 1977. 소나무 천연집단의 변이에 관한 연구(I). 한국임학회지 28:1-20; 31:8-20; 32:36-63; 35:39-46
3) 임목육종연구소.1973. 1974. 1975. 1976. 1977. 1978. 1979. 천연림 유전생태에 관한연구. 임목육종연구소 연말보고서
4) 木野 富太郎.1975. 新植物圖鑑. 北隆館. p65
5) Mirov,N.T.1967. Genus *Pinus*. Ronald. p276
6) 박용구. 1977. 소나무 天然生林의 集團遺傳學的 研究. 임목육종연구 보고 13호: 9-80
7) Shaw, G.R. 1914. The Genus Pinus.(*P. pentaphylla* = *P. parviflora*). Cambridge Printed at The Riverside, Press. p32
8) 植木秀幹. 1928. 朝鮮産 赤松의 樹相 및 改良에 關한 造林學的 考察. 수원 고등농림학교 학술보고 제3호. pp263

강원도와 경북 북부 지역 소나무의 우수성은 이입 교잡 때문인가?

류 장 발 (대구대학교 농과대학 산림자원학과 교수)

봉화 울진이나 대관령을 여행한 사람이라면 아무리 나무에 무관심한 사람이라도, 울창하게 쭉쭉 자란 소나무에 감탄을 하였을 것이고, 주변에서 흔히 보게 되는 굽고 왜소한 소나무와는 다르다는 것을 느꼈을 것이다. 우리나라 소나무를 연구한 일본인 우에끼(植木秀幹)씨는 1928년에 우리나라 소나무를 형태적으로 6개의 형으로 나누었으며(그림 1과 2), 태백산맥을 중심으로 한 강원도와 경상북도 북부지역의 소나무를 금강형(*Pinus densiflora* for. *erecta*)이라고 명명하였다. 아마 이 지역에 있는 금강산을 의식하여 이런 이름이 나왔을 것으로 생각된다. 그후 이 지역의 나무는 금강송(金剛松), 금강소나무, 강송(剛松) 또는 춘양목(春陽木)이라고 불리게 되었다(춘양목에 관해서는 다른 분이 언급할 것이다.). 본인은 이 이름들을 사용하기보다는 그냥 「소나무」라는 말을 사용하고 싶어, 「강원도와 경북 북부지역 소나무」라는 긴 말을 사용하였다. 이들이 우리나라 소나무의 원형이라고 생각되며(후술하겠음), 다른 이름으로 불릴 만큼 유전적으로 다르다는 것이 증명되지 않은 상태에서 다른 이름으로 부르는 것이 옳지 않다고 생각되기 때문이다. 그러나 계속 사용하기엔 너무 긴 이름이어서 편의상 앞으로 이 글에서도 강송이라고 부르겠다.

강송은 과연 우수한가? 어떤 면에서 우수한가? 그리고 그 원인은 무엇인가? 「좋은 소나무」는 보는 사람에 따라 다를 것이다. 분재전문가는 분재에 알맞은 소나무를, 동양화를 그리는 사람은 적당히 뒤틀

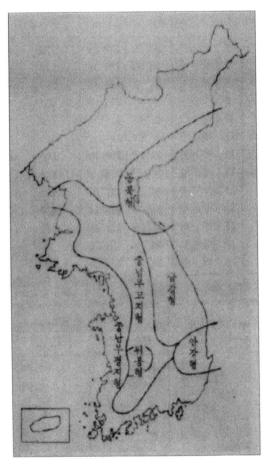

그림 1. 한국산 소나무형의 지역적 분포.
우에끼 씨의 서술을 임경빈 교수께서 그린 것임.

린 노송을 좋은 소나무로 간주할 것이다. 그러나 임업적인 관점에서는 곧게 빨리 자라고 재질이 좋은 소나무를 좋은 소나무라고 하며, 강송은 이런 조건에 맞아 보인다.

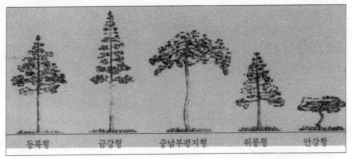

그림 2. 한국산 소나무형
우에끼 씨의 서술을 임경빈 교수께서 그린 것임

이렇게 어느 종의 유전자가 다른 종의 유전자 급원(gene pool)에 혼입되는 것을 이입교잡(introgressive hybridization)이라고 한다.

1967년에 현신규 교수 등에 의하여 이 지역 소나무가 순수한 소나무가 아니라, 곰솔의 유전자가 다소 섞인 이입교잡종(Introgressive hybrid)이라는 논문이 발표되었다. 강송이 우수하다는 것은 다 아는 사실인데, 그 원인이 밝혀졌고, 더구나 그것을 밝힌 분이 현신규 박사님이시니, 그 이후부터「강송은 소나무와 곰솔의 잡종」이라는 것은 웬만한 사람의 상식이 되었다. 그러나 그 상식은 과연 진실일까?

소나무 속은 학자에 따라 그 수가 세계적으로 100여종이 있고 그중 잣나무류가 30여종, 소나무류가 70여종이다(Mirov. 1967). 우리나라에 자생하는 소나무류는 소나무(*Pinus densiflora*)와 곰솔(*P. thunbergii*)뿐이며 그 차이점은 표 1과 같다.

표 1. 소나무와 곰솔의 차이점

	분포지역	수피색	동아색	잎	수지구 위치
소나무	내 륙	적 갈	적 갈	부드럽다	외 위
곰 솔	해 안	흑	백	억세다	중 위

분포지역이 소나무는 내륙, 곰솔은 해안이라고 하나, 두 수종이 동시에 생육하는 지역이 많으며, 그런 곳에서는 잡종이 발견되는데, 잡종은 수형과 수피색, 잎은 곰솔을 많이 닮았으나, 동아색은 적색과 백색의 중간이며, 이 잡종을 중곰솔(*Pinus densithunbergii*)이라고 부른다(일본에서는 곰솔을 흑송이라고 부르며, 중곰솔을 간흑송이라고 한다. Uyeki. 1926).

중곰솔은 세밀히 관찰하면 구별이 가능하나, 중곰솔과 소나무 혹은 중곰솔과 곰솔간에도 잡종이 생길 수 있으므로, 여러 세대 잡종이 계속되면(그림 3) 육안으로 잡종여부를 판별하기가 쉬운 일이 아니다.

현신규 선생님 등은 강원도 고성에서 경북 봉화까지 24개 지역에서 지역당 40-50본을 선정하여 수피, 잎, 동아 등을 조사하고, 본당 20개의 침엽 단면을 잘라 수지구의 수와 위치 등을 조사하였다. 그러나 수지구의 위치가「가장 신뢰성이 높은 특성」으로 간주하여, 이들 소나무의 침엽 수지구가 곰솔의 특징인 중위도 있음을 관찰하고, 이들은 순수한 소나무가 아니라 이입교잡에 의한 잡종집단이라고 발표하였다.

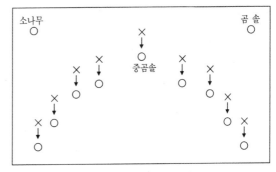

그림 3. 이입교잡 현상

수지구 위치에 의한 잡종 판별이 그렇게 믿을 수 있는 것일까? 그림 4를 보자. 그림 4는 침엽을 파라핀에 매몰시켜 마이크로톰으로 자르고 파라핀을 제거한 후 염색시켜 현미경으로 본 침엽의 그림이다. 이 그림에서는 수지구가 외위인지 중위인지 쉽게 구별된다. 그러나 이 과정은 시간이 많이 걸리고 번거롭기 때문에, 많은 양을 조사할 때는 침엽을 딱총나무 수에 끼워 면도칼로 잘라 염색한 후 현미경으로 관찰하는 간단한 방법을 사용한다. 물량이 많기 때문에 연구자가 직접 조사하는 것 보다는 일용근로자에게 시키는 경우가 많다. 여간 숙련된 일용근로자가 아니면 외위인지 중위인지 구별하기가 쉽지 않을 것이다. 일당을 받고 일하는 일용근로자가 대부분

외위만 관찰되는 시료에서, 위치가 조금 다르게 보이는 것을 중위로 기록하고 싶은 유혹을 느끼지 않았을까? 중위인 것을 찾아내어야 「일을 열심히 하였다.」는 인정을 받을 것으로 생각하지 않았을까?

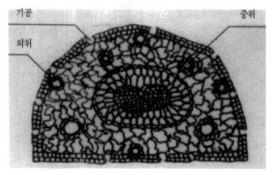

그림 4. 잡종의 수지구 위치

수지구 위치의 판독에 따라 잡종 여부를 판정한 예의 일부를 표 2에 나타내었다. 표 2의 잡종은 1967년의 조사 야장에서 직접 인용한 것이고, 소나무는 잡종 1에서 중위인 수지구를 외위로 판단하였을 때와, 곰솔은 잡종 3에서 외위를 중위로 판단하였을 때를 가상한 것이다. 잡종 소나무라도 모든 침엽에서 외위와 중위의 수지구가 나타나는 것은 아니다. 어느 침엽에서나 외위와 중위가 나타나는 잡종 2는 잡종이 분명하다고 하겠지만, 어쩌다가 한 침엽에서 외위 혹은 중위가 나타나는 잡종 1과 3을 과연 잡종이라고 판정하여야 될 것인가?

수지구 위치를 정확히 판독하였고, 잡종 판정에 이의가 없다고 하더라도, 한 나무에서 어떤 침엽의 수지구는 모두 외위 또는 중위이고 어떤 침엽의 수지구는 외위와 중위가 섞여 있다면(표 2의 잡종 1과 3), 조사하는 침엽의 수에 따라 판정이 바뀔 수 있다. 20개의 침엽을 조사한 표 2에서 잡종 1과 3은 위에서부터 5개의 침엽만 조사하였다면 잡종 1은 순수한 소나무로 판정되었을 것이다. 즉, 한 나무에서 조사하는 침엽의 수가 많으면 많을수록 잡종으로 판정될 소지도 높아진다.

그림 5는 나무당 20개의 침엽을 조사한 현 등(1967)과 안(1972)의 논문에서, 그림 6은 나무당 5개의 침엽을 조사한 정과 이(1982)의 논문에서 잡종률을 계산하여 그린 그림이다(류 등, 1985). 정확히

표 2. 수지구 위치에 따라 판정된 소나무와 잡종 및 곰솔

침엽	소나무		잡종 1		잡종 2		잡종 3		곰 솔	
	외위	중위	외위	중위	외위	중위	외위	중위	외위	중위
1	9	0	9	0	3	4	0	6	0	6
2	6	0	6	0	2	4	0	6	0	6
3	10	0	10	0	5	4	1	6	0	7
4	8	0	8	0	2	6	0	7	0	7
5	7	0	7	0	3	4	0	6	0	6
6	9	0	9	0	5	2	0	6	0	6
7	8	0	8	0	4	4	0	4	0	4
8	6	0	6	0	4	3	0	6	0	6
9	10	0	10	0	4	3	0	6	0	6
10	8	0	8	0	4	2	0	7	0	7
11	7	0	7	0	5	2	0	6	0	6
12	8	0	8	0	3	2	0	9	0	9
13	10	0	10	0	3	4	0	7	0	7
14	9	0	9	0	4	2	0	3	0	3
15	7	0	7	0	3	3	0	6	0	6
16	9	0	9	0	4	2	0	6	0	6
17	9	0	8	1	4	3	0	5	0	5
18	10	0	10	0	2	2	0	11	0	11
19	10	0	10	0	4	4	0	9	0	9
20	8	0	8	0	3	3	0	7	0	7
합계	168	0	167	1	71	63	1	129	0	130

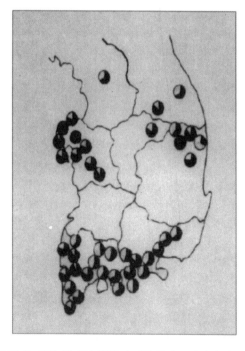

그림 5. 본당 20개의 침엽 수지구 위치로 판정한 잡종률

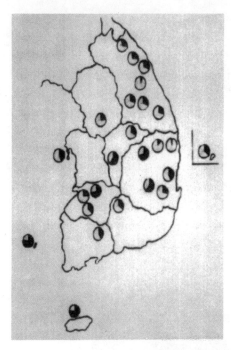

그림 6. 본당 5개의 침엽 수지구 위치로 판정한 잡종률

비교할 수는 없지만 그림 6에서보다 그림 5에서의
잡종률이 높은 것을 알 수 있다.

상기 세 논문에 있는 동일한 지역에서 나무당 20
개와 5개의 침엽으로 조사된 잡종소나무의 율을 비
교한 것이 표 3이다. 예상대로 6개 지역 모두에서
조사한 침엽이 많으면 잡종율도 높은 것으로 나타났
다. 수지구 위치의 판독이 쉽지 않고, 판독된 자료
에 의한 잡종 판정에도 의문이 생기며, 조사 침엽의
수에 따라 순종 혹은 잡종으로 판정이 바뀔 수 있는
것이라면, 강송이 잡종 집단이라는 주장은 신뢰성이
떨어진다.

강송의 우수성이 잡종이기 때문이라는 주장은 다
음의 논문에 의하여 근거가 없어졌다. 1972년에 안

표 3. 동일지역 소나무림에서 나무당 20개와 5개의
침엽 조사로 판정한 잡종율의 비교

지 역	20개 침엽	5개 침엽
강원 명주 성산	0.40	0.33
강원 평창 대화	0.46	0.26
경북 울진 서면	0.89	0.07
경북 봉화 춘양	0.61	0.12
충남 서산 안면	0.85	0.41
전북 고창 고창	0.40	0.33

건용 교수에 의하여 서해안 26개소의 소나무림도 모
두 잡종집단이라고 발표되었다. 동해안과 서해안의
모든 소나무림이 잡종집단이라고 하면 동해안 소나
무의 우수성은 최소한 「잡종이기 때문」은 아니다.
그러나 이 논문에서 소나무와 곰솔의 이입교잡은 작
은 부분이었고, 1967년에 발표된 논문의 영향이 너
무 컸기 때문에 「강송은 이입교잡에 의한 잡종」이라
는 일반의 상식을 깨뜨리지 못하였다.

1972년의 안건용 교수의 논문에서 독자의 판단에
혼란을 일으키게 하는 내용도 있다. 즉 한국과 일본
에서 우수한 소나무라고 선발한 소나무 수형목 56본
을 조사한 결과 순수한 소나무는 한 본도 없었으므
로 수형목의 우수성은 잡종성에 기인한 것이라고 하
였다. 반면에 실제로 소나무와 곰솔의 잡종을 만들
어 시험한 결과 1대 잡종의 우수성은 전연 관찰할
수 없었다고도 하였다.

1982년에 향토수종의 개발 붐이 일면서, 강송에
관한 관심이 높아지자, 「강송이 소나무와 곰솔의 잡
종이니까, 소나무와 곰솔의 잡종을 대규모로 만들어
보급할 것」이라는 지시가 떨어졌다. 이 지시를 받
고 강송 분포지역인 강원도 양양에서부터 명주, 대
관령, 삼척, 울진, 봉화 등을 답사하였고, 동시에 지
난날의 강송 연구 논문과 야장 등을 검토하였다. 그
결과 위에서 언급한대로 수지구 위치에 의해서 잡종
이라고 판정한 것에 무리가 있으며, 더구나 다른 지
역도 잡종집단이라고 판정되었기 때문에 최소한 「강
송의 우수성은 이입교잡종이기 때문은 아니다.」라
는 결론을 얻었다. 이 결과를 1985년 2월에 임학회
에서 발표하였다. 처음 준비한 논문제목은 이번의
이 「강원도와 경북 북부지역 소나무의 우수성은 이
입교잡 때문인가?」였으나, 주위의 강력한 만류에
의하여 「針葉의 樹脂溝 位置에 依한 우리나라 소나
무의 移入交雜現狀 硏究」로 바뀌었다. 당시 현신규
선생님께서 임목육종연구소 고문으로 근무하셨고,
그분의 제자이며 나의 선배이기도 한 당시 상사들이
「육종연구소를 망칠려고 하느냐?」「현선생님을 배반
하려고 하느냐?」등으로 논문 발표를 만류하셨기 때
문이었다. 그때 이미 본인은 대구대학교로 옮기기로
내정되어 있었기 때문에, 「이것을 밝히는 것이 결코
현선생님을 배반하는 것도 아니고, 임목육종연구소
를 망치는 것도 아닙니다. 제가 이곳 직원인 지금
이 논문을 발표하지 않으면 이곳을 떠난 후에는 영
원히 이 논문을 발표하지 못합니다.」고 하고, 제목

만 바꾸어 발표하였다. 그 논문에서는 추가로 잡종의 생장이 결코 양친 수종보다 우수하지 않으며, 잡종 종자 생산이 지극히 비경제적이라는 사실도 밝혔다.

이 논문 발표 후 수지구 위치만으로 잡종을 판별하는 것은 무리라는 논문이 있었으나(손두식 등), 아직도 이 지역 소나무는 잡종이라는 생각이 없어지지 않았다. 그러나, 금년 6월 김진수 교수 등의 논문「금강소나무-유전적으로 별개의 품종으로 인정될 수 있는가? - 동위효소분석 결과에 의한 고찰-」에서, 금강소나무에서 곰솔의 영향을 받은 이입잡종이라는 근거를 찾을 수 없으며, 금강소나무를 품종으로 인정할 만한 유전적 차이가 없다고 하였다. 이제부터는 새로운 근거가 발견되지 않는 한 「강송은 이입교잡종」이라는 주장이 사라지길 바란다.

강송이 곰솔의 이입교잡종이 아니라고 하여 강송의 우수성이 감소되는 것은 아니다. 다만 강송 우수성의 이유는 다른 곳에서 찾아져야 한다. 강송을 금강형으로 명명한 우에끼 씨의 기

사진 1. 울진 지역의 소나무림

술을 살펴보자. 우에끼 씨는 금강형을 「수간이 통직하고 (학명에 쓰인 erecta라는 단어는 erect 즉,「똑바로 선」이라는 영어 단어의 로마자 형이다.) 세장하며, 수관이 비교적 좁고 지하고가 높으며 재질이 치밀하고 연륜폭이 좁다.」고 기술하였다. 상기 특성 중 마지막 두 특성은 실은 연륜폭이 좁다는 것에 귀착되며 생장이 느리다는 의미이며, 조림가에게는 좋은 특성이라고 할 수 없으나, 목재 이용면에서는 장점이 될 수도 있다(춘양목 참조). 그 밖의 특성은 유전적 영향과 조림적 영향을 받을 것으로 판단된다.

그림 1과 2를 다시 보자. 금강형이 가장 우수하고 안강형이 가장 나쁘다. 왜 그렇게 되었을까? 안강은 경주 인근 지역이다. 신라 천년 동안 경주 주위의 좋은 나무를 베어 궁궐과 집을 짓고 땔감으로 사용하였을 것이다. 그리하여 남은 나쁜 나무에서 씨가

떨어지고, 그 자손중에서 다시 좋은 나무는 베어지고 나쁜 나무는 남아 씨를 남기고 ……. 이런 일이 천년동안 반복되지 않았을까? 즉 사람에 의한 逆選拔(negative selection)이 반복된 결과가 안강형이라고 생각된다. 반대로 교통이 지극히 나빴던 태백산맥 주변에서는 사람에 의한 간섭은 거의 없고, 자연에 의한 선발만이 계속되어 우리나라 소나무의 원형이라고 할만한 것이 보존된 것이 아닐까?

조림학적 처리에 의하여서도 강송의 우수성은 다소간 기대할 수 있을 것이다. 사진 1을 보면 뒤에는 50-60년생의 강송이 있고 앞에는 7-8년생의 치수가 빽빽히 자라고 있는 것을 볼 수 있으며, 이런 장면은 강송 자생지에서는 흔히 볼 수 있다. 天然下種에 의한 이런 밀식상태에서 심한 경쟁을 거치며 수고생장을 하게 되면 강송의 모든 특성을 갖게 될 것이다. 즉, 밀식을 하면 경쟁에 의하여 곧게 자라고 수관이 좁고 지하고가 높고, 따라서 연륜폭이 좁고 재질이 치밀하게 되는 것이다.

강송의 우수성에 대한 이런 추측에 대해 확실한 증거를 제시하며 긍정이나 부정을 할 수 있는 사람은 현재 아무도 없다고 생각된다. 다만 면밀하게 설계된 육종학적 및 조림학적 실험이 적어도 20-30년 계속된 후에라야 그 대답이 가능할 것이다. 그때까지는 금강송이나 강송 등의 용어를 사용하지 말고, 단순히 「소나무」로 사용할 것을 제안한다. 아울러 우리나라의 전체 소나무가 이런 형태로 복원되길 기대한다.

참고 문헌

1. 김진수, 이석우, 황재우, 권기원. 1993. 금강소나무-유전적으로 별개의 품종으로 인정될 수 있는가? - 동위효소분석 결과에 의한 고찰 - 한임지 82:166-175.

2. 류장발, 홍성호, 정헌관. 1985. 침엽의 수지구

위치에 의한 우리나라 소나무의 이입교잡현상 연구. 한임지 69:19-27.

3. 손두식, 권칠용, 박상준. 1990. 곰솔과 소나무의 자연잡종으로 추정되는 잡종소나무의 특성. 한임지 79:127-137.

4. 손두식, 박상준, 황재우. 1990. 소나무 및 곰솔의 수지구지수에 따른 침엽, 구과 및 종자의 형태적 특성과 동위효소의 변이. 한임지 79:424-430.

5. 안건용. 1972. 일대잡종송의 교배친화력과 특성에 관한 연구. 한임지 16:1-32.

6. 정헌관, 이석구. 1982. Pinus densiflora 25개 천연림 집단의 isoperoxidase 및 침엽의 형태적 특성 변이. 임목육종연구소 연구보고 18:60-73.

7. 현신규, 구군회, 안건용. 1967. 동부산 적송림에 있어서의 이입교잡현상 I. 임목육종연구소 연구보고 5:43-52.

8. Mirov, NT. 1967. The Genus Pinus. The Ronald Press Co. 602pp.

9. Uyeki, H. 1926. Corean Timber Trees. Vol.I. Ginkgoales and Coniferae. For. Exp. Sta. Rep. 4. 154pp.

10. Uyeki,H. 1928. On the physiognomy of *Pinus densiflora growing* in Corea and sylvicultural treatment for its improvement. Bull. Agri. and Forestry Coll. Suwon, Korea. No. 3. 263pp.

우리 나라 소나무 선발 육종의 과거, 현재

한 영 창 (林木育種硏究所 原種科長)

序 言

소나무는 봄, 여름, 가을, 겨울 한결같은 모습으로 이땅을 지키면서 우리 民族의 生活속에 親熟해진 나무로서 가장 많고 가장 넓은 面積에 자라는 우리 나라의 代表的인 鄕土樹種이며, 우리나라는 勿論 日本 全域과 滿洲 우수리江 까지 分布한다.

植木(1928) 敎授는 樹形의 變異에 따라서 東部型, 金剛型, 中南部 平地型, 威鳳型, 安康型, 中南部 高地型으로 分類하였으며, 그 中 太白山脈을 中心으로 한 江原道와 慶北에 分布하는 소나무를 金剛松(Pinus densiflora for. erecta)이라고 命名하였다.

金剛소나무는 흔히 剛松 또는 春陽木으로 불리워지며, 樹幹이 곧고 樹皮가 얇으며, 心材率이 높고 材質이 優秀하기 때문에 造林價値가 높은 品種으로 알려져있다. 玄(1967) 等은 江原道 및 慶北 地域 24個 소나무 天然集團의 樹脂溝 指數를 調査하여 樹脂溝가 해송의 境遇처럼 中位가 많은 點을 들어 金剛소나무는 해송으로 부터 遺傳的 影響을 받는 移入雜種이라고 推定하였으나, 金 等(1993)은 金剛소나무 8個 集團과 소나무 17個 集團 및 곰솔 13個 集團을 16個 同位酵素로 分析하여 江原, 慶北 地域 소나무 集團이 다른 地域의 소나무 集團들과 區分할 수 있는 뚜렷한 遺傳的 差異가 없음을 報告하였다. 따라서 外形的 變異의 價値와 利用性 與否를 判斷하기 爲하여 무엇보다도 産地試驗을 通한 相異한 場所에서의 植栽試驗이 並行되어야 할 것이라고 생각된다. 그리고 朴(1977)은 peroxidase 變異를 利用하여 韓國과 日本 소나무 遺傳變異를 報告한 바 있으며, 鄭 等(1982)도 isoperoxidase 10個 밴드의 頻度로 4個地域으로 區分할 수 있었다고 報告하였다.

우리는 긴 歲月동안 소나무숲에서 좋은 나무만 골라서 伐採 利用한 結果, 江原道와 慶北의 一部地域을 除外하고는 나쁜 形質의 나무들만 남아있으며, 이들 나쁜 나무들로 부터 子孫이 繁殖되는 惡循環을 거듭하여 現在 大部分의 소나무숲은 不良한 나무들로 構成되어 있다. 따라서 山林廳 林木育種硏究所에서는 우리나라 代表 樹種인 소나무를 보다 좋은 나무로 改良할 目的으로 1959年 부터 新品種 育成硏究를 始作하여 現在에 이르고 있다.

1. 秀型木 選拔 및 클론 保存

全國 山野의 소나무 天然林에서 周圍 正常木 10本 平均 보다 樹高 5%, 胸高直徑 20% 以上 生長이 좋고 樹冠이 좁으며 樹幹이 緩慢하고 비틀어지지 않은 外形的으로 樹形과 形質이 良好하다고 認定되는 나무 卽, 秀型木이라 稱하는 좋은 나무를 그림 1의 場所에서 425本을 選拔하였다.

소나무 秀型木의 選拔地域은 主로 江原道와 慶尙北道 地域의 剛松이 主로 選拔되었으며, 그 外에 忠南, 泰安과 濟州, 西歸浦 地域에서도 一部 選拔 되었다. 소나무 秀型木 平均 樹高는 21.6m로 周圍木 平均 樹高 18.6m에 比하여 116% 生長이 좋은 個體가 選拔되었으며, 가장 樹高 生長이 좋은 秀型木은 慶北 1號로 樹高 32m이고 樹高 生長이 가장 작

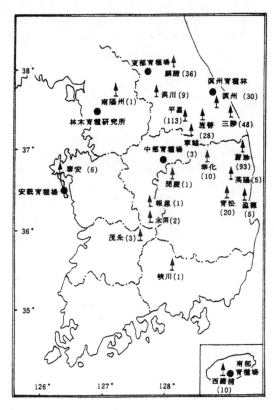

그림 1. 소나무 秀型木 選拔 位置圖
(( ) 內는 本數)

표 1. 採種園 造成

場 所		造林年度	面 積	本 數	클론數
	合 計		109ha	43,192本	클론
江 原	計		24	8,160	130
溟州 育種林		1969	3	969	36
		1970	7	2,337	85
		1972	4	1,234	67
		1973	10	3,620	88
忠 南	計		85	35,032	170
安眠 育種林		1977	32	12,832	151
		1978	10	4,000	135
		1979	26	10,400	151
		1980	17	7,800	138

은 秀型木은 濟州 1號로 9.5m이다. 그리고 秀型木 平均 胸高直徑은 38.3cm로 周圍木 平均 胸高直徑 30.4cm에 比하여 126% 生長이 좋은 個體가 選拔 되었으며, 가장 胸高直徑 生長이 좋은 秀型木은 慶 北 1號로 102.4cm이며, 胸高直徑이 가장 작은 秀型 木은 江原 15號로 17.8cm이다.

選拔된 秀型木에서 採取한 接穗로 接木 增殖하여, 優秀한 血統을 永久保存할 目的으로 忠南. 安眠島의 安眠育種林에 422클론의 클론保存園을 造成하였으 며, 造成된 클론保存園은 人工交配 等 育種集團으로 活用하고 있다.

2. 採種園 造成 및 種子生産 普及

選拔된 秀型木으로 부터 增殖된 個體들을 일정한 場所에 모아 植栽한 後 이들 클론間 또는 個體間에 婚姻을 誘導시켜 改良된 種子의 生産 普及을 目的으 로 1969年 부터 1980年 까지 表 1과 같이 소나무 採種園 109ha를 造成하였다.

採種園에서는 自配를 最小化하여 種子의 量과 質 을 向上시켜야 하며, 採種園 內의 모든 클론(營養 系)이 保有하고 있는 多樣한 遺傳子들이 고르게 包 含되어 있는 遺傳的으로 多樣한 種子를 生産할 수 있도록 採種園이 設計되고 管理되어야 한다.

소나무 20年生 採種園의 風媒種子 自配率이 樹冠 上層은 13.3%인데 比하여 樹冠下層은 15.1%로 自 配率이 높았으며, 風媒次代苗 中 14.7%가 自配苗로 推定되어 比較的 自配가 높게 일어나고 있다.

소나무類 採種園의 境遇 開花結實 促進 보다는 클 론의 影響이 開花量에 더 크게 作用하는 것으로 알 려져 있으며, 12年生 소나무 採種園에서 13클론에 對한 GA4/7 1% 溶液, 또는 2% 溶液을 8月 1日 부 터 10日 間隔으로 6回 處理한 것이 암꽃 開花促進 效果가 좋았으며, 수꽃의 境遇도 GA4/7 溶液을 處理 한 것이 無處理木에 比하여 2-3倍의 開花促進 效果 가 있었다.

開花後 種子 採取時期까지 毬果 生存率을 調査한 結果. 첫해에 62%가 生存했으나 2年째 가을에는 대 단히 減少되어 2.1%만 生存하였는데, 그 主原因은 추위와 昆蟲의 被害였다. 소나무 採種園의 毬果害蟲 을 調査한 結果 솔애기잎마리나방, 솔알락명나방, 큰솔알락명나방 等에 依하여 소나무 毬果 76%가 被 害를 받고 있으며, 被害 毬果는 正常的인 毬果에 比 하여 種子 生産量이 48%나 減少하였다. 또한 防除 手段으로 cabamate系의 殺蟲劑인 후라단 3% 粒劑 를 土壤에 埋立하여 防除할 수 있음을 實驗을 通하 여 證明하였다.

採種園內의 花粉量과 病蟲害의 被害를 間接的으로 測定할 수 있는 毬果分析 方法을 開發하여 採種園의 問題點을 究明하고 있다. 毬果分析 結果 소나무의 種子生産 能力은 毬果의 크기에 따라서 差異가 있으며, 採種園의 平均値은 46粒이었고 첫해와 둘째해 枯死배주는 27.8%에 달하였다. 充實 種子率은 72-74%이었으며, 種子生産 效率은 52-62%로 비교적 낮은 편이고 비립種子는 充實種子의 25% 가량으로 그 原因은 밝혀지지 않았다.

採種園産 改良種子의 平均 實重은 14.53g으로 一般林分産 10.82g에 比하여 34.3% 더 무거웠으며, 클론間의 變異도 甚하여 京畿 1號는 27.38g인 反面 慶北 6號는 10.33g이었다. 그리고 소나무 7年生 樹高生長은 採種園産이 平均 191.1cm로 一般林分産 平均 177.7cm에 比해 採種園産이 108% 生長하였으며, 根元徑 生長 역시 採種園産이 7.8cm인데 比하여 一般林分産은 7.4cm로 105% 좋은 生長을 하였고, 樹幹의 通直性은 一般 林分産에 比하여 월등히 優秀하였다.

소나무의 人工造林은 70年代 以前에는 年間 約 10,000ha에 達하여 主要 造林 樹種이었으나 最近에는 솔잎혹파리 被害의 蔓延으로 造林이 거의 實施되지 않고 있으나 앞으로 소나무 造林은 擴大될 것으로 생각된다. 지금부터 實施되는 소나무 造林은 必要한 全量을 採種園産 種子로 供給할 수 있도록 準備되어 있다. 그러나 보다 改良된 種子를 供給하기 爲하여 새로운 前進世代 採種園이 造成되어야 할 것이다.

3. 次代檢定

次代檢定의 一般的 目的은 秀型木의 遺傳的 素質을 究明하고 次世代의 選拔 材料를 造成하여 各種 遺傳 母數를 求하여 育種戰略을 樹立하는데 必要한 遺傳情報를 얻고 現實的 改良效果를 究明하는데 있다.

소나무 秀型木 風媒次代 檢定林 造成은 '72年부터 '87年까지 江原. 春川 等 7個 地域에 22.9ha를 造成하여 秀型木의 遺傳形質을 究明 中에 있으며, 忠南. 公州에 1975年 植栽한 風媒次代 檢定林 17年生 單木材積 生長을 調査하여 본 結果 그림 2와 같이 秀型木 風媒次代 家系間에 많은 生長差異가 있으며, 58家系 全體 平均은 0.0241m³로 比較木 0.0201 m³에 比하여 120%의 좋은 材積生長을 보이고 있다. 그 中에서 가장 材積生長이 좋은 家系는 慶北 3號로서 單木材積이 0.0364m³로 比較木에 比하여 181%

의 대단히 좋은 材積生長을 하였으며, 江原 32號는 0.0118m³로 比較木 0.0201m³에 比하여 59%에 不過한 低調한 生長을 한 家系도 있었다.

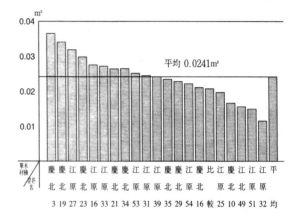

그림 2. 소나무 秀型木 클론別 生長比較 ('75 造林)

遺傳力은 集團內의 總 變異量에 對한 個體間의 遺傳의 差異에 基因한 變異量의 相對的 比率로써 兩親이 自身의 特性을 그들의 子孫에게 傳達해준 程度를 표시하는 比率이다. 소나무 10年生 風媒次代苗의 諸般形質에 對한 家系遺傳力은 0.49-0.69이었으며, 이 中에서 높은 遺傳力을 보이는 形質은 가지角度, 根元徑, 樹高 等으로 그 推定値는 各各 0.69, 0.61, 0.60으로 나타났으며, 個體遺傳力은 0.16-0.31로 이 中에서 높은 것은 樹高 0.31, 根元徑 0.28, 가지角度 0.25 等으로 推定하였다. 그리고 以上의 遺傳力을 基礎로 하여 25%의 複合選拔 (combined selection)을 한다면 樹高에서는 21.5%, 根元徑은 21.4%, 通直性은 32.3% 改良될 것으로 推定되어, 第 1世代 採種園産 種子의 期待되는 改良效果는 30%에 達할 것으로 推定된다.

他 作物에 比하여 育種期間이 긴 特殊性으로 因해 次代檢定의 遂行에는 많은 問題點이 따른다. 特히 前進世代 育種集團 構成을 爲해 選拔時期 選定에는 많은 關心이 集中되어 있으며, 林分 成熟에 따른 遺傳母數 變化의 考察을 通하여 早期選拔의 效果 推定과 最低 選拔時期의 選定이 可能하다고 하였고, 18年生 次代를 成熟期로 하였을 때 遺傳力이 높고 樹齡間 相關이 높은 7年生이 早期選拔 可能 樹齡으로 推定하였다.

風媒次代 檢定林 中 7年 以上 造林地에서 優秀家

系인 慶北 3號 等 36家系를 選拔하였다. 第 1世代 採種園에서 그림 2의 江原 32號와 같은 不良家系를 淘汰하여 改良 採種園으로 誘導하면 10% 程度 追加로 改良된 種子를 生産하게 될 것이다.

秀型木間 交配는 風媒次代 檢定結果 優秀 家系로 選拔된 慶北 3號 等 36家系로 人工交配 (Disconnected diallel mating design)를 實施하여, 人工交配 次代檢定林 163組合(full-sib family)을 5個所에 2.0ha를 造成하고 現在 組合能力 等 遺傳母數를 推定하고 있다. 앞으로 優秀家系를 더 選拔하여 400組合의 人工交配를 實施할 計劃이다.

소나무 秀型木間 North Carolina design II 方法으로 人工交配된 次代苗(1-1)의 苗高 生長에 對한 一般組合能力 (GCA)은 江原 11, 13號가 優秀하였고, 特殊組合能力 (SCA)은 江原 19×江原 17, 江原 11×江原 17이 높게 나타났으며, 秀型木間 人工交配된 組合이 風媒次代 보다 樹高生長에서 20% 以上 優秀한 生長을 하였다.

可能한 빠른 期間 內에 人工交配 次代檢定을 實施, 優秀組合을 選拔, 第 2世代 採種園 15ha를 2000年代에 造成하게 될 것이다.

摘　要

主要 鄕土樹種인 소나무의 品種 改良을 目的으로 1959年 부터 1985年 까지 全國의 山野를 對象으로 秀型木 425本을 選拔하였으며, 이들 秀型木을 利用하여 江原·溟州와 忠南·泰安에 採種園 109ha를 造成 完了하므로서 앞으로 소나무 造林에 必要한 種子 全量을 소나무 採種園에서 供給할 수 있는 準備가 完了되었다. 그리고 選拔된 이들 秀型木으로 클론保存園을 造成하여 人工交配 等 育種集團으로 活用하고 있다.

1世代 採種園의 改良效果는 30% 程度로 推定되었으며, 次代檢定 結果에 따라 1世代 採種園 內에서 不良個體를 淘汰하여 改良採種園으로 誘導하면 10% 程度 追加로 改良된 種子 生産이 可能하다.

參考 文獻

김진수. 이석우. 황재우. 권기원. 1993. 금강소나무-유전적으로 별개의 품종으로 인정될 수 있는가? : 동위효소 분석결과에 의한 고찰. 韓國林學會誌 82(2):166-175.

朴龍求. 1977. 소나무 天然生林의 集團遺傳學的 研究. 林育研報 13:9-80.

沈相榮. 1985. 우리나라 소나무 樹型木의 風媒次代에 依한 遺傳母數 및 改良 效果에 關한 研究. 서울大學校 博士學位 論文. 33pp.

李景俊. 李載順. 李廷周. 李錫求. 1984. 花粉 飛散量과 毬果 生存率 調査 및 毬果 分析을 通한 採種園産의 種子 生産 效率의 分析. 林育研報 20:116-125.

張錫成. 權永進. 金鍾漢. 朴文燮. 1984. 소나무 採種園에서 122 clone의 毬果 分析에 依한 種子生産. 林育研報 20:145-152.

鄭德英. 權赫民. 卓禹植. 金鍾漢. 金長洙. 1984. 후라단 處理에 依한 소나무類 毬果害蟲 防除效果. 林育研報 20:70-73.

鄭憲官. 李錫求. 1982. *Pinus densiflora* 25個 天然林 集團의 isoperoxidase 및 針葉의 形態的 特性. 林育研報 18:60-73.

趙東光. 權赫民. 崔善起. 韓相億. 1983. 소나무 採種園에서 自家受精이 充實 種子 生産과 發芽率 및 苗木 殘存率에 미치는 影響. 林育研報 19:66-72.

卓禹植. 1993. 秀型木 選拔에 依한 소나무 1世代 採種園産 風媒次代 遺傳力 및 改良效果 推定. 全北大學校大學院 林學科 碩士學位 論文 41pp.

韓相億. 崔善起. 權赫民. 沈相榮. 李容範. 1988. 소나무 樹高의 樹齡別 遺傳 母數 變化와 最適 選拔時期 推定. 林育研報 24:75-80.

韓相億. 全桂相. 權赫民. 金鍾漢. 1990. 소나무, 해송의 苗高生長에 對한 一般 및 特殊組合 能力과 遺傳力 推定. 林育研報 26:31-34.

玄信圭. 具群會. 安健鏞. 1967. 東部産 赤松林에 있어서의 移入交雜現象 I. 林育研報 5:43-52.

玄正悟. 洪庚洛. 1988. 소나무類의 加速育種을 爲한 毬果形成 促進에 關한 研究. 農試論文集 (農業産學協同篇) 31:433-439.

소나무의 기내 대량 증식

손성호, 문흥규, 윤 양, 이석구 (임목 육종 연구소 식생과)

제 1절 서 론

임목육종은 일반 농작물의 육종과는 달리 육종대상이 되는 임목이 성숙기에 달하기까지의 년수가 길고, 수체가 크며, 생육환경이 다양하고 환경의 인위적인 제어가 곤란하다. 또한 결실 개시 년령이 높고, 불규칙하다는 불리한 조건을 갖는다(Zobel and Talbert, 1984). 나아가 임목집단은 유전적으로 극히 잡종성이 높은 상태이며, 근친약세의 장애가 일어나기 쉽다. 따라서 교배세대를 거쳐 우량유전자를 반복 선발해 가는 방법으로는 육종효과를 높이는데 한계가 있다. 즉, 수형목 선발육종 등에 의한 종래의 전통적인 채종원 방식의 세대반복에 의한 실생묘, 혹은 채수포 방식의 삽목에 의한 증식방법은 효율성이 낮다. 이 때문에 최근 임목육종을 효과적이고 급속히 추진하는 수단으로서 생물공학을 임목육종에 응용하는 것이 중요한 과제로 대두되고 있다.

임목에 대한 생물공학의 응용분야에 대하여 Bajaj(1986)는 그림-1과 같이 대량증식, 무병주 생산, 저항성개체의 생산, 돌연변이체의 유도 및 선발, 약배양에 의한 반수체의 육성, 배 및 배주배양에 의한 교잡범위의 확대, 세포융합에 의한 체세포 잡종의 육성, 형질전환, 질소고정능력의 부여, 광합성 능력의 증가, 유전자원의 초저온 보존 등의 이점을 들고 있다. 이들 각종 응용분야 가운데 현재 임목에 있어서의 생물공학 연구의 가장 기초적이며, 실용성이 높은 과제는 클론 대량증식이다. 임목에서 무성번식을 이용한 영양계 임업(clonal forestry)의 필요성

과 중요성이 강조되어 왔는데, 유성번식(종자번식)보다 무성번식에 의하면 다음과 같은 여러 이점을 이용할 수 있다. ① 클론으로 보급하면 종자번식에서 얻을 수 없는 가계내 분산과 비상가적 유전분산까지도 얻을 수 있기 때문에 높은 유전획득량을 얻을 수 있다(Karnosky, 1981;Bonga, 1982; Farnumet al., 1983; McKeand and Weir, 1984; Timmis et al., 1987). ② 생산 집단에 있어서 관리, 이용이 클론 단위로 이루어지기 때문에 기준면적 이상의 관리를 필요로 하는 채종원에 비해 클론의 추가, 제거가 용이하며, 사용목적이 다른 클론을 동일장소에 집중적인 관리가 가능하다(Libby, 1983; Kurinobu,1988; 沈,1990). ③ 임목은 생활사가 길기 때문에 유성번식에 의한 증식은 느린 반면, 무성번식에 의한 증식이 빨라서 선발부터 보급까지의 기간을 상당히 단축시킬 수 있다. ④ 클론의 유전적인 동질성은 임업경영상 유리하다. ⑤ 클론 증식된 묘목들은 실생묘에 비해 초기 생장이 빠르다. ⑥ 때때로 발달과정중 유령기를 거치지 않고 바로 성숙기로 들어갈 수 있다(Thulin and Faulds, 1968). ⑦ 교잡종이나 다배체와 같은 유용한 임목은 불임성이어서 무성적인 증식 수단에 의존하는 것이 효과적이다.

이와 같은 영양계 임업의 장점이 지금까지 폭 넓게 이용되지 못한 것은 대부분의 수종에서 종래의 무성번식에는 접목불화합성, 발근력의 저조, 높은 생산비 등과 같은 많은 제약이 있어 효율적인 클론

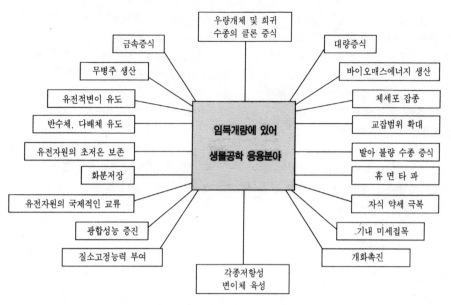

그림-1. 임목개량에 있어 생물공학에 기대되는 분야(Bajaj, 1986)

증식이 곤란하였기 때문이다. 반면, 조직배양에 의한 대량증식은 종래의 무성번식에 비하여, 높은 증식율, 소면적 필요, 연중 증식가능, 생화학적 및 생리적인 인자의 인위적인 제어가능, 성숙조직으로부터 유시성 회복등의 장점을 들 수 있다.

한편, 임목 특히 소나무류에 있어서의 기내증식은 초본류에 비해 뒤떨어져 있는데 그 주요한 원인은 다음과 같이 요약될 수 있다. ① 임목은 긴 생활사 때문에 초본에 비해 재분화능력이 상대적으로 약하다. ② 임목에 대한 연구가 늦게 시작되었다. ③ 재유령화(rejuvenation)의 유도가 임목에서 일반적으로 용이하지 않다. ④ 야외에서 생육하는 조직을 절편체(explant)로 사용하는 경우 오염이 심하다. ⑤ 휴면상태에서는 줄기신장이 일어나지 않아 휴면이 중요한 역할을 한다. ⑥ 절편체가 채취되는 위치효과(topophysis)가 중요하다. ⑦ 유전변이가 크기 때문에 실험결과의 변이와 예기치 못한 결과를 초래하기 쉽다. ⑧ 입지의 차이와 기후에 따른 편차때문에 절편체의 생리적인 변이가 심하다. ⑨ 수십년생의 성숙목에서 주로 그 형질이 판정되므로 성숙재료의 증식이 어렵다. ⑩ 절편체에서 조직배양 억제물질들이 배지속으로 많이 분출된다.

여기에서는 소나무의 조직배양 가운데 가장 기본적이고 실용성이 높은 과제인 기내 대량증식 방법을 기술하고자 한다. 소나무류 조직배양에 관한 연구는

캘러스배양이 1930년대 후반에 실시되었고 (Gautheret, 1937), 1950년(Ball, 1950)이래로 줄기분화의 가능성이 몇 수종에서 보고되어 있다. *In vitro* 기술에 의한 소나무의 클론증식은 1975년에 처음 보고되었으며(Sommer et al.,1975) 그 이후 조직배양에 의한 대량증식연구가 집중적으로 행해져서 지금은 많은 수종에서 성공적인 결과를 보고한 바 있고, *Pinus radiata*와 같은 몇가지 수종에 있어서는 상업적 수준에서 이용되고 있다. 소나무 기내증식에는 크게 두가지 방법이 있는데 첫번째 방법은 기관분화(organogenesis)에 의한 방법과 두번째 방법은 체세포배 발생(somatic embryogenesis)에 의한 방법이다.

제 2절 기관 분화에 의한 방법

기관분화에 의한 방법은 뚜렷이 구별되는 몇 단계를 거쳐 최종적으로 식물체를 얻는 것으로, 대부분 소나무의 경우 가장 보편적인 방법으로서 부정아 유도의 기술을 이용한다. 그러나, 문제는 부정아로 부터 줄기나 식물체 까지 분화를 시키는 것으로, 여러 침엽수에서 공시재료가 유령목인 경우에 부정아 유도를 통한 식물체 재분화가 가능하다. 성숙목을 재료로 하였을 경우 *Sequoia sempervirens* (Franclet et al.,1987), *Pinus radiata*(Horgan and Holland, 1989)와 같은 단지 몇수종에서만

식물체 재분화가 보고되었다.

대부분의 침엽수에서 부정아를 유도하여 줄기 및 뿌리를 분화시키고, 최종적으로 식물체로 발달시키는 단계별 방법이 적용된다. 그러나 하나의 발달단계에서 또 다른 단계로 진보시키는데 이용되는 배지와 배양환경은 초본류와 같이 일반적인 원리나 규칙에 대해 신뢰할만하게 반응하지 않는다. 그러므로 소나무류의 증식이 어렵다고 생각되는 것이다.

기관분화를 위한 방법에는 크게 배나 자엽을 배양하는 방법과 엽속을 배양하는 방법으로 나누어 생각할 수 있는데, 우리나라 소나무(*Pinus densiflora*)의 배 및 배자엽을 이용한 배배양(embryo culture)과정은 다음과 같다(그림 2).

그림 2. 소나무 배배양에 의한 식물체 유도
(1) 배배양으로 부터 부정아 유도. (2) 부정아의 신장
(3) 뿌리 유도.   (4) 풋트묘 육성

가. 배 및 자엽 배양

1) 절편체 전처리

종자끝 부분의 주공(micropylar)을 칼로 절단, 배유가 약간 보일 정도로 하여 1% H_2O_2액에 침적하여 28-32℃에서 4-5일간 발아 촉진한다. 뿌리가 0.5-1.0cm정도 자란 종자는 무균장치내에서 종피를 제거하고 1.5% sodium hypochlorite에 5분간 흔들어 소독하고 멸균수로 3회 이상 3-5분간 세척한다. 핀셋과 메스로 배유를 제거하고 배를 꺼내서 자엽발달이 양호한 상태이면 자엽만 잘라내어 배지 표면에 수평하게 접촉되도록 배양하고 자엽발달이 불량하여 절단이 어려운 경우에는 배전체를 배양한다.

2) 줄기분화 및 생장촉진

부정아 유도를 위해 절단된 배자엽은 부정아 유도를 위해 GD(Gresshoff and Doy, 1972), SH(Schenk and Hiledbrandt, 1972), LP(Quoirin and Lepoiver, 1977)배지 등에 cytokinin으로 10mg/l의 BAP와 auxin으로 0.01mg/l의 NAA가 첨가된 25ml의 한천배지가 들어 있는 petri dish에 치상하며, 수종이나 유전자형(genotype)에 따라 배지의 종류나 식물생장조절물질의 종류 및 농도를 선택한다. 300-400 lux의 백열등과 1,000-2,000 lux의 형광등하의 연속광에서 25±2℃에서 배양하면 2-6주 사이에 자엽표면에 부정아가 부풀어 오르게 된다. 육안으로 보아 표면의 세포분열로 인해 자엽은 부풀어 오르고, 진녹색이고 울퉁불퉁한 조직이 눈에 띈다. 부정아가 형성되면 식물생장조절물질이 들어 있지 않은 활성탄(charcoal) 1% 첨가의 1/2 농도 GD, SH 배지에 다시 이식하여 줄기 생장을 촉진시킨다. 700-800 lux 백열등과 8,000 lux의 연속형광등하에서 4주간 배양한다. 그후 활성탄 무첨가 1/2 농도배지에 이식하여 4주간 배양한다. 4주간 활성탄 첨가 배지에서 울퉁불퉁한 표층의 분열된 세포로 부터 줄기의 원기가 분화되기 시작하여 4주간의 활성탄 무첨가 배지에서 배양하므로서 계속적인 분화가 이루어지고 줄기생장이 촉진된다. 활성탄 배지에 배양하면 잘 형성된 줄기 원기의 발달을 돕는다. 그러나 활성탄 배지에의 연속배양은 생장이 억제된다. 그래서, 자엽에 여전히 부착되어 있는 동안은 줄기를 계속 생장시키기 위하여 활성탄 무첨가의 1/2 농도 배지에 자엽을 이식한다. 이러한 배지에서 사엽에 줄기가 발달하게 되고, 자엽으로부터 분리하기에 알맞은 2-5mm 길이의 많은 줄기가 확보된다.

자엽으로부터 분리된 줄기는 계속적인 생장을 촉진하기 위하여 개별적으로 1/2농도배지가 들어 있는 petri dish에 이식된다. 2-5mm 길이의 잘 발달된 줄기는 계속 신장 생장하고 4주 이내에 5mm 이상으로 생장한다. 대부분의 덜 발달된 줄기는 생장이 지연되었으나 지속적인 생장단계에 돌입하면 8-12주 이내에 5mm 길이에 다다르게 된다. 줄기 중앙부나 덩어리들은 생장이 더디고, 기형이 되거나 전혀 신장생장이 일어나지 않는다. 총 길이가 1.5cm의 줄기로 자라면 발근시키기에 적당한 크기이다.

3) 발근 및 환경순화

발근에 알맞은 크기의 줄기는 0.5mg/l NAA와

0.1mg/l BAP가 첨가된 1/2 GD배지에 10-12일간 1,000-2,000 lux 형광등하에서 배양한다. 수일내에 유관속 부근의 줄기 하단부에서 세포분열이 일어난다. 그리고 auxin만 첨가한 상태에서 계속적으로 배양하면, 줄기 하단부가 부풀어 오르는 단계로 발전되고 표피는 갈라지고 갈라진 표피사이로 약간의 캘러스가 돌출한다. 아직 이 단계에서는 뿌리원기의 형성이 명백하지는 않다.

발달된 기저부의 캘러스를 가진 줄기는 전단계와 동일한 배양조건하에서 식물생장조절물질을 첨가하지 않은 1/2 GD 배지에 치상한다. 14-21일 이내에 줄기 하단부 캘러스로부터 뿌리원기가 나타나고, 뿌리가 내린 줄기는 동일 배지에서 4-6주간 더 배양하여 줄기와 뿌리 생장이 더욱 촉진되도록 한다.

유식물체가 길이 1-2cm 크기, 뿌리 길이가 2-9mm로 생육했을때, 배양실에서 온실로 식물체를 이식한후, 외부환경에 서서히 적응되도록 한다. 소나무인 경우는 퇴비: 모래: 토양(2:2:1;v/v)로 조성된 배양토를 담은 pot에 이식하여 첫 3-6주간은 습도를 높게 (R.H.90%) 유지하여 주고, 매주 3-5회 시비를 하고 캡탄과 같은 살균제를 분무하여 준다. 온실내에서 초기의 생장은 대단히 저조하나, 6주가 지나면 완전히 활착되어 활력있는 생장을 보인다. 이때 유식물체는 높은 광도와 낮은 습도 상태로 옮기며 시비도 다소 높은 농도로 매주 3-5회 처리한다. 일반적으로 유식물체는 온실에서 6개월후에는 야외 조림이 가능한 크기인 15-25cm로 생육하게 된다.

나. 엽속배양

배나 자엽배양은 어린 유령조직을 이용하는 것으로 분화나 증식면에서는 상당히 유리하나, 조직배양을 이용하는 측면에서는 표현형으로 우수한 것으로 판명된 성숙목을 재료로하여 클론을 증식하는 것이 그 의의가 더욱 크다. 그러나, 임목에서는 산지, 생육환경 등에 관련해서 상당한 변이가 있으며, 특히 수령에 따라 조직배양의 난이도는 대단히 커서, 수령이 증가할 수록 조직배양이 어렵다. 엽속배양(needle fascicle culture)은 성숙재료를 사용하는 것으로 *Pinus pinaster*(David and David, 1977), *Pinus radiata*(Smith, 1986), *Sequoia sempervirens*(Boulay, 1979) 등에서는 조직배양에 의해 성숙목의 클론을 대량증식하여 야외 조림을

통한 적응 가능성이 증명되었다. 소나무의 엽속배양 방법은 다음과 같다.

소나무의 신초지가 10Cm 정도 자라서 잎이 성숙엽의 1/2 정도 되었을때 가지를 채취하여 95% alcohol로 10초간 표면소독한 후, 1.5% NaClO로 6분간, 0.2% HgCl2로 2분간 소독한다. 엽속은 오염이 잘 되므로 각별히 표면소독에 주의 한다.

잎이 너무 길 때는 끝부분을 일부 절단하고 엽속 밑부분에 줄기 조직을 일부 부착하도록 조제하여 배양한다. 배지는 수정 MS(NH4NO3를 1/4, KNO3를 1/2로 감량)배지에 cytokinin으로 BAP를 1-5mg/l, auxin으로 NAA를 0.1-0.01mg/l 첨가하여 부정아를 유도한다(표-1). 유도된 부정아는 배배양 방법과 동일한 과정을 거쳐서 유식물체로 육성한다.

표-1. 소나무 엽속배양에 있어 부정아의 유도
(Shim et al., 1986)

식 물 생 장 조절물질(mg/l)	배양된 엽속수	건전 시료수 (%)	부정아형성 절편체수(%)
BAP 5 + NAA 0.05	60	46(76.6)	8(17.4)
BAP 10 + NAA 0.1	60	29(48.3)	5(17.2)
BAP 20 + NAA 0.2	60	30(50.0)	

기본 배지: MS(Murashige and Skoog,1962)

제3절 체세포배 발생에 의한 방법

침엽수의 배양에서 체세포배 발생은 *Picea abies* (Hakman et al., 1985; Gupta and Durzan, 1986; Becwar et al., 1987; Nagmani et al., 1987; von Arnold, 1987), *Picea glauca*(Attree et al., 1987; Lu and thorpe, 1987; Hakman and von Arnold, 1988), *Picea mariana*(Hakman and Fowke, 1987), *Pinus elliottii*(Jain et al., 1989), *Pinus lambertiana* (Gupta and Durzan, 1986), *Pinus strobus*(Finer et al.,1989), *Pinus taeda*(Gupta and Durzan, 1987), *Pseudotsuga menziesii*(Durzan and Gupta, 1987), *Larix decidua*(Nagmani and Bonga, 1985) 등에서 보고된 바 있다. Larix decidua를 제외한 모든 경우에서 분화력이 높은 배양물은 미숙배를 절편으로 사용하여 얻어 졌다. *Larix*는 배양물이 대형배우체(megagametophyte)로 부터 시작되어 결과적으로 반수체로 분화되었다. 체세포배의 발달뿐만 아니라

분화력이 높은 캘러스의 겉모양은 모든 침엽수에서 거의 비슷한 것으로 나타났다. 미숙배와 같은 유시성이 높은 절편체를 auxin과 cytokinin이 첨가된 배지에 배양하면, 분화력이 높거나 또는 없는 캘러스를 형성하게 된다. 분화력이 높은 캘러스는 반투명하고 점액성이며 많은 극성화된 구조로 구성되어 있기 때문에 쉽게 판별이 용이하다. 생화학적인 방법을 이용하여 가문비나무의 분화력이 높은 캘러스와 분화력이 없는 캘러스의 특성을 구별하려는 시도가 행해져서, Wann등(1987)은 분화력이 없는 캘러스는 분화력이 높은 캘러스보다 더 빨리 ethylene을 배출한다는 것을 관찰하였다. 나아가서, 분화력이 없는 배양물은 분화력이 높은 배양물보다 더 많은 환원 glutathione을 함유하여 더 높은 환원력을 가지고 있다고 하였다.

분화력이 높은 캘러스는 새로운 체세포배 생산 능력의 감소없이 장기간 동안 계대 배양될수 있다. 또한 캘러스는 액체배지에 이식될 수 있다. 분화력이 높은 캘러스는 매우 빨리 생장한다. 분화력이 높은 배양물은 1년간 액체질소에서 초저온 저장될 수 있으며 여전히 높은 수준의 활력을 유지한다. 분화력이 높은 캘러스는 auxin과 cytokinin이 첨가된 배지에서 배양되었을때, 작은 체세포배가 지속적으로 형성된다. 이러한 배를 더욱 발달시키기 위해서는 auxin과 cytokinin의 제거, ABA의 첨가, sucrose농도의 증가와 같은 배양환경을 바꾸는 것이 중요하다. 저장물질을 축적하도록 배를 자극하는 ABA 처리후에 체세포배는 유식물체로 발달한다. 많은 배는 줄기나 뿌리 어느 한쪽의 생장이 억제되기 때문에 비정상적으로 발달한다. 그러나, 유식물체를 계속하여 얻을 수 있다. 식물체는 토양 이식되어 온실에서 생육한다. 많은 실험실에서는 성숙목으로 부터의 절편체에서 체세포배 발생을 유도하려는 연구를 집중적으로 하고 있다.

침엽수류에서 체세포배발생에 있어 가장 중요한 인자는 적절한 절편체를 선택하는데 있다. 같은 나무의 조직의 위치에 따라, 그리고 같은 조직이라도 채취시기에 따라서 체세포배 발생에 상당한 차이가 있다(Roberts et al., 1989). 일반적으로 소나무속은 자엽형성이전의 미숙배(precotyledonary zygotic embryo)가, 가문비나무속은 자엽형성 미숙배(cotyledonary zygotic embryo)가 최적의 재료이다(Becwar et al., 1989). 그러나, 성숙종자

를 이용한 경우도 있는데, 11년이나 13년이상 저장된 Picea glauca(Tremblay, 1990)와 Picea mariana(Tautorus et al., 1990)의 성숙배로 부터도 체세포배의 발생이 가능함을 보여 주었다.

성숙재료로 부터 체세포배 분화력이 높은 조직을 유도하기 위해서는 배지의 조성과 배양 조건을 조절하는 것이 중요하다(von Arnold, 1987; Jain et al., 1988; Verhagen and Wann, 1989; Attree et al., 1990; Simola and Santanen, 1990). 중요한 인자는 광선의 질이나 양, 기본배지의 농도, 특히 sucrose의 농도, 질소의 수준과 조성, 무기염류의 농도, 식물생장조절물질, pH 등이다. 또한 동일수종내에서도 유전자형에 따라 분화력이 높은 조직을 생산하는데 필요한 배양조건이 다르다(Becwar et al., 1987; Jain et al., 1989). 따라서, 최적배지는 여러 cell line을 사용하여 각 수종에 알맞은 조건이 검토되어야 한다.

수종이나 재료에 따라 체세포배 유도과정은 각각 다르나, 소나무의 미숙배를 재료로 한 과정은 다음과 같다.

수정 약 5주후인 7월 하순에 종자를 채취하여 절단된 미숙배를 재료로 사용하는것이 체세포배 유도가 가장 양호하다. 절단된 절편체는 수정 MS (NH_4NO_3를 550mg/l, KNO_3를 4674mg/l, thiamine-HCl를 1.0mg/l로 수정) 배지를 기본배지로 하여, myo-inositol(1000mg/l), sucrose(3%), L-glutamine(450mg/l), casein hydrolysate (500mg/l), 2,4-D(5×10^{-5} M), kinetin(2×10^{-5} M), BAP(2×10^{-5} M)이 첨가된 1/2MS배지에 치상하여 체세포배의 유도를 촉진한다.

초기의 형성된 체세포배의 발달을 증진하기 위하여, 2,4-D(5×10^{-6} M), kinetin(2×10^{-6} M), BAP(2×10^{-6} M)으로 식물생장조절물질의 농도를 낮춘 동일 배지에 계대 배양하고, 3-4회의 계대 배양후에는 체세포배 발생의 구형단계(globular stage)까지 발달하게 한다.

연속 형광등하에서 식물생장조절물질이 첨가되어 있지 않은 filter paper로 지지되는 액체배지에 계대 배양하여 8-10주후에는 체세포배가 신장생장하고 자엽이 발달한다. 완전한 식물체는 charcoal(0.25%), myo-inositol(100mg/l), sucrose(2%)가 첨가된 1/2MS배지에서 발달한다. 이때에는 casein hydrolysate와 glutamine이 제거되도록 한다.

참고 문헌

Attree, S.M., F.Beckaoni, D.J.Dunstan and L.C. Fowke. 1987. Plant Cell Rep. 6:480-482.

Attree, S.M., S.Budimer and L.C.Fowke. 1990. Can.J.Bot. 68:30-34.

Bajaj, Y.P.S. 1986. In: Y.P.S. Bajaj(ed.). Biotechnology in Agriculture and Forestry 1. Trees I. Springer-Verlag, Berlin. pp. 1-23.

Ball, E.A. 1950. Growth 14:295.

Becwar, M.R., T.L.Noland and S.R.Wann. 1987. Plant Cell Rep. 6:35-38.

Bonga, J.M. 1982. In: J.M.Bonga and D.J.Durzan (ed.). Tissue Culture in Forestry. Martinus Nij. Pub., Hague. pp. 387-412.

Boulay, M. 1979. AFOCEL 12:67-75.

David, A. and H.David. 1977. C.R.Acid.Sci.Paris, 284:627-630.

Durzan, D.J. and P.K.Gupta. 1987. Plant Sci. 52: 229-235.

Farnum, P., R.Timmis and J.L.Kulp. 1983. Science 219:694-702.

Finer, J.J., H.B.Kriebel and M.R.Becwar. 1989. Plant Cell Rep. 8:203-206.

Franclet, A., M.Boulay, F.Bekkaoui, Y.Fouret, B. Verschoore-Martouzet and N.Walker. 1987. In:J.M.Bonga and D.J.Durzan(ed.). Cell and Tissue Culture in Forestry. Vol.1. Martinus Nij.Pub., Dordrecht. pp. 232-248.

Gautheret, R.J.1937. C.R.Acad.Sci.Paris, 205:572.

Gresshoff, P.M. and C.H.Doy. 1972. Planta 17:161-170.

Gupta, P.K. and D.J.Durzan. 1986. Biotechnology 4:643-645.

Gupta, P.K. and D.J.Durzan. 1987. Biotechnology 5:147-151.

Hakman, I. and L.C.Fowke. 1987. Can.J.Bot. 65: 655-659.

Hakman, I., L.C.Fowke.S.von Arnold and T. Eriksson. 1985. Plant Sci. 38:53-59.

Hakman, I. and S.von Arnold. 1988. Physiol. Plant. 72:579-587.

Horgan, K. and L.Holland. 1989. Can.J.For.Res. 19:1309-1315.

Jain, S.M., N.Dong and R.J.Newton. 1989. Plant Sci. 65:233-241.

Jain, S.M., R.J.Newton and E.J.Soltes. 1988. Theor. Appl. Genet. 76:501-506.

Karnosky, D.E. 1981. BioScience 31:114-120.

Kurinobu, S. 1988. For. Tree Breed. 148:7-9.

Libby, W.J. 1983. In:L.Zuffa, R.M.Rauter and C.W. Yeatman(ed.). Proc.19th Meet. Can.Tree Improve.Assoc.Part. pp. 1-11.

Lu, C.Y. and T.Thorpe. 1987. J.Plant Physiol. 128: 297-302.

McKeand, S.E. and R.J.Weir. 1984. J.Forest. 82:212-218.

Murashige, T. and F.Skoog. 1962. Physiol.Plant. 15:473-497.

Nagmani, R., M.R.Becwar and S.R.Wann. 1987. Plant Cell Rep. 6:157-159.

Nagmani, R. and J.M.Bonga. 1985. Can.J.For.Res. 15:1088-1091.

Quoirin, M. and P.Lepoivre. 1977. Acta Hort. 78: 437-442.

Roberts, D.R., B.S.Flinn, D.T. Webster and B.C.S. Sutton. 1989. Plant Cell Rep. 8:285-288.

Schenk, R.V. and A.C.Hildebrandt. 1972. Can.J. Bot. 50:199-204.

沈相榮. 1990. 林育研報 26:128-142.

Shim, S.Y., J.I.Park, S.K.Lee and J.H.Kim. 1986. In: B.Napompeth and

S.Subhadrabandhu(ed.). Pros.5th.Int.Cong. SABRAO. pp. 137-145.

Simola, L.K. and A.Santanen. 1990. Physiol.Plant. 80:27-35.

Smith, M.A.L., J.P.Palta and B.H.McCown. 1986. J. Amer.Soc.Hort.Sci. 111:437-442.

Sommer, H.E., C.L.Brown and P.P.Kormanik. 1975. Bot.Gaz. 136:196-200.

Tautorus, T.E., S.M.Attree, L.C.Fowke and D.I. Dunstan. 1990. Plant Sci. 67:115-124.

Thulin, I.J. and T.Faulds. 1968. New Zealand J. For.Sci. 13:66-67.

Timmis, R., M.M.Abo El-Nil and R.W. Stonecypher. 1987. In:J.M.Bonga and

89

D.J.Durzan(ed.). Cell and Tissue Culture in Forestry. Vol. 1. Martus Nij.Pub., Dordrecht. pp. 198-215.

Verhagen, S.A. and S.R.Wann. 1989. Plant Cell Tissue Organ Cul. 16:103-111.

Vieitez, A.M., A.Ballester, M.L.Vieitez and E. Vieitez. 1983. J.Hort.Sci. 58:457-463.

von Arnold, S. 1987. J.Plant Physiol. 128:233-244.

Wann, S.R., M.A.Johnson, T.L.Noland and J.A. Carlson. 1987. Plant Cell Rep. 6:39-42.

Zobel, B. and J.Talbert. 1984. Applied Forest Tree Improvement. 505 pp. John Wiley & Sons, New York.

한국산 소나무 속 주요 수종의 유전 변이

김진수, 이석우 (고려대학교 산림자원학과)

要 約

한국산 주요 소나무 수종인 소나무(*Pinus densiflora* S. et Z.) 25개 천연집단, 곰솔(*Pinus thunbergii* Parl.) 13개 집단, 잣나무(*Pinus koraiensis* S. et. Z.) 8개 집단을 대상으로 동위효소 분석을 하여 유전변이 및 유전적 구조를 비교하였다.

소나무의 경우 16개 동위효소 23개 유전자좌, 곰솔은 17개 동위효소 27개 유전자좌, 잣나무의 경우 15개 동위효소 23개 유전자좌에서의 유전변이의 특성이 조사되었다. 다형적 유전자좌의 비율(P)은 99% 수준에서 소나무의 경우 80.2%, 곰솔 71.3%, 잣나무는 69%의 수치를 나타냈으며, 유전자좌당 평균 대립유전자수(A/L)는 소나무가 2.4, 곰솔은 2.3, 잣나무는 2.0개 였다. 또, 평균이형 접합율에 있어서 관찰치(Ho)와 기대치(He)는 소나무가 0.262와 0.258, 곰솔은 0.212와 0.214, 잣나무는 0.208과 0.200인 것으로 나타났다. 세 수종은 외국의 다른 소나무 수종에 못지않은 많은 정도의 유전변이를 보유하고 있는 것으로 간주되었다.

세 수종 모두 전체유전변이 가운데 소량만이 집단간 차이에 기인하였으며, 그 나머지는 집단내 개체간 차이에 의한것으로 나타났다(소나무의 F_{ST} 값은 0.039, 곰솔은 0.042, 잣나무는 0.059였다). 또, Wright의 F 분석 결과, 소나무는 -0.008의 F_{IS} 값을, 곰솔은 -0.260, 잣나무는 0.009로 0에 가까운 값을 보임으로서 세 수종 모두 임의교배 양식에서 크게 벗어나지 않는 것으로 나타났다.

가장 광범위한 지역에 대량으로 분포하는 소나무의 경우 곰솔이나 잣나무에 비해서 많은 양의 유전변이를 보유하고 있었으며, 반면에 집단간 유전적 분화는 가장 적은 것으로 나타났다. 한편, 고산지대에 국소적으로 분포하는 잣나무는 나머지 두 수종에 비해서 다소 적은 양의 유전변이를 지니고 있었으며 좀 더 유전적으로 분화된 것으로 나타났다.

緒 論

소나무속 수종은 한국에서 가장 광범위하게 분포하는 수종 가운데 하나로 전체 산림면적의 약 30%를 차지하고 있다(Lee, 1987). 이 가운데 복유관속아속 수종(diploxylon)인 소나무(*Pinus densiflora* S. et Z.)와 곰솔(*Pinus thunbergii* Parl.), 단유관속아속 수종(haploxylon)인 잣나무(*Pinus koraiensis* S. et Z.)가 자원의 양적인 측면이나 경제적 가치면에서 가장 중요하다.

소나무는 가장 대표적인 수종으로 한반도의 북쪽에 있는 고원지대를 제외하고는 거의 전역에서 자라며 중국과의 국경을 넘어 만주의 동쪽지역에도 분포

* 본 연구는 부분적으로 한국과학재단 및 한국학술진흥재단의 연구비 지원에 의하여 이루어진 것으로 1992년 8월 24 - 28일 France의 Carcans Maubisson에서 열린 International Symposium on Population Genetics and Gene Conservation of Forest Trees에서 발표된 것을 한글로 정리한 것임

한다. 또한 산동반도에도 산발적으로 분포한다고 보고되고 있다. 일본에서도 홋까이도를 제외한 거의 전역에서 분포한다(Mirov 1967). 소나무는 우리나라에서 각처의 양지에서 흔히 자라는 陽樹로 대면적의 純林을 이루는 경우가 많다(Lee 1987). 환경에 대한 적응력이 뛰어나 산악지뿐만 아니라 해발고도가 낮은지역은 물론 바닷가에서도 잘 생육한다.

곰솔은 흔히 海松이라고도 불리며 경기도 남양에서부터 해안을 따라 남해안을 거쳐 동해안의 울진까지 분포하는 바닷가의 수종으로 일본의 해안에서도 고르게 분포하고 있다. 특히, 곰솔은 해안의 바람 및 소금기에 견디는 힘이 강하기 때문에 자연분포지역 이외의 바닷가나 인접지에 防風林으로서 많이 식재되고 있다. 곰솔과 소나무의 분포가 겹치는 지역에서는 두 수종간의 교잡이 일어나 잡종이 생기는 것으로 보고되고 있다.

잣나무는 만주의 동쪽과 흑룡강지역, 러시아의 연해주와 한반도에 출현하는 수종으로 일본에서는 주섬의 고산지대에 부분적으로 분포한다. 한반도에서의 잣나무의 천연 분포는 대부분이 고산지대에 국한되어 있으며, 낮은 곳에서는 활엽수종과 섞여 자라고, 설악산을 제외하고는 지리산, 덕유산, 가야산 등의 해발 800m 이상되는 지역에서 소집단으로 서식하고 있음을 관찰할 수 있다(Lim, 1989). 잣나무는 최근 종실과 유용한 목재생산을 위하여 가장 많이 식재되고 있는 수종가운데 하나이다(Lee, 1987; Lim, 1989).

본 연구는 소나무, 곰솔, 잣나무를 대상으로하여 동위효소분석에 의한 유전변이 및 구조를 분석, 비교함으로써 세 수종의 유전특성을 구명하고자 하였다. 아울러 연구결과를 외국 소나무 수종의 유전변이와도 비교하였는데, 조사된 유전변이의 양이나 질적인 차이, 연구방법 등의 차이를 감안하여 개략적인 비교를 하는데 촛점을 두었다.

材料 및 方法

1. 집단선정 및 동위효소 분석

유전변이 비교를 위한 세 수종의 집단 및 개체목 선발은 동일한 방법에 의하였다. 즉, 최소 5ha 이상의 면적을 지닌 40 - 60 년생의 장령림분을 대상으로 하였는데, 잣나무의 경우 분포특성 때문에 일부 집단에서는 이 기준을 따를 수 없었다. 그러나, 세

수종 공히 남한지역의 천연분포지역을 가능한 포함할 수 있도록 집단을 선정하였으며, 소나무 25개 집단, 곰솔 13개 집단, 잣나무 8개 집단이 선발되었다 (Fig.1). 각 집단별로 30본의 개체목에서 구과가 채취되었으며, 유전적 유사성이 높은 인접목의 선정을 줄이기 위해 30m 이상의 개체목간 간격을 유지하였다.

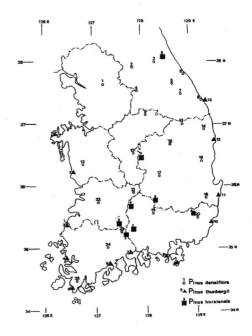

Fig 1. Sampling Sites for Three Native Pines in South Korea

동위효소 분석을 위하여 개체당 발아초기의 6개 종자로부터 배유조직을 추출하여 균질화 시킨 후 (0.2M phosphate buffer pH 7.5 50ml + Bovin albumin 20 mg + D-glucose-6-phosphate (monosodium) 20 mg), 그 액을 paper wick에 묻혀 12.5 % 감자전분젤에 삽입하였다. 전기영동은 불연속 및 연속완충용액을 사용하여 5℃ 에서 수행되었다. 불연속 완충용액은 Poulik(1957)의 것을 응용하였는데, 전극완충용액의 경우 0.063 M sodium hydroxide에 0.299 M boric acid를 첨가하여 pH 8.25로 적정하여 사용하였으며, 젤 완충용액은 0.076 M tris 에 0.0068 M citric acid을 첨가시켜 pH 8.75 로 적정하여 사용했다. 연속완충용액은 전극완충용액의 경우 0.07 M tris 에 0.021 M citric acid를 첨가하여 pH 7.0으로 적정하여

사용하였으며, 젤완충용액은 이 용액을 1:9(완충용액:증류수)로 희석하여 사용하였다. 전기영동을 마친 젤은 여러개의 층으로 수평절단하여 각 동위효소별로 15분간의 전처리등을 마친 후 정색액을 이용하여 암상태 37℃에서 반응시켰다(Conkle et al., 1982).

분석된 동위효소의 명칭, 확인된 유전자좌의 수등은 표 1에 제시되어 있다. 각 동위효소의 유전자좌는 이동속도에 따라 A, B, C순으로 명명하였으며, 해당 유전자좌의 대립유전자에 대해서도 같은 요령으로 1, 2, 3 등으로 명명하였다. 세 수종의 몇몇 동위효소 유전양식은 이미 보고된 바 있다(Kim et al., 1982; Kim and Hong, 1982, 1985; Park and Chung, 1986; Na'iem et al., 1989; Tomaru et al., 1990; Son et al., 1989; Kim and Lee, 1992).

2. 자료분석

유전변이량을 나타내기 위하여 각 유전자좌에서의 개체별 유전자형 빈도를 토대로 대립유전자빈도, 다형적유전자좌의 비율(P), 유전자좌당 평균대립유전자수(A/L), 평균이형접합율(H)등을 구하였다. 유전구조 분석을 위해서는 Wright의 F-분석을 실시하였으며, Nei(1978)에 의한 유전적 거리를 계산하였다. 이상의 모든 분석은 BIOSYS-1 computer program(Swofford and Selander, 1989)에 의해 수행되었다. 아울러 유전자 移入을 나타내기 위한 척도로서 Crow와 Aoki(1984)의 Nm 값을 구하였는데, $G_{ST} = [4 Nm + 1]^{-1}$의 식과 같으며, $\alpha = (n/n-1)^2$로서 n은 집단수를 나타낸다. G_{ST} 값은 자체적으로 개발된 FORTRAN 77 program을 이용하여 계산하였다.

結果 및 考察

1. 유전적 다형성

각 수종별로 조사된 동위효소 및 유전자좌의 수는 소나무에서 16개 동위효소 23개 유전자좌, 곰솔에서 17개 동위효소 27개 유전자좌, 잣나무에서는 15개 동위효소 23개 유전자좌였다(Table 1).

각 수종별로 집단의 유전적 다양성을 추정한 결과 99 % 수준에서 관측된 다형적 유전자좌의 비율(P)은 소나무에서 80.2 %, 곰솔에서 71.3 %, 잣나무에서 69.0 % 인 것으로 나타났으며, 유전자좌당 평

Table 1. Enzyme assayed, the loci scored and the number of alleles detected at a locus

Enzymes assayed(abbreviation) /Enzyme Commision Designation	Loci scored	Pinus densiflora	Pinus thunbergii	Pinus koraiensis
Aconitase(ACON) / 4.2.1.3	ACON-A*	4	3	2
Acid phosphatase(ACP) / 3.1.3.2	ACP-A	4	5	-
Catalase(CAT) / 1.11.1.6	CAT-A	4	4	-
Fluorescent esterase(FE) / 3.1.1.2	FE-A	1	1	-
	FE-B*	4	4	2
Fumarase(FUM) / 4.2.1.1	FUM-A*	2	2	2
Glutamate dehydrogenase (GDH)/ 1.4.1.2	GDH-A*	2	3	2
Glycerate dehydrogenase (GLDH) / 1.1.1.29	GLDH-A*	3	2	2
Glutamate-oxalate trans- aminase (GOT)/ 2.6.1.1	GOT-A*	2	3	2
	GOT-B*	4	3	1
	GOT-C*	4	2	3
Isocitrate dehydrogenase (IDH)/ 1.1.1.42	IDH-A*	2	1	3
Leucine aminopeptidase (LAP)/ 3.4.11.1	LAP-A*	4	4	2
	LAP-B*	3	3	3
Malate dehydrogenase(MDH) / 1.1.1.37	MDH-A	-	-	2
	MDH-B	-	3	3
	MDH-C*	3	3	3
	MDH-D	-	-	2
Menadion reductase(MNR) / 1.6.49.2	MNR-A	-	3	5
	MNR-B	3	-	-
Mannosephosphate isomerase (MPI)/ 5.3.1.8	MPI-A*	2	1	3
	MPI-B	3	3	-
Phosphoglucose isomerase(PGI) / 5.3.1.9	PGI-A	1	1	-
	PGI-B*	4	4	4
Phosphoglucomutase(PGM) / 2.7.5.1	PGM-A*	3	3	4
Shikimate dehydrogenase (SKDH) / 1.1.1.25	SKDH-A	-	-	5
	SKDH-B	-	4	-
	SKDH-C*	3	3	3
UDP-glucose pyrophosphatase (UGPP)/ 2.7.7.9	UGPP-A*	2	2	3
	UGPP-B	-	-	-
	UGPP-C	3	3	4
Total no. of loci scored		23	27	24

- : unscored

* 18 isozyme loci commonly studied

균대립유전자수(A/L)는 각각 2.4개, 2.2개, 2.0개였다. 평균이형접합율의 기대치(He)는 소나무의 경우 0.262, 곰솔은 0.212, 잣나무는 0.208 이었으며, 관측치(Ho)는 각각 0.258, 0.214, 0.200의 수치를 나타냈다(Table 2). 다른 소나무 수종의 경우 매우 다양한 값을 보이고 있는데(Hamrick et al., 1981; Ledig, 1986), 24개 소나무 수종에서 관측된 결과를 보면(Ledig, 1986), He 값은 0.000 (*P. torreyana*)에서 0.362 (*P. taeda*) 사이의 값을 보였으며 그 평균값은 0.170 인 것으로 나타났다. P값(《0.99)의 경우 0 % (*P. torreyana*: 2개 집단, 59개 유전자좌가 조사)에서 100 % (*P. nigra*: 4 개 유전자좌 조사, P.palustris: 16 개 유전자좌, *P. taeda*: 10 개 유전자, *P.sylvestris*: 16 개 유전자좌) 사이의 범위를 나타냈으며, 평균값은 71.3 % 였다. 또 15개 소나무 수종으로부터 구한 PI (Polymorphic Index), P, A/L의 평균값은 0.194, 63.1 %, 2.2 개인 것으로 보고 되었다(Hamrick et al., 1981). 결과적으로 한국산 주요 소나무 수종의 유전변이는 다른 소나무 수종의 평균 유전변이와 유사한 정도임을 알 수 있다.

Table 2. Genetic variability in the three pine species native to Korea

(Numbers in parentheses are the values at 18 commonly studied loci)

Species	No. of pops.	Mean no. of alleles per locus	percentage of loci polymorphic*	Mean heterozygosity	
				Observed	Expected
Pinus	25	2.4	80.2	0.258	0.262
densiflora		(2.4)	(86.2)	(0.262)	(0.263)
Pinus	13	2.2	71.3	0.214	0.212
thunbergii		(2.0)	(68.4)	(0.174)	(0.171)
Pinus	8	2.0	69.0	0.200	0.208
koraiensis		(1.9)	(66.7)	(0.175)	(0.183)

* The frequency of the most common allele is less than 0.99

좀 더 신빙성 있는 비교분석을 위해 세 수종 모두에서 공통으로 조사된 14 개 동위효소 18 개 유전자좌에서의 결과를 조사한 결과 P값은 소나무, 곰솔, 잣나무에서 각각 86.2 %, 68.4 %, 66.7 % 였으며, A/L값은 2.4개, 2.0개, 1.9개인 것으로 나타났다. 또, He의 경우 소나무는 0.263, 곰솔은 0.171,

잣나무는 0.183이었으며, Ho는 각각 0.262, 0.174, 0.175으로 나타났다. 전체적으로 가장 광범위한 지역에 분포하고 있는 소나무가 제한적인 분포경향을 보이는 곰솔이나, 잣나무 보다 그 유전변이량이 많음을 알 수 있다. 이는 분포범위가 넓은 수종일수록 유전적 다형성이 크다는 일반적인 원칙(Hamrick and Godt, 1989)과 일치하고 있다.

2. F-분석에 의한 집단구조 분석

세 수종으로부터 계산된 F 통계치의 평균값이 Table 3에 제시되어 있다. FIS 값은 세 수종 모두 관측된 유전자좌에 따라 매우 다양한 값을 보였는데, 일부 유전자좌에서는 이형접합체의 빈도가 Hardy-Weinberg 평형상태에서의 기대빈도보다 많았고(heterozygote excess), 또 다른 유전자좌에서는 부족(heterozygote deficiency)한 것으로 나타났다. 그러나, 유전자좌별로 관측된 FIS 값을 평균해보면, 세 수종 모두 0에 가까운 값을 보임으로서 Hardy-Weinberg의 평형상태에 접근해 있음을 알 수 있다. 소나무와 곰솔의 경우 평균 FIS 값은 각각 -0.008(유전자좌별로 -0.206 - 0.269 사이의 분포를 보임)과 -0.026(-0.196 - 0.883)이었는데, 이는 Hardy-Weinberg 평형빈도보다도 이형접합체가 0.8 %, 2.6 % 많음을 보여주고 있다. 반면에, 잣나무의 경우 0.009 (-0.173 - 0.449 사이에 분포)인 것으로 나타나 이형접합체가 기대치보다 0.9 % 정도 부족함을 보이고 있다. Brown(1979)은 이처럼 他殖을 하는 식물에서 이형접합체의 부족이, 自殖을 하는 식물에서 이형접합체의 초과가 나타나는 현상을 heterozygosity paradox라 칭하고 그 기작을 추정한 바 있다.

FIT 역시 유전자좌에 따라 다양한 값을 보였는데(소나무: -0.126 - 0.311, 곰솔: -0.150 - 0.911, 잣나무: -0.123 - 0.483), 각 수종별로 3 - 4개의 유전자좌를 제외하고는 FIS 에서의 부호(+, -)와 일치하였다(Kim 1993a, b; Kim and Lee, 1993). 또한, FIT의 평균값 역시 FIS 의 값과 마찬가지로 세 수종 모두에서 낮은 값을 보여주었다 (소나무: 0.031, 곰솔: 0.018, 잣나무: 0.067).

결론적으로 소나무와 곰솔은 집단내에서는 이형접합체가 Hardy-Weinberg 평형빈도보다 약간 많은 것으로 나타났으나(FIS 의 負(-)의 평균값), 전 집단을 포함한 즉 種의 수준에서는 이형접합체가 약간 부족한 것으로 나타났다(FIT의 陽(+)의 평균값). 반면에 잣나무의 경우 집단은 물론 종 수준에서도 이형접합체가 부족한 것으로 나타났다 (FIS: 0.009, FIT: 0.067).

집단별로 각 유전자좌에서 관찰된 유전자형 빈도와 Hardy-Weinberg 평형빈도와의 일치여부를 카이자승법으로 검정하였다(Kim 1993a, b; Kim and Lee, 1993). 세 수종 모두 집단별로 보통 1 - 3 개 유전자좌에서 이탈이 관찰되었는데, 잣나무의 경우 한 집단에서 다수의 이탈(21개 유전자좌 가운데 10개 유전자좌)이 관찰되었다. 이 집단의 경우 통계적 유의성을 보인 유전자좌는 Hardy-Weinberg 평형빈도보다 이형접합체가 적은 것으로 나타났는데 (즉 동형접합체가 많은 것으로 나타남), 상세한 통계분석 결과 近親交配의 구조를 따르고 있음을 알 수 있었다 (Kim and Lee, 1993). 이 결과로부터 잣나무의 경우 일부 특정집단의 구조는 임의교배만으로 설명할 수 없음을 알 수 있는데, 이는 잣나무의 분포특성과 종자의 크기 및 무게로 인한 이동거리의 제한으로부터 설명될 수 있을 것이다.

세 수종 모두에서 집단간 유전적 분화의 정도는 낮은 것으로 나타났다 (Table 3의 FST 값). 즉 총 유전변이 가운데, 소나무와 곰솔의 경우 96 %, 잣나무의 경우 94 % 가 집단내 개체간의 차이에 의한 것으로 나타났다. 이같은 결과는 화분비산에 의해 멀리 떨어진 집단간의 유전교환이 비교적 용이한 수종 및 타가수정에 의존하는 수종들에서 공통적으로 볼 수 있는 현상으로 이미 많은 소나무류에서 보고된 바 있다. 다른 소나무에서 관측된 결과를 보면 ponderosa 소나무의 경우 88 % (O'Malley et

al., 1979), British Columbia 지역의 contorta 소나무는 96 % (Yeh and Layton, 1979), 리기다 소나무는 97 % (Guries and Ledig, 1982) 가 집단내 개체간 차이에 의한 것으로 보고되었다.

3. 유전자 이입및 유전적 거리

중립대립유전자(neutral allele)는 淘汰에 대해서 유리하지도 불리하지도 않은 성격을 갖고 있는 것으로 집단간 유전자 이입을 설명하는데 유용하게 이용되어 진다. 집단간 중립대립유전자의 이입정도는 Nm(N = 유효집단크기, m = 화분과 종자를 통한 평균 이입율)으로써 측정된다. Nm 값은 집단의 유전적 분화(genetic differentiation)에 영향을 주는 유전자이입(gene flow)과 유전자부동(genetic drift)의 상대적 효과를 측정할 수 있기 때문에 중요하다 (Slatkin, 1987). Slatkin(1981, 1985) 과 Govindaraju(1988) 는 유전자 이입의 정도를 세 개의 범주로 구분하여 Nm값이 1이상이면 "높음", 0.250 - 0.99 사이에 있으면 "중간", 0.0 - 0.249 사이에 있으면 "낮음"으로 규정하였는데, 그 값이 1 이하인 경우 지역간의 대립유전자 빈도변화는 유전자부동에 의해서 설명될 수 있다고 하였다. 반면에, Nm 값이 1 이상이면 유전자 부동에 의한 대립유전자 빈도변화는 무시할 정도로, 지역간의 유전자 이입이 원활한 것으로 추정하였다.

세 수종으로부터 계산된 Nm 값이 Table 3에 제시되어 있다. 분석결과 세 수종(소나무: 5.678, 곰솔: 4.857, 잣나무: 3.053) 모두 높은값을 지니고 있는 것으로 나타났다. 다른 소나무류의 예를 보면, Govindaraju(1988)가 16개 소나무 수종을 대상으로 조사한 결과 수종에 따라 0.651 (P.muricata) 에서 8.776 (P.rigida) 사이의 분포범위를 보였으며, 그 평균값은 3.412인 것으로 나타났다.

임목이 높은 유전적 다양성을 보유하고 있는 기작 가운데 한 가지로서 花粉과 種子飛散에 의한 높은 유전자 이입을 들고 있다(Hamrick et al., 1981; Ledig, 1986; Hamrick and Godt, 1989). 또한 장거리의 화분 이동은 임목에서 집단간 유전적 분화의 정도가 상대적으로 낮게 나타나는 현상에 대해서도 설명이 될 수 있다.

Nei(1978)의 유전적 거리(D)를 구한 결과 소나무의 경우 집단간 평균 0.006의 값을, 곰솔은 0.008을, 잣나무는 0.010의 값을 보였다(Table 3). 잣나

Table 3. Estimates of FIS, FIT, FST, gene flow level (Nm) and mean Nei's (1978) genetic distance (D) of the three pine species in Korea

(Numbers in parentheses are ranges)

Species	F_{IS}	F_{IT}	F_{ST}	Nm	D
Pinus	-0.008	0.031	0.039	5.678	0.006
densiflora	(-.206 - .269)	(-.126 - .311)			(0.000 - 0.025)
Pinus	-0.026	0.018	0.042	4.857	0.008
thunbergii	(-.196 - .883)	(-.150 - .911)			(0.000 - 0.032)
Pinus	0.009	0.067	0.059	3.053	0.010
koraiensis	(-.173 - .449)	(-.123 - .483)			(0.000 - 0.030)

무에서는 다른 두 수종에 비해서 미약하게나마 집단 간 분화의 정도가 큼을 알 수 있는데, 이 결과는 앞에서 살펴본 높은 FST 값과 낮은 Nm 값의 결과와도 일치하는 것이다. 그러나, 잣나무 집단들간의 평균 유전적 거리는 다른 소나무 수종들의 결과와 거의 유사한 수준이었다 (Guries and Ledig, 1982; Dancik and Yeh, 1983).

지리적으로 가장 광범위한 분포를 갖는 소나무는 다른 두 수종에 비해서 높은 수준의 유전변이를 가지고 있었으며, 지역간의 유전자 교환의 정도도 높은 것으로 나타나 집단간 유전적 분화의 정도는 적은 것으로 나타났다. 일반적으로 고립된 작은 규모의 집단이나 중심 분포지역으로부터 벗어나 주변부에 위치하고 있는 집단(marginal population)에서는 유전자좌당 유효 대립유전자수나 유전적 다양성의 감소현상이 관찰될 수 있는데(Mitton, 1983; National Research Council, 1991), 이는 주로 유전자 부동에 의해 설명되고 있다(Yeh and Layton, 1979; Guries and Ledig, 1982; Ledig and Conkle, 1983). 그러나, 불연속적인 분포를 보이는 잣나무에서 이런 경향은 발견되지 않았다. 비록 잣나무가 소나무보다는 유전변이가 적고, 특정 집단에서는 근친교배의 구조가 나타나고 있으나, 분석 결과 보여준 높은 수준의 Nm값은 잣나무의 집단들 사이에서 아직은 충분한 양의 유전자 이입이 일어나고 있음을 암시하고 있다. 또한 잣나무의 현존 분포가 확정된 이후 현저한 집단의 분화가 이루어질 만큼 충분한 시간이 경과하지 않았을 수도 있다. 비록 잣나무 집단들이 작은 크기로 형성되어 있는 경우가 많으나, 집단을 중심으로 개체목들이 넓은 범위에 걸쳐 산재하고 있다. 아마도 이들 개체목들과 집단을 구성하고 있는 개체목들 사이에는 유전자 교환이 일어나고 있을 것이며, 이러한 현상은 잣나무 집단이 가지고 있는 상당량의(다른 소나무류와 비슷한 정도의) 유전변이를 유지시켜주고 있는 또 하나의 기작이 될 것으로 추정된다.

參考 文獻

Brown AHD (1979) Enzyme polymorphisms in plant populations. Theor Popul Biol, 15: 1-42.

Conkle MT, Hodgskiss PD, Nunnally LB, Hunter SC (1982) Starch gel electrophoresis of conifer seeds: a laboratory manual. US Dep Agric For Serv, Gen Tech Rep PSW-64

Crow JF, Aoki K (1984) Group selection for a polymorphic behavioral trait: Estimating the degree of population subdivision. Proc natl Acad Sci USA, 81:6073-6077

Dancik BP, Yeh FC (1983) Allozyme variability and evolution of lodgepole pine (Pinus contorta var. latifolia) and jack pine (Pinus banksiana) in Alberta. Can J For Genet Cytol, 25:57-64

Govindaraju DR (1988) Relationship between dispersal ability and levels of gene flow in plants. Oikos, 52:31-35

Guries RP, Ledig FT (1982) Genetic diversity and population structure in pitch pine (Pinus rigida Mill.). Evolution, 36:387-402

Hamrick JL, Mitton JB, Linhart YB (1981) Levels of genetic variation in trees: Influence of life history characteristics. In: Isozyme in North American Forest Trees and Forest Insects (MT Conkle ed). Gen Tech Rep PSW-48, pp 35-41

_____, Godt MJ (1989) Allozyme diversity in plant species. In: Plant Population, Genetics, Breeding, and Genetic Resources (AHD Brown, MT Clegg, AL Kahler, BS Weir eds). Sinauer Associates Inc Publishers, Sunderland, Massachusetts, pp 43-63

Kim ZS, Son WH, Youn YK (1982) Inheritance of leucine aminopeptidase and glutamate-oxalate transaminase isozymes in Pinus koraiensis. Kor J Genet, 4:25-31

_____, Hong YP (1982) Genetic analysis of some polymorphic isozymes in Pinus densiflora (I)-Inheritance of glutamate-oxalate transaminase and leucine aminopeptidase, and linkage relationship among allozyme loci. J Kor For Soc, 58:1-7

_____ (1985) Genetic analysis of some polymorphic isozymes in Pinus densiflora

(II)-Inheritance of acid phosphatase, alcohol dehydrogenase and catalase isozymes. J Kor For Soc, 68:32-36

_____, Lee SW (1992) Genetic structure of natural populations of Pinus densiflora in Kangwon-Kyungbuk region. Korean J Breed, 24:48-60 (in Korean).

_____, _____ (1993) Genetic diversity and genetic structure of Pinus koraiensis (Sieb & Zucc) in Korea. (in preparation)

_____ (1993a) Genetic variation in the natural populations of Pinus densiflora as determined by isozyme analysis. (in preparation)

_____ (1993b) Genetic variation of the natural populations of Pinus thunbergii in Korea (in preparation)

Ledig FT, Conkle MT (1983) Gene diversity and genetic structure in a narrow endemic Torrey pine (Pinus torreyana Parry ex Carr). Evolution, 37:79-85

_____ (1986) Heterozygosity, heterosis, and fitness in outbreeding plants. In: Conservation Biology: The Science of Scarcity and Diversity (ME Soul ed), Sunderland, Mass: Sinaur Associates, pp 77-104

Lee TB (1987) Dendrology, Hyangmoon publ, Seoul, Korea (in Korean)

Lim JH (1989) Studies on the ecological characteristics of natural populations of Pinus koraiensis. PhD Thesis, Korea University, Seoul, Korea (in Korean)

Mirov NT (1967) The genus Pinus. The Ronald Press Company, New York

Na'iem M, Tsumura Y, Uchida K, Nakamura T, Shimuzu S, Ohba K (1989) Inheritance of isozyme variants in Japanese red pine. J Jap For Soc, 71:425-434

Mitton JB (1983) Conifers. In: Isozymes in Plant Genetics and Breeding, Part B (SD Tanksley, TJ Orton eds), Elsvier Science Publishers BV, Amsterdam, pp 443-472

Na'iem M, Tsumura Y, Uchida K, Nakamura T, Shimuzu S, Ohba K (1989) Inheritance of isozyme variants in Japanese red pine. J Jap For Soc, 71:425 -434

National Research Council (1991) Managing Global Genetic Resources Forest Trees. National Academy Press, Washington, DC, pp 51-72

Nei M (1977) F-statistics and analysis of gene diversity in subdivided populations. Ann Human Genet, 41:225-233

_____ (1978) Estimation of average heterozygosity and genetic distance from a small number of individuals. Genetics, 89: 583-590

O'Malley DM, Allendorf FW, Blake GM (1979) Inheritance of isozyme variation and heterozygosity in Pinus ponderosa. Biochem Genet, 17:223-250

Park YG, Chung HK (1986) Inheritance of leucine aminopeptidase and glutamate-oxalate transaminase isozymes in Pinus thunbergii. Kor J Genet, 8:133-140

Poulik MD (1957) Starch gel electrophoresis in a discontinuous system of buffers. Nature, 180:1447-1478

Shiraishi S (1988) Inheritance of isozyme variations in Japanese black pine, Pinus thunbergii. Silvae Genet, 37:93-100

Slatkin M (1981) Estimating levels of gene flow in natural populations. Genetics, 99:323-335

_____ (1985) Rare alleles as indicator of gene flow. Evolution, 39:53-65

_____ (1987) Gene flow and the geographic structure of natural populations. Science, 236:787-792

Son DS, SC Hong, JK Yeo, JB Ryu (1989) Inheritance of isozymes IDH, ME, PGI in Pinus densiflora and Pinus thunbergii in Kyungpook province. J Kor For Soc, 78(2): 242-247 (in Korean)

Swofford DC, Selander RB (1989) BIOSYS-1: a computer program for the analysis of

allelic variation in population genetics and
biochemical systematics. Release 1.7,
Illinois Natural History Survey

Tomaru NY, Tsumura Y, Ohba K (1990)
Inheritance of isozyme variants in Korean
pine (Pinus koraiensis). J Jap For Soc, 72:
194-200 (in Japanese)

Yeh FC, Layton C (1979) The organization of
genetic variability in central and marginal
populations of lodgepole pine (Pinus
contorta ssp. latifolia). Can J Genet Cytol,
21:487-503

3

소나무와
소나무 숲

남산 위에 저 소나무

우리 나라 소나무 중에서는 귀족 나무라고 할 수 있는 남산 소나무에 관한 의문점:
그 과거(?), 현재(?) 그리고 미래(?)

김 은 식 (國民大學校 林業大學 山林資源學科)

1. 머리 말

남산의 소나무를 이야기할 때마다 우리들은 애국가 제2절을 생각하게 된다. "남산위에 저 소나무 철갑을 두른 듯, 바람서리 불변함은 우리 기상일세. 무궁화 삼천리 화려강산, 대한사람 대한으로 길이 보전하세."

또한 남산의 소나무를 생각할 때 마다 우리는 대기오염과 산성비때문에 현재 죽어가고 있는 나무라고 생각을 하게 된다. 최근에 일부 연구자들은 서울의 중심부에 있는 남산과 비원(창덕궁)에 있는 소나무 뿐 만 아니라 다른 나무들도 이러한 대기오염과 산성비 때문에 많이 죽어가고 있다고 이야기를 하고 있다.

이러한 주장은 최근 환경오염이 심화되는 현상이 우리나라 뿐 만 아니라 전 세계적으로 큰 문제가 되어 짐에 따라 매우 설득력있게 제기되고 있고 그 이야기를 듣는 국민들은 그것을 엄연한 사실로 받아들이고 있다.

그러나 필자는 기회가 있을 때마다 사람들에게 남산위에 있는 소나무가 사라져 가는 현상에 대한 가장 주요한 원인은 대기오염과 산성비는 아니라고 주장하였다. 더우기 남산과 비원의 숲이 현재 죽어가는 것은 아니라고 주장하여 왔다. 오히려 남산과 비원의 숲과 그곳에 있는 나무들이 꽤 잘 자라고 있고 그곳에 있는 나무들은 우리나라 일반적인 숲에 있는 나무보다 더 크다는 것을 보아 왔었기 때문에 이러한 주장이 옳지 않다는 것을 강조하여 왔다.

한편, 서울의 定都 600년을 맞이하여 "남산 제모습 가꾸기운동"을 실시하는 서울특별시는 생태적으로 건전한 남산을 가꾸기 위하여 많은 사업을 실시하고 있는 것 같다. 이러한 사업을 올바로 하기 위해서는 남산이라는 생태계의 현실을 정확히 알고 그 생태계의 구조와 기능이 과거에는 어떠하였고 그것이 미래에는 어떻게 발전할런지에 대한 방향을 잘 알아야만 할 것이다. 그러한 생태학적 인식의 근거 위에서 생태계 조성계획을 수립해야 만 바른 "남산의 제모습가꾸기운동"을 할수 있게 된다.

필자는 이 글을 통하여 남산의 소나무가 살아가는 현상을 생태학적으로 기술하여 남산의 소나무가 오직 대기오염과 산성비에 의하여 죽어가는 것은 아니라는 것과 남산이라는 생태계에 있는 나무들이 전반적으로 죽어가고 있는 것은 아니라는 것을 밝히고자 한다.

특히 남산의 소나무와 그 생태계에 대한 바른 정보를 아는 것은 서울특별시와 같은 지방자치단체가 여러가지 사업을 실시함에 있어서 확보해야할 가장 중요한 일이라는 것을 아울러 강조하고자 하는 것이다.

2. 서울의 남산이 죽어가고 있다고 한다! 정말 그럴까?

남산은 지리적으로 대략 북위 37° 32′ 07″ - 37° 33′ 21″, 동경 126° 58′ 53″ - 127° 00′ 21″의 좌표내, 서울시내의 한 복판에 위치한 넓이 약 300정

보 (남산공원넓이는 2,970,534㎡)의 자연생태계이다. 그러나 이 자연생태계는 주위의 다른 자연 생태계와 연결되지 않은 섬과 같은 생태계이다. 다른 말로 바꾸면 남산생태계는 인공생태계의 전형적인 상징인 도심으로 둘러 싸여 있는 외로운 섬과 같은 생태계이다.

그래서 이러한 섬에 있는 짐승들과 벌레는 주변에 있는 인왕산이나 안산 또는 북한산으로 옮겨 갈 수 없게 된다. 이와 마찬 가지로 주변의 산에 있는 짐승들과 벌레들은 이곳 남산에 쉽게 옮겨 올 수 없는 것이다. 남산은 이와 같이 비교적 이동이 용이한 새들을 제외하고는 동물적인 이동이 크게 제약을 받는 생태계이다. 그래서 이곳에 사는 동물의 종류가 매우 제한되어 있고 또 그 면적이 작기 때문에 이곳에서는 큰 포유류가 살 수도 없는 것이다.

이렇게 불리한 남산생태계 상황은 식물의 경우에도 마찬가지라고 할 수 있다. 자연의 힘에 의한 씨앗의 이동이 크게 제한을 받기 때문에 다른 곳에 있는 나무 종류들이 이곳에 쉽게 올 수 없다. 결국 남산에 있어서 숲의 구성은 이곳에 존재하는 나무들의 특성, 즉 어느 수종이 이 생태계에 더 잘 적응하느냐와 나무 상호간의 경쟁에 있어서 어느 나무가 더 우세한 위치를 점하느냐에 의하여 크게 결정된다. 그렇기 때문에 남산의 숲이 이러한 형질을 가진 나무로 변해가고 수종구성이 단순화되는 것은 당연한 귀결이라고 할 수 있다.

논의의 편의를 위해서 이 글의 논지전개를 특정한 점에 촛점을 맞추어 나가고자 한다. 서울의 모 중앙지 (1993년 6월 6일자 신문)에는 『'남산사랑 환경사랑' 3천명 인간사슬』이라는 제목의 기사가 실렸다. 그 기사 중에서 남산의 소나무와 관련된 부분을 인용하면 다음과 같다.

(初　略)

"남산 위의 저 소나무 철갑을 두른 듯..." 남산과학교육관 앞에서 서울타워에 이르는 길이 3.1km의 길에 한 줄로 늘어서, 주최쪽의 풍물신호에 맞춰 손을 잡아 남산을 에워싼 이들 노인·직장인·대학생·어린이들은 "야호"에 이어 애국가 1·2절을 소리높여 불렀다. 대기오염과 토양산성화로 황폐해가는 남산과 소나무를 생각하고 그들을 되살려야 한다는 결의를 다진 것이다.

(中　略)

'산사랑 한마당'을 시작하며 모 교수는 "남산의 토양이 극심하게 산성화 해 소나무는 죽어가고 공해에 강한·신갈·때죽·팥배나무만이 명맥을 유지하고 있다"며 "소나무에 이어 사람들이 죽어가기 전에 남산을 살려야 한다"고 강조했다.

(終　略)

여기에서 주장되는 주안점을 정리하면 다음과 같다. 첫째, 남산과 소나무가 죽어가고 있다는 것이다. 둘째, 남산과 소나무가 죽어가는 가장 큰 요인은 『대기오염과 토양산성화』라는 것이다. 셋째, 소나무는 토양의 산성화에 약한 수종이라는 것이다. 넷째, 신갈·때죽·팥배나무는 소나무보다도 공해에 더 강하기 때문에 남산에 살아있다는 것이다. 다섯째, 지금과 같은 상황이 계속되면 남산과 소나무가 다 죽게 될 뿐만 아니라 서울에 사는 우리들도 다 죽게 될 것이라는 것이다.

이러한 해석의 근저에는 다음과 같은 상황들에 대한 인식이 부가적으로 깔려 있음을 유추할 수 있다. 그것은 첫째, 서울의 대기오염 상황은 남산의 소나무를 죽이고 더 나아가서는 남산을 죽일 만큼 나쁘다는 것이다. 둘째, 남산의 소나무는 애국가에 나와 있기 때문에 살려야 하고 다른 곳의 소나무는 어떻게 되든지 별로 중요하지 않다는 의식이 깔려 있을 수 있다. 셋째, 남산의 소나무가 죽지않도록 하기 위해서는 먼저 토양의 산성화를 막는 것이 가장 중요하다는 것이다. 넷째, 서울 남산의 경우 그 피해가 심하여 서울 주변의 숲과는 매우 다를 수 있다는 것이다. 다섯째, 숲에서 소나무가 자라는데 있어서 가장 중요한 요인은 대기오염이나 산성우 및 그것의 복합작용에 의한 토양산성화이고, 기후변화나 나무간의 경쟁 및 솔잎혹파리와 응애와 같은 곤충들의 영향은 그에 비하면 별로 중요하지 않다는 것이다.

다시 한번 우리가 주의를 기울여야 할 부분을 정리를 해보자.

서울의 남산이 죽어가고 있다고 한다!

상당히 위협적인 표현이다. 이러한 표현은 현재 우리 국민들의 의식에 깊이 들어가 있는 환경문제에 대한 인식의 표본인 "산성비를 맞으면 머리가 빠질지 모르는데 왜 비를 맞느냐"라던가 "수돗물을 먹으면 암에 걸릴지 모르는데 어떻게 수돗물을 먹느냐"라는 식의 의식을 불러 일으킬 무책임한 표현이라고 할 수 있다. 남산이 죽어가고 있다는 표현을 듣는 일반인들은 이러한 대기오염의 상황에 매우 큰 우려를 갖게 될 뿐 만 아니라 우리의 불안정한 미래에 대하여 큰 두려움을 갖게 될 것이다.

필자는 소나무, 특히 남산의 소나무가 이러한 식으로 환경문제와 연계되어 문제되는 것이 그렇게 바람직하다고 생각하지 않았다. 다시 이야기 하면 남산의 소나무가 생태적인 인식이 약한 국민들을 위협하는 수단으로 사용되어서는 안된다는 것이다.

필자는 이 글을 통해서 앞에서 언급한 기사의 상당한 부분이 생태학적으로 잘못되어 있음을 지적함과 아울러 우리나라의 소나무를 위하여 우리들이 가져야 할 인식이 무엇인지를 같이 생각해 보는 동기를 가져보고자 하였다.

3. 남산의 소나무는 조선조 이래로 남산의 주인 나무였다.

소나무는 지금까지 많이 논의된 바와 같이 숲이 발달하는 과정의 초기단계에 나타나는 우리나라의 풍토에 적응한 향토수종이다. 특히 상록침엽수인 이 소나무는 "변하지 않는 지조와 충절, 굳굳한 선비의 기상을 나타내는 나무"로 우리나라 사람들의 문화의식에 깊히 뿌리 박혀 있는 나무이다. 이 문제는 굳이 필자가 이 자리에서 논의할 필요가 없는 사항이라고 할 수 있다.

1394년 서울에 천도한 조선조는 유교를 국가의 기본이념으로 삼았다. 천도한 해에 도성을 둘러 싸는 內四山의 남쪽에 있어 국태민안과 호국안위를 기원하며 추앙하던 영산인 당시 引慶山(木覓山)을 지금의 南山으로 바꾸었다고 한다 (서울특별시, 1992). 소나무는 이러한 조선조의 국가이념에 잘 부응하는 나무였기 때문에, 조선조는 국가적인 차원에서 소나무식재를 장려하였다. 특히 서울에 위치한 남산에는 대대적으로 소나무의 식재를 장려하고 송충이를 구제했다. 그래서 소나무는 남산의 상징적인 나무가 되었고, 소나무와 일부나무를 제외한 다른 나무들은 잡목으로 취급받아 보호를 받지 못하고 커왔다.

이로 미루어 보았을 때, 남산 제모습가꾸기 사업에서 남산의 제모습은 결국 소나무로 우거진 숲과 그 아래에서 생물적인 구조와 기능을 제대로 갖춘 자연생태계를 의미하게 된다.

이렇게 발달해 오던 남산의 모습은 일제의 침략으로 크게 잠식되기 시작하였다. 해방이후의 혼란기와 6.25동란, 그리고 그 이후의 혼란기를 맞아 남산은 크게 파괴되었다. 그래서 1950년대 후반기의 남산은 거의 벌거숭이라는 표현이 적절한 상태로 바뀌었다. 이때부터 남산은 소나무가 주인이 아닌 여러 나무들이 경쟁을 벌이는 시대로 접어들게 된 것 같다. 그로부터 30여년이 지난 남산은 거의 경이적인 상태로 녹화되어서 지금은 남산의 거의 전역에서 나무들이 자라고 있다.

그러나 문제는 남산에 있는 소나무들이 점점 쇠퇴(衰退, decline)해가고 있는 것이었다. 다시 말하자면 남산전체면적의 20.2%(42.4ha)를 차지하는 소나무림내에 생육하는 소나무들의 활력이 점점 약해져 가고, 그 생육면적이 점차 좁아져 가며, 그곳에 다른 종의 나무들이 침입해 들어오는 것이다. 이러한 상황이 지속되면 남산의 옛모습을 일부나마 유지하고 있던 소나무숲은 앞으로는 찾아보기 힘든 상태로 바뀔 수도 있게 된다.

그래서 앞에서 제기된 상황과 같은 기사들이 나오게 되고, 그러한 문제들에 대한 인식이 올바른 여과 없이 국민들에게 수용되고 있다는 것이다.

4. 남산의 소나무는 솔잎 혹파리의 피해를 장기간 받아서 수세가 매우 쇠약하다

남산의 소나무가 쇠퇴하게 된 가장 중요한 원인은 생물적인 원인이다. 이러한 생물적인 요인은 솔잎혹파리와 응애와 같은 동물적인 요인과 나무들사이의 경쟁과 같은 식물적인 요인 및 미생물에 의한 요인으로 크게 구분할 수 있다.

그 중에서 가장 큰 문제는 지난 수십년동안 남산에서 창궐한 솔잎혹파리에 의한 소나무의 피해와 그에 의한 소나무 수세의 약화를 들 수 있다.

1985년 삼림청 임업시험장에서 발행한 『솔잎혹파리研究白書』는 우리나라의 솔잎혹파리연구에 대한 많은 정보를 담고 있다. 이에 나와 있는 사항중 남산의 소나무와 관련된 사항들을 발췌 요약하면 다음과 같다.

지금 전국적으로 소나무에 엄청나게 큰 피해를 주고 있는 솔잎혹파리는 1929년 4월 서울의 비원과 그해 5월 전남 무안군에서 처음 발견되었다. 그해 비원에서는 소나무가 솔잎혹파리에 의하여 매우 심한 피해를 받았기 때문에 흉고직경이 30 –

50cm나 되는 소나무를 300여주 벌채를 했다고
한다. 솔잎혹파리는 이후에 그 분포가 점차 확대
되어 1936년 경에는 청량리의 임업시험장 구내에
까지 만연되었다. 그 후에 성북동 및 남산 등지로
확산되어 1955년 경에는 청와대 뒷산까지 확산
만연되었다. 1961년에는 경기도 포천군 소흘면과
양주군 진접면에 소재한 광릉 시험림에 솔잎혹파
리가 발생하여 심한 피해를 주었다. 그로부터 솔
잎혹파리는 전국적으로 확산되었다.

필자는 남산에 자라는 소나무 25주에 대하여 그들
이 자라온 과거에 대하여 개략적인 생장조사를 실시
하였다. 6.25동란 이후 지난 약 40년동안 모든 나무
들은 상당기간 생육이 매우 불량한 기간을 가지고
있었다. 이 나무들에 있어서 직경이 1년에 1mm도
자라지 않은 이상생장을 보여준 해는 평균 15년이상
이나 되었다. 물론 이러한 결과는 남산 소나무의 전
반적인 경향을 보여주는 자료로 이용이 가능하다.

임업연구원은 지금까지 솔잎혹파리를 비롯한 산림
병해충에 대하여 발생.예찰상황을 조사해 왔다. 그
림 1은 1968년 이후 전국을 대상으로 조사한 솔잎혹
파리의 평균 충영형성률과 1981년 이후 경기도지역
솔잎혹파리의 평균 충영형성률을 비교하여 그림으로
나타낸 것이다. 여기에서 충영형성률은 전체의 소나
무 잎수에 대한 솔잎혹파리 성체가 성숙·산란하여
소나무 잎의 밑부분에 둥그런 벌레집이 형성된 잎의
비율을 말한다.

이 그림에서 파악할 수 있는 바와 같이, 경기도
지역(서울지역 포함)에서 솔잎혹파리는 전국적인 평
균 경향에 비하여 더 높은 충영을 형성해 왔다는 것
을 알 수 있다. 1960년대 말 이후 남산공원의 관리
를 담당하였던 서울시청소속 직원들의 증언에 의하
면 이렇게 창궐하는 솔잎혹파리를 방제하기 위하여
농약살포, 천적방사 등 많은 노력을 기울여 왔고,
최근에는 남산에 있는 36,000여주의 큰 소나무에 대
하여 2년에 한번씩 솔잎혹파리방제를 위한 수간주사
를 하고 있다고 한다.

재미있는 사실 두가지를 지적하고자 한다. 첫째
는, 그림 1에서 솔잎혹파리 충영형성률이 높은 해
(예를 들면, 1972년, 1975-76년 및 1988년 등)에
남산 소나무의 생장률이 매우 낮은 경향을 보였다는
것이다. 이는 남산의 소나무가 솔잎혹파리에 의하여
생장의 제한을 크게 받았다는 것을 알려주는 직접적

그림 1. 전국과 경기도 지역 소나무에 기생하는
솔잎혹파리 평균 충영형성률 비교.

(자료 : 임업연구원 발행, 山林病害蟲發生豫察調査年報)

인 증거라고 할 수 있다. 둘째는, 1989년 이후, 솔
잎혹파리의 충영형성률이 상당히 저하되고, 서울특
별시 남산공원관리소에서의 솔잎혹파리 방제를 위한
수간주사를 지속적으로 실시하며 토양에 비료를 준
덕분인지, 주변의 다른 나무로부터 피압받지 않은
남산소나무는 일반적으로 그 생장이 회복되는 경향
을 여실히 보여주고 있다. 앞에서 언급한 소나무 25
주중 절반이상이 최근에 매우 왕성한 생장을 보여주
고 있다.

우선, 여기에서 결론적으로 지적하고 싶은 바는
남산소나무의 쇠퇴에 대하여 솔잎혹파리에 의한 피
해를 고려하지 않은 평가는 잘못되었다는 것이다.
다시 이야기하면, 소나무가 솔잎혹파리에 의하여 얼
마나 쇠약해졌는가를 평가하지 않고서는 그것이 대
기오염, 산성비 또는 토양산성화에 의하여 죽어간다
고 말할 수가 없다는 것이다.

5. 남산의 소나무는 아까시나무와 같이 빨리
   크는 나무들에게 피압을 당해 죽어가고 있다.

남산에서 소나무가 純林을 형성하지 못하고 다른
喬木(큰키나무)과 함께 자라는 곳에서, 소나무들은
거의 다른 종류의 나무들에 의하여 樹冠 상층부가
가리워지게 된다. 그래서 소나무들은 생장을 제대로
하지 못하고 낮은 생장을 보이며 나쁜 수형을 가지

게 된다.

이러한 현상은 특히 아까시나무와 같이 생장이 매우 빠른 나무들과 같이 자라는 곳에서 더 두드러진다. 이는 소나무가 자라는 곳에 아까시나무가 침입해 들어와서 소나무보다 더 크게 잘 자라기 때문에 아까시나무는 소나무들의 높이를 누르고 수관을 그 위로 올림으로써 소나무는 상대적으로 쇠퇴해가게 되는 것이다.

그림 2는 소나무가 아까시나무에 의하여 피압(被壓)을 당하고 있는 남산 국립극장 뒷편의 숲에 있는 나무들의 나이와 높이 사이의 관계를 보여주는 그림이다. 나이를 많이 먹도록 초기에 수고생장을 잘하지 못했던 소나무 숲에, 그 생장이 급격히 빠른 아까시나무가 최근에 침입해 들어와서 소나무의 수관을 덮어 버림으로써 소나무의 생장을 억제시키고 그 숲에서 가장 큰 세력권을 형성하는 모습을 전형적으로 보여주고 있다. 이러한 곳에서 아까시나무를 그냥 방치해 두면 소나무는 생장을 하지 못하여 죽게 되므로, 소나무를 살리기 위해서는 소나무의 수관을 덮고 있는 나무들을 일부 제거하고 다른 나무들이 소나무 주위로 침입해 들어 오지 않도록 해주어야 한다. 그렇게 함으로써 소나무가 태양광선을 충분히 받고 뿌리가 뻗어갈 공간을 확보하기 때문에 소나무

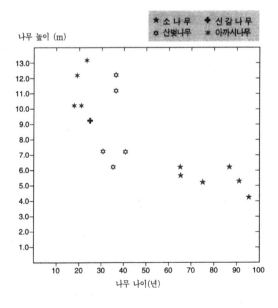

그림 2. 남산에서 소나무가 아까시나무에 의하여 피압(被壓)을 당하고 있는 특정한 숲에 있는 나무들의 나이와 높이 사이의 관계를 보여주는 그림 (국립극장 뒷편).

는 이러한 나무들의 피압에서 해방되게 된다.

그러므로 소나무와 아까시나무가 함께 자라는 곳에서, 조선조 이래로 남산의 주인 나무였던 소나무를 살리기 위해서는 아까시나무를 제거해야만 한다. 이 아까시나무는 우리나라 전역이 벌거숭이가 되어 헐벗었을 때, 그 산에서 흘러나오는 토사의 유출을 방지하기 위해서 외국에서 도입하여 심었던 사방용 나무인데, 현재 남산 전체면적의 37.6%(79ha)를 차지하고 있다. 이 나무는 현재 전국적으로 넓은 면적에 심어져 있어 용재자원, 밀원자원, 환경오염정화자원 및 토사유출방지자원으로서의 역할을 톡톡히 하고 있다. 아울러 초여름에는 그윽한 향기를 뿜어내는 나무로 우리 국민들의 정서에 꽤 깊이 뿌리박혀 있는 나무이다. 그래서 그 나무의 가치는 매우 큰 것이 틀림없다.

그 반면에 이 나무의 단점은 앞에서 지적한 바와 같이 다른 나무가 자라고 있는 곳에 침입해 들어가서 그 나무들을 피압시키고 다른 나무들이 자라는 것을 못자라게 한다. 특히 이 나무는 공터나 묘지와 같이 그 위에 아무 것도 없는 공간에 침입해 들어가서 뿌리를 깊이 내리고 계속 벋어나가서, 그것을 제거하는데 매우 애를 먹이는 나무인 것을 우리는 잘 안다. 일반적으로 아까시나무가 자라는 숲에는 다른 나무들이 거의 없게 되어, 그 수종구성이 매우 단순해진다.

또 다시, 여기에서 결론적으로 지적하고 싶은 바는 남산소나무의 쇠퇴에 대하여 아까시나무와 같이 큰 키나무와의 경쟁에 의한 피해를 고려하지 않은 평가는 잘못되었다는 것이다. 다시 이야기하면, 소나무가 경쟁에 의하여 얼마나 쇠약해졌는가를 평가하지 않고서는 그것이 대기오염, 산성비 또는 토양 산성화에 의하여 죽어간다고 말할 수가 없다는 것이다.

6. 지금 서울에 내리는 비를 맞으면 머리털이 빠지는 것은 아니다.

흔히 지금 서울에 내리는 산성비를 맞으면 머리가 빠진다고 한다. 많은 국민들은 이 말에 대하여 그럴 것이라고 생각을 하겠지만, 필자는 단연코 그게 아니라고 말한다. 지금 서울의 가정에서 수돗물을 먹으면 큰 일이 나는 것으로 생각하는 사람들이 많다. 정말 그럴까? 그러나 필자는 그 수돗물을 먹고 지금까지 큰 문제없이 살아오고 있다.

어느 틈엔지 우리국민들의 의식속에는 우리의 주변환경에 대한 불신의식과 환경오염에 의한 피해의식이 깊히 뿌리 박혀 있는 것을 발견할 수 있다. 필자가 여기에서 분명히 밝히고자 하는 바는 우선 우리 주변의 환경상황이 좋다고 말하는 것은 아니라는 것이다. 다시 이야기하면 우리의 머리위에 내리는 비가 깨끗한 비는 분명히 아니라는 것과 우리가 마시는 서울의 수돗물이 전혀 오염이 되지 않은 물은 아니라는 것이다. 문제는 그것의 오염도가 정말 우리의 머리를 빠지게 하고 암을 일으킬 만큼 나쁘지는 않다는 것이다. 이 문제에 대한 논의는 우리 문제의 촛점을 벗어나기 때문에 이 정도에서 멈추기로 한다.

이제, 앞에서 제기된 문제인 "남산과 소나무가 죽어가고 있고 그 가장 큰 요인은 『대기오염과 산성비 및 토양산성화』이다"라는 주장으로 돌아가보자!

우선 확인할 수 있는 바는 현재의 남산이 지금부터 30여년전의 남산에 비하여 엄청나게 더 우거져 있다는 것이다.

개략적으로 조사(남산공원관리사무소 자료)하여 보았을 때 이곳의 평균 임목축적은 ha당 109m³로 우리나라 현재의 평균 임목축적량의 약 2.5배에 해당한다. 이러한 수치는 매우 큰 값으로서 그동안 남산의 나무들이 매우 빠른 속도로 자라나오고 있다는 것을 보여주는 자료인데, 이는 남산이 죽어가고 있지 않을 뿐 만 아니라, 오히려 전체적으로는 그 안에 있는 나무들이 생장을 잘하고 있어 남산이 다시 살아나는 것을 보여주는 증거가 되는 것이다.

더우기 앞에서 언급한 바와 같이 현재 죽어가고 있다는 일부 소나무는 대부분 지금까지 솔잎혹파리에 의하여 장기적으로 큰 피해를 받아왔던 나무들로서 아까시나무와 같은 큰 나무에 의하여 피압을 받은 나무에만 주로 해당된다. 그와 반면에 다른 큰 나무들에 의하여 피압을 받지 않은 대부분의 소나무들은 최근에 다시 왕성한 생육을 보여주기 시작했는데, 이는 소나무가 죽어간다는 것이 설득력을 갖지 못한다는 것을 의미한다.

한편, 대기오염물질이 식물체에 주는 피해는 급성피해와 만성피해로 구분할 수 있다. 식물이 높은 농도의 오염물질에 상당한 기간동안 노출되면(예를 들면, 0.2ppm의 SO_2하에서 4일 이상 또는 0.5ppm의 SO_2하에서 8시간 등) 내연성이 약한 식물은 급성피해를 받게 되는데 서울의 대기오염도는 이러한

급성피해를 줄 만큼 크지는 않다. 식물이 낮은 농도의 오염물질에 장기간동안 노출되면(예를 들면, 0.05ppm의 SO_2하에서 7개월 이상 또는 0.1ppm의 SO_2하에서 1개월 이상 등) 감수성이 높은 식물은 만성피해를 받게 되는데, 필자가 우리나라의 대기오염자료를 검토하여 판단하는 바에 의하면 서울의 대기오염도는 전체 식물들이 만성피해를 입을 만큼은 크지 않다고 생각된다. 이러한 대기오염에 대한 식물체의 반응에 관한 연구는 현재 국립환경연구원을 중심으로 많이 연구되고 있는데, 앞으로 우리나라에서는 특히 만성피해에 대한 연구가 더 수행되어야 할 것이다.

산성비에 의한 피해를 논의할 때, 우리 나라에 내리는 강우산도는 식물에게 급성피해를 줄 만큼 크지는 않다. 국립환경연구원에서 조사한 바에 의하면 1991년 서울의 평균 강우산도는 pH가 5.5에 해당하고 1992년 평균 강우산도는 4.82에 해당한다고 하였는데, 이러한 강우산도는 식물체에 뚜렷한 가시피해를 줄 만큼 큰 것이 아니다. 참고로 외국에서 산성비의 피해가 보고되는 지역의 평균 강우산도는 pH가 4.2또는 그 이하로 우리나라의 강우산도에 비하여 6-10배 이상이나 더 강한 것이다.

필자는 여기에서 서울의 대기오염과 산성비의 상황이 나쁘지 않다는 것을 말하고자 하는 것이 아니다. 이 대기오염과 산성비문제는 분명히 나쁜 상황이다. 그러나 그것이 식물체에 급성피해를 주어 죽음에 이르게 할 만큼 나쁜 수준은 아니라는 것이다. 잘 모르는 국민들에게 편견 또는 위기감을 조성할 무책임한 말을 하는 것보다는, 반대로 그 문제에 대한 개선방안이나 해결방안을 연구하고 그 깊이를 심화시키는 것이 바로 우리 학자들이 지향해야 할 중요한 사명의 하나라는 것을 강조하고자 한다.

그러나 토양의 문제는 매우 중요한 것으로 보인다. 남산의 토양은 산성화가 상당히 진행되어 있다. 여러 연구자들의 연구결과에 의하면 남산의 토양산도는 pH가 평균 4.0-4.2 정도되는 것 같다. 이러한 토양산도는 극히 강한 산성인데, 이곳에서 클 수 있는 나무는 아주 제한된다. 소나무는 비교적 산성토양을 좋아하기 때문에 이러한 토양에서는 자랄 수도 있지만, 더 산성화되면 소나무의 생육조차도 제한받을 가능성이 커진다. 한편, 이러한 강산성 토양은 신갈나무와 같은 활엽수들의 생육에 매우 부적합하다는 것은 일반적으로 널리 알려진 사실이다. 그

러므로 남산지역에서 앞으로 토양의 산성화가 신갈나무와 같은 고유활엽수들의 생육을 제한시키는 문제가 장기적으로 대두될 수 있는 것이다.

서울특별시와 같이 남산공원을 관리하는 부서가 해야 할 중요한 일의 하나는 이러한 산성토양에 대한 종합적연구를 다각도로 실시하는 것이다. 이러한 연구는 남산의 토양에 있어서 그 화학성 및 물리적 성질들을 방위별, 고도별, 임상별, 토양층위별 연구를 계절별로 실시해 나가야 할 것 같다.

필자가 조사한 바에 의하면 남산의 경사면에 있어서 토양의 깊이(土深)가 매우 낮은 것을 볼 수 있다. 과거에 토양이 거의 파괴되어 버린 남산에 있어서, 경사면에 낙엽 낙지가 쌓여도 그것은 그곳에 안정되지 못하고 밑으로 내려가 버리기 때문에 식물의 생육에 유효한 토심의 발달은 거의 이루어지지 않음을 볼 수 있다. 앞으로 남산에 있어서 이러한 경사면에 있어서의 토양의 안정화 및 발달의 문제는 시간을 두고 고려해야할 중요한 과제라고 할 수 있다. 깊이가 낮은 토양은 큰 나무의 뿌리를 지탱시킬 수가 없기 때문에, 앞으로 나무가 더 커감에 따라 토심의 문제가 훨씬 큰 문제로 대두되리라 예상된다.

한편, 여기에서 분명히 지적하고 나가야 할 사항은 소나무가 토양의 산성화에 약한 수종이 아니라 오히려 산성을 좋아하는 나무라는 것이다. 그러므로 소나무가 자라고 있는 곳의 토양은 비교적 강한 산성임을 알 수 있다. 아울러 소나무는 신갈나무·때죽나무·팥배나무와 같은 활엽수에 비하여 토양산성화에 훨씬 더 강하다는 것을 고려할 때, 처음에 제시한 기사가 정확한 자료에 근거한 표현은 아니라는 것을 확인할 수 있다.

필자는 숲에서 소나무가 자라는데 있어서 가장 중요한 요인은 기후변화나 나무간의 경쟁 및 솔잎혹파리와 응애와 같은 곤충들의 영향 등이라고 제시하고 싶다. 특히 대기오염이나 산성우 등이 나무에 급성피해를 유발할 수 있는 수준이 되지 못한 경우에는 더욱 더 그러하다. 이러한 경우에 있어서 이 요인들은 매우 복잡한 상호작용을 나타내게 되는데, 그 경우에 있어서 대기오염이나 산성우 및 토양산성화 등의 요인들이 단독적으로 수목의 쇠퇴에 미치는 효과를 추출해 설명하는 것은 매우 어려운 일이다.

7. 서울 지역에서 소나무 숲을 방치하면 자연히 신갈나무 숲으로 변해 가게 된다.

앞의 기사를 보면 신갈나무·때죽나무 및 팥배나무는 소나무보다도 공해에 더 강하기 때문에 남산에 살아있다는 것이라 했다. 그게 아니다! 이미 서울에서의 대기오염 상황이 소나무를 죽일 만큼 강한 것은 아니라는 것은 앞에서 지적했기 때문에 더 이상 공해문제를 가지고 논란을 벌일 필요는 없다. 문제는 왜 소나무가 죽고 신갈나무와 같은 활엽수가 더 잘 사느냐는 것일 것이다. 이 문제는 식물군집의 생태학을 이해하는 사람들에게는 천이(遷移; succession)라는 개념만 거론하면 더 이상 논의할 필요도 없이 명백히 설명되는 현상이지만, 필자는 비전문가의 이해를 돕기 위하여 이 현상을 간략하게 설명하려 한다.

남산 뿐 만이 아니라 우리나라의 대부분 소나무숲에 신갈나무가 섞여 있으면 그 숲은 자연스럽게 신갈나무숲으로 바뀌게 된다. 신갈나무와 같은 참나무들은 어렸을 때 그늘에 견디는 힘이 강하여 수관이 빽빽하지 않은 소나무숲의 그늘 아래에서도 잘 자랄 수 있다. 그러다가 차츰 차츰 커 나가면서 소나무와 경쟁하다가 마침내는 소나무의 높이를 능가하게 된다. 그래서 소나무위에 빽빽한 참나무의 수관을 형성하게 되면 소나무는 활력을 잃고 쇠퇴하게 된다. 이러한 경향이 오래 지속되면 소나무는 마침내 죽게 되는 것이다.

남산의 북사면에서는 소나무숲을 거의 볼 수 없게 되고 신갈나무가 우점하는 활엽수림을 이루었는데, 이러한 현상은 바로 숲의 천이현상으로 이해하면 된다. 특히 이곳에서는 소나무가 크지 않은 상태에서 2차천이가 시작된 것 같다. 그러한 북사면에도 소나무가 군데 군데 군상을 이루어 모여 있는 곳이 있는데, 이곳은 소나무 이외의 다른 나무들이 살 수가 없는 척박한 땅이라는 것을 쉽게 알 수 있다. 다른 나무들이 침입하여 살 수 없는 곳에도 소나무는 살고 있는 것이다. 앞에서 언급한 소나무와 아까시나무의 경쟁현상은 결국 이러한 천이현상의 일부인데, 소나무는 이러한 천이의 초기단계에 출현하는 수종으로 선구수종(先驅樹種; pioneer)이라 한다.

한편, 신갈나무·때죽나무 및 팥배나무가 소나무를 피압시키며 자라나는 현상은 공해가 전혀 없는 숲에서도 일어나는 자연적으로 현상이다.

특기할 만한 사항은 남산에서 보여지는 이러한 숲의 천이현상이 서울지역에서 공해가 비교적 적은 북한산국립공원에서도 지난 14년동안에 비슷하게 나났다는 것이다. 산림청 임업연구원에서 조사한 임상도를 기초로 그 면적비율을 임상별로 구분하여 비교해 보았다 (표 1). 두드러진 특징은 암석지와 소나무림 및 2차천이의 초기단계에 나타나는 혼효림의 비율이 현저하게 감소한 반면, 성숙해가는 숲의 상징인 활엽수의 비율이 지난 14년동안에 36%나 증대되었다는 사실이다. 이러한 변화 유형은 남산에 있어서도 거의 유사하게 나타나는 현상인 것이다.

표 1. 북한산 국립공원지역에 있어서 여러가지 임상의 변화유형 비교

(1978년과 1992년에 임업연구원이 조사한 임상도를 기준으로 함)

임상구분	면적비율 (%)		비고
	1978년	1992년	
암 석 지	30.3	27.5	숲 형성 안됨
소 나 무 림	6.3	0.4	침엽수림
침활 혼효림	53.3	25.7	초기발달
활 엽 수 림	10.1	46.4	성숙하는 숲
합 계	100.0	100.0	

앞에서 제시한 기사에서 지금과 같은 상황이 계속되면 남산과 소나무가 다 죽게 될 뿐만 아니라 서울에 사는 우리들도 다 죽게 될 것이라는 것이라고 했는데, 필자는 지금까지 논지전개를 통하여 이러한 기사가 전혀 터무니 없는 것이라는 것을 강조했다. 그리고 우리들도 다 죽게 된다는 식의 발언은 이에 대한 인식이 깊지 않는 국민들에게는 매우 위협적인 발언이 되는데, 이는 앞에서 언급한 바와 같이 국민들로 하여금 환경오염에 대한 피해의식을 갖도록 유도하는 무책임한 발언의 전형이라고 할 수 있다.

8. 남산의 소나무 보전과 우리의 선택

궁극적으로 남산소나무를 보전하는 길은 솔잎혹파리의 구제, 아까시나무와 같은 경쟁목 제거 및 적절한 토양환경의 조성 등으로 요약할 수 있다. 그리고 남산의 보전은 우리의 선택에 달려 있다. 우리들이 그것을 보전하려는 결의를 굳게 한 후, 보전방법을 정립하여 일을 추진해 나간다면 남산의 보전은 그렇게 어렵지 않게 수행해 나갈 수 있으리라고 생각된다.

필자가 생각하는 남산 제모습가꾸기의 기본원칙을 하나 제시해 본다면 그것은 남산의 숲에는 우리나라에서 원래부터 자라왔던 토착 향토수종이 잘 자라도록 유도를 해주는 것이다. 즉 남산에 오면 울창하게 자라는 소나무를 우선적으로 볼 수 있도록 그 세력을 확대시키고, 신갈나무 등과 같이 우리나라 중부지방에서 볼 수 있는 고유한 수종들이 자연적으로 자라고 있는 숲으로 조성하는 것이다. 그러자면 외국에서 도입한 아까시나무, 포플러류, 리기다소나무, 방크스소나무 및 화백과 같은 수종을 숲에서 점진적으로 제거하는 한편, 그러한 수종은 자연학습원에 집단적으로 식재해서 일반인에 대한 교육적 효과를 거두도록 하는 것이다.

특히 아까시나무는 남산에 심었을 때의 원래 목적인 토사유출방지기능을 충분히 달성했다고 보아지기 때문에, 필자는 이제 남산에서 소나무의 생육에 지장을 주는 아까시나무를 서서히 제거하고 그 세력이 커나가지 않도록 관리를 해 나가는 것이 바람직하다고 생각한다.

우리는 이러한 일들을 충분한 시간을 가지고 수행해 나가야 한다. 너무 조급하게 하고 짧은 시간에 큰 성과를 보려고 하는 것이 우리나라 행정의 가장 큰 문제라는 것은 우리가 다 아는 바이다. 자연을 다루는 사람은 자연의 이치, 즉 순리를 잘 따를 수 있어야 한다. 그리고 오랜 시간을 기다릴 줄 알아야 한다.

9. 소나무 중의 귀족인 남산 소나무와 우리나라 일반 소나무

남산위에 저 소나무는 크게 복받은 귀족과 같은 소나무라고 할 수 있다. 전국에 있는 다른 소나무들이 솔잎혹파리의 피해를 받아 활력을 잃고, 다른 나무들에 의하여 피압을 받으며 서서히 시들어 가면서도 국민의 관심을 끌지 못하여 죽어가고 있는 데 비하여, 남산의 소나무에 대해서는 많은 국민들이 관심을 가지고 있고 그들을 건강하게 하는데 많은 노력을 기울여 줄 국민과 서울특별시 및 우리나라가 있는 것이다.

필자는 우리 국민들이 이러한 남산의 소나무에 대하여 가져주는 관심을 조금 나누어 지금 전국적으로 솔잎혹파리에 의하여 과거에 피해를 보았거나 현재 피해를 보고 있는 소나무에 대하여도 관심을 가져주기를 바란다. 왜냐하면 그들도 남산소나무와 똑같은 종류의 소나무로서 남산소나무가 가진 성품 및 특성을 똑같이 가지고 있고 애국가에서 보여주는 "바람서리 불변하는" 늠름한 기상을 가진 나무이기 때문이다. 이는 다른 말로 하면, 전환기에 서 있는 우리나라의 숲에 관심을 더 가지고 그 숲이 건전하게 바꾸어 나갈 수 있도록 마음에서의 지원을 해 달라는 것이다.

이것이야말로 환경오염시대를 사는 우리 세대가 후손들에게 물려 줄 가장 큰 유산을 조성해 가는 것이라고 필자는 마지막으로 강조하고 싶다.

10. 맺음말

이 글을 마치면서 필자는 매년 4월 5일 식목일 또는 11월 첫째 토요일 육림의 날에 다음과 유사한 기사가 많이 실렸으면 좋겠다는 바람을 혼자 해보았다.

제 목 : 『'소나무 사랑 나라 사랑' 전국민이 고향의 산에서 하루를』

(初 略)

"남산 위의 저 소나무 철갑을 두른 듯…" 남산의 정상에서 피어 오른 봉화의 연기를 신호로 전국 방방곡곡에 있는 산봉우리에서는 고향의 산을 찾은 노인·직장인·대학생·어린이들이 "야호"에 이어 애국가 1·2절을 소리높여 불렀다. 그들은 솔잎혹파리에 의해서 피해를 보고, 아까시나무와 같은 나무에 의해서 피압당하고 있는 전국의 소나무를 직접 찾아가서 그 나무들이 살아온 과정과 그 나무들을 어떻게 하면 되살릴 수 있는지에 대해서 생각한 후, 그 나무들을 앞으로 적어도 100년동안 자연의 법칙에 맞도록 가꾸어서 우리 후손들이 커서 큰 용재로 사용하려고 그 나무들을 베어 낼 때, 우리들을 생각하며 우리들의 정신에 감사할 수 있는 큰 나무로 키워 나가야 겠다는 결의를 다지면서 고향의 산에서 하루를 보낸 것이다.

(中 略)

'소나무사랑 한마당'을 시작하며 모 교수는 "남산의 소나무는 서울 사람들이 큰 관심을 가지고 있어서 이제 다시 살아났다. 그런데 여러분 고향의 소나무는 지금 큰 피해를 보고 있다. 여러분들이 각자의 고향에 있는 소나무가 남산의 소나무처럼 건전한 나무가 될 수 있도록 관심을 보여 주고 정성을 다하여 가꾸어 주기를 바란다. 이렇게 여러분이 하루를 보내는 자연은 여러분이 자신의 생명을 받은 터전이고, 앞으로 여러분이 죽어서 안식을 취할 곳이기도 하며, 여러분들의 분신인 우리 후손들이 살아갈 바로 그 터전이기 때문이다"면서 "소나무와 같이 커갈 우리의 미래를 생각하면서 우리는 병든 우리 주변의 소나무들을 튼튼하게 살려야 한다"고 강조했다.

(終 略)

참고 문헌

산림청 임업시험장. 1985. 솔잎혹파리硏究白書. 278 pp.

서울특별시. 1992. 南山 제모습가꾸기 基本計劃. 239 pp.

林業硏究院. 1982- 1992. 山林病害蟲發生豫察調査 年報.

소나무의 番地數

The systematic position of *Pinus densiflora*

이 우 철 (江原大學校 生物學科 敎授)

소나무(*Pinus densiflora* Sieb. et Zucc.)는 韓國, 滿洲, 우수리, 日本을 포함한 東亞細亞의 極東 地方에 나는 毬果植物의 代表的 經濟植物이다(Moriv, 1967)(Fig. 1). 소나무의 屬名인 *Pinus*는 산에 나는 나무라는 뜻으로 1753년에 Sweden의 植物學者 C. Linnaeus(1707-1778)에 의해 붙여졌으며 *densiflora* 라는 小種名은 Netherlands의 植物學者 P.F. Siebold(1796-1866)와 독일의 植物學者 J.G. Zuccarini(1797-1848)가 1842년에 共同으로 꽃이 조밀하게 모여난다는 뜻으로 命名한 것이다.

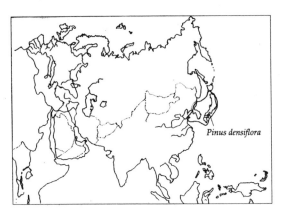

Fig 1. Distribution regions of *Pinus densiflora* in the world.

소나무는 陽樹로서 溫度要因과 水分要因에 폭넓은 適應性을 가지고 있으나 條件이 좋은 生理的 適地에서는 다른 樹種(陰樹)과의 競爭에 약함으로 소나무林은 稜線과 같은 乾燥한 척박지나 濕原, 河岸 같은 過濕地인 生態的 適地에서 群集을 이루거나 天災地變으로 破壞된 곳에 形成되는 二次遷移의 途中相인 二次林으로 出現한다(豊原, 1973).

우리나라 全國土의 66%가 山地이고 이의 1/3을 松栢類가 차지하며 그중 가장 넓은 面積을 가지고 있는 것이 소나무이다(李, 1986).

따라서 우리 祖上들은 어려웠던 옛날 춘궁기에는 救荒食으로 草根木皮를 使用했는데 草根이란 칡뿌리요 木皮란 소나무의 속껍질인 것이다. 이와같이 우리 民族은 소나무와 끈끈한 關係를 가지고 있다. 그 까닭은 사철 늘푸른 그 위상에 눌리기도 했겠지만 그 보다는 우리들에게 많은 利得을 주는 存在였기 때문일 것이다. 이같은 사실은 우리나라 地名中에 松字가 맨앞에 오는 地名이 무려 681곳이나 있다는 것이 잘 말해주고 있다(이, 1986).

自古로 道人들은 生食을 즐겨 했는데 그 主食이 솔잎과 松皮였다. 즉 소나무의 잎을 乾燥하여 분말을 만들거나, 소나무 속껍질을 잿물에 삶아 울궈내고 말려 분말을 만들어 곡식가루 10% 程度를 섞어 各種 料理를 만들어 먹었던 것이다. 이때 반드시 느릅나무의 속껍질 가루를 섞어 料理하여야 한다. 그 理由는 不然이면 변비가 생겨 고생하기 때문이다.

소나무의 系統

소나무의 植物分類學的 位置는 다음과 같다.

裸子植物綱	Class Gymnospermae
毬果植物亞綱	Subclass Coniferophytae
毬果植物目	Order Coniferales
소나무科	Family Pinaceae
소나무屬	Genus Pinus
디플록실론亞屬	Subgenus Diploxylon
오이피티스節	Section Eupitys
소나무	*Pinus densiflora* Sieb. et Zucc.

Pinus densiflora Siebold et Zuccarini, Fl. Jap. 2:22 (1942); Nakai, Fl. Kor. 2:380(1911).

Pinus scopifera Miquel in Zoll. Syst. Verz. Ind. Arch. 82(1885).

Pinus funebris Komarov in Acta Hort. Petrop. 20:117 (1901)

Pinus densiflora var. *brevifolia* Liou & Wang in Ill. Fl. Lign. Pl. N.- E. Chin. 98, 549(1955).

Pinus densiflora var. *funoberis* (Kom.)Liou & Wang, l. c. 98(1955).

Pinus densiflora var. *liaotungensis* Liou & Wang, l.c. 548(1955).

Pinus densiflora for. *brevifolia*(Liou & Wang) Kitagawa, Neo - Lineam. Fl. Mansh. 97(1979).

소나무(鄭, 1937), 솔(鄭, 1937), 陸松(鄭, 1937),

2n = 24 (Hirayosi & Nakamura, 1942)

天然記念物　　103號 俗離의 正二品松
　　　　　　　180號 雲門寺의 처진소나무
　　　　　　　289號 합천 묘산면의 소나무
　　　　　　　290號 槐山 靑川面의 소나무
　　　　　　　291號 무주 설천면의 반송
　　　　　　　292號 문경 농암면의 반송
　　　　　　　293號 상주 화서면의 반송
　　　　　　　294號 예천 감천면의 반송
　　　　　　　295號 매전면(청도)의 처진소나무

for. *aggregata* Nakai, Fl. Kor. 2:380(1911), 남복송

for. *anguina* Uyeki in Bull. Agr. & For. Coll.Suwon 3: 36(1928), 뱀솔

for. *angustata* Uyeki, l.c.1:4(1928), 답사리솔

for. *aurescens* Uyeki, l.c.1:4(1925), 금송

for. *congesta* Uyeki in Act. Phytotax. Geobot. 7:17 (1938), 여복송

for. *divaricata* Uyeki, l.c.(1928), 번가지소나무

for. *erecta* Uyeki, l.c.(1928), 금강소나무

for. *gibba* Uyeki, l.c.(1928), 후린송

for. *glauca* Uyeki, l.c.(1928), 회색솔

for. *longistrobilis* Uyeki, l.c.(1928), 긴방울소나무

for. *multicaulisa* Uyeki, l.c.(1925). 반송

for. *parvistrobilis* Uyeki, l.c.(1925), 잔방울소나무

for. *pendula* Mayr in Monog. d. Abiet. d. Jap. Reich (1890), 처진소나무

for. *plana* Uyeki, l.c.(1928), 퍼진소나무

for. *umbeliformis* Uyeki, l.c.(1928), 사갓솔

for. *vittata* Uyeki, l.c.(1925), 은송

소나무의 分布

　韓國의 소나무 分布는 水平的(Fig. 2)으로는 濟州 漢拏山(33° 20′N)에서 咸北 甑山(43° 20′N)에 이르는 溫帶林 地域의 많은 部分을 차지하며 垂直的 (Fig. 3)으로는 最低 海拔 10m에서 最高 1,300m 까지 分布하고 下最界線 100m, 上限界線 900m로

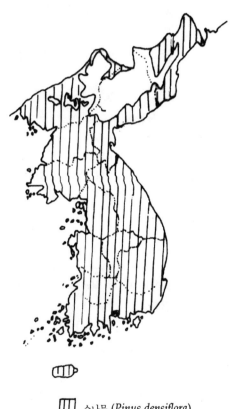

소나무 (*Pinus densiflora*)

Fig 2. Distributed regions of *Pinus densiflora* in Korea.

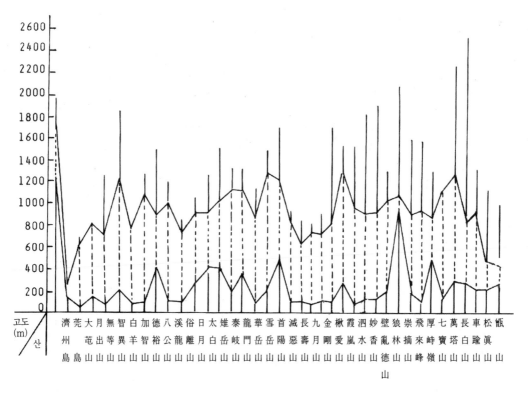

고도
(m)
/산

濟 芫 大 月 無 智 白 加 德 八 溪 俗 日 太 雉 泰 龍 華 雪 首 減 長 九 金 楸 霞 泗 妙 壁 狼 崇 飛 厚 七 萬 長 車 松 甑
州 苞 出 等 異 羊 智 裕 離 公 龍 離 月 白 岳 岐 門 岳 岳 陽 惡 壽 月 剛 愛 嵐 水 香 亂 林 摘 來 峙 寶 塔 白 蹂 眞
島 島 山 德 山 山 峰 嶺 山 山 山 山 山
山

Fig 3. Distribution regions of *Pinus densiflora* in major mountains of Korea.

보았을때 500m 內外가 分布의 中心을 이룬다(鄭 · 李, 1965). 이를 植物의 區系區分으로 보면 日華植物區系(Ronald Good, 1947)에 속하며 濟州道는 暖帶에 둘러싸여 隔離된 海拔 500-1,500m 사이에 分布하고 南部以南에서는 거의 全域에 分布하나 北으로 갈수록 低地帶로 내려옴을 알 수 있다.

소나무의 植生

우리나라 소나무林의 植生에 관해서는 吉剛 (1958)이 全般的인 언급을 하였고 地域植生 또는 植物社會의 一部로 取扱하였을 뿐이다. 筆者는 中部亞區의 雪嶽山(1,708m), 太白山(1,561m), 南部亞區의 俗離山(1,057m), 智異山(1,915m), 南海岸亞區의 大屯山(877m)등 5個地域(Fig. 4)에서 比較的 잘 保存되어 있는 소나무群落 49個支所를 選定하여 50m×50m의 方形區를 設置하고 調查를 하여 그 結果를 植物社會學的으로 分析하여 亞區間의 群落調查와 優点種群에 관한 것을 調查報告(이.이. 1989)한 바 있으므로 이를 紹介하고자 한다.

全調查 方形區 속에 出現하는 植物의 總數는 325 種類이며 이중 草本類는 51%(166種類)이고 方形區당 平均 種類數는 37.4이다. 특히 草本類中 각調查區에서 優点種으로 出現한 것들의 植物面積比는 맑은대쑥(8.8%), 산거울(5.8%), 지리대사초(4%), 그늘사초(3.5%), 대사초(1.3%), 우산나물, 새(각각0.8%), 큰기름새, 주름조개풀, 뱀고사리, 털대사초, 지네고사리(각각0.6%), 애기나리(0.3%), 뫼제비꽃(0.2%)의 順이다.

그리고 소나무群集의 層狀構造別 植被率을 보면 調查地域 全體로는 喬木層(B1)이 77.2%, 亞喬木層(B2)이 24.6%, 灌木層(S)과 草本層(K)이 각각 34%로 나타났다. 이를 亞區別로 보면 中部亞區와 南部亞區는 類似하나 南海岸亞區는 喬木層과 亞喬木層이 크게 減少하는 반면 草本層은 增加함을 알 수 있다.

49個 地點에서 얻은 植生調查結果를 植物社會學的으로 分析하여 보면 소나무群團은 喬木層은 개옻나무, 灌木層은 털조록싸리, 草本層은 맑은대쑥, 산거울, 큰기름새가 優点種群을 形成하며(Table 1)신갈나무, 굴참나무, 쇠물푸레나무, 때죽나무가 각각 亞

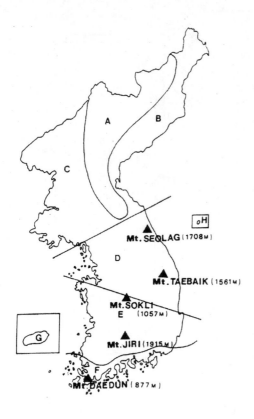

Fig 4. Location map of investigated areas.

군집을 만들고 있음을 알 수 있다(Table 2).

　이를 亞區別로 보면 Table 1과 같으며 中部亞區에서는 졸참나무, 박달나무, 南部亞區에서는 신갈나무, 굴참나무, 때죽나무, 철쭉, 南海岸亞區에서는 굴참나무, 왕진달래나무, 모새나무, 굴피나무, 싸리나무가 각각 亞群集을 形成하고 있었다.

　이같은 結果를 全體的으로 볼때 緯度가 높아질수록 灌木層의 優点種群과 亞群集이 單純化되어지는 傾向이 있으며 下層植生은 中部亞區와 南部亞區는 맑은대쑥, 산거울, 큰기름새로 代表되는데 비해 南海岸亞區는 산거울과 새로 代表되어 산거울 만이 全地域의 標徵種이 된다. 그리고 소나무 群集과 生態的으로 類緣性이 높은 分類群은 참나무류(*Quercus*), 옻나무류(*Rhus*), 싸리나무류(*Lespedeza*), 철쭉류(*Rhododendron*) 등이다. 참나무류는 中部亞區에서는 신갈나무가 소나무群團의 優点種群에 들어가고 졸참나무가 亞群集을 形成하나 南部亞區에서는 졸참나무가 優点種群으로 올라가고 신갈나무와 굴참나무

Table 1. Dominant species of each province

Province	B₁-Layer	B₂-Layer	S-Layer	K-Layer	Subassociation
Middle	<u>소나무</u> 신갈나무	생강나무 당단풍 개옻나무	철쭉 털조록싸리	<u>맑은대쑥</u> 산거울 큰기름새	졸참나무 박달나무
South	소나무 <u>졸참나무</u>	생강나무 개옻나무 쇠물푸레	<u>털조록싸리</u> 산거울 고사리	맑은대쑥 굴참나무 큰기름새 철쭉 참취	신갈나무 때죽나무
South-Coast	소나무 <u>졸참나무</u> 밤나무	때죽나무 검양옻나무	사스레피나무 청미래덩굴 산철쭉 삼색싸리	산거울 새 모새나무	굴참나무 왕진달래나무 굴피나무 싸리나무

(Notes) B₁= 8.0m 〈, B₂= 2.0-8.0m, S= 0.1-0.8m, K=0.1m〉
_____ =Dominant species in investigated regions

가 각각 亞群集을 만들며 南海岸亞區에서는 졸참나무는 여전히 優点種群으로 남으나 신갈나무가 亞群集에서 除外된다. 다시말하면 南으로 갈수록 신갈나무는 줄어들고 졸참나무와 굴참나무가 많아진다. 옻나무類는 中部와 南部亞區에서는 개옻나무가 群團의 亞喬木層의 優点種群으로 있으나 南海岸亞區에서는 南方系의 검양옻나무로 교체되며 싸리나무類도 中部와 南部亞區의 灌木層 優点種群이던 털조록싸리가 南海岸亞區에서는 역시 南方系의 삼색싸리로 바뀌어진다. 그리고 철쭉類도 中部亞區는 灌木層에 철쭉이 優点種群에 들어갔으나 南部亞區에서는 亞群集으로 落下되고 南海岸亞區에서는 철쭉이 왕진달래 亞群集으로 대체된다.

參考 文獻

鄭台鉉.李愚喆, 1965, 韓國森林植物帶 및 適地適樹論, 成大論文集, 10:329-435.

中國科學院, 1978, 中國植物志, 7:239-242.

土井林學振興會編, 1974, 朝鮮半島의 山林.

李昌福,1974, 樹木學, 鄕文社.

李一球, 1976, 우리나라 소나무의 分布와 實態, 自然保存 13:5-8.

李愚喆.任良宰, 1978, 韓半島 管束植物의 分布에 관한 研究, 植物分類誌 8(부록):1-33.

李愚喆.李喆煥, 1989, 韓國産 소나무林의 植物社會

Table 2. Association table

Pinus densiflora 소나무군단

- Pinus densiflora 소나무
- Quercus serrata 졸참나무
- Rhus trichocarpa 개옻나무
- Lespedeza maximowiczii v. tomentella 털조록싸리
- Spodiopogon sibiricus 큰기름새
- Artemisia keiskeana 맑은대쑥
- Carex humilis var. nana 산거울

Quercus mongolica 신갈나무군집

- Quercus mongolica 신갈나무
- Acer pseudo-sieboldianum 당단풍
- Betula schmidtii 박달나무
- Styrax obassia 쪽동백
- Maackia amurensis 다릅나무
- Fraxinus rhynchophylla 물푸레나무
- Rhododendron schlippenbachii 철쭉
- Weigela subsessilis 병꽃나무
- Smilax sieboldii 청가시나무
- Corylus sieboldiana 참개암나무
- Polygonatum odoratum var. pluriflorum 둥굴레

Quercus variabilis 굴참나무군집

- Quercus variabilis 굴참나무
- Lespedeza bicolor 싸리나무
- Zanthoxylum schnifolium 산초나무
- Potentilla fragarioides var. major 양지꽃
- Leibnitzia anandria 솜나물
- Syneilesis palmata 우산나물
- Smilax nipponica 선밀나물
- Arundinella hirta 새
- Lysimachia clethroides 큰까치수염

Fraxinus sieboldiana 쇠물푸레나무군집

- Fraxinus sieboldiana 쇠물푸레나무
- Symplocos chinensis var. leucocarpa f. pilosa 노린재나무
- Rhododendron mucronulatum 진달래
- Sasa borealis 조릿대
- Carex siderostica 대사초
- Melampyrum roseum 꽃며느리밥풀
- Pyrola japonica 노루발풀

Styrax japonica 때죽나무군집

- Styrax japonica 때죽나무
- Castanea crenata 밤나무
- Rhododendron yedoense var. poukhanense 산철쭉
- Lespedeza maximowiczii var. tricolor 털조록싸리
- Smilax china 청미래덩굴
- Miscanthus sinensis var. purpurascens 억새

Accompanion species 부수종

- Lindera obtusiloba 생강나무
- Stephanandra incisa 국수나무
- Aster scaber 참취
- Atractylis japonica 삽주
- Pteridium aquilinum 고사리

114

學的 研究. 植物生態學會誌 12(4):257-284.

李永魯. 1986. 韓國의 松栢類. 梨大出版部 p:341.

N.T.Mirov, 1967, The Genus *Pinus*, Ronald Press Co.

中井猛之進. 1920-1923. 滿鮮産 松栢類. 種類 分布. 植研誌 2:76-80, 95-99, 120-124,; 3:3-6.

中井猛之進. 1938-1939. 滿鮮에 自生하는 松栢類의 種類 및 그의 分布狀態. 朝鮮山林會報 158:21-193, 163:11-33, 165:13-32(1938);76:8-38(1939).

豊原源太郎. 1973. 소나무林의 植物社會. 佐佐木好之編 生態學 講座 4. 植物社會學. pp. 48-53. 公立出版社.

植木秀軒. 1925. 朝鮮 및 滿洲産 松의 種類 및 分布에 관하여. 朝博誌 3:35-47.

植木秀幹. 1926. 朝鮮의 樹木 第 1編. 公孫樹 및 松栢類. 林業試驗場報告 第 4號

吉剛邦二. 1958. 日本松林의 生態學的 研究. 日本林業技術協會 pp.198.

황장목과 황장봉산(黃腸木과 黃腸封山)

박 봉 우 (강원대학교 임과대학 녹지조경학과 교수)

1. 머리 말

우리나라의 숲은 화분분석에 따르면 6,000년 전에는 활엽수림이었는데, 호남지방에서는 약 3,000년 전부터 소나무가 증가되고, 영남지방에서는 2,000년 전부터 소나무숲으로 바뀌게 되었다(이영로, 1986). 그 후 소나무는 우리나라의 대표적인 삼림수목으로 전국토에 걸쳐서 분포하고 있다. 그러나 본래부터 소나무는 화강암질을 모재로 하고 있는 우리 땅에 가장 알맞는 수목이었는지도 모른다. 소나무는 조림하기 쉽고 효용가치가 다양한 수목으로, 양지바른 곳을 좋아하고, 양료나 수분에 대한 요구도가 적은 까닭에 척박한 지역, 건조한 지역에서도 좋은 생육상태를 보이고, 생장력도 왕성하여서 토성을 개량하는 기능을 가지고 있으며, 식생천이에 있어서 선구수종(先驅樹種)으로 들어와 다른 유용 수목이 번식할 수 있는 조건을 만들어 주는 중요한 역할을 하고 있다.

옛부터 소나무는 생활근거지 가까이에 숲을 이루고 있어 우리의 일상적인 생활과 깊은 관계를 맺어온 나무로 함지박과 같은 생활도구를 만들어 썼으며, 집을 지을때 기둥이나 서까래용으로, 온돌을 덥히기 위한 난방용으로, 좋은 화력으로 해서 도자기를 굽는데 화목으로 써 왔으며, 흉년이 든 해에는 자양분이 풍부한 소나무의 내피 부분을 구황식으로 하였으며, 모자라는 쌀과 섞어서 송기떡을 만들어 먹었고, 어린아이들은 어린나무의 초두부를 잘라 먹기도 하고, 봄철에 날리는 송화가루는 다식을 만드는 재료가 되어 어린이들의 사랑을 받아왔다. 또 소나무 뿌리부분에 기생하는 균근(菌根)에 의해 생성되는 송이는 고급스런 식품재료이었으며, 복령은 널리 쓰이는 귀한 약재이기도 하였다. 이렇게 우리의 생활 가까이에 늘 있어온 소나무는 관재로도 널리 사용되어 황천길을 가도록까지 우리와 함께하고 있어 우리의 문화는 가히 소나무문화라고 해도 과언이 아니라고 할 수 있다.

한편 이렇게 민중의 사랑을 받아온 소나무는 용재로서 건축재, 토공재 뿐만 아니라 전함이나 세곡을 운반하는 수송선을 건조하기 위한 선박재, 왕실의 관을 만드는데 쓰는 재궁(梓宮)용으로의 효용가치가 큰 관계로 일찍부터 국가에서 필요로 하는 중요한 자원으로 인정되었다. 나라에서는 이러한 필요성을 감안하여 정책적으로 소나무의 남벌을 금하고, 보호 육성하기 위하여 무주공산(無主公山)시절에 일종의 국유림 형태인 금산(禁山), 봉산(封山)등으로 지정하였고, 감관이나 지방수령들로 하여금 이를 살피고, 육성하도록 하였으며, 범법자는 법률로서 엄히 다스리게 하였다.

본 고에서는 이렇게 보호 육성되고 또 활용되어온 소나무 가운데에서 특히 왕실의 관을 만드는 재궁(梓宮: 중국에서 가래나무[梓木]로 관[棺]을 만들었으므로 이 이름이 생겼다)용으로 쓰인 황장목(黃腸木)의 성격과 그 사용처를 '조선왕조실록'을 중심으로 검토하고, 황장목이라는 자원을 확보하기 위하여 지정한 황장봉산(黃腸封山)의 가치에 대한 인식을 새롭게 하기 위하여 '대동지지'와 '대동여지도'를 중심으로 그 분포 특성에 관하여 조사하였다.

2. 황장목(黃腸木)

황장(黃腸)의 사전적 해석은, 나무의 심 가까운 부분이며, 황장목이라 함은 재관(梓棺)을 만드는데 쓰는 질이 좋은 소나무(이희승 편, 1961) 라고 설명되어 있다.

황장목에 대한 보다 구체적인 설명은 다음과 같은 기사에서 살펴 볼 수 있다. 이 기사에서 살펴 볼 수 있다.

예조에서 계하기를, "(...), '천자(天子)의 곽은 황장(黃腸)으로 속을 하고, 겉은 돌로써 쌓는데, 잣나무 재목으로 곽을 만든다.' 하였고, 또 말하기를, '군(君)은 솔로 곽을 한다.' 하였는데, 주(註)에 말하기를, '군은 제후이니, 송장(松腸)을 써서 곽을 한다.' 하였으니, 황장은 솔나무의 속고갱이라, 옛적에 천자와 제후의 곽은 반드시 고갱이를 쓴 것은, 그 고갱이가 단단하여서 오래 지나도 썩지 않고, 흰 잣재목(白邊)은 습한 것을 견디지 못하여 속히 썩는 때문이온대, 본국 풍속에 관과 곽은 그 폭을 이어 쓰는 것을 기(忌)하므로, 백변을 쓰게 되니, 습함에 속히 썩게 됩니다. 이제 대행 왕대비의 재궁은 고제에 따라, 백변(白邊)을 버리고 황장을 연폭(連幅)하여 조성하게 하소서." 하여, 그대로 좇다(세종장헌대왕실록 제 8권, 세종 2년 7월 24일).

예조에서 예장도감(禮葬都監) 정문(呈文)에 의하여 계하기를, "본국의 소나무는 근래에 계속 벌채하였기 때문에, 심산궁곡이라 할지라도 넓은 판자를 만들만 한 재목이 드뭅니다. 그 까닭에 예장(禮葬)에 쓸 관곽(棺槨)을 준비하기 어렵습니다. 판을 이어서 관을 만들려고 하나 세속이 이를 싫어하고, 반드시 넓은 판자를 구하여 관을 만들려고 합니다. 그러므로 할 수 없이 백변(白邊)까지 합하여 사용하니, 〈그것은〉 도리어 쉬 썩게 되어, 죽은 이를 대접하는데 좋지 못할 뿐만 아니라, 또한 큰 재목이 점점 드물게 되어 계속하기도 곤란합니다. 간혹 재력이 부족한 자가 넓은 판자를 구하지 못하여 장사지내는 시기를 놓치는 일도 있어, 그 폐단이 염려 됩니다. 옛날 제도를 보면 비록 천자와 제후의 장사라도 재목을 쌓아서 관을

만들었으니, 앞으로 예장하는 관재(棺材)는 모두 썩기 쉬운 백변을 깎아버리고 황장을 이어붙여서 관을 만들고, 민간에서 사사로이 준비하는 것도 또한 이에 의하여 제작하여, 그 폐단을 개혁시키도록 하소서." 하니, 그대로 따르다 (세종장헌대왕실록 제 26권, 세종 6년 12월 4일).

이라 하고 있어, 실록에서 전하는 내용을 가지고 본다면 황장목은 살아있는 소나무임과 동시에 목재를 지칭하고 있고, 주요 용도는 예장용으로 재관 또는 재궁, 곧 임금의 관을 만드는데 쓰는 것이다. 그리고, 관곽을 만들때에는 변재부(邊材部)인 백변(白邊)은 제외시키고 심재부만을 사용하고 있음을 적시하고 있어 목재로서의 황장목은 목심부인 누렇게 착색된 부분 곧 심재부(心材部)를 지칭하고 있음을 알 수 있다.

이러한 것들을 종합하여 황장목의 정의를 재구성한다면, 황장목은 우리나라의 소나무 중에서도 몸통 속부분이 누런색을 띄고, 재질이 단단하고 좋은 나무로서, 그 심재부를 취하여 조제한 목재는 주로 왕실의 관을 만드는 재궁(梓宮)용으로 쓰인다 라고 정의 할 수 있다.

황장목의 사용은 관재 그자체 외에도 능실(陵室)을 조성하는데 있어서도 다량으로 사용된듯하다. 세종장헌대왕실록 제 113권, 세종 28년 7월 19일 기사에 의하면,

(...) 다음에는 서실(西室)안의 격석 창혈에 황장판을 사용하여 막고, (...) 기일 전에 황장목 판을 석체에 놓고, (...) 외재궁으로써 외윤여에 안치하고 재궁을 받들게하며, (이하 생략).

라고 하여 예장(禮葬)시에 있어서 황장목은 관재이 외에도 능 서실안의 창혈을 막는 판재로, 석체위에 놓는 목판으로 사용되고 있어 상당량이 소요되었을 것으로 보인다.

이렇게 사용되는 황장목을 확보한다는 것은 그리 쉬운 일이 아니었던것으로 보인다. 특히 앞에서 인용한 세종실록 제26권, 세종 6년 기사는 황장부분을 연결하여 널을 만들어 사용할 것을 말하고 있기는 하지만, 세종장헌대왕실록 제 9권, 세종 2년 8월 8일 기사에 의하면,

변 계량이 계하기를, "곽(槨)을 황장목으로 쌓아 둔 재목에서 쓰려 하니 틈이 났으므로, 청하건대, 세속에 따라서 전판(全板)을 쓰게 하소서." 하

여 그대로 따랐는데 (이하 생략).

라고 하여 적어도 널 만큼은 이은것을 피했던 풍습을 보여 주고 있는데, 이것을 보아도 광판의 황장목을 확보하려는 노력은 계속되었던 것으로 보인다. 이러한 것은 다음과 같은 기사에서 볼 수 있듯이, 황장목을 구하고 확보하는 것은 중앙에서 관리를 파견할 정도로 국가적으로 매우 중요한 일이었다.

> 판승문원사(判承文院事) 정 척(鄭陟)을 평안·황해도에 보내어 황장목(黃腸木)을 구하게 하였으니, 장차 수기(壽器; 관)를 만들려고 함이다(세종장헌대왕실록 제 101권, 세종 25년 7월 24일).

이와 같이 관재를 구하는 일은 비록 왕실의 경우가 아니더라도 민간에게 있어서도 매우 중요한 일이었다. 국가의 국방을 위하여 즉 병선을 제조하기 위하여 확보하고 있던 금산(禁山)의 나무라 할지라도 장례용일 경우에는 배를 만드는데 적합하지않은 것이라면 할양하고 있는 것을 볼 수 있다.

> 병조에서 충청도 감사의 관문(關文)에 의하여 계하기를, "소나무는 배를 만드는 재목이기 때문에 여러번 교지를 내리시어 사람들이 사사로 이 베는 것을 금하였으나, 관곽(棺槨)은 대소인(大小人)들의 송종(送終)하는 데에 부득이한 일이오니, 지금부터는 상가(喪家)에서 소재 관청에 보고하고, 그 관청에서는 재목이 있는 곳에 이문(移文)하면, 그곳 수령(守令)이 배 만드는데 합당하지 않은 나무를 골라서 내주어 장사지내는 데 편히 쓰도록 하소서." 하니, 그대로 따르다(세종장헌대왕실록 제 34권, 세종 8년 10월 17일).

이처럼 조선시대에 있어서 장례에 대한 일은 매우 중요한 일 중의 하나였다. 더우기 예장(禮葬)에 사용하는 광판(廣板)의 관재로 사용하기 위한 황장목을 확보한다고 하는 것은 국가의 중요한 일상적 사무의 하나였다. 황장목을 확보하기 위하여 금산, 봉산을 지정하고 있기는 하였지만 광판을 생산할 수 있는 황장목의 확보는 매우 어려운 일 일 수 밖에 없었다.

3. 황장봉산(黃腸封山)

황장목 소나무를 금양(禁養)하는 산을 황장갓, 또는 황장산(黃腸山)이라 하였으며, 특히 봉산으로 정해진 경우에는 황장봉산(黃腸封山)이라 하였다. 그

러므로 황장목이란 곧 양질의 소나무를 말하고, 황장봉산이란 곧 양질의 소나무림, 소나무목재 자원을 가지고 있는 산이라 할 수 있다.

조선시대의 산림은 누구나 이용할 수 있는 재생가능자원이어서 사사로이 독점을 할 수 없도록 제도적으로 정하고 있었다.

> 사사로 시초장(柴草場)을 점유하는 자는 모두 장(杖) 팔십의 형에 처한다(경국대전 형전 금제조)

그러나 이러한 규정에도 불구하고 국가적 필요에 의하거나, 목재자원의 확보를 위하여 특정한 장소를 지정하여 이곳의 사사로운 사용은 금지하고 있다.

> 한성부에서 아뢰기를, "도성(都城) 안팎 금산(禁山)에 (이하 생략)"(세종장헌대왕실록 제 24권, 세종6년 6월 22일).

> 병조에 전지하기를, "경기도의 포천(抱川) 봉소리(峯所里)와 영평(永平) 백운산(白雲山)의 한목동(閑木洞), 청계동(淸溪洞)과 가평(加平)의 노점(蘆岾) 고비동(高飛洞) 등지는 국용(國用)의 재목(材木)이 소재한 곳이니, 산지기를 정하여 채벌하는 것을 금하게 하고, 소재지의 수령들이 무시(無時)로 점고하고 살피게 하라." 하다(세종장헌대왕실록 제 25권, 세종 6년 9월 10일).

이후 정비된 조선의 기본 법전인 경국대전(1471, 성종 2년)에서도,

> 도성내외의 산에는 표식을 세우고 부근 주민에게 분담시켜 벌목과 채석을 금하게 하며 감역관과 산지기를 정하여 간수한다(공전 재식조).

> 지방에는 금산(禁山)을 지정하여 벌목과 방화를 금지하며(안면곶, 변산은 해운판관이, 해도는 만호가 감시한다) 매년 봄에 치송(稚松)을 식재하거나 종자를 뿌려 배양하고 세초(歲初)때에 식재, 파종한 수를 갖추어 계문하되 위반한 경우에 산지기는 장 80, 해당관원은 장 60의 형에 처한다(공전 재식 조).

금산의 지정과 보호에 대해서도 규정하고 있으며, 이후 보완된 속대전(1746년, 영조 22년)과 대전통편(1786년, 정조 10년)에는 봉산(封山)에 관한 규정이 등장한다.

각도의 봉산에서 금송(禁松)을 범한자는 중하게 다스린다(속대전 형전 금제 조; 대전통편 형전 금제조)

이러한 것을 볼 때 조선조의 산림정책은 주로 금산, 봉산을 통해서 이루어 진 것을 알 수 있다. 성종실록 제 61권, 성종 6년 11월 8일 기사에 의하면,

공조에 전지하기를, "소나무 재목은 국용에 긴요하여 일찍이 각도에 금산을 정하고 재목을 기르게 하였으나(이하 생략)."

로 미루어 볼 때, 금산(禁山)은 국가적 필요에 의하여 목재자원 특히 소나무를 배양하기 위하여 가꾸는 산이라고 할 수 있다. 여기서 국가적 필요란, 한성부에서는 경관유지(景觀維持)와 풍수적(風水的)필요에 의해서 사산(四山)을 중심으로 하여 금산을 경영하였으며, 각 도에서는 다음과 같은 기사로 미루어 볼 때 주로 병선(兵船)의 제조및 수리에 필요한 목재를 확보하기 위한 것이었으며, 소나무를 양성하고 벌금(伐禁)하는 이유는 오랜 세월을 기다려야 비로소 필요한 재목을 얻을 수 있기 때문이라고 설명하고 있음을 볼 수 있다.

유 정현이 상소하여, 일을 의논하여 이르기를, "(...) 한가지는 하삼도(下三道)에서 여러 해를 두고 배를 만들었기 때문에 재목이 거의 다 없어 졌으니, (...) 병선은 국가의 중한 그릇이라, 배 만드는 재목은 소나무가 아니면 쓰는데 적당하지 아니하고, 소나무는 또 수십 년 큰것이 아니면 쓸 수가 없는데, 근래 각 도에서 여러해 동안 배를 만든 까닭에 쓰기에 적합한 소나무는 거의 다 없어 졌으므로, (...) 장차 수년이 못되어 배 만들 재목이 계속되지 못할까 진실로 염려 아니 할 수 없는 것입니다 (이하 생략)"(세종장헌대왕실록 제 4권, 세종 원년 7월 28일).

병조에 전지하기를, "병선은 국가에서 해구(海寇)를 방어하는 기구로서 (...) 선재(船材)는 꼭 송목을 사용하는데, 경인년 이후부터 해마다 배를 건조해서 물과 가까운 지방은 송목이 거의 다했고, (...) 〈송목이〉 자라나지 못하니 장래가 염려스럽다"(세종장헌대왕실록 제 24권, 세종6년 4월17일).

병조에서 계하기를, "근해지역에 병선을 만들기 위

하여 심은 소나무에 대한 방화와 도벌을 금지하는 법은 일찌기 수교(受敎)한바 있으나, (이하 생략)"(세종장헌대왕실록 제 33권, 세종8년 8월27일).

제도 관찰사에게 하서하기를, "군국의 일에는 병선이 중요한데, 배를 만드는 재목은 4,50년동안이나 오래되지 아니하면 쓸 수 가 없으니, 소나무 벌채를 금하는 것은 이 까닭이다"(성종실록 제 68권, 성종 7년 6월 5일).

(...) 고려시대부터 지금에 이르기 까지 궁전, 주선용 목재의 거의 모두를 이곳에서 취하였다(대동지지 권 5, 서산 안면곶).

(...) 고려시대부터 지금에 이르기 까지 궁실, 주선용 목재가 이 산중에 서 나갔다(대동지지 권 11, 부안 변산).

소나무의 육성 배양에는 금산에만 의존하지 않고 송산(松山), 송전(松田), 의송산(宜松山) 등지에서 길러 내었는데, 특히 의송산은 소나무가 잘 되는 땅으로서 세종 30년 8월 27일에 의정부(議政府)에서 상신하기를, 현지 답사를 통하여 경기도 23곳, 황해도 25곳, 강원도 7곳, 충청도 27곳, 함길도 24곳, 평안도 25곳, 전라도 92곳, 경상도 77곳 등 합계 300개소에 달하는 장소를 물색하고, 해당 관원으로 하여금 감독 관리하고 배양하여 용도가 있을때 대비하게 하도록 하고 있다. 특히 조사된 의송산지는 거의 모두가 섬, 곶과 포(浦)인 특징이 있는데, 이것은 목재를 운반하기 편리한 해운, 수운을 이용하고, 사람들이 쉽게, 사사로이 작벌하지 못하도록 하려는 의도가 개재되어 있다고 할 수 있다.

이러한 금산은 숙종 25년(1699년) 이후 봉산(封山)으로 개칭되어 (이만우, 1974) 소나무의 배양 육성을 계속 담당하게 되는데, 이 때 주로 외방금산이었던 곳을 봉산으로 하였다. 이 금산과 봉산은, '조선어 사전'(문세영 편, 1946)에 의하면, "금산(禁山): 나라에서 나무를 금양(禁養)하는 산; 봉산(封山): 나라에서 쓰기 위하여 벌목을 금 하는 산"으로 약간의 차이를 가지고 있는 것으로 설명되고 있으나, 금산이나 봉산은 모두 나라에서 필요로 되는 목재자원의 확보와 배양을 위하여 사사로운 벌목을 금하고 있는 산으로 정의 할 수 있으며, 원칙적인 의미상 차이는 없다고 할 수 있다. 봉산과 금산의 의미상 차이가 없이 사용되고 있는 예를 보면, 금산

의 경우는 이미 앞에서 언급한 바와 같고, 봉산의 경우를 살펴 보면 다음과 같아서 봉산과 금산은 한 가지로 사용되고 있음을 알 수 있다.

서 문중이 또 아뢰기를, "황장금산(黃腸禁山)이 모두 민둥산이 되었고, 오직 삼척. 강릉에만 약간 쓸 만한 재목이 있는데 (이하 생략)"(숙종실록 제 33권, 숙종 25년 8월 30일).

'자산필담'에 말하였다. "선박의 재목은 반드시 봉산에서 나오니 마땅히 봉산에 선창(船廠)을 건립하고, (이하 생략)"(정약용, 1821년).

정 만석이 연일현감으로 있을 때 응지상소(應旨上疏)에서 말했다. "바다 연변의 여러 고을에 모두 봉산이 있는데 (...). 연일현의 봉산은 옛날에는 두 곳 뿐이었는데 하나는 진전산(陳田山)이요 하나는 운제산(雲梯山) 입니다. (이하 생략)"(정약용, 1982).

4. 황장봉산의 지리적 분포

1) 지리적 분포의 특성

황장봉산의 분포를 기록에 의하여 살펴 보면, 종합적으로 적시하고 있는 자료로는 대체로 '속대전'(1746; 영조 22년), '만기요람'(1808; 순조 8년), '대동지지'(1864; 고종 원년)을 들 수 있다. 이들 자료는 약 50년의 년차를 보여 주고 있어 황장 봉산의 지리적 분포및 그 변천에 대하여 더듬어 볼 수 있게 하고 있는데. 이것을 당시의 행정 단위별로 구분하면 다음과 같다(표 1).

표 1.에 의하면 황장봉산은 순조 년간 까지는 늘어난 것으로 보이나 한편으로는 '속대전'에는 읍(邑)단위로 기재하고 있는 관계로 실제 황장처는 이보다 많을 수 있어, '만기요람'에 기록 된 숫자만큼 이었는지도 알 수 없다. 물론 이것은 후일 더 검토되어야 할 사항으로 생각된다. 순조 8년 이후부터 점차 줄어들어 고종 원년에 이르러서는 전국에 41처가 남아 있던 것으로 나타났다. 이러한 것은 여러 이유가 있겠지만, 황장목의 성숙기가 긴데에다가 인구증가에 의한 자원에 대한 요구도가 크고, 도벌도 자심해진데에 그 이유가 있다고 할 수 있다. 후대에 오면서 황장목은 재궁용외에 건축용으로 전용이 심해진듯하다. 삼척문화원 관계자와의 전화 인터뷰로

표 1. 행정구역별 자료별 황장봉산의 분포상 비교

도 별	지 명	속대전	만기요람	대동지지	비 고
강원도	금성	1 읍	4 처	1 처	
	양구	1	3	3	
	인제	1	3	2	
	횡성	1	1	1	
	영월	1	1	1	
	평창	1	1	1	
	이천	1	1	1	
	원주	1	3	2	
	홍천	1	2	2	
	강릉	1	3	1	
	고성	1	1	1	
	양양	1	2	2	
	정선	1	1	1	
	회양	1	1	1	
	삼척	1	6	1	
	낭천	1	2	2	
	통천	1	1	1	
	평강	1	4	4	
	울진	1	3	1	
	춘천	1		1	
	평해	1		1	
	간성	1		1	
소 계		22 읍	43 처	32 처	
경상도	영덕	1 읍	1 처	1 처	
	봉화	1	1	1	
	안동	1	8	1	
	영해	1	1	1	
	예천	1	1	1	
	영양	1	1		
	문경	1	1	1	
소 계		7 읍	14 처	6 처	
전라도	순천	1 읍	1 처	1 처	(거마도)
	강진	1	1	1	(완 도)
	흥양	1	1	1	(절이도)
소 계		3 읍	3 처	3 처	
총 계		32 읍	60 처	41 처	

확인한 바에 의하면, 삼척군 미로면 활기리 소재 준경묘 주위의 황장목이 대원군의 경복궁 재건시에 다량으로 채취된 바 있다고 한다.

또, '속대전'에 의하면, 전라도에서 산출하는 황장목은 외재궁(外梓宮)용으로 취하고, 강원도와 경상도에서 생산되는 황장목은 내재궁(內梓宮)용 판재로 쓰이는데 내재궁용의 것은 길이 7척 1촌에 여분 2척 5촌, 폭 2척 4촌에 여분 4촌, 두께 4촌에 여분 3촌 규격이어야 하고, 옛 법식의 작벌(斫伐)에 따라서 해야 한다고 규정하고 있다. 황장봉산에서의 황장목의 채취는 경차관(敬差官)을 파견하여 강원도의 경우는 5년에 한번, 경상도와 전라도에서는 10년에 한번 채취하여 재궁을 선택하도록 하며, 필요한 량은 때에 따라서 정하도록 하고 있다. 이러한 규격과 규정으로 보아 선택할 수 있는 황장목과 황장봉산의 선택의 폭은 줄어들 수 밖에 없으며, 적극적인 자원 육성책도 불비하던 당시로는 황장목, 황장봉산의 감소는 당연한 귀결이었을 것이다.

황장봉산에 대한 지리 위치적 특성을 '대동여지도' 상에서 보면 황장목의 분포 정도가 우선이었겠지만 운송이 유리한 곳을 고려하여 지정한것으로 보인다. 거의 모든 황장처가 강에 가까이 위치하고 있는 것을 확인할 수 있으며, 다음의 기사는 이러한 고찰을 뒷받침해 주는 것이라고 할 수 있다.

서 문중이 또 아뢰기를, "황장금산이 이미 모두 민둥산이 되었고, 오직 삼척. 강릉에 만 약간 쓸만한 재목이 있는데, 판상(板商)들이 인연하여 들여오기를 도모하고 있으니, 그 재목을 침범할 우려가 있습니다. (...) 정선. 영월사이의 뗏목이 내려오는 길목을 지키게 하소서." 하고, 판윤(判尹) 이 언강은 청하기를, "(...) 영남의 우마(牛馬)로 운반하는 길을 나누어 지키게 하소서." 하니, 임금이 아울러 옳게 여겼다(숙종 실록 제33권, 숙종25년 8월 30일).

"(...) 평안도로 하여금 하번 선군을 시켜서 재목을 베어 내게 하여 삼등(三登). 양덕(陽德). 성천(成川) 등처에서는 대동강으로 떠내려 보내고, 향산(香山)등처에서는 안주강(安州江)으로 내려 보내고, 이성(泥城). 강계(江界) 등처에서는 압록강으로 내려 보내어 (이하 생략)"(세종장헌대왕실록 제 4권, 세종 원년 7월 28일).

2) 지리서에 나타난 분포특징

황장목, 황장봉산에 대한 '대동지지'의 기술을 검토 해 보면, 당시 조선 팔도에서 황장봉산을 가지고 있고, 황장목을 산출하는 도는 강원도, 경상도, 전라도 3도에 한정되어 있다.

'대동지지'의 기술 중 특이한 것은, 강원도의 경우 아예 "황장목"이 아닌 "황장봉산" 자체를 토산(土産) 편목(編目)에 넣고 있고, 그 지리적 장소는 기록된 32처 가운데 (1) 고성, 통천, 울진의 경우만 행간(行間)여백에 "황장봉산 0 처"로 첨기(添記)하고, (2) 인제 등 17처는 지정 처소의 수를 기록하고, (3) 나머지 12처는 "북 0 리" 등으로 위치를 기록하고있으며, 원주의 경우는 "백양산"과 "사자산"을 명기하고 있다. 이에 비하여 경상도는 6개소의 황장처(黃腸處)가 산수(山水)편목의 행간 여백에 첨기되어 있을 뿐이다. 전라도의 경우는 또 달라서 기록된 3개소의 황장처가 (1) 순천의 경우, 산수 편목의 행간 여백에 "거마도(巨麿島)에 황장봉산이 있다"고 첨기되어 있으며, 동시에 산수 편목 도서(島嶼)조 본문에 거마도에 "송봉산(松封山)이 있다"고 되어 있어 봉산과 황장봉산이 같이 언급되고 있음을 볼 수 있다. 이러한 것은 오기(誤記)일 수도 있으나, 장소에 따라서는 황장봉산과 송봉산 사이의 절대적인 구분이 없었지 않았나 하는것을 추측하게 한다. 이러한 것은 황장목이 곧 소나무이기때문에 생각할 수 있는 것이다. (2) 강진의 경우는, 산수 편목 도서 조, 완도(莞島) 본문에 "황장봉산이 소재하고 있음"을 기록하고 있다. (3) 흥양의 경우는, 산수 편목 행간에 "황장봉산이 있음"을 첨가하고, 도서 조, 절이도(折爾島) 본문에 "황장봉산이 있음"을 기록하고 있다.

이렇듯 황장봉산에 대한 기술이 3개도에 있어서 서로 다른 방식으로 나타나는 것은, 첫째, 기록 또는 필사하는 과정에서 누락된 부분을 첨가하다 보니 자연 그러한 방식이 되었을 것이라는 것과, 둘째, 상대적인 중요도, 비중을 고려해서 구분 기술하는 방식이었을 것으로 나누어 생각 할 수 있다. 황장목의 대량 생산지인 강원도의 경우를 가지고 보면, 황장봉산 자체를 토산 편목에 넣어 소개하는 것과 행간여백에 첨기하는 두가지 방식으로 기술하고 있는데, 이러한 기록 방식의 차이는 상대적인 비중의 크기로 나누어 기술한 것으로 보는 것이 타당할 것 같다. 토산 편목에 집어넣어 설명할 정도로 비중이 큰 것을 부분 부분 누락시켜 첨기하는 일은 생각하기 어려운 것 같다. 완도, 거마도, 절이도의 경우는 본문에도 기록하고 또 행간 여백에 첨기하고 있는데, 상대적인 비중으로 구분 기술 한 것이라면 이는 토산 편목에 넣기에는 약간 모자라고 행간 여백에만 첨기하기에는 비중이 큰 경우라고 생각하고 싶다. 이는 농업국가였던 조선에서 언제(堰堤)의 중요성이 크다고 할 수 있는데, 언제에 관한 사항이 '대동지지' 전권을 통하여 행간 여백에 일일이 첨기되는 방식으로 기술되고 있음을 비추어 볼 때, 행간 여백의 첨기는 누락된 기록의 첨가 보다는 중요도에 따른 것이라고 생각된다. 앞에서 살펴 본 것과 같이 소나무 자원은 국가적으로 매우 중요한 자원이기 때문에 '대동지지' 전권을 통하여 소나무와 관련된 사항인 봉산, 송봉산, 황장봉산, 송전(松田), 의송산 등을 본문에, 행간 여백에 첨기한 것으로 생각한다.

3) 황장봉산과 황장금표(黃腸禁標)

황장봉산에는 양질의 소나무에 대한 도남벌을 예방하고 산림의 황폐를 막기위하여, 산림의 배양을 권장하고 도벌을 금지하는 일종의 보호림 표지, 국유림 표지로서 황장금표(黃腸禁標)를 설치하기도 하였다.

황장금표는 현재 강원도내에 3개소가 남아 있는 것으로 확인되고 있는데, 그 하나는 강원도 지정기념물 30호로 원주군 소초면 학곡리 치악산 구룡사입구에 소재한 것으로 다듬지 않은 자연석 그대로에 "黃腸禁標" 라고 뚜렷이 새기고 있으며, 또 하나는 영월군 수주면 두산2리 황장골에 있는 높이 110 cm, 폭 55 cm의 아담한 비석으로 마을 고로에 의하면 조선조 순조 2년(1802)에 비석이 세워졌으며, 마을 이름을 황정골이라고 부르게 된 것도 이에 연유한 것이라 하였다(영월군, 1982). 마지막 하나는, 1985년 강원대학교 박물관 조사팀에 의해서 발견 확인 된 것으로 인제군 북면 한계리 안산기슭에 소재하고 있다(강원대, 1986). 이 황장금표는 절의 축대 돌면에 "黃腸禁山 自西古寒溪 至東界二十里"라고 새겨 놓고 있어, 금표가 있는 서쪽 한계라고 하는 골짜기에서부터 동쪽으로 20리까지를 금산지역으로 지정하고 있음을 알 수 있다. 이곳은 아직껏 수령 100년 내지 200년이 되는 소나무가 많이 있으며, 한계리에는 수령 300년 내지 500년 되는 소나무 두그루가 군 보호수로 지정, 관리되고 있는데 각각 높이 19 m, 지름 2.4 m, 둘레 7.6 m 와 높이 20 m, 지름 0.9 m, 둘레 2.8 m의 웅장한 모습을 보여주고 있어 (인제군, 1980), 예전의 무성했던 황장목의 자취를

짐작하게 해 주고 있다.

5. 맺음 말

이렇듯 우리땅에서 우리의 선조와 함께 살아왔고, 우리의 역사와 문화와 함께 해오면서 소중한 쓰임새로 해서 가꾸어 오고, 보호하여 왔던 소나무에 대하여 황장목과 황장봉산을 중심으로 살펴 보았다.

본 고를 통해서 황장목과, 금산, 봉산에 대한 정의를 재구성하였으며, '조선왕조실록'을 통하여 황장목의 사용과 관련한 사항들, '대동지지'에 기술된 것들을 중심으로 하여 황산봉산의 의미를 종합적으로 검토하였다.

'대동지지'에 남아있는 봉산, 송봉산, 송전, 의송산 등에 관한 사항이 더욱 검토되어 함께 다루어 졌어야 하는데 아쉬움을 남기며 다음 기회로 미루고자 한다.

참고 문헌

강원대, 1986, 인제 뗏목, 강원대 박물관 유적조사 보고 5집. 107p.

경국대전 (법제처 편, 1981, 경국대전, 일지사)

김정호, 1861, 대동여지도,(이우형 복각, 1990, 광우당).

김정호, 1864, 대동지지, (한양대학교 국학연구소, 1974). 639p.

대전통편(조선총독부 편, 1986, 대전통편, 민족문화사)

문세영 편, 1946, 수정증보 조선어 사전, 영창서관.

세종실록(세종대왕 기념사업회 역, 1968-1972, 세종장헌대왕실록) 속대전(조선총독부 편, 1986, 속대전, 민족문화사)

영월군, 1982, 영월의 향기, 203p.

이만우, 1974, 이조시대의 임지제도에 관한 연구, 한국 임학회지 22:19-48.

이영로, 1986, 한국의 송백류, 이화여대 출판부, 241p.

이희승 편, 1961,국어대사전, 민중서관

인제군, 1980, 인제군지.

정약용, 1821, 목민심서,(다산 연구회 역주, 1985, 역주 목민심서 5, 창작과 비평사)

春 陽 木

황 재 우 (영남대학교 임학과 교수)

춘양목이란 경북 봉화군 춘양면의 "춘양역에서 신고 온 소나무"를 말한다. 춘양역은 이 지방 태백산맥 일대의 임산물과 광산물을 수송하기 위해 1955년 7월에 개통된 영암선의 한 역이며, 봉화, 울진, 삼척 등지에서 벌채된 목재가 이 역에 집재되었다가 서울 등 대도시로 수송한 역이다. 이 지역에 있는 소나무가 우수하다는 것은 우선 쭉쭉 곧게 또한 굵게 자란 나무들을 보면 누구나 그것을 인정할 것이다.

과거 우리나라 소나무에 대하여 깊이 연구를 한 바 있는 우에끼(植木秀幹)박사는 1928년에 이 나무들의 우수성을 인정하여 금강형(金剛型)이라 명명하였고, 지금 우리가 강송(剛松) 혹은 금강 소나무라고 부르는 것이다. 이 금강형에 대한 유전적 배경과 우수성의 이유에 대하여는 소나무 개량분야에서 깊이 언급될 것이므로 생략한다.

이러한 우수한 소나무가 벌채되어 춘양역까지 인력이나 우마차, 트럭 등으로 운반되어 다시 열차로 서울 등 대도시로 운반되었다. 우수한 목재가 실려왔으니 "어디서 싣고 왔느냐?", "춘양역에서 싣고 왔다." "춘양역에서 싣고 온 나무는 다 좋더라." "춘양역에서 왔으니 물어 볼 필요도 없이 다 좋다." 등으로 발전하여 "춘양역에서 실려온 좋은 나무"에서 춘양목, 춘양재로 불리게 됐다고 본다. 한편, 태백산맥의 동쪽 일부의 소나무는 운송의 불편 때문에 삼척 호산에 집재되었다가 부산등지로 바다로 이동되었다고 한다. 그래서 부산등지에서는 춘양재라는 이

름 대신에 호산재라고 불렀다고 한다. 이 춘양목은 외형적으로 줄기가 곧게 자랄 뿐 아니라 재질면으로는 그 우수성이 인정되고 있다. 시험결과에 의하여 심재율은 장령목에서 춘양목이 87%, 일반소나무가 52%, 수축율에 있어서는 각각 12.96%와 13.99%, 압축강도는 640kg과 430kg, 그리고 휨강도는 975kg와 741kg로 조사되고 있다.

그러면, 과거 춘양역을 통해서 실려간 춘양목이 얼마나 될까? 어디로 수송되었을까? 1961년부터 1983년까지 22년간 춘양역에서만 근무해온 조국원씨에 따르면 춘양역이 개통되면서부터 역구내는 수송을 기다리는 원목이 산과 같이 쌓였으나, 80년대에 들어오면서 급격히 줄어들어 집재원목을 볼 수 없었다고 한다. 그 당시 수송화차의 부족으로 어려움이 많았으며 화차 한량이라도 먼저 싣기 위해 지나친 부탁을 받기도 했다고 한다. 춘양역에서 40년 가까이 간신히 보관되어 온 낡은 서류를 찾아 다음과 같은 표를 만들 수 있어 다행스럽다.

이 표에 나타난 수치는 물론 이 지역 전체의 생산량이라고 볼 수는 없다. 초창기에는 벌채산지에서 중간집재장소까지는 오히려 트럭이 사용되었고 다시 춘양역까지 인력이나 우마차에 의하여 모여졌으나 차츰 현지에서 트럭에 의한 타지역으로의 수송도 상당량 있었을 것으로 생각된다. 기록에 의하면 춘양역을 떠나 원목은 주로 서울지방의 청량리역, 용산역, 성동역, 왕십리역, 동막역 그리고 동인천역, 수원역, 대구역으로도 수송되어졌다. 표에서 보는 바

123

춘양역 화물 발송량

(단위 : 톤)

연 도	합 계	목재(비율 %)	기 타	비 고	
1955	6,645	1,199 (18.0)	5,446	1955.7.1	영주↔춘양개통, 무연탄 4,680
1956	4,441	3,721 (83.8)	1,450	1956.1.1	영암선전구간개통, 고철 450
1958	11,644	8,306 (71.3)	3,338	신 탄	486
1959	8,988	5,910 (65.8)	3,078	과 물	855
1960	10,353	8,495 (82.1)	1,858	광 석 류	880
1962	9,657	6,451 (67.7)	3,206	과 물	510
1964	6,648	3,484 (52.4)	3,164	과 물	720
1966	8,504	4,820 (56.7)	3,684	양 곡	384
1968	12,244	10,431 (85.2)	1,813	비 료	490
1969	8,224	5,795 (72.7)	2,429		
1970	6,073	4,537 (74.7)	1,536		
1972	19,736	16,080 (81.5)	3,656	곡 류	624
1973	18,421	15,737 (85.4)	2,684		
1974	13,715	10,462 (76.3)	3,253		
1975	16,959	14,195 (83.7)	2,755	야 채	242
1976	17,330	-	-		
1977	16,550	-	-		
1979	16,501	-	-		
1980	19,429	-	-		

자 료 : 영주 철도국 춘양역

와 같이 역이 개통된 1955년에는 약 1,200톤이 탁송되어 전화물 수송량의 18%였던 것이 매년 급격히 증가하여 1960년 말부터 70년대 중반까지 절정을 이루었음을 볼 수 있고, 그 당시 수송을 지켜본 조국원씨는 80년대에 들어서면서 거의 수송이 마감됨에 이르렀다고 한다. 기록에서 가장 많이 수송된 기간을 보면 1972년부터 수년간 15만-16만톤으로서 목재가 전 수송량의 80-85%를 차지한 것으로 나타났고, 1976-80년까지는 발송된 목재량이 별도로 기록되어 있지 않아서 정확히는 알 수 없으나 비슷한 수준에서 차츰 줄어들어 80년대를 넘어서면서 거의 없었던 것으로 추측된다. 또 월별탁송량에 있어서는, 기록에 있는 1985, 1959, 1962, 1964의 4개년 수치로 대략의 경향을 보면, 초창기인 1955년에는 탁송량의 50%가 여름기간에 이루어 졌으나, 이후는 월별에 차이가 없이 연중 수송이 이루어진 것으로 나타났다. 이는 아마도 집재량이 많은 반면 화차량의 부족으로 인한 수송량의 한계가 있었던 것으로

보아진다.

그런데, 막상 춘양지방에서는 외지에서 부르는 춘양목이라는 말을 사용하지 않고 이를 적송(赤松), 백송(白松) 및 반백(半白;반백송의 준말)으로 나누어 부른다. 임학과 졸업생 중에서 춘양이 고향인 학생이 있었는데 당시 춘양목에 대해 물어 보았으나 현지에서 들어본 적이 없다고 하였다. "적송(赤松)"은 나무를 잘랐을 때 붉은색이 도는 심재(心材)부분이 단면의 대부분을 차지하는 나무를 말하여, "백송(白松)"은 반대로 심재분이 작은 것을, "반백(半白)"은 그 중간 정도를 말한다. 현지에서 말하는 이 적송의 장점은 목재가 가볍고 건조기간이 짧으며, 문살 등을 만들었을 때 뒤틀리지 않고 건축재로 사용했을 때 잘 썩지 않으며, 오랜시간이 지나도 닦으면 윤기가 난다는 것이다. 또한 나이테의 폭이 일정하고 비뚤림이 없이 아주 고르게 원형을 이루고 있어 아름다운 무늬를 보여준다는 것이다. 소나무도 다른 수종과 같이 어느 정도 수령이 높아지면 심재가 생기며, 수령의 증가에 따라 심재도 증가한다. 심재가 생기는 이유는 수간의 부피가 늘어남에 따라 잎에서 만드는 영양분으로는 모든 세포의 생존을 유지시킬 수 없기 때문이며 따라서 늙은 세포로 이루어진 수간의 중심부로부터 심재가 생겨 늘어나는 것이다. 이 심재에는 세포 내부에 여러가지 물질이 쌓이거나 세포벽이 색소에 의해 착색되기 때문에 수종특유의 농색을 띠게 된다. 생재로 있을 때 심재는 죽은 세포로 되어 있기 때문에 심재가 많으면 부피에 비해 가벼우며, 이미 수분을 잃었기 때문에 건조가 쉬우며, 건조가 잘 되었기 때문에 뒤틀림이 적으며, 곰팡이의 피해를 적게 받는다. 이러한 점을 종합해 보면 이 나무는 심재가 많다는 것에 귀결된다. 그런데 이러한 점은 운반이나 건조시킬 때 또는 건축재 등의 용도로 쓰일 때는 장점이 되나 펄프를 만들 때나 탈색, 염색하고져 할 때는 오히려 단점이 될 수 있다. 그러면 이 적송들의 외관상 특징은 어떤가? 외관상으로 판별이 가능한가? 현지주민들은 이 나무의 특색을 "수피가 얇고 거북등 모양이며, 색깔은 수간의 하부를 제외한 대부분이 옅은 적색이며, 수관이 좁고 잎의 색이 연황색을 띤다"고 한다. 이러한 특색을 보아 수령이 많아 생장이 거의 정지된 상태에 있음을 알 수 있다. 키가 작은 나무에서도 간혹 이런 특성을 가진 것이 발견된다고 하는데 키가 작지만 수령이 많거나 생육환경이 나빠 심재가 많아졌다

고 보는 것이 타당하다고 생각된다.

결론으로 춘양목은 봉화. 울진. 삼척지방의 좋은 나무는 벌채 운반하여 춘양에 집재하였다가 다시 운반된 소나무를 말하므로 춘양목이라는 수종이나 품종이 있는 것으 아니다. 불령계곡 도로변에 "춘양목"이라 표지간판이 세워져 있는데 이를 보는 일반인들에게 소나무가 아닌 별다른 나무종류라고 오인되어서는 안될 것이다. 소위 춘양지방에서 말하는 적송은 수령이 많거나 생육환경이 나빠서 생긴 심재가 많은 소나무를 말한다. 용도면을 볼 때 판재나 각재로 쓰일 때는 좋은 나무이나 펄프 등 다른 용도로 사용될 때는 오히려 반대일 수도 있다. 이 춘양목은 곧게 자라는 것이 장점이고 유전적 퇴보를 가지지 않는 우리나라 소나무의 원형이라고 생각하며, 한편 조림학적으로는 천연갱신에 의한 심한 밀생의 영향이 있는 것으로 추측된다.

소나무의 재질 특성

차 재 경 (국민대학교 임산공학과 교수)

소나무는 우리문화에 없어서는 안될 중요한 위치를 차지하여 왔다.

선조들은 소나무로 지은집에서 소나무로 만든 가구에 소나무를 연료로 사용하며 생활하여 왔다. 또한 소나무로 만든 도구를 사용하여 농사를 짓고 운반기구를 만들어 사용하여 왔다. 특히 소나무는 나무갗은 거칠지만 나무결이 곧고 연륜폭이 좁으며 강도가 커서 궁궐, 사원등 큰 건축물 힘받이 부재로 사용되었으며 보존성이 우수하고 물에 견디는 특성 때문에 선박재료로 많이 사용하여 왔다. 또한 휨 가공성이 좋아 우마차의 바퀴를 만드는데 사용하였으며 근대에 와서 철도 침목과 펄프용재로도 요긴하게 사용되었다.(Uyeki) 하지만 소나무가 현대에 와서 잡목 취급을 당하고 있다. 이는 수간이 굽고 가지가 많으며 솔잎혹파리등 병충해에 약하다는 이유이겠으나 이는 전쟁으로 인한 피해복구에 줄기가 곧고 우량 소나무를 마구베어 사용하면서 우량인 소나무를 보호하지 않았기 때문 일 것이다.

그리하여 옛날부터 우리 문화에 중요한 소나무를 외국 소나무와 재료적인 특성인 해부학적, 물리적, 기계적 특성을 비교하여 보고자 한다.

해부학적 특성

나무는 그림1과 같이 일반적으로 5가지 주요세포로 구성되어 있다. 그 중 침엽수는 그림2와 같이 2가지 형태의 세포인 가도관(그림1 e)와 유세포(그림2 a)로 구성되어 있다. 가도관은 침엽수 체적의 90% 이상을 차지하고 있으며 길이가 길고(약3.5 mm), 좁은 세포로서 대부분 길이는 직경의 100배이다. 가도관의 길이는 목재의 강도적 특성과 제재목 치수안정성과 관련있는 수축율과 관계가 있는 중요한 인자이다. 가도관의 길이는 수령에 따라서 다르고 같은 연륜일지라도 춘재와 추재 부위의 길이가 다르다.

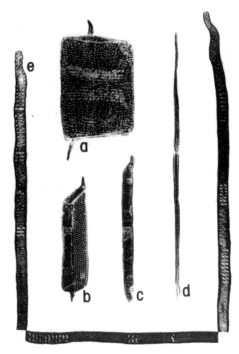

그림1. 여러 형태의 목재를 구성하는 세포
(Core, H.A., W.A. Côte & W.A. Day)

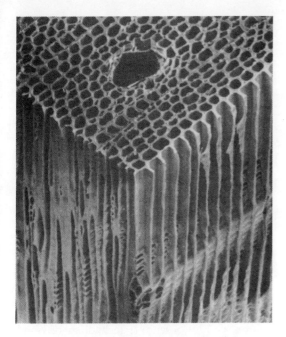

그림2. 전자 현미경으로 본 목재 형태 (침엽수)
(Panshin, A. J. & C.D. Zeeuw)

수종별 가도관의 평균 길이는 잣나무가 2.8mm, 소나무(적송)이 2.6mm, 곰솔 2.9mm이며 강송이 2.5 mm인 반면 외국수종인 미송의 경우 3.5mm이 었고 남부소나무의 경우 3.0mm에서 3.6mm로 외국소종의 가도관의 길이가 우리나라 소나무의 가도관의 길이보다 길다.

생장율과 관계가 있는 평균 연륜폭은 잣나무가 3.0mm이고 소나무가 2.6mm, 곰솔 2.8mm, 강송이 2.7 mm인 반면 일본산 적송이 2.2-3.1mm, 일본산 곰솔 5.0mm(日本林業試驗場)로 이는 일본 곰솔에 비해 적은 생장률을 나타낸다. 일반적으로 침엽수에서 목재의 비중과 연륜폭 사이에 상관관계는 적지만 나무의 생장율이 커지면 비중은 감소한다. 생장율은 제재목을 등급 분류하는데 사용되는 경우도 있다. 특히 미국의 남부 소나무와 미송의 경우 연륜이 4.2 mm이하이면 보통제재목 강도보다 15-30%정도 높은 값을 사용한다.

물리적 특성

비중은 목재사용에서 다른 특성보다 중요하다. 이는 목재사용에 직접적인 영향을 미치기 때문이다. 특히 목재의 강도, 펄프의 생산량과 접합했을 때 틀어짐과 쪼개짐 등과 관계가 깊다. 또한 가공상의 도장, 절삭등에 직접적인 영향이 있다. 또한 비중은

목재의 생장과 관계가 있기 때문에 재목을 생산하는 임목생산에 중요한 지침을 제공한다.

우리나라 수종의 비중은 강송이 0.48로 미송과 같았으며 소나무는 0.47로 약간 낮았고 곰솔이 0.54로 0.51인 로브로리 소나무보다 높았고 잣나무는 0.45로 0.40이하인 남부소나무속보다 컸다.

수축과 팽창은 목재내 결합수 이동에 의한 치수변화이다. 수축은 목재사용에 많은 문제점을 일으킨다. 목재로 만든 문이 틀어져 잘 닫히지 않고 가구에서 조인트부분의 결함, 마루판이 설치후 일어나는 등 결함을 유발한다. 이런 수축율이 경단 방향에서 미송이 5.0%이고 로브로리 소나무가 4.8%이고 폰다로사소나무가 3.8%인 반면 우리 수종인 소나무가 2.9%로 가장 크고 강송이 2.6%, 곰솔이 2.4%와 잣나무가 1.8%이었다. 촉단 방향에서 미송이 7.8%, 로브로리소나무가 7.4%이고 폰다로사소나무가 6.3%인 반면 소나무가 5.4%로 가장크고 강송이 5.1%, 곰솔 4.9%, 잣나무가 5.4%로 우리 소나무가 치수안정면에서 외국소나무(미송, 남부소나무)보다 좋음을 보여 주고 있다.

기계적 성질

목재로 된 구조물에서 목재는 현저한 변형과 파괴됨이 없이 하중을 지지해야 한다. 이러한 역활을 하기 위하여는 여러 종류의 강도가 있다. 건물의 보나 들보의 설계에 필요한 휨강도에 있어서 표 1에 나타난 것같이 곰솔과 강송의 최대강도가 외국소나무보다 크게 나타났다. 또한 마루나 휨 부재에서 무게에 대한 처짐 정도를 예측하기 위해 사용되는 휨영계수 역시 국내 소나무가 외국소나무에 비하여 적지않은

표1. 소나무속의 기계적 성질

(단위 : kg/cm²)

구 분		휨		횡인장	종압축
		최대 응력	휨영계수(10³)		
국내	잣 나 무	772	99	31	425
	소 나 무	747	92	45	420
	곰 솔	994	127	44	571
	강 송	975	130	47	640
국외	미 송	872	128	24	523
	로브로리소나무	900	126	33	501
	폰다로사소나무	661	91	30	374

값을 보여주고 있다.

기둥설계시 사용되는 종압축 강도에서 강송이 가장 큰 값을 보였고 곰솔 역시 큰 강도를 보여 주고 있다. 횡인장 하중시 파괴는 큰 하중을 지지하는 두 볼트사이 목리를 따라서 파괴가 일어날 것이다. 이를 예측하기 위한 횡인장 강도는 우리 소나무가 모두 큰 강도를 보였다.

결 론

해부학적 성질에서 보여 주듯이 외국소나무에 비하여 생장율은 떨어지지만 우리소나무가 치수 안정성이 높고 펄프생산량과 가공성에 밀접한 연관이 있는 비중에서는 큰 차이를 보여주고 있지 않으며 힘부재로서 사용할 때 외국수종에 비하여 우수함을 보이고 있다. 아울러 소나무에서 얻어지는 송지는 도료의 원료로서 사용되고 소나무 주위에서 생산되는 송이버섯은 중요한 외화 수입원으로서 어느하나 버릴 것없는 한국의 소나무를 재평가하여 강송과 곰솔 같은 훌륭한 우량종에 대한 보다 많은 연구가 필요하다고 본다.

참고 문헌

권 영대, 권 순모 1959. 목재시험에 관한 연구(Ⅰ). 임업시험장 연구보고, 제7호 1-24

권 영대, 권 순모 1959. 목재시험에 관한 연구(Ⅱ). 임업시험장 연구보고, 제8호 26-62

조 재명외 6인 1975. 소나무속의 재질에 관한 연구 임업연구원 연구보고 제22호 71-84

Core, H.A., W.A. Côte & A.C. Day 1979. Wood structure & Indentification. Syracuse University Press, Syracuse New York.

Panshin, A.T. & C.D. Zeeuw. 1980. Textbook of Wood Technology. McGraw-Hill Book Co. New York.

Saucier, J.R. 1972. Wood Specific Gravity of Eleven species of Pine. Forest Product Journal, 22 (3) : 32-34

Tsoumis, G. 1991. Science & Technology of Wood Van Nostand Reinhold Co, New York.

U.S. Department of Agriculture, 1978. Wood handbook. U.S. Government Printing office, Washington DC

Uyeki, Homiki 大正十五年. 임업연구원 연구보고, 제1편 公孫樹及 と 松相類 日本林業試驗場 1982. 木材工業. 丸善株式會社

소나무림, 송이 생산을 위해서는 어떻게 할 것인가?

구창덕, 김교수, 이창근 (임업연구원 미생물과)

1. 송이, 수익성이 매우 높은 버섯

송이(Tricholoma matsutake)는 소나무와 공생하여 발생하는 버섯으로 1992년에는 749톤이 생산되어 일본에 수출, 약 8,170만 달러의 외화를 벌어들여 농산촌의 소득증진에 큰 기여를 하였다. 하지만 장기간 계속된 소나무림의 솔잎혹파리 피해와 우거진 하층식생으로 인하여 그 생산량이 전반적으로 감소될 것이 우려되고 있다. 송이를 1970년 경부터는 일본에 수출할 목적으로 산림조합이 생산자로부터 체계적으로 수매하고, 임업연구원은 상품성이 있도록 길러서 채취하는 방법을 개발하여 농산촌민들에게 홍보하여 왔다. 그 결과로 최근 10여년 동안에는 그 생산량이 320톤 내지 1300여톤의 커다란 기복을 내면서도 일본에 수출하여 벌어들인 외화는 꾸준히 증가하여 왔다(그림 1).

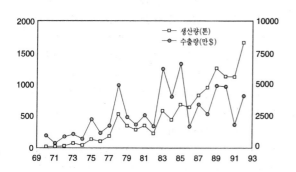

그림 1. 우리나라의 송이생산량과 수출량 변동

일본에서의 송이는 소나무재선충병의 만연과 임내 하층식생의 증가로 그 산지가 급격히 줄어들었으나, 그간 기대하였던 송이인공재배는 현재까지도 불가능한 상태이다. 우리나라는 다행히 아직까지는 생산량이 유지되고 있으면서 일본과 지리적으로 가깝고 무역이 활발하여, 크고 굵으며 신선한 송이를 일본시장에 도착시킨 결과 북한이나 중공산보다는 2-4배 높은 가격으로 판매되어오고 있다. 그러나 북한이 일본과 송이직항로를 개설하고, 중공이 일본과 교역을 날로 증가시키고 있으므로 이들 두나라가 송이의 높은 외화가득성에 눈을 뜨고 송이생산에 강한 집력을 갖고 있다는 것을 주시할 필요가 있다. 또한 뉴질랜드는 북반구에서 송이가 나지않는 시기에 이 버섯을 생산공급하고자 연구를 진행하고 있다는 것을 인식할 때 우리는 송이의 질과 양에 따른 경쟁력 뿐만 아니라, 이 버섯의 생산모체가 되는 소나무림의 경영 관리에 대해서도 깊이 고려해야 할 것이다.

우리나라 송이생산지의 소나무림은 그간의 솔잎혹파리 피해로 활력을 잃은 곳이 많으며, 그간의 수종갱신 정책이나 입산금지, 농촌연료정책 등이 결과적으로는 소나무림의 식생을 변화시켜 송이생산과는 부합하지않은 점이 있었다. 그러므로 앞으로의 송이생산이 일본과 같은 경향을 밟지 않을까 염려가 된다. 한편 솔잎혹파리 피해로 송이생산이 중단되었던 산림에서는 소나무가 회복되면서 다시 송이가 나오는 곳이 있으므로 소나무림은 생태계의 천이라는 자연현상에만 방치될 수는 없다고 생각한다.

여기서는 송이의 생물학적인 성질과 솔잎혹파리 피해지에서 송이생산을 유지하기 위한 노력의 결과를 소개하고, 송이를 보속적으로 생산하기 위하여는 소나무림을 어떻게 관리해야 할 것인지를 토의하여 보고자 한다. 이 땅에서 과연 어느 누구가 이 버섯을 이토록 비싼 가격(1개에 약 1만원)으로도 즐길 수가 있으며, 어떤 임산물이 이 정도의 높은 소득을 농산촌민에게 안겨다줄 수 있는가?

2. 송이의 생물학적 성질

송이는 소나무와 공생하여 생활사를 완성한다. 송이는 탄수화물을 소나무에서 얻으며 무기양분은 토양으로부터 흡수하는 것으로 생각된다. 하지만 송이 균사에서 버섯으로 생장하는데 필요한 특수한 화합물은 절대적으로 소나무에서만 얻는 것으로 믿어지는데 우린 아직 그것이 무엇인지를 모르고 있다. 소나무는 다른 여러 균과도 공생을 하지만 송이는 오직 소나무하고만 공생을 하고 있다.

1) 송이균근(菌根)

송이균사는 소나무 뿌리 중에서 가장 끝부분인 수분과 양분을 흡수하는 가는 뿌리를 싸고서 표피세포와 피층세포사이에 침투하여 탄수화물을 공급받으며, 땅속에 벋어서 무기양분을 흡수하여 이것의 일부를 소나무에 공급한다고 생각된다. 이렇게 菌이 吸收根과 공생하게된 것을 菌根이라고 한다. 송이균근의 외부를 보면 흰색의 균사로 덮혀있으면서 뿌리털이 없다. 내부를 보면 균사가 표피를 얇게 둘러싸면서 표피세포와 피층의 세포사이를 1층정도 들어가 있다. 이 균사는 뿌리의 내피세포의 안쪽 즉 통도조직에는 절대로 들어가지 않는다. 이런 현상은 뿌리를 죽이면서 번성하는 기생병원균과는 전혀 다른 것이다. 송이균근은 뿌리의 정단분열조직이 균사로 둘러 싸이지 않고 길게 자라면서 가지를 많이 친 모양이므로, 끝이 뭉툭하며 짧게 가지를 쳐서 Y자형이나 산호모양으로되는 일반적인 외생균근과는 쉽게 구분된다.

송이발생시기까지 균사는 뿌리에 붙어서 왕성하게 자라고 이 때가 지나면 균근외피와 피층세포층에 있던 균사가 표피세포와 함께 사멸한다. 그러나 균환 후단부에서 송이균사는 백색분말상태로 된 다음 완전히 없어지지만, 소나무 뿌리는 정단부가 살아있어면서 송이 균사가 침투하였던 표피세포와 피층세포만 검정색으로 변하여 죽으면서 뿌리표면에 주름이 진다. 맨눈으로 보면 소나무뿌리가 죽은것 처럼 보여서 혹자들은 송이는 기생균이라고 하지만, 뿌리를 죽이지는 않고 한때 공생하였다가 지나가므로 장소를 옮기는 동적인 공생관계이라고 하는것이 옳을 것이다. 송이균의 토양의 생화학적 풍화작용, 무기양분의 흡수과정, 식물뿌리에서 얻는 에너지원의 형태 등에 대해서는 아직도 모르는 것이 많다. 또한 송이균은 피넨물질을 분비하여 항균성이 강하므로 주위에 다른 토양미생물이 자라지 못하게 하면서 균사집단을 형성한다.

2) 균환(菌環)

균근이 왕성하게 생장하면 송이균사는 땅표면에서부터 땅속 20-40cm까지 벋어나가서 주위 모든 뿌리와 흙을 점유한다. 이렇게 된 것을 菌環(日語는 시로)이라고 한다. 균환은 최초에는 한지점에서 출발하여 겨울에도 자라고, 봄, 여름, 가을에는 뿌리와 함께 자라면서 매년 평균 20cm 정도씩 벋어나간다. 토양 온도가 19℃ 이하로 떨어지기 시작하는 가을에는 당년에 자란 균환부위 중에서 후단부에서 송이가 발생하며 그 이전의 균환은 사멸하기 시작하므로 균환은 점차로 가운데에는 균사가 없는 둥근 띠모양으로 된다. 균환은 점점커지면서 불리한 환경 즉 유기물이 많아 유기물분해균의 세력이 세거나, 과습한 곳, 소나무뿌리가 없는 곳을 만나게 되면 부분적으로 끊어지고 심하면 사멸한다. 또는 땅속으로 너무 깊이 들어가서 지중에 버섯을 발생시키거나 전혀 발생시키지 못한 체로 존재하기도 한다.

3) 송이, 버섯

그 향기 (octenol과 메칠시나메이트가 혼합된 것으로 알려져 있음)가 특이하여 일본인이 깜빡 죽는 송이는 대체로 8월 초순부터 나기 시작하여(여름송이) 추석전후 10일간(본송이)에 최성기가 되면서 약 70-80일간에 걸쳐서 나온다. 송이는 15-30년생 소나무림에서 발생하기 시작하여, 40-60년생에서 최성기가 되며, 80년이 되면 감소하기 시작한다. 수목과 공생하면서 이렇게 장기간 나고, 조직이 단단하여 취급하기 용이하며 생버섯으로서 저장성이 좋은 버섯은 몇 종 안된다. 한편 소나무림내에서도 송이가 발생하는 곳은 주로 낙엽이나 부식층이 얇고 배수가 잘 되는 모암이 화강암인 토양으로 산능선 내지 산복이다. 이곳의 주요한 식물로는 소나무 이외에 척박하고 건조하며 산성인 토양에 강한 식물로서 철쭉류, 진달래, 노간주나무, 꽃며느리밥풀 등이다.

송이 발생량은 매년 기복이 매우 커서 현재까지 기록을 보면 1970년대부터 현재까지 300톤-1300톤의 큰 변동을 보이는 가운데 3년이상 계속해서 생산량이 낮거나 높은 상태로 유지된 때가 드물었다. 이러한 송이 생산량은 6월중의 강우량에 크게 좌우되지만 3배이상 차이나는 풍흉을 설명할려면 보다 많은 기후인자와 소나무의 생리조건이 알려져야한다고 생각된다. 균사생장 시기의 강우량과 온도, 버섯원기 형성기의 온도 이외에도 소나무의 탄수화물 생산과 축적등이 복합적으로 송이발생에 영향을 미칠 것이다.

그러나 송이 생산량의 풍흉차가 크기는 하지만, 송이수출로 벌어 들이는 외화는 계속 증가하여 왔다. 즉, 생산량이 적은 해에는 송이가격이 더욱 올라간 것이다.

3. 송이생산지 관리

송이발생지의 환경에 관해서는 최근까지도 연구가 계속되고 있지만 생산지를 단기간에 조성할 수 있는 방안은 마련되지 않고 있다. 그러므로 기존의 송이발생지를 보전하고 보속적으로 생산하기 위해서는 지금 문제가 되고 있는 솔잎혹파리 피해에 대한 허용수준과 적정방제법, 활력을 잃은 소나무의 조기회복방법, 그리고 소나무림내 송이 균환을 보전 또는 확대하기 위한 하층식생의 정리가 중요하다.

1) 솔잎혹파리 피해림 관리

보속적으로 송이를 생산하기 위해서는 솔잎혹파리 피해를 충영형성율 30%미만으로 유지할 필요가 있었다. 이 정도의 피해율에서는 송이발생의 모체가 되는 송이균환의 생산량이 12% 감소한다. 피해율이 30% 이상으로 될 때에는 시급한 방제가 필요한데, 방제 첫해에는 송이산지 지역의 전체 소나무를 대상으로 수간주사방법에 의한 방제를 하며, 둘째해 부터는 송이 발생지 주변 소나무만을 방제한다. 이럴 경우 솔잎혹파리 피해율은 14%로 낮아지며 균환 신장량은 피해전의 수준으로 빨리 회복될 것으로 전망된다.

2) 소나무림 관리

송이균환을 보전하기 위해서는 무엇보다도 송이산지에 우거진 소나무 이외 식생을 제거하는 것으로, 이러할 경우 송이균환 신장율이 20% 증가할 것으로 예상된다. 이와함께 소나무 나이에 따라 송이를 발생시키는 힘이 달라지므로 임령에 따라 관리를 달리할 필요가 있다.

유령림을 송이산지로 유도하기 위하여는 간벌과 함께 소나무의 식생을 정리하며, 송이균환이 증가 일로에 있는 장령림은 무육과 함께 하층식생을 정리할 필요가 있다. 실제로 20-30년생 소나무림에서 송이균환이 증가 되면서 생산량이 급격히 증가하는 지역이 늘고 있다. 송이생산이 자연적으로 감소될 노령림에는 후계림을 조성하면서 갱신을 추진하여 버섯생산을 보속적으로 유지하여야 할 것이다.

또한 소나무의 활력이 우량한 임분에서는 송이도 양질의 것이 대량으로 발생하며, 풍흉의 차가 비교적 적다는 경험을 참고로 하여 소나무의 활력관리에도 노력을 기울여야 한다.

3) 송이 균환관리

송이산지의 생산능력은 송이의 모체가 되는 균환에 대한 기록만이 보속적인 송이생산을 향한 관리방안을 제시할 수 있는 인자일 것이다. 그러므로 송이산지내 菌環의 地圖를 작성하여 균환의 분포와 밀도를 파악하고 신장량을 측정하여야만 송이의 발생량을 예측할 수 있을 것이다. 菌環地圖는 지난 수년간 송이가 실제로 발생한 곳을 추적하여 기록하고, 드문드문 발생한 곳에서는 버섯발생 주위의 지면을 약 5cm 깊이로 긁어보면 균환의 실제 위치를 파악할 수 있다.

4. 결 론

송이는 소나무와 공생하여서만 발생할 수 있는 귀중한 버섯자원으로 소나무림내에서도 특이한 환경에서만 발생한다. 일본에서의 송이는 생산이 급격히 감소하였고 아직 인공재배가 가능하지 않은 탓에 우리나라의 것이 비싼가격으로 수출되어 농산촌의 소득증대에 크게 이바지하고 있다. 한편으로는 북한과 중공이 송이증산에 박차를 가하고 있는 가운데 우리나라의 소나무림은 충해로 시달리고 산림천이과정에서는 타수종에 그 자리를 물려주고 있는 상태이므로 우리나라에서의 송이생산은 점점 불투명해질 우려가 있다. 이 시점에서 소나무림은 생태적인 면보다는 임업생산 면에서 소득을 많이 올리는 방향으로 관리

될 필요가 있다고 믿는다.

5. 참고 문헌

1) 임업시험장. 1984. 송이연구 및 생산기술자료. 임업시험장 연구자료 제 22호.
2) 임업연구원. 1993. 단기임산 신소득원 개발에 관한 연구 (III). 산림청.
3) 小川眞. 1991. マッタケの 生物學. 築地書館.
4) Hall, I. R. and Brown, G. 1989. The black truffle. its history, uses and cultivation. Ministry of Agriculture and Fisheries, New Zealand.

송이의 생산과 유통

정 태 공 (산림조합중앙회)

1. 머리 말

우리 인류들은 어느 민족이거나 오랜 옛날부터 버섯을 식용으로 이용하여 왔다고 하며, 대표적인 것으로 서양에서는 양송이, 동양에서는 표고버섯, 송이버섯,능이버섯 느타리버섯을 손꼽을 수 있다.

우리나라의 기상여건은 버섯 발생에 적합하여 초봄부터 늦가을까지 많은 버섯들이 자생하고 있어 여러 종류의 버섯이 식용으로 이용되어 왔으며 식용할 수 있는 버섯의 종류는 약 200여종 이나 된다고 한다.

이들 식용버섯은 제각기 독특한 향기와 맛을 지니고 있어 기호식품으로서의 가치가 매우 높다. 근래에는 표고버섯 · 영지 등의 영양가와 약효도 널리 알려지게 되어 국내의 수요가 많이 증가되었다.

그 중 송이는 깊은 산 인적이 드물고 20~60년생의 소나무림에서 발생하는 버섯으로 식물학상 송이버섯과(Tricholomataceae)에 속하며 학명은 Armillaria Matsutake ITO et IMI이고, 영명은 Tricholoma matouake singer 이다.

송이버섯은 특히 일본인들이 좋아하며, 가을철이 되어 송이버섯을 맛본 일본사람은 커다란 자랑거리로 여기어 "송이버섯 맛 보았습니까? 나는 언제 맛을 보았습니다." 하는 인사를 나눈다고 한다. 원래 송이버섯은 일본에서 우리나라보다 많은 양이 생산되었으나 근래에 소나무 임분의 감소로 생산량이 줄어들게 됨에 따라 우리나라 송이를 수입하여 가게 되었다고 한다.

한편 일본에서는 물론 우리나라에서도 인공재배에 관한 연구를 많이 하여 왔으나 아직까지 인공재배 방법이 개발되지 않아 자연산으로 수요를 감당하고 있는 실정에 있으므로 매우 높은 가격으로 유통되고 있다. 따라서 송이는 우리나라 농산촌민의 소득 증대에 큰 몫을 차지함은 물론 수출상품으로서 외화획득에 크게 기여하고 있는데 92년의 경우 송이버섯 수출액은 8,169만$에 달하여, 현재 수출이 되고있는 농림산물 중에서 단연 수위의 자리에 있다.

또한 92년 우리나라의 용재(목재) 생산액이 487억원이었고, 송이버섯 생산액은 515억원 이나 되어, 용재생산액 보다 오히려 송이버섯생산액이 28억원이나 더 많았다는 사실을 아는 이는 그리 많지 않은 것 같다.

2. 송이버섯의 분포지역과 특성

가. 송이버섯의 분포

송이버섯은 우리나라와 일본, 중국의 사천성(泗川省)의 해발 ±0m - 2,300m 에서 생육하는 소나무림 내(때에 따라서 해송, 눈잣나무, 가문비나무, 솔송나무림)에서 발생한다. 이밖에 대만에서는 변종인 대만 송이버섯이 발생하고, 북미에서는 「워싱턴」주나 「오래곤」주 등 미국의 태평양 연안의 콘토르타소나무(Pinus Contorta)와, 솔송나무(Tsuga), 찝빵나무(Thuja)등이 혼생한 산림에는 희고 큰 송이가 발생된다는 것 이외에는 형태적으로나 배양적으로 유사한 미국송이버섯(Tricholoma ponderosa SINGER)이 발생하는 것으로 알려져 있다.

송이버섯 발생지역 소나무의 수령은 보통 20-90년생이고 최성기는 40-60년생 이라고 한다. 우리나라에서의 송이버섯 발생지역은 태백산맥과 소백산맥을 중심으로 분포되어 있으며 지역별로는 강원도의 속초(고성), 양양, 명주, 삼척, 인제 경북의 울진, 봉화, 영덕, 영풍, 경남 함양, 거창, 충북 제천, 단양, 전북 남원 등이다.

나. 일반적 성질

송이버섯의 갓의 지름은 8-20cm정도이고 때에 따라서는 30cm에 이르는 경우도 있지만 그러한 경우는 드물다.

형태는 우산모양의 갓과 자루로 이루어져 있으며, 갓은 처음에는 구형 또는 원추형이나 우산모양으로 퍼지며 다시 평평하여진다. 표면에는 담황갈색 또는 밤갈색의 섬유상 인편이 있고 이것이 오래 경과되면 흑갈색으로 변하고 방사상으로 갈라지면서 백색부분을 나타내는 수가 있다. 육질은 흰색이고 치밀하며 특유의 향기가 있다. 포자는 광타원형이며 크기는 4-7 미크론 정도이다.

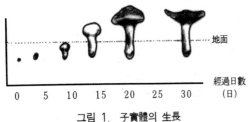

그림 1. 子實體의 生長
資料 : 山林廳 林試 1980

다. 생태적 특성

송이버섯의 포자는 10-15 ℃ 에서 발아를 시작하며 24 ℃ 전후가 최적 온도이다.

포자가 소나무림내의 세근이 있는 장소에 날아와 적당한 환경에서 발아하여 자라게 되면 이성의 균사와 접합하여 자실체를 만들 수 있는 이차균사가 된다. 이 균사는 소나무의 세근과 토양을 거주지로 삼고 번식을 하게 된다.

균사의 일부는 소나무의 뿌리를 둘러싸고 다시 뿌리 조직내에 침입하여 균근을 형성하고 소나무의 뿌리에서 당분이나 비타민 등을 흡수하면서 뿌리에서 뿌리로 전전하며 퍼지게 된다. 따라서 균사는 소나무 세근이 밀생하여 있지 않은 곳에서 잘 번식 할 수가 없다.

균사의 생육은 10 ℃에서 부터 온도가 상승함에 따라 잘 번식하며 20 ℃에서 24 ℃까지가 가장 적합하고 28 ℃가 되면 생장이 떨어지고 32 ℃가 되면 사멸하게 된다.

균사가 봄철부터 여름철에 충분히 번식하고 늦여름부터 초가을에 기온이 차츰 떨어져서 지중온도가 19 ℃ 전후가 되고, 강우로 인하여 수분을 충분히 받게되면 균사는 일제히 원기를 형성하고, 원기를 형성한지 20일 내지 25일이 경과되면 송이버섯을 채취할 수 있게 된다. 처음으로 발생하는 버섯은 1-2개에 지나지 않으나 년수를 경과함에 따라 점차 그 지점을 중심으로 확대 발생된다. 일률적은 아니나 매년 균환의 바깥쪽으로 7~12cm 확대하여 발생하며, 한번 발생한 환내에는 버섯 발생이 매우 어려우며 자연적으로 20년 정도가 경과 되어야 한다고 한다.

이것은 균근이 오래되면 사멸하며 소나무의 세근은 뿌리에서 떨어져 나가게 되는데 그 원인이 있는 것으로 여겨진다.

3. 송이버섯의 품질과 규격

송이버섯의 향기와 맛, 육질, 형태, 외관등의 품질적 요소가 생산지역별로 차이가 있다. 우리나라에서는 강원도 동북쪽에 위치한 양양지방에서 나는 송이버섯이 자루가 굵고 똑바르며 향기가 강하고 육질은 순백색을 지니고 있어 우량품으로 공인받고(일본의 수입상에게도) 있으며, 전북지방(남원일대)에서 발생하는 버섯은 딱딱하면서 자루가 가늘고 향기가 적다.

송이버섯은 대부분의 경우 자실체의 형태와 빛깔 등이 발생지의 환경에 따라서 많은 차이가 있다고 하며, 낙엽과 부식질이 쌓여 있는 경우와 임내에 나무그늘이 많이 드는 경우, 강우가 계속 되면서 기온이 높은 경우 등에 있어서는 버섯 줄기가 길고 빛깔이 진한 것이 많으며 육질이 부드러우며 부패하기 쉽고, 부식질이 얕은 생육지와 건조기에 발생하는 버섯은 순백색을 띠며 품질이 좋다고 한다. 따라서 송이버섯의 품질 문제는 인공적으로 개선이 가능한 것으로 보고 있으며 낙엽과 하층식생의 정리와 가지치기, 잡목제거등에 의한 비음도를 조절함으로써 품질향상과 발생량을 증가시킬 수 있는 것으로 보고있다.

전북지방의 송이버섯이 품질이 떨어지는 것은 토질과 발생기의 습도와 온도 변화가 심하기 때문인 것으로 추측하고 있다.

송이버섯 우량품의 조건은

(1) 향기가 높으면서 신선하고 파손되지 않은 것

(2) 줄기는 굵으면서 바르고 탄력성이 큰것

(3) 갓은 육질이 두꺼우며 퍼지지 않은 것

(4) 내부의 육질이 은백색이며, 병충해가 없는 것

등 이다.

특히 송이버섯은 인공재배가 않되는 자연산이라는 것 외에 독특한 향기를 갖고 있기 때문에 일본인들이 귀하게 여기고 비싸게 사가고 있으므로 송이버섯의 생명은 신선도에 있다고 할 수 있다.

한편 산림조합에서의 품등별 선별기준(규격)은 다음 표와 같다.

표 1. 품등별 선별기준

등 급 별		기 준	적 요
1 등 급		길이 8cm 이상	• 갓이 절대로 퍼지지 않은 정상품 (자루 굵기가 불균형하게 가는 것은 제외함)
2 등 급		약간의 개산품과 길이 6cm-8cm 이내	• 갓이 1/3 이내 퍼진 것 • 1등품에서 제외된 자루 굵기가 불균형하게 가는 것
3 등 급	생장정지품	길이 6cm 미만	• 길이 6cm미만의 생장 정지품
	개 산 품	완전개산품	• 갓이 1/3이상 퍼진 것
등 외 품		1-3등 이외의 것	• 기형품, 파손품, 벌레 먹은 것 • 물에 젖은 것
혼 합 품		1등품과 2등품의 혼합품	

4. 송이버섯의 채취와 출하

일반적으로 신선도가 중요시 되는 채소, 과일, 생버섯 등의 경우에도 생산 출하에 있어서는 시장가격과 색상, 숙성정도 및 일기 등을 고려하여 인위적인 조절이 다소나마 가능하다. 그러나 송이버섯의 경우에는 이러한 인위적인 출하의 조절이 거의 불가능한 현실에 있다. 송이버섯은 소비자에게 향기와 맛이라는 기호를 파는 상품이고, 인공재배되는 것이 아니기 때문에 생육의 조절이 불가능하며, 채취시기를 놓치면 경제적 손실이 매우 크기 때문이다. 따라서 채취시기를 놓치지 않는 일과 신선도를 유지하여 당일 출하하는 것이 가장 중요한 일이다.

가. 채취 시기

송이버섯의 채취시기는 8월하순 부터 10월하순이나 채취가 가장 활발한 시기는 9월하순 부터 10월상순에 이르는 약 20일간 이다. 일자별 생산량은 그림 2와 같다.

보통 송이버섯은 지상으로 완전히 나오기 전에 채취한다. 즉 갓이 봉오리 상태이거나 약간 피기 시작할 때 채취하여야 한다. 아직 흙속에서 나오지 않은 것이나 완전히 피어버린 것은 상품가치가 많이 떨어져 봉오리 상태에 있는 1~2등품에 비해 절반 가격도 받기가 어렵다.

나. 채취 방법

송이버섯을 채취 할 때에는 흙속의 균사가 파괴되지 않도록 조심스럽게 채취하여야 한다. 땅속을 파헤쳐서 어린 버섯까지 함부로 채취하면 흙속의 균사를 손상시키게 되어 그곳에서는 버섯이 발생되지 않거나 발생량이 줄어들게 된다. 때문에 낫이나 호미 등을 사용하는 것은 금기시되고 있다. 채취방법은 한 손으로 버섯 뿌리부위를 지긋이 누르고 다른 한 손으로 가볍게 돌리면서 뽑으면 된다.

통상 채취할 때에는 낙엽등 지피물을 제거하게 되는 데 채취한 자리에는 반드시 흙을 채워 약간 다져주어야 균사가 마르는 것을 방지할 수 있다.

다. 출 하

앞에서도 서술한 바와 같이 송이는 신선도가 생명이므로 채취한 버섯은 즉시 출하하게 된다.

송이버섯의 경우에도 다른 신선식품과 마찬가지로 시간이 경과함에 따라서

① 함유수분의 감소(증발)와 향기 성분의 발산

② 자기소화에 의한 단백질 탄수화물의 분해와 미생물에 의한 변화가 생겨 점점 상품가치를 잃게 된다. 따라서 원거리 출하시에는 신선도 유지를 위해

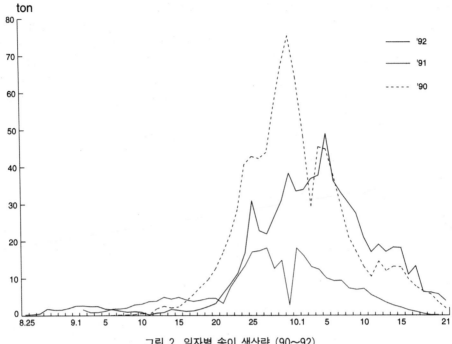

그림 2. 일자별 송이 생산량 (90~92)

서 공기 유통이 잘 되는 대바구니나 싸리바구니에
담아 운반하여야 하며, 청솔잎을 사이사이에 넣어
주는 것도 도움이 된다. 솔잎대신 톱밥을 넣거나,
자루나 비닐봉투 따위에 송이버섯을 넣어두게 되면
공기의 유통을 저해하기 때문에 쉽게 상하게 된다.

때때로 송이버섯을 묵혔다가 공판장에 출하되는 경
우가 있는 데 그 소문은 그날 밤 모든 수출업체에 알
려지게 되어 그런 지역의 송이버섯 가격은 어김없이
곤두박질 한다. 이는 일부 몰지각한 사람들이 가격이
오를 것에 대비 묵혀두었다가 출하하는 것으로 보이
는 데 지역내의 다른 생산자 들에게 커다란 피해를
주게 된다는 점을 고려하여 자제되어야 하겠다.

5. 송이버섯의 유통체계

가. 임산물 사용제한 고시

우리나라에서는 1967년에 28M/T을 수출하여 6
만$의 외화를 획득하기 시작하였다.

1970년도 부터는 임산물 사용제한 품목으로 고시
하여 중간상인으로 부터 생산자를 보호하는 한편 국
내소비를 억제하고 전량 수출에 의한 외화 획득을
도모하게 되었다.

현재 적용하고 있는 고시는 산림청 고시 제4호

(1984. 2. 15)이며 그 내용은 산림조합으로 하여금
생산 및 수집자를 지정토록 하고 수요자는 산림조합
중앙회에 등록및 계약체결토록 하고 지정된 집하장
에서 경쟁입찰 방법으로 수요자에게 공급토록 하고
있다. 또한 용도에 있어서도 수출용으로 공급받은
물량은 전량 수출토록하고 있으며 국내판매의 경우
에도 산림조합중앙회장이 지정하는 자에 한하도록
규정하고 있다.

이 고시가 얼마나 유효했는가에 대해서는 그림 3
(년도별 공판량및 공판금액 변동추이) 와 표 1을 보
면 쉽게 알 수 있다.

그림 3에서 년도별 공판량(생산량)은 그 진폭이
매우 심하게 나타나고 있으나 공판금액 즉 생산자의
총 소득은 큰 진폭없이 꾸준히 증가 되었음을 알수
있다.

이러한 사실은 출하량의 증감에 따른 가격의 등락
을 그대로 농민 소득에 반영하고 있음을 나타내고
있으며, 생산량의 변동 즉 풍흉에 따른 소득의 변동
을 최소화하고 있기 때문에 생산자의 생활안정에 크
게 기여하고 있는 것이다. 일반 농산물이 풍작 때에
는 가격이 폭락하여 밭에서 수확을 포기하고 흉작일
때에는 그때대로 중간상인의 배만 불려주곤 하였던
경험이 있다. 그러나 송이버섯의 경우에는 사용제한

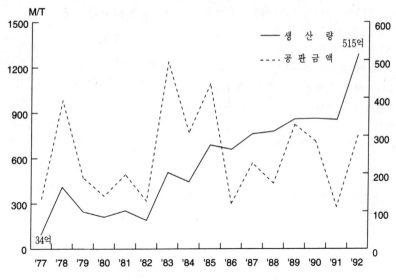

그림 3. 년도별 우리나라 송이 공판실적(생산량) 및 공판금액 변동 추이

을 함으로써 유통체계가 확립되어 농가소득에 크게 기여하게 되었다.

한편 일반적으로 청과물의 총 유통마진율은 44.7 % 수준에 이르고 있으며, 신선식품인 채소류의 경우에는 56.7%에 달하고 있다. 수산물의 경우에도 명태 60.8%, 고등어 57.4%, 갈치 57.2% 수준이라 한다. 이에 비하여 표 2에서 보여주는 송이버섯의 유통마진은 평균 22.8% 수준으로 채소류 유통 마진의 절반에도 못 미치고 있다.

이렇게 유통마진율이 낮다는 것은 그만큼 유통효율이 높다는 의미를 가지며 그 혜택은 생산자와 소비자 모두에게 돌아가게 된다. 이렇게 유통효율이 높았던 것은 바로 임산물사용제한 고시가 있었기 때문이라고 믿어 의심치 않는다.

정지에 대하여 송이채취자들을 대신하여 시장·군수·영림서장에게 채취신고를 하고 송이버섯 채취를 희망하는 산주, 산림계원, 연고자들에게 채취원증을 발급하여 채취토록 하고 있으며 지속적으로 보속 생산을 위한 여러가지 사항들을 지도계몽하고 있다. 채취한 송이버섯을 산림조합으로 출하하면 산림조합에서 등급별로 분류하여 경쟁입찰방법으로 최고가격을 투찰한 수출업체에 공급하고 익일 생산자들에게 버섯대금을 정산 지급하고있다.

이와같은 일들은 ′93년도에도 지역별로 40개 조합에서 수행하게되며 그 조합내역은 다음과 같다.

표 2. 년도별 송이버섯 유통 마진율

년도별	공 판 내 역			수 출 내 역			유통마진율
	수량	금액	평균가격	수량	금액	평균가격	
	M/T	억원	원/kg	M/T	억원	원/kg	%
1990	945	349	36,939	823	5,551	47,559	22.3
1992	324	342	105,638	276	5,109	140,173	24.6
1993	773	515	66,620	750	8,169	84.960	21.6

표 3.

도 별	송이버섯 공급조합명
강 원 (12개조합)	양양, 고성, 인제, 삼척, 양구, 명주, 원주, 화천, 홍천, 평창, 정선, 영월
충 북 (4개조합)	보은, 괴산, 단양, 제천
전 북 (3개조합)	남원, 장수, 무주
경 북 (18개조합)	안동, 영덕, 봉화, 울진, 문경, 영일, 영풍, 청도, 의성, 달성, 영양, 상주, 영천, 금릉, 청송, 경주, 예천, 고령
경 남 (3개조합)	창녕, 함양, 거창

나. 생산. 수집. 공판

해마다 산림조합에서는 산림계별(부락별) 생산 예

산림조합으로부터 송이버섯을 공급받은 수출업체에서는 수매물량의 약 90%를 1~2일 이내에 신선

상태로 수출하고 있으며 운송방법은 김포, 부산의 매일 첫 비행기를 대부분 이용하고 있으나, 때때로 비행기의 항적 수용능력 부족으로 다음 비행기 또는 다음 날 비행기로 운송되며, 극소수는 부관 페리호를 이용하고 있다. 한편 등외품등의 수출 부적격품은 시중에 유통되거나 통조림·염장 또는 냉동저장되었다가 수출된다.

이런 과정을 도표화하면 다음의 그림과 같다.

한편 송이버섯의 경우에도 악덕 상인들이 순진한 산촌민을 대상으로 여름철에 농사 자금을 빌려주고 송이를 요구하거나, 산림조합의 경락가격 보다 더 쳐주겠다는 조건을 내세워 불법 수집하여 시중에 유통시키는 사례가 있다고 하며 이들은 품등을 낮추거나 저울 눈속임 등의 방법으로 자기 이익을 챙기는 것으로 추측되고 있다.

다. 지역별 생산동향

지역별 생산량은 1992년 울진지역이 140톤으로 1위 였으며 봉화 70톤, 양양 56톤 삼척 54톤, 영덕 44톤, 영일(포항) 43톤, 문경 41톤의 순이었다.

한편 생산량과 경락가격의 상관관계를 알아보기 위해 분포도를 작성해 보았으나 생산량의 많고 적음이 경락가격과는 상관이 없는 것으로 나타났다.

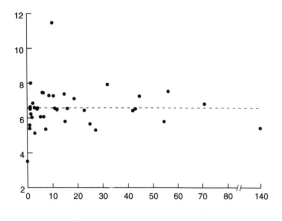

〔그림 4〕'92 송이 생산량 및 평균단가 상관분포

6. 송이버섯의 수출

가. 수출절차

송이버섯의 경우에도 다른품목과 마찬가지로 대외무역법 및 상공부장관의 수출입 요령 공고에 의하여 이루어지고 있으며 구체적으로는

신용장(L/C)수취 → 수출추천(E/L) → 물 량 확 보 →수송·선별·포장 →
　　　　　　　　　　(산림조합중앙회) (산지입찰참가) (수출업체작업장)

선적서류작성 → 통관 → 항적 → NEGO → 물량공급확인
　(수출업체)　 (세 관) (공 항) (은 행)　(산림조합중앙회)

와 같은 과정을 거치게 된다.

나. 수출동향

송이버섯은 생산량의 85~90%가 수출되고 있으며, 수출량의 99%는 신선상태로 거의 전량이 일본으로 수출되고 있다. 92년의 형태별 송이버섯 수출현황은 다음표와 같다.

표 4. 1992 형태별 송이버섯 수출 현황

단위 수량:M/T, 금액:천원

형태별	합 계		일 본		미 국		프 랑 스	
	수량	금액	수량	금액	수량	금액	수량	금액
계	750	81,693	749	81,643	0.1	19	0.7	31
생송이	749	81,631	748.5	81,612	0.1	19	-	-
통조림	0.2	17	0.2	17	-	-	-	-
건송이	1.0	45	0.3	14	-	-	0.7	31

다. 일본의 수입동향

1) 수입제도

송이버섯은 수입 자유화 품목이며 관세율은 5%이나 우리나라 산은 특혜관세(GSP) 적용으로 원산지증명첨부시 무관세이다. 산림조합중앙회에서는 수출업체의 편의를 도모키 위해 원산지증명을 사전에 발급 받을 수 있도록 하고 있다.

2) 년도별 수입실적

일본은 자국 소비량의 80%이상을 수입에 의존하고 있으며 년도별로는 수입이 증가되고 있는 추세이다.

수입산 가격은 일본국내산 가격(도매)에 비하여 68% 수준으로 가격이 형성되고 있다.

표 4. 년도별 일본의 송이버섯 수입량

구 분		'88	'89	'90	'91	'92
수입	수량 (톤)	1,402	2,205	2,660	1,435	2,243
	금액(백만엔)	10,058	14,387	15,877	14,521	18,486
	단가(엔/kg)	7,654	6,531	5,969	10,383	8,238
총 소비량(톤)		1,808	2,662	3,173	1,702	
수입비율 (%)		77.5	82.8	83.8	84.3	

주) 총소비는 일본생산량에 수입량을 합한 수치임.

3) 국별 수입동향

수량면에서 우리나라 산 송이버섯이 일본의 수입에서 차지하고 있는 비중은 80년대 초반까지는 60~70%를 차지하였으나 '86년부터는 점유율이 떨어져 30%수준에 있다.

'88년부터 경쟁국인 중국 산 버섯의 시장점유율이 급격히 상승하여 '86년 4위 9%에서 '91년에는 1위 29% 92년 3위 20%를 차지하였으며, 북한 산은 '89년과 90년에는 시장점유율 37, 47%로 1위를 차지하였으나 92년에는 27%로 2위였다. 캐나다 산은 일본의 수입규모에 따라 10~20% 정도로 4위를 유지하고 있다.

표 6. 일본의 국별 송이버섯 수입동향

국 별	'88 수량	점유율	'89 수량	점유율	'90 수량	점유율	'91 수량	점유율	'92 수량	점유율
계	1,430	100	2,210	100	2,661	100	1,435	100	2,244	100
한 국	427	*30	797	36	823	31	305	21	749	*33
북 한	427	*30	797	36	823	31	305	21	749	*33
중 국	259	18	280	13	198	7	413	*29	453	20
캐나다	233	16	195	9	152	6	311	22	244	11
미 국	74	5	99	4	94	4	28	2	175	8
기 타	35	3	26	1	76	3	77	5	26	1

*자료 : 산림청 <임산물수출입통계>

4) 국별 수입가격

우리나라 송이는 표6에서 보는 바와 같이 수량면에서 30%선을 점유하고 있으나 금액으로는 50~60%를 점유하고 있으며 수입단가면에서 단연 최고수준에 있다. 이는 경쟁상대국인 북한과 중국이 운송체계가 우리나라에 비하여 떨어지는 면도 있을 것이나, 한국에서 생산된 송이는 당일 저녁 공판을 거

처 각업체로 운송되면 밤을 새워 선별과 수출포장을 마치고 다음 날 아침 비행기를 타고 일본으로 날아가 점심시간 이후에는 일본인들의 입속에 들어가는 실로 눈부실 만큼 신속한 유통체계에 가장 큰 원인이 있는 것이다.

북한은 근래에 들어와 품질향상 및 운송의 신속화 등 송이버섯 수출에 적극적으로 나선 것으로 보이는데 1991년 8월에는 일본운수성으로 부터 송이버섯 운송 위하여 북한 국영항공사 「조선민항」의 전세화물기편 운항을 허가받아 월 15편을 운항토록 하였다. 북한산 송이는 86년 이전에는 한국산과 5배의 가격차가 있었으나 92년에는 3배수준으로 가격차가 좁혀졌다.

중국산 역시 86년에는 한국산과 5배의 가격차가 있었으나 최근 약 2배 차이로 가격차가 좁혀졌으며, 북미산등은 북한산보다 다소 높은 가격으로 수입되고있다.

표 6. 국별 송이 수입가격 동향

국 별	'86 가격	지수	'89 가격	지수	'90 가격	지수	'91 가격	지수	'92 가격	지수
한 국	17,655	100	10,615	100	9,396	100	25,238	100	14,035	100
북 한	3,959	22	4,097	39	4,169	44	8,573	34	4,627	33
중 국	3,299	19	5,186	49	5,640	60	5,909	23	6,470	46
캐나다	6,187	35	4,489	33	4,903	52	5,202	21	5,268	38
미 국	6,214	35	3,629	34	4,068	43	6,800	27	4,774	34

*1. 자료 : 산림청<임산물수출입통계>
2. 가격은 총수입 금액을 수량으로 나누어 산출하였음.

라. 수출 전망

최근 일본의 송이버섯 시장은 200억엔 규모로 성장하였으며 송이버섯의 생산은 아직까지 기상여건에 의존하고 있는 실정에 있어 당분간은 공급이 수요를 따르지 못할 것으로 보이나, 중국과 북한산의 선도가 향상되어 가격형성이 점차 높아져서 시장경쟁이 더욱 심해질 것으로 전망되고 있으며, 특히 금년에는 일본의 경기회복 가능성이 불투명하다고 하며, 엔화 강세로 인한 일본의 수입위축이 예상된다.

7. 맺 는 말

최근 우리나라에는 값싼 중국산 농산물이 대량으로 수입되고 있어 각종 농산물 시장이 교란되고 있

고, 홍콩·일본 등지에서도 가격경쟁력이 약한 우리나라 산 농수산물이 저가의 중국 산에 밀려나고 있다. 예를 들면 몇해 전만 해도 몇백만 불씩 수출되던 떡갈잎은 전혀 수출을 하지 못하고 있으며, 표고버섯의 경우에도 해마다 수출량이 격감되고 있다.

송이버섯의 경우에는 아직은 우리가 품질면에서 경쟁력이 월등하여 높은 값을 받는 것은 사실이나, 중국산과 북한산과의 치열한 경쟁속으로 말려들어가고 있다. 품질 향상에 의한 중국산과 북한산의 추격을 만만하게 볼 수 없는 실정에 있으므로 우리는 세계에서 유일한 일본의 송이버섯 시장을 일순간에 중국이나 북한에 빼앗길 수도 있음을 산림조합은 물론 생산자, 수출업체, 정부 모두가 유념해야 할 필요가 있다.

그러나 어처구니 없게도 일부 몰지각한 수출업체에서는 중국산 송이버섯을 수입하여 한국 산과 혼입수출한 일이 있어 한국 산 송이버섯의 신뢰도에 많은 악영향을 끼친 사례가 있다. 이러한 일로 일본시장에서 우리나라 산 송이버섯이 밀려나게 되면 우리의 산촌민들은 경제적으로 많은 손해를 감수하여야 할 것이다.

당분간은 공급이 수요를 따르지 못할 것으로 보이나 중국과 북한의 운송체계가 현대화 되거나, 인공재배기술이 확립되어 대량생산이 가능하게 되면 수출이 매우 어려워질 것은 너무 당연한 일이므로 품질향상에 의한 신뢰도와 지명도 구축이 당면한 과제이다.

한편 송이버섯의 생산량이 급격한 감소가 있을 것으로 보이지는 않으나 솔잎혹파리의 피해 발생등으로 인한 소나무 임분의 감소는 생산량 감소의 원인이 될 것이다.

소나무는 척박한 곳에서 자라나 우리들에게 국토보전, 수원함양, 산소공급, 정서순화 등 돈으로 따질 수 없는 많은 공익기능을 제공해주고 양질의 목재도 공급해주고 여기에 더하여 송이버섯이라는 커다란 덤을 얹어 주고 있다.

소나무림을 더욱 아끼고, 잘 보호하고 가꾸도록 노력해야 겠다.

소나무 考

임 경 빈 (원광대 산림자원학과 교수)

1. 지난 날의 소나무

임학과 관련을 맺으면서 50여년이라는 세월이 흘렀고 그런 가운데에서 소나무에 많은 관심을 가졌던 지난날이었다. 나의 소나무에 관한 논문은 주변에 놓여 있어서 기회가 오면 읽곤 한다. 더러는 나를 보고 "왜 임학을 하게 되었느냐?" "무슨 특별한 동기라도 있었느냐?" 하는 질문을 던져 오는데 그때마다 나는 답변에 궁색함을 느낀다.

동기도 없고 그렇다고 젊은날부터 임학에 꿈과 같은 목표를 품고 있었던 것도 아닌데 어쩌다가 보니 이와같이 된 것이다.

학생들을 보고 말하기를 인생의 목표를 뚜렷이 세우고 노력해야 한다고 자극을 주지만 나 스스로는 그러한 주제가 되지 못하였음을 자성하기도 한다. 선생이 어디 완벽해서 선생이냐 완벽하진 못해도 더 훌륭한 학생을 배출할 수 있는 것이 아니냐. 청출어람하나 청어람이란 말이 제격이다. 이러한 말을 꺼내는 이유는 나 자신이 어릴 때부터 어떤 확고한 인생의 목표로 임학에 손을 댄 것은 아니라는 것을 말하고져 함이다. 그러나 하다보니 점점 정이 들어간 것은 사실이다.

필자는 무척 깊은 산골에서 어린 시절을 보냈고 그때 산에는 소나무만 서 있었지 다른 나무들은 겨우 산자락쪽이나 마을 안 공지에 서 있었고, 그 종류를 회상한다면 감나무, 팽나무, 상수리나무, 밤나무 오리나무, 구지뽕나무, 닥나무, 회화나무, 향나무, 오동나무, 호도나무, 대추나무 등등이 우선 떠오른다.

왜 우리마을을 둘러싸고 있는 산에 소나무가 주인공이 되어서 서 있었는가 하는 질문에 대하여서는 쉽게 답을 던질 수는 없지만 땔감 채취로 숲이 학대를 계속 받게 되자 소위 학대저항집단으로서 소나무 숲이 유지되어온 것이 아니었겠는가 하는 생각도 해 본다. 일본에 있어서도 오늘날처럼 소나무가 많이 나타난 것은 약 천년전으로 비롯된다하는데 그 이유도 인구증가에 의한 숲의 파괴에 있었다하니 앞에 설명한 나의 소견도 맞아 들어가지 않을까 한다.

필자는 어릴 때 소위 신학문을 배우기 이전 우리마을에 설치되어 있던 서당에서 한문교육을 받았다. 천자문이랑 동몽선습이라 하는 책을 옆구리에 끼고 다녔다. 책대로 한자 한자 읽어 내려간 것을 기억한다. 그 때 일년에 두번인가 모두들에게 한시를 짓게 하고 외부에서 글하는 인사를 모셔다가 아이들의 시를 강평하고 장원한 시를 골라 상을 주곤했다. 이때 필자의 가친이 예외없이 심사를 위촉받은 것을 기억한다. 이때 나는 서당에서 초작의 한시 하나를 내놓은 일이 있다. 당시 학당의 선생님은 그 시를 나의 평생의 초작시(初作詩)로 말하면서 나에게 그것을 누차 당부하면서 잊지 말라고 했다. 당시 나는 그것이 뭐 중요한 것인가 했지만 시간이 흐르고 보니 『아무것도 아니다』라는 생각은 사라져 갔다. 그 때의 나의 초작시는 다음과 같았다.

登前山 松靑靑

이것이다.

풀이를 시도할 필요도 없지만 살펴보면 『앞산에 오르니 솔이 푸르고 푸르더라』라는 내용이다.

그 때 우리마을에서 사실상 보이는 것이란 산과 소나무가 주였고 다른 것은 별반 풍경을 만들어 내지 못했다. 몇시간을 소요해서 6자로된 시(?) 한편을 간신히 만들어 내었던 것인데 그때 나는 선생님으로부터 칭찬을 받았다. 이 시를 항상 머리속에 담고 있었던 나는 그 뒤 커가면서 이 시에 부정적인 의미를 던져 보기도 했다. 그것은 인생이 죽어서 산으로 가면 푸른 소나무뿌리 아래 묻혀버리는 덧없음이 그 안에 숨겨있지 않나 했다. 이렇게 이 시를 풀어 본다면 좀 기력없이 맥빠지는 면도 있으나 맥빠지는 면으로 볼 것이 아니라 인생을 초연하게 관조하는 철학을 캐낸다면 더욱 깊은 의미가 부여된다고 생각하고 자위하곤 했다. 그러나 구태여 부정적(?)으로 볼 것이 아니라 더 진취적으로 씩씩하게 앞산을 올라 그곳에 펼쳐지는 솔밭 푸름에서 솔바람 소리를 들으면서 개끗한 마음의 성장을 바라보는 의미로 받아들이는 것이 타당한 해석이다.

지금에 와서 생각해 보면 그때 앞산에는 큰 소나무들이 서 있었던 것은 아니었으나 당시의 나에게는 너무나 굵고 높았던 소나무들이었다. 호랑이도 나타나지 말라는 법이 없었던 그때였으므로 그 앞산 소나무들은 나에게는 일년을 하루처럼 보여주는 엄숙한 존재였다고 회상된다. 늦봄이 되면 소나무들은 새 순을 틔워 그것이 어린가지로 성숙해갔었고 이 때를 놓칠 새라 산에 올라 볼품있는 소나무 새순을 꺾어 이전(二錢)자리 양철 붕어칼(칼 모양이 붕어와 닮아 있어서 그와 같이 불렀다.)로 곁껍질을 기술적으로 벗겨내고 얇은 흰색의 내피를 노출시킨 다음 하모니카를 불듯이 가지를 움직이면서 내피와 그 안에 담겨 있는 출출흐르는 즙액을 빨아 먹었다. 그 시원한 소나무가지의 물은 산망 속의 정기를 뽑아올린 것으로 신선이 마시는 약물보다도 더한 것이 아니었는가 한다. 그때 시골아이들이 먹고 마시는 것에 별난 것이 없었다. 그렇지만 노루새끼처럼 산마루를 뛰고 소나무가지의 즙액을 마시고하면서 자연의 아들로 커갔던 것이고 이것이 그들에게 힘을 준 것이 아니겠는가.

먹고난 소나무가지로는 점(占)을 치고 난뒤 멀리 멀리 던지면서 던진 거리로 서로의 힘을 자랑하곤했다. 소나무가지 점이란 별것이 아니고 (꿩 줄까 알줄까)하면서 주먹으로 재어 나가다가 마지막이 꿩줄까로 끝나면 그날 산에서 꿩을 잡을 수 있다는 것이고 알줄까로 끝나면 꿩알을 주울 수 있는 행운이 온다는 것이다. 누구도 이 점을 믿지는 않았으나 산에서 커가는 아이들의 놀이에는 이러한 것 밖에 생겨날 수 없었던 것이다.

소나무의 가지를 꺾어 송피를 먹는다는 것은 소나무의 모양을 못쓰게 만드는 일이었고 지금은 이러한 일을 하면 안되겠지만 나의 어린 시절에는 죄의식감 없이 말하자면 천진난만한 상태에서 이러한 짓을 했던 것이다. 지금처럼 간식으로 먹을 거리가 흔했다면 그러한 일은 하지 않았을 것이라고도 짐작해 본다. 그 뒤 나는 커가면서 동네 아이들과 함께 산으로 들어가서 솔갈비를 긁어모아 멍에다 넣고 멍에 갈퀴(깔끄리고 했다.) 자루를 꽂아 메고 산에서 내려왔다. 긁어 모은 솔갈비의 양이 많고 적고간에 어머니는 그것을 보고 대견스럽게 생각했다. 멍이란 것은 새끼로 얽은 큰 바랑같은 것인데 그 안에 긁어모은 솔갈비나 낙엽을 넣을 수 있는 초대형 주머니이다. 큰 멍이면 그 안에 두세 사람도 들어갈만 하다. 그러나 나의 멍은 나의 힘을 생각해서 작게 만든 것으로 아이들은 나의 멍을 보고 소부랄멍이라고 놀려대기도 했다. 멍이란 단어를 국어사전에 찾아보았더니 나타나지 않는 것을 보면 우리지방의 사투리인 모양이다.

솔갈비 채취에 따라 소나무밭은 침해를 받게 되고 이러한 침해는 오히려 소나무들에게 더 큰 자극을 주어 불끈 더 잘 자라나게 할 수 있었던 것이다. 그래서 소나무숲을 학대저항 적응집단(虐待抵抗 適應集團)으로 말 할 수 있다. 봄이 되면 우리집 식구들은 소나무의 수꽃을 꽃대궁채 몽땅 따 모으는 일을 했다. 송화분을 얻기 위해서였다. 수꽃대궁은 수꽃을 피우고 꽃가루를 날려보낸 다음에는 가지로 뻗어나가는 것인데 이러한 일을 하면 소나무의 모양은 비정상적인 것으로 되고 만다. 할일이 못되지만 송화가루로 다식(茶食, 송화과자)을 만들어야만 행세할 수 있는 집안으로 되는 당시의 풍속(?)이고 보면 송화가루모으기는 하나의 필수적인 작업이었던 것 같다. 송화대궁을 따 모으면 흰색 홑이불 위에 펴서 햇볕으로 말리는 것인데 이와 같이 하면 노랑가루가 모여지는 것이다. 이래저래 소나무는 사람으로 말미암아서 만신창이가 되어 버린다. 나중에는 베어져서 목재로도 되고 소나무장작으로 되어 최후를 마무리하는 것이지만 소나무는 그가 가지고 있는 모든 것을 인간들에게 주고가는 것이다. 만신창이 상황에서 소나무들은 더욱 왕성하게 살아나갈 수 있는 힘을 얻었고 좌절하는 법이 없었다. 소나무와 인간은 이처럼 서로 얽혀가면서 살아 왔고 소나무는 우리 민족의 문화에 거름이 되어 준 것이다. 인간이 있는 곳에는 소나무가 있었고 소나무가 있는 곳에는 사람들이 살고 있었다. 그 관계는 편리공생(片利共生)이 아니라 상리공생(相利共生)의 그것이었다. 이러한 소나무와 인간의 관계를 우리는 부정할 수 없었다. 상호진화(相互進化)란 말을 붙여서 타당할 것 같다.

나는 그 뒤 조림학의 강의를 우에끼 교수에게 들을 때에 교수가 나의 과거의 행위를 그대로 지적해 주는 듯한 느낌을 받았다. 그 교수는 일본인이었지만 우리나라의 소나무에 대한 연구로 그의 생애의 대부분의 시간을 보낸 사람이다. 그는 박사학위 논문으로 『조선에 있어서 소나무의 수상(樹相)과 그 개량에 관한 조림학적 처리』라는 것을 내 놓았다. 그래서 그는 우리나라 소나무의 수형이 잘못되어 가는 이유를 조사했는데 말하기를 첫째, 낙엽을 채취하는 일이 좋지 못하고 둘째, 슬순을 꺾어 내피(內皮)를 먹는 행위는 나쁜 일이며 셋째, 송화가루의 채집은 소나무의 모양을 비정상적으로 만드는 원인이 된다고 했다. 이러한 그의 강의내용은 지난날 내가 했던 행위를 그대로 지적해내는 것이었다.

이러한 일들을 하면 소나무 줄기는 굴곡되고 자람이 잘 되지 못한다고 했다. 지당한 지적이 아닐 수 없다. 그렇지만 그 때를 보아서는 그 솔갈비 없이 그 송화가루 없이 그리고 소나무의 달콤한 속껍질 없이 그 동네 사람들이 살아 갈 수 있었겠는가 하는 것이다. 필요악이란 어휘가 들어맞는지 모르겠다.

시대가 흐르면 먹고 살고하는 양식과 재료도 달라져 간다.

위에 말한 생화양식의 변모는 나무와 무척 관련이 깊다. 이런 가운데에서 자라났다면 소나무 인생에 인연을 붙이는 실마리 되지 않을까. 오늘 나의 소나무관심을 억지로라도 지난날의 소나무 산골의 풍속에 이어보고져 하는 것이다.

2. 광복 후의 나의 소나무관심

6.25 동란 이후 나는 서울대학교에 적을 둔 뒤 일본에 있는 은사 우에끼 교수에 서신을 내어 당신이 맡았던 조림학강의를 내가 맡게 되었노라고 전하면서 감개무량하다고 했더니 그는 곧장 회신을 보내왔

다. 내용의 일부로서 우리나라의 중요조림수종에 소나무와 상수리나무가 있는데 혼효림으로 조성할 경우 그 사이에 야기될 수 있는 타감물질(他感物質)의 작용을 연구해 보라고 했었다. 나는 그 뒤 이에 대한 연구를 하지 못했다. 그는 학위 논문의 첫머리에 쓰기를『한반도에 있어서 앞으로 200년 동안은 소나무가 중요조림수종으로서의 자리를 잃지 않을 것이다』고 했다. 이 서술은 나에게 자극을 주었고 소나무에 대한 평가를 수준 높게 하는 발판이 되었던 것이다.

나는 우선 박사학위를 받아야겠다는 생각을 하고 연구 테에마를 무엇으로 할 것인가하고 고심했었다. 그 때는 임목개량 즉 육종이 전 세계적으로 붐을 타고 연구의 유행을 이루었고 나도 그 분야에 빠져 들게 되었던 것이다. 당시 임목육종에 있어서 무성번식의 기술확립은 선발된 또는 만들어진 우량개체의 증식에 있어서 필요불가결한 수단이었다. 아무리 좋은 품종(또는 계통)이 창성(創成)되었다 하더라도 그들의 유전성을 변화시키지 않고 증식시키는 방편이 확립되지 않으면 소용없는 일에 불과했다. 특히 소나무류는 무성번식이 용이하지 않은 것이다.

이러한 이유로 해서 삽목, 접목, 공중 취목 등의 영양증식의 내용은 전에는 조림학의 테두리로서 다루어 졌으나 이때가 되자 그 내용이 임목육종학의 영역으로 옮겨왔던 것이다. 그래서 특히 삽목법의 연구가 각국에서 이루어지고 무성번식의 연구의 유행시대(流行時代)가 도래했던 것이다. 미국이 그러했고 일본이 그러했고 다른 나라에서도 이 유행은 비슷했다. 이에 필자도 질세라 소나무류의 무성증식에 대하여 손을 댔다. 1956년 소나무류 삽목발근에 관한 연구를 서울대학교 자연과학계 논문집에 실었다. 이들 논문은 나의 논문발표의 첫 출발같은 것이었고 특히 소나무류에 대한 접목번식의 연구에 있어서는 높은 접목율을 얻어서 필자는 큰 만족감에 젖어 들기도 했다. 소나무나 해송은 할접(割接)이나 복접(腹接)으로 거의 비슷한 높은 접착율을 보여 주었다. 당시 형편없는 사진기와 사진기술을 써서 그 모습을 사진으로 찍어 논문에 실었던 것이다. 접목번식에는 어려움이 없는 것으로 확인했으나 대량증식에 문제점이 있어서 필자는 삽목증식을 계속 연구하기로 하고 그 연구대상수종을 선택하는데 신경을 썼다. 그래서 선택한 연구대상수종은 리기다소나무로 정해졌다. 리기다소나무를 택한 이유는 첫째, 각

수령별의 리기다소나무가 연구실 주변에 풍부하게 존재해서 시료수집에 어려움이 없으리라는 점이 있었고 둘째로는 리기다 소나무 줄기에서 맹아가 잘 돋아나는 점을 고려할 때 삽목발근의 효과를 얻기 쉽고 따라서 시험결과가 잘 얻어질 수 있을 것이라는 예견이 있었으며 셋째, 리기다 소나무에서 얻어진 연구내용은 외연(外延)해서 다른 소나무류에도 적용되어 증식의 실마리를 얻을 수 있으리라는 것 등이 그것이었다. 당시 주변에 소나무, 잣나무, 해송, 방크스 소나무 스트로브잣나무 등은 연구재료를 얻을 수 없는 상황에 있었다. 나의 리기다 소나무 삽목증식의 연구내용은 외국학자들의 관심의 대상이 되었고 미국 북 캐롤라이나 대학교 임목육종학 교수 조벨 박사(Zobel. B. 1984)는 그의 저서 가운데 필자의 학위논문인 리기다소나무 삽수 발근의 생리학적 연구내용을 소개하고 있다. 특히 엽속(葉束)으로 된 삽수에 있어서 발근을 보았는데 엽속 삽수(leaf-bundle cuttings)의 발근은 용이한 편은 아니다. 필자는 리기다 소나무 정아(頂芽) 안에 함유되어 있는 식물호르몬 인돌아세트산 (3-indolacetic acid)를 정량분석해서 이것이 발근에 미치는 효과를 삽수 하단(揷穗下端)의 발근기회조직(發根機會組織)의 량(量)에 연관시켜 설명을 시도했는데 이것으로 수관(樹冠) 윗쪽에서 얻는 삽수보다는 아랫쪽에서 얻은 삽수가 발근생리상 더 이롭다고 결론을 유도 할 수 있었다.

소나무로서는 강원도 지방 소나무 숲의 밀도를 분석해 보았고 지위지수를 만들고 Reinecke의 표준밀도 표에 견주어 제공해 보았다.

소나무 연구에 있어서 기억에 남는 것은 일본산 소나무의 산지시험(産地試驗:Provenance trial)이다. 일본으로부터 12개 우량소나무산지부터 종자를 얻어 시험한 것인데 이를 위해서는 일본임업시험장의 조력이 없이는 수행할 수 없는 일이었다. 어떠한 해에 동시에 12개 산지에서 종자를 채집해야하는데 이것은 국가기관의 큰 힘 없이는 이루어 질 수가 없다. 이와 같이 해서 얻어진 소나무 종자를 분양받을 수 있었다는 것도 대단한 일이 아닐 수 없었다. 필자는 그 종자를 가지고 미리 계획된 실험설계에 의해서 묘목의 성장량 분석을 시도했던 것이다. 하아성장량(夏芽成長量), 활착율 등도 아울러 조사되었다. 분석결과 좋은 자람을 보여 준 것은 이바라기(茨城), 미또(水戶)의 것과 이와때(岩手) 히가시모리

이(東盛井)의 것으로 앞의 것은 저명송으로 スガマツ 라는 별명을 가진 것이고 뒤의 것은 히가시 야바마쓰(東山松) 라는 별명을 가진 것이다. 東山松은 줄기가 통직하고 완만하며 무절성이고 목피가 바르고 가지가 가늘다. 그리고 분지각(分枝角)은 수평으로 뻗고 수지량(樹脂量)이 적어서 목재의 이용가치가 높은 것이다. 이 연구가 연구비 궁핍으로 결국 중단되고 말았는데 무척 애석한 일이었다.

지금도 그러한 경향이 없는 것은 아니지만 당시는 좋은 연구가 착수되어 무언가 구체적인 성과가 바라보일 때 그 연구를 더 지속시킬 수 없는 상황에 부딪히게 되고 연구가 그대로 물거품처럼 사라져 버리는 일이 있었다. 일본산 소나무의 산지시험만 하더라도 그러한 경우에 해당한다. 그 때의 연구재료가 어떤 임지에 식재되어 오늘날에 이르렀다면 우량산지의 선발과 함께 그 종자를 얻을 수 있게 되었을 것이다. 우리네 연구하는 것이 대개 일년생적(一年生的)인 것이 문제라 임업이란 것은 특히 나무에 관한 시험은 긴 세월이 소요되어야 하고 그러한 시험결과에서 우리는 쓸모 있는 결과를 얻게 되는데 이러한 일이 될 수 없었다는 것은 우리나라 연구풍토의 결점이라고 할 수 있다. 기대될 수 있는 연구성과가 확실한 연구과제를 지원한다는 것은 매우 중요한 일이다.

나의 소나무류에 대한 논문과 논설은 더 있으나 그것을 개관하고저하는 것이 이것의 목적이 아니라 이쯤 줄이고 다음 항을 별도로 세워서 우리나라 소나무 천연집단에 대한 변이 분석의 내용일부를 살펴보기로 한다.

3. 우리 나라 소나무의 천연집단

이때 집단(Population)의 정의가 문제로 될 수 있다. 좁은 면적으로 집단의 성격을 제한하면 그곳에 나는 나무들의 근친효과(近親效果)가 더 두드러질 것이고 넓은 면적을 상정해서 나무 사이의 거리를 멀리한다는 그러한 효과는 배제될 것이다. 필자는 홍도(紅島)에 나는 소나무를 조사하고 홍도의 소나무집단에 관한 연구제목으로 논문을 발표한 일이 있다. 이때 필자가 홍도 전체를 구석구석 답사하고 시료를 얻어 분석한 것이 못되고 주로 남도(홍도는 형태의 편이상 남도와 북도로 나뉘어 진다.)의 양상봉(陽上峯) 주변의 소나무를 시료로 했던 것이다.

신기한 사실은 제주도에는 소나무와 해송이 나지

만 홍도와 울릉도에는 소나무만 나고 해송은 없다는 사실이다. 어떠한 분포양식 즉 종자전파양식 때문인지는 알 수 없다. 울릉도에는 많은 해송들이 좋은 자람을 보여 주고 있으나 이것은 인위적으로 도입된 것이지 원래부터 있었던 것은 아니다. 그런데 소흑산도(小黑山島)의 해안식생 가운데에는 소나무와 해송이 있다는 연구보고가 있는데 소흑산도에 해송이 있다면 홍도에도 있을 법한데 없다는 것은 수수께끼로 남아야할 과제인 듯 하다.

홍도의 소나무를 조사하는 가운데 아직도 신기한 것으로 마음 한 구석에 남아 있는 것은 한 소엽형(疎葉型: 유별나게 침엽이 엉성하게 달리는 변이 개체) 소나무의 부수지도(副樹脂道)의 수에 관한 것이었다. 홍도의 소나무들은 솔잎 하나에 부수지도를 4-6개 정도를 가지고 있었는데 이 소엽형의 소나무는 1개의 부수지도를 가지고 있었다. 필자는 그 뒤 여러 곳에서 이러한 조사를 하면서도 1개짜리의 소나무를 만난 적은 없다. 어떠한 이유로 그렇게 된 것인지는 아직 풀이를 내릴 수 없다. 그리고 홍도의 소나무들은 부수지도의 위치로 보아 다소 해송의 피를 받은 듯하다. 그러나 그러한 단정은 내릴 수 없고 순수한 소나무로서도 보여 줄 수 있는 허용범위(許容範圍) 내의 수치상의 방황으로 생각된다. 그러나 울릉도 형제봉에 남아 있는 소나무들은 모두가 순수한 소나무의 특징을 띄고 있어서 홍도의 소나무와는 다소 대조가 된다.

분포면적이 넓은 수종에 있어서는 격리 등의 이유로해서 집단의 유전적분화가 야기된다함은 잘 알려진 사실인데 우리나라의 소나무도 그 분포의 광범위성을 감안할 때 이러한 경우가 있을 것은 얼마든지 짐작이 가능하다. 우리나라의 소나무를 몇가지 지방형으로 나눈 연구가 있다. 필자는 이러한 가설을 상정해서 우리나라 소나무의 산지에 따른 각종 형질상의 통계적 유의차가 인정될 것이라는 예상 아래 조사를 수행했다. 조사대상이 된 산지는 다음 표1과 같았다.

이러한 산지를 찾아 조사집단으로 선정하고 시료목에 대한 각종 침엽형질, 수관, 수피, 지하고, 수고, 흉고직경, 종자의 각종 형태적 형질 , 목재비중, 가도관장 등을 조사측정했다. 특히 침엽형질에 있어서는 부수지도의 수와 그 위치 및 거치밀도가 조사되었다. 당시 D.P.Fowler(1960)는 미국과 캐나다에 분포해 있는 레지노사 소나무(Pinus *resinosa*)

표 1.

집단번호	집단명칭	위 치
1	인 제	강원도 인제군 기린면 진동리
2	오대산	강원도 평창군 진부면 동산리
3	명 주	강원도 명주군 연곡면 삼산리
4	왕 산	강원도 명주군 왕산면 대기리
5	정 선	강원도 정선군 임계면 낙천리
6	삼 척	강원도 삼척군 하장면 한소리
7	울 진	경상북도 울진군 서면 하원리
8	봉 화	경상북도 봉화군 춘양면 서벽리
9	주왕산	경상북도 청송군 부도면 산계리
10	양 주	경기도 양주군 진접면 장현리
11	광 주	경기도 광주군 중부면 산성리
12	수 원	경기도 수원시 오목동
13	제 천	충청북도 제천군 백운면 평동리
14	보 은	충청북도 보은군 내속면 사내리
15	무 주	전라북도 무주군 안성면 통안리
16	구 례	전라남도 구례군 광의면 방광리
17	안면도	충청남도 서산군 안면 승언리
18	제 주	제주도 남제주군 중문면 영실리

에 대하여 부수지도와 침엽의 거치 밀도로서 집단간의 차이를 인정하는 논문을 내어 많은 학자들의 큰 관심을 끈 적이 있었다.

필자도 논문 제1호에 있어서 주왕산 안면도 그리고 오대산집단 간에 수지도수로 본 집단간의 차이를 인정한 바 있다. B.J.Zobel(1960) 등은 loblolly pine의 집단간 차이를 가도관장으로 인정하고 있으며 더우기 미국의 북쪽 해안에서 남쪽으로 가면서 길어지는 경향을 보고한 바 있다. 이곳 필자는 우리나라 소백산맥에 있어서 남쪽에서 북쪽으로 나아가면서 가도관장이 줄어들고 있는 경향을 본 바 있다. 일반적으로 태백산맥 남쪽 지대의 소나무의 가도관장은 소백산맥의 그것보다 짧은 경향이 있었다.

지적한 18개 집단의 조사분석결과를 이곳에 전개할 수는 없고 시간이 허용한다면 일후 어느때엔가 다시 논의를 하고 결과를 종합해 볼까 한다. 요컨데 산지간(집단간)의 소나무형질변이의 차이가 인정된 만큼 장차 우리는 소나무 숲 조성에 있어서 종자산지의 중요성을 크게 인정해야 할 것으로 안다. 그러면 종자산지의 영역의 경계를 어느 정도로 잡으면 좋을까하는 문제인데 이것은 주변에 우량임들이 있으면 최단거리에 존재하는 곳에서 채종하는 원칙이 좋을 것으로 본다. 이때 또 고려할 것은 {좋은 임분}의 기준 문제가 있다. 좀 못하더라도 가까운 임분에서 증식용종자를 얻는 것이 좋으냐 거리를 멀리하더라도 더 좋은 임분을 택할 것이냐하는 문제가 있다. 필자의 소견으로는 임분의 상태가 어지간하면 가까운 거리의 것을 택하는 것이 좋을 것으로 본다. 그리고 좋은 숲의 상태의 판정은 직간성이라든가 세지성(細枝性), 자람의 속도 등을 마음에 둔 달관적인 판단으로 일응 받아 들일 수 있을 것이다. 필자는 강원도 지방에서 지정을 본 우량채종림이 지정에서 해제된 경우를 목격한 바 있다. 그 이유를 물어보았더니 채종림으로 지정한 이래 한번도 이 숲에서 종자를 채집해본 역사가 없다고 했고 그것이 중요한 이유의 하나라고 했다. 사실 우리나라 이때까지의 실정으로서 15-25m되는 높이의 소나무에서 종자를 채집하기란 어려운 일이고 고생해서 그러한 나무에 올라 솔방울을 채집하려고 한 시도가 없었다.

일이 이와같이 되면 종자산지문제의 강조는 아무런 결실을 맺을 수 없는 것이라 채종을 용이하게 하는 시설이라든가 기구 등의 고안은 매우 중요한 일로 생각한다. 돈을 들여서 산지시험을 하는 목적도 그 연구 결과를 토대로 해서 더 생산적이고 가치 높은 숲을 만들어 나가겠다는 데 목적이 있기 때문이다.

4. 동해안의 쌍유관아속의 송류

필자는 우리나라 동해안 일대에 자라고 있는 소나무(Pinus *densiflora*)와 해송(Pinus *thunbrgii*) 집단의 집단 간 유전적 차이를 조사한 바 있다. 소나무와 해송은 외관상 형질 특히 침엽의 성상, 동아의 색깔, 수피의 색깔, 수형 등으로 구별되고 있다. 행송은 대체로 해안선에 따라 좁은 대상(帶狀)으로 분포해 있고 소나무는 내륙에 이르기까지 넓은 면상분포(面相分布)를 하고 있다. 홍도같은 데에는 소나무가 바닷물의 영향이 뚜렷한 해안절벽 낮은 곳에도 자라고 있는데 이것으로 말하면 해송이 조풍(潮風)에 대한 저항력이 강하다 하지만 소나무도 그 저항력이 낮지는 않다고 본다. 즉 해안 가까이에는 해송이 더 힘을 펴는 분포를 보이지만 소나무도 해안선에서 찾을 수 있다. 가령 충남 안면도의 소나무는 바닷가에 근접해서 분포해 있다. 이처럼 소나무와 해송이 근접해서 자라고 있으면 두 종 사이에는 자연 교배가 잘 일어나서 자연잡종이 잘 형성된다는 것은 이미 잘 알려져 있고 간혹송(間黑松; Pinus densi-thunbergii)에 대한 잡종정도(적송도지수로 말할 수 있는 것)에 대한 설명은 Sato(1961)와 Shibata(1977)가 상세히 하고 있다.

필자 등(1987)은 동해안에 분포하는 소나무와 해송의 집단을 얻어 주로 침엽의 거치밀도 기공열수 주부수지도의 수와 위치 하표피세포의 량 등을 검경해서 집단내 및 집단간의 통계상의 유의차를 조사한 바 있다. 이때 조사대상이 된 집단은 다음 표 2와 같았다.

표 2.

집단번호	내 용
1-1	강릉시 견소동, 해송 인공림, 60년생
1-2	강릉시 견소동, 소나무 인공림, 100년생
1-3	강릉시 운정동
2-1	울진군 평해면 월송리, 소나무 인공림, 80-100년생
2-2	울진군 평해면 월송리, 해송림, 20-25년생
3	강원도 평창군 도암면 차항1리, 적송자연림
4	울진군 서면 하원리, 불영사 적송림
5	봉화군 춘양면 소호1리, 소나무자연림

본 조사를 통해서 알 수 있었던 것은 동해안의 해송의 천연림은 발견하기가 극히 어려웠고 영덕지방 이북에 있는 해송은 거의가 인공조림된 것으로 추측되었다. 울진이 행송분포의 북한이라는 과거 보고가 있지만 울진 주변에서 20개체 이상으로 구성된 자연생의 해송림(평균수령20년생이상의 것)을 발견하기가 어려웠다. 집단번호 2-2는 울진군 평해면 월송리의 것인데 여기서도 충분한 시료를 얻기 어려운 상황이였고 인공식재되었을 가능성도 높았다. 인구밀집과 도시화, 개간, 도로개설 등으로 원래의 해송림은 벌채되어 그 흔적이 거의 없어지고 현재의 유령 해송림은 인공식재되었을 가능성이 높은 것으로 보았다.

연구내용은 필자의 논문에 상세히 서술되어 있으므로 이곳에 있어서는 그 줄거리를 들어 설명을 한다.

연구방법은 각 집단에서 20개체, 한 개체에서 20개의 침엽을 채집해서 침엽조직관찰에 오랜경험을 가진 연구원으로 하여금 조사하였다. 연구결과를 조목별로 든다.

(1) 해송집단의 수지도분석에 있어서 주수지도는 모두 중위(中位)이고 평균 수는 2.0으로서 집단간에

차이가 없었다. 부수지도에 있어서는 강릉집단(1-1)은 외위(外位)의 경우가 예외로 한 그루에만 있었고 강릉(1-1)의 경우는 13그루에 있어서 외위가 관찰되었다. 이러한 사실은 두 집단 간에 종자출처의 차이가 있음을 시사해 준다. 만일 이것을 부정한다면 부수지도의 위치행동이 어떤 환경인자에 크게 좌우되는 것으로 볼 수 밖에 없기 때문이다.

Shibata(1966)는 소나무 류의 침엽의 해부학적 각 형질을 측정하였으나 그 중 특히 분류 이용될 수 있다고 생각되는 형질은 하표피(下表皮)의 발달정도와 수지도형의 출현빈도 등이었다고 지적하고 있다. 해송의 하피층은 3층이란 기술도 있으나 이곳 필자들의 결과에 있어서는 해송은 모조리 2층으로 다른 예외가 없었다. 또 소나무는 1층이라는 데에도 예외가 없었다.

본 조사에 있어서 하표피세포층에 대한 조사는 더 실시되어야 할 여지도 없지는 않겠으나 우선 도출될 수 있는 결론은 외관상으로 판단된 동해안지대의 송류집단은 하표피세포라는 형질에 근거하에서 소나무 또는 해송의 양자로 구분된다는 것이다.

(2) 소나무 집단의 수지도분석에 있어서 부수지도수는 집단간의 통계상의 유의차를 인정시켰다.

(3) 적송도지수(赤松度指數, Red pine index; RPI)에 있어서 부수지도를 계산할 때 2-2집단은 6.7%로 나타났다. 적송집단은 부수지도로 볼 때 지수가 98.2-99.1의 형질이 모두 강력하였음을 시사하는 것이다.

(4) 하표피세포의 층수(層數)는 종간에 있어서 뚜렷한 차이를 보였다. 이 점은 이미 앞에서 언급한 바 있다.

(5) 기공열수는 종간에 뚜렷한 차이를 보였고 또 동종내(同種內) 이집단간의 차이를 보여 주었다.

(6) 침엽의 거치밀도로서도 집단간 차이를 인정할 수 있었다.

참고 문헌

1. Callham, R.Z. 1964. Provenance research: investigartion of genetic diversity associated with geography. Unasylva. 18(2-3) pp.40-50

2. Fowler, D.P. 1964. Effects of inbreeding in red pine, Pinus resinosa A:t(1) Silval genetica 13(6) pp.170-177

3. Fowler, D.P. 1965. Effects of inbreeding in red pine, Pinus resinosa A:t(1) Silvae Genetica 14(2) pp.37-46

4. Grafins, J.E. 1960 Application of population genetics to forest tree breeding . proc. of the Fourth Lake States Forest Tree Improvement. USDA. FS. sta. paper. No.81. pp. 8-9

5. Nieustaedt, H. 1960 The ecotypes concept and forest tree genetics. proc. of the Fourth Lake States Forest Tree Improvement. USDA. FS. sta. paper. No.81 pp.14-24

6. Stern, K. 1964 Population genetics as a basis for selection. Usnasylva 18(2-3) pp.21-27

7. Wright, J.W. 1964 Hybridization between species and races. Unasylva. 18(2-3) pp.30-39

8. Zobel, B. and J. Talbert 1984. Applied forest tree improvement. John Wiley & Sons pp.505

9. 佐藤敬二. 1961 日本の松. 第 1卷. 全國林業改定普及協會 pp.274

10. 柴田 勝 1966. 間黑松分類に 關する -考察(1) 特に 樹脂道 下表皮に づて 14面 日本林中部講論集 pp.9-16

11. Shibata, m. 1977. Genetical and breeding studies on the Japanese pine species, P. densiflora S. et Z., P. thunbergii Parl. and their Hybrids. Bull. Dji Institute for Forest Tree Improvement. No.4 Japan pp.92

12. 植木秀幹 1926. 朝鮮の林木. 朝鮮山林會 pp.154

13. 任慶彬. 1985. 森林. 回甲記念論文集發刊委員會 pp.457 (소나무 天然集團分析의 論文이 모아져 있음)

14. _____, 李廣來. 1987. 赤松과 海松間의 自然雜種에 關한 研究. 農試論文集. 農業産學協同 pp.391-400

15. _____. 1991. 造林學本論. 향문사 pp.347

16. 鄭台鉉. 1949. 重要造林樹種의 分布 및 適地. 朝鮮林業會 pp.63

소나무의 천연 화학 물질

길 봉 섭 (원광대학교 생물학과 교수)

서 론

소나무 숲에 들어가서 그 임상식물을 조사해 보면 다른 나무 숲의 것과 종조성이 매우 다르다는 사실을 쉽게 알 수 있다. 즉, 산성토양에 잘 견디는 식물이 눈에 자주 보인다. 실제로 소나무 숲의 토양을 조사해 보면 산성이다.

필자는 소나무 숲 밑에 나는 임상식물이 비교적 드문드문 나있는 사실에 주목하여 그 종조성이 혹시 소나무에서 방산되는 어떤 물질에 의하여 그렇게 되지 않을까 하는 생각을 하게 되었다. 다시 말하면 소나무에 함유되어 있는 어떤 독성 물질이 소나무 밑 토양에 떨어져서 다른 식물에 영향을 줄 것이라는 가설을 세우게 되었다. 이런 생각을 하게 된 배경은 온실에서 사용하는 부엽토에 소나무 잎이 많이 섞이면 식물의 성장에 지장을 초래한다고 들었기 때문이다. 더구나 그 부엽토는 수 년 후에 사용할 때 독성이 감소하더라는 증거를 가지고 있다.

그래서 본 고에서는 소나무에 함유되어 있는 천연 화학물질이 다른 식물에 어떤 영향을 미치며 과연 그 물질은 어떤 것들인가를 밝히려고 한다.

재료 및 방법

- 소나무 숲 12곳을 선정하여 방형구(10m × 10m)를 설정하고 식물의 종조성을 조사했다.
- 소나무 잎, 뿌리, 줄기의 추출액과 소나무 숲의 토양에서 식물의 발아와 생장을 실험했다.
- 소나무 잎의 빗물을 모아서 또는 물로 씻은 액체를 가지고 발아와 생장실험을 실시했다.
- 소나무 잎, 낙엽을 화학적인 방법으로 분석하여 성분을 조사하였고, 화학약품으로 발아 실험을 실시했다.

결과 및 고찰

1. 소나무 숲의 임상식물

고창 선운산, 김제 구성산, 정읍 면악산, 남원 지리산 등 12개소에서 조사한 소나무 숲에 자라는 임상식물은 78종류 였다. 그 중에서 빈도가 41.7% 이상인 식물은 노간주나무, 노린재나무, 상수리나무, 싸리, 졸참나무, 개솔새, 개미취, 그늘사초 등 29종류였고 그늘사초, 새, 억새 등이 특히 빈도가 높았다.

2. 발아와 생장 실험

소나무 잎, 낙엽, 뿌리를 24시간 동안 추출한 수용추출액으로 도라지, 싸리 등 22종류의 소나무 숲 밑에 나는 종(임내종)과 달맞이꽃, 비름 등 12종류의 소나무 숲에 나지 않는 종(임외종)을 대상으로 발아 실험을 실시한 결과 임내종의 발아율이 임외종의 것보다 높았다.

위와 같은 요령으로 준비한 소나무 수용추출액으로 키운 식물들의 생장실험 결과 정도의 차이는 있었지만 임내종의 값이 임외종보다 컸다.

그런데 임내종과 임외종의 중간에 해당되는 식물

즉, 때로는 소나무 숲에 침입하나 활력도가 낮은 것들, 예컨대 강아지풀, 개망초, 도깨비 바늘, 장구채, 쇠무릅 등을 구분할 수 있었다. 그래서 임내종은 소나무의 화학물질에 내성이 강하고 임외종은 약하며 중간종은 그 중간임을 알 수 있었다. 그리고 잎, 줄기, 뿌리 추출액의 순서로 독성이 강한 것으로 나타났다.

한편 소나무 숲의 토양을 채취하여 조사해 본 결과 pH4.5, 유기물질 5.4% 등으로 나타나 소나무 숲 밖의 토양보다 산성임을 알 수 있었다. 소나무 숲 토양에 임내종과 임외종 식물을 발아 실험한 결과 임외종의 발아율이 낮았고, 이 토양에서 계속 생장시킨 실험식물의 건중량은 임내종의 것이 훨씬 무거웠다.

또 소나무 숲에서 수집한 빗물과 소나무 잎과 잔가지를 물로 씻은 세탈액으로 키운 식물의 건중량은 다음 표와 같다(표 1).

표 1. 소나무 잎 세탈액으로 키운 식물의 건중량
(대조구에 대한 %)

종 류	세 탈 시 간				
	12	24	48	72	96
개망초	87	1	0	0	0
새	45	43	24	10	9
쇠무릅	36	25	11	6	2
질경이	66	24	10	1	0
맨드라미	25	10	7	0	0
싱아	51	32	16	2	0
익모초	50	22	7	4	2
산비장이	104	16	12	7	0

세탈시간이 길어질수록 실험식물의 건중량은 감소되었다. 즉, 소나무의 독성물질이 많이 세탈되어서 농도가 높아진 때문으로 생각되었다.

3. 소나무의 화학물질 분리와 확인

Gas Chromatography(GC)로 소나무 잎과 낙엽으로 부터 분리 확인한 물질은 다음과 같다(표 2).

소나무의 잎과 낙엽에 함유되어 있는 화학물질 중 대부분은 Phenolic Compounds이고 재료를 물에 담근 시간의 길이에 따라 다름을 볼 수 있다. 즉, 24시간 동안 물에 담근 액에서 가장 많이 추출 분리되었다. 또 낙엽보다 생엽에서 더 많이 확인 되었다. 이 표에는 기재하지 않았으나 소나무 밑에서 받은 빗물을 분석한 결과 Benzoic acid가 다량 확인

표 2. GC로 분리확인한 소나무의 화학물질

번호	화학물질	머무름 기간	잎			낙 엽		
			W1	W24	P2	W1	W24	P2
1	Benzxoic acid	.28	+++	+++	+++	+	+	++
2	Salicylic	.75		+++			+	
3	Cinnamic	.78	+	+			+	
4	P-Hydroxybenzoic	1. 0		+++	+	+	+	+
5	Gentisic	1.38		+				
6	Protocatechuic	1.48		+	+		+	+
7	Syringic	1.63		+		+	+	
8	P-Coumaric	1.70		+++			+	+
9	Gallic	1.80						+
10	Ferulic	2.03		+				
11	Caffeic	2.15						
12	Vanillic	1.33		+	+	+	++	+

* W1은 1시간, W24는 24시간 동안 물에 담그어 추출한 것. P2는 Pyrophosphate액에 2주일 동안 추출한 것.

되었다.

한편 소나무 잎의 휘발성 물질을 GC/MS로 분석한 결과 α -Thujene, α -Pinene, Camphene, Myrcene, Limonene, trans-2-Hexenal, Terpinolene 등이 분리 확인 되었다.

4. 화학물질에 의한 생물학적 정량(bioassay)

소나무 잎과 낙엽에서 확인한 화학성분 중 P-Hydroxybenzoic acid, Benzoic acid 등 9종의 화학약품을 5×10^{-3}, 5×10^{-4}, 5×10^{-5}M로 농도를 달리하여 상추의 발아와 생장을 실험해 본 결과 5×10^{-3}M이 역치농도 였다. 발아와 생장의 결과는 서로 비슷했고 이들보다는 건중량에서 생장억제 현상이 훨씬 뚜렷했다. 이 중에서 Benzoic acid, Cinnamic acid, Protocatechuic acid, Gentisic acid가 식물의 발아와 생장에 억제적이 었다.

요 약

소나무에는 수용성, 휘발성 화학물질이 함유되어 있어서 이들이 소나무 숲의 임상식물 종조성에 영향을 미치며, 발아와 생장 실험 결과 소나무 화학물질은 독성이 있음을 밝혀냈다. 그래서 소나무 잎, 낙엽을 화학적으로 분석하여 Phenolic Compounds와 Terpenoid를 분리 확인 하였다.

4

우리 문화와 소나무

민속과 문학에 나타난 소나무 상징

김 선 풍 (중앙대학교 문과대학 국어국문학과 교수)

I. 서 언

상징은 은유(隱喩)이다. 은유가 개인적이라 할 때 상징은 개개인의 은유가 집합한 사회적인 은유의 세계이다.

은유(metaphor)를 일러 암유(暗喩)라고 하거니와 각 은유마다에는 깊숙히 숨겨져 있는 심층적 의미의 세계가 있다. 그런고로 무릇 문화 속에 내재된 상징적 의미를 발견하기란 그리 쉬운 일이 아니다. 더군다나 상징이란 대(對) 사회적 은유의 세계이기 때문에 문화 속의 상징성 찾기란 그리 용이한 일이 아닌 것이다.

한 예를 들어 서구신화에서는 디오니소스가 솔방울을 쥐고 있는데 그 솔방울은 식물적 삶의 영속성(소생·재생)을 상징한다고 한다. 솔방울을 쥔 디오니소스는 타이탄에게 먹혔다가도 다시 소생하게 되는데 이는 죽었다가도 다시 소생한다는 신의 몸(神體)를 상징하기 때문이다. 풍요와 다산의 여신인 퀴벌레는 소나무의 여신이 되기도 한다.

한국의 경우 대개는 성주신이 남신이지만 바닷가의 배성주 만큼은 남성주·여성주가 공존한다.

본 소고(小考)에서는 소략하게나마 국문학과 민속학 측면에 나타난 소나무의 속성과 상징을 중심으로 논급해 보기로 한다.

II. 민속에 나타난 소나무 상징

소나무의 어원을 볼 때 솔과 나무가 합성되었음을

누구나 알 수 있다. 솔은 그밖에 나무 중에서 가장 우두머리라는 뜻을 나타내는 수리 〉 술 〉 솔로 음전(音轉)했다고 보기도 한다.

우선 신화적(神話的) 층위로 볼 때 성주신(星主神, 成造神)은 가신(家神) 중 집을 관장하는 최고의 신으로 길흉화복(吉凶禍福)을 주관한다. 흔히 집의 중심이 되는 대들보에 신체(神體)가 보관되어 있기 때문에 '상량신(上樑神)' 또는 '대들보 신'이라고 한다.

성주신의 신화인 무가(巫歌) '성주풀이'에 보면, 성주신의 근본과 솔씨(소나무의 씨)의 근본이 경상도 안동 땅 제비원으로 되어 있다. 이 곳에서 솔씨가 생겨나 전국으로 소나무가 퍼지고, 그 재목으로 집을 짓게 되었기 때문에 제비원이 성주신의 본향이자 솔씨의 본향이 된 것이다.

성주굿 무가에서 성주신의 내력은 다음과 같다.

성주는 본시 천상의 천궁에 있었는데 하늘에서 죄를 지어 땅으로 정배된다. 강남에서 오던 제비를 따라 제비원에 들어가 숙소를 정하고는, 집짓기를 원하여 제비원에서 솔씨를 받아 산천에 뿌린다. 그 솔이 점차 자라 재목감이 되자, 성주는 그 중에서 자손 번창과 부귀 공명을 누리게 해 줄 성주목을 고른다. 성주목은 '산신님이 불끄러 오고 용왕님이 물을 주어 키운' 나무이므로, 함부로 베지 못하고 날을 받아 갖은 제물(祭物)로 산신제를 홀린 후에 베어내어 다듬어서 집을 짓는다.

'성주풀이'는 집을 짓거나 이사하여 성주신을 받

아들이는 의례인 성주받이(또는 성주맞이)와 마을굿 중 성주굿에서 행해지는 것으로, 집안의 안전과 부귀 영화를 기원하는 내용이 담겨 있다. 성주받이의 성주거리에서 그 집의 대주(垈主:가족의 대표되는 남자 주인)로 하여금 성주대를 잡게 하여 성주를 내려 좌정시키는 절차가 있다. 이 때 잡는 성주대는 소나무 가지인데, 이것은 집을 지은 나무의 상징이며, 또한 성주의 상징이기도 하다.

성주신과 소나무의 유래를 동시에 밝혀주는 이 신화는 과거 집을 짓는 주요 건축자재가 소나무였기 때문에 소나무를 신격화하여 모심으로써 집의 안전과 가문의 번창을 기하려는 소박한 신앙의 일면을 반영하고 있다.

한편 소나무는 무속적(巫俗的) 층위로 볼 때 동신(洞神)이나 수호신이 되기도 한다.

마을을 수호하는 동신목(洞神木) 중에는 소나무가 큰 비중을 차지하고 있다. 특히, 산에 있는 산신당의 신목(神木)은 거의 소나무이다. 소나무는 신성한 나무이기 때문에 하늘에서 신들이 하강할 때에는 높이 솟은 소나무 줄기를 택한다고 믿었다. 신목으로 정해진 소나무는 신성수(神聖樹)이므로, 함부로 손을 대거나 부정한 행위를 하면 재앙을 입는다고 믿었다.

소나무를 개인적인 수호신으로 모시는 경우도 있다. 강원도 명주군 옥계면에서는 매년 단오날이면 집집마다 부녀자들이 동틀 무렵에 마을 앞산에 가서 '산메이기'를 한다. 곧, 한 해 동안 부엌에 매달아 두었던 '산'을 각자 자기 소나무에 묶어 놓고 제물을 올려 가족의 안녕과 소원을 기원하는 것이다. '산'이란 밖에서 들어오는 음식물이 있을 때 먼저 신에게 바치기 위해 왼새끼를 꼬아 만든 줄에 음식의 일부를 혹은 통째로 꽂아 둔 것을 말한다. 특이한 점은 산에 있는 신목이 일반적으로 마을 집단의 수호신 기능을 하는 것과는 달리, 집집마다 소나무를 개인의 신목으로 삼고 있는 점이다. 그 신격은 뚜렷하지는 않으나, 집안의 수호신으로서 조상신 내지 산신의 신격을 지닌 것으로 추정된다.

소나무 가지는 제의(祭儀)나 의례 때, 부정을 물리치는 도구로서 제의 공간을 정화 또는 청정하게 하는 의미를 지니고 있다. 동제(洞祭)를 지낼 때, 제사 지내기 여러 날 전에 신당은 물론 제수를 준비하는 도가집, 공동 우물, 마을 어귀 등에 금줄을 친다. 금줄은 왼새끼를 꼬아 만든 줄에 백지 조각이나 소나무 가지를 꿰어 두는데, 이는 밖에서 들어오는 잡귀의 침입과 부정을 막아 제의 공간을 정화 또는 신성화하기 위한 금기 행위의 일종이다.

소나무의 내성(內性)은, 곧 민족의 심성이다. 우리 나라에서 전국의 산야에 널리 분포하는 소나무는 집을 짓는 주요 자재로 쓰였다. 그 중에서 경북 봉화군에서 자란 춘양목(春陽木)은 속이 붉고 단단해 특히 유명하다. 그리고 연료, 식품(송기떡), 약재(송진), 관재(棺材) 등으로 널리 사용되었다. 그리하여 "소나무 아래서 태어나 소나무와 더불어 살다가 소나무 그늘에서 죽는다."고 할 정도로 소나무는 우리의 생활에 물질적, 정신적으로 많은 영향을 끼쳤다. 따라서 유럽이 자작나무 문화, 일본이 조엽수림(照葉樹林) 문화로 표현된다면, 우리 나라는 소나무 문화라고 할 수 있다.

또 장수와 절개의 상징이기도 한 소나무는 오래 사는 나무이므로 예부터 해, 산, 물, 돌, 구름, 불로초, 거북, 학, 사슴 등과 함께 십장생(十長生)의 하나로서 간주되어 장수를 상징하는 나무로 삼았다. 흔히 병풍에 그려진 십장생 그림은 이들처럼 오래 살기를 바라는 뜻에서 그려진 것이다.

옛부터 솔잎을 '신선의 식사'라 했다. 솔잎은 정신을 맑게 하고 섭생에 아주 유익하여 겨울철에 솔잎을 장복하면 장수한다는 속신이 있다.

오래 간다는 속성 때문에 절개와 지조의 상징이 되기도 한다. 비바람, 눈보라와 같은 자연의 역경 속에서 변함없이 늘 푸른 모습을 간직하고 있는 소나무의 기상은 꿋꿋한 절개와 의지를 나타내는 상징으로 쓰여 왔다. '애국가'에 "남산 위의 저 소나무 철갑을 두른 듯, 바람서리 불변함은 우리 기상일세."라고 했듯이, 난관을 극복해 나가는 우리의 강인한 의지와 씩씩한 기상을 소나무를 통해 상징화하고 있다.

소나무를 일컬어 초목의 군자(君子), 노군자(老君子)라고 한다든지, 군자의 절개, 송죽(松竹) 같은 절개, 송백(松柏)의 절개를 지녔다는 등의 표현은 절개나 지조를 나타낸 말들이다. 혼례식의 초례상에 소나무 가지와 대나무를 꽂은 꽃병을 한 쌍 남쪽으로 갈라 놓는데, 이는 신랑 신부가 소나무와 대나무처럼 굳은 절개를 지키라는 뜻에서이다.

다음과 같은 액맥이나 정화로서의 의미도 빼놓을 수 없다.

세시 풍속의 하나로 정월 대보름 전후에 소나무

가지를 문에 걸어 놓아 잡귀와 부정을 막는다. 동지 때 팥죽을 쑤어 삼신과 성주에게 빌고, 병을 막기 위해 솔잎으로 팥죽을 사방에 뿌린다. 이 때의 솔잎과 팥죽도 같은 의미를 지니고 있다.

출산 때에나 장 담글 때에 치는 금줄에 숯, 고추, 백지, 솔가지 등을 끼워 놓는데, 이것들도 모두 잡귀와 부정을 막기 위한 것이다. 아기가 아프면 삼신 할머니에게 빌기 전에 바가지에 맑은 냉수를 떠서 솔잎에 적셔 방안 네 귀퉁이에 뿌린다. 이는 부정을 씻어 내어 제의 공간을 정화하기 위해서이다. 무덤가에 둘러선 도래솔도 벽사와 정화의 역할을 담당한다. 이밖에, 홍만선(洪萬選)도 '산림경제(山林經濟)'에서 "집 주변에 송죽(松竹)을 심으면 생기가 돌고 속기(俗氣)를 물리칠 수 있다."고 하였다.

꿈에 소나무를 보면 벼슬할 징조이고, 꿈에 솔이 무성함을 보면 집안이 번창하며, 꿈에 솔이 비온 후에 나면 정승 벼슬에 오르고, 꿈에 송죽 그림을 그리면 만사가 형통한다고 한다. 반면에, 소나무 순이 많이 죽으면 그 해에 사람이 많이 죽고 소나무가 마르면 사람에게 병이 생긴다고 한다.

소나무 자체의 신이성(神異性)도 빼놓을 수 없는 특징이다. 다음과 같은 설화는 그 대표적인 것들이다.

속리산 법주사 입구에 정이품송(正二品松)이 있다. 조선의 세조가 법주사로 행차할 때, 타고 가던 연(輦)이 이 소나무 밑을 지나게 되었는데, 스스로 가지를 들어올려 연이 무사히 지나갈 수 있게 하였다. 세조는 이 소나무의 신이함에 탄복하여 정이품의 벼슬을 하사하였다고 한다.

강원도 영월의 장릉 주위에 있는 소나무들은 모두 장릉을 향해 굽어져 있다. 그 모습이 마치 읍을 하고 있는 것 같은데, 이는 억울한 단종의 죽음을 애도하고 그에 대한 충절을 나타낸 것이라고 한다.

강릉의 향토지 〈임영지(臨瀛誌)〉에 보면, 임진왜란 때 대관령 산신(김유신 장군신)이 팔송정(八松亭)의 소나무를 노적가리와 군사들의 무리로 보이게 하여 왜적을 퇴치하였다는 기록이 있다.

또한 오래 된 소나무 뿌리에 외생균근이 공생해서 혹처럼 비대하게 된 것을 복령(茯笭)이라고 하는데, 이 복령을 오래 먹으면 신이한 약효를 나타낸다고 한다. 즉, 복령을 복용한 지 100일 만에 병이 없어지고, 잠을 안 자도 되며, 4년이 지나면 옥녀(玉女)가 와서 시중을 든다는 이야기가 있다. 황초기(黃初起)라는 사람은 복령을 5만 일간 먹었더니 낮에 나

가도 그림자가 없었다고 전한다.

삼척군(三陟郡) 가곡면(柯谷面) 동활리(東活里)의 '금송(金松)'은 전쟁이나 풍년, 흉년을 예견하는 신이(神異)한 소나무이다. 2m 남짓한 크기의 이 소나무는 그 색이 노래야 하는데 다른 색으로 변하면 변고가 생긴다. 즉, 약간 검으면 물난리가 날 징조요, 붉으면 전쟁이 일어날 징조요, 휘어지면 흉년이 든다거나 사람이 많이 죽게 된다는 것이다.

III. 문학에 나타난 소나무 상징

우리의 옛시조에 나타난 소나무와 관계되는 어휘부터 살펴보면, 순수한 우리말 어휘로는 '솔'이 가장 많이 나타난다. 그리고 복합 명사로는 '솔가지', '솔불', '송기떡' 등이 있다. 이러한 순수한 우리말이 아닌 한자말로 가장 많이 쓰인 어휘로는 낙락장송(落落長松)이 있고 복합명사로는 송죽(松竹)이 다음으로 많이 쓰였다. 그런데 이 '솔'이나 '낙락장송'이란 어휘들이 글의 주제와 직접적으로 연결되는 경우가 많은 것은 주목할 일이라 하겠다.

다음으로 한자말을 살펴보면 그 대부분이 복합어로서 송간(松間)(솔밭사이), 송관(松關)(소나무로 만든 사립문), 송근(松根)(솔뿌리), 송단(松檀)(소나무가 서 있는 낮은 언덕), 송대(松臺)(송단과 같은 뜻), 송림(松林)(솔숲), 송백(松柏)(소나무와 잣나무), 송성(松聲)(소나무에서 이는 바람소리), 송도(松濤)(송성과 같음), 송애(松애)(소나무가 서 있는 벼랑), 송영(松影)(솔 그림자), 송정(松亭)(솔밭 속에 세운 정자), 송죽(松竹)(솔과 대), 송지(松枝)(솔가지), 송창(松窓)(소나무가 비낀 창문), 송풍(松風)(솔바람), 송하(松下)(솔 아래) 등이 있는바 그 중에서 가장 빈도수가 많이 나오는 것은 '송풍'이다.

그리고 이들 한자말로 된 복합어는 그 대부분이 글의 주제와는 직접적인 관계가 엷은 단순한 보조적인 소재로 쓰인 경우가 많은 것도 흥미있는 일이라 하겠다.

시조뿐 아니라 설화 문학에도 '송풍라월(松風蘿月)'이 등장한다.

원래 송풍라월이란 말은 솔 사이로 부는 바람과 덩굴 사이로 비친 달이란 말이다.

송풍라월이란 숙어는 다시 설화를 만들어 내고 있다. 백두산에 가면 미인송(美人松)이라 하여 아름다운 여인의 장단지 살결 같은 쭉쭉 뻗은 소나무가 몇 그루 남아 있다.

세계에서 가장 높고 아름다운 소나무이다. 이같은 조건에는 자연발생적으로 그에 상응한 설화가 생기기 마련이다.

내용은 다음과 같다.

송풍라월

백두산 북쪽기슭에 자리잡고 있는 이도백하 마을 밖에는 유람객들의 찬란을 자아내는 미인송 숲-송풍라월이 있다.

먼 옛날. 이곳에서는 송풍이라고 부르는 의젓하고도 일 잘하는 총각과 라월이라고 부르는 어여쁘고 마음씨 고운 처녀가 이웃으로 살고 있었다.

어려서부터 가까이 보내던 그들은 춘삼월 대보름날 백하강 기슭에서 서로 만나서 백년가약을 맺었다.

그들은 돌우에 물을 떠놓고 달님께 절을 올리며 백발이 되여도 먹은 마음 변하지 않고 원앙새처럼 살겠노라고 굳게굳게 맹세하였다.

그런데 마을복판에 자리잡고 있는 부락장이 나다니다가 라월이라는 처녀에게 눈독을 들였다. 그는 집으로 돌아오자마자 중매군을 띄웠다.

〈이 몸은 이미 이름지은 곳이 있으니 아예 이런 말씀을 꺼내지 마세요.〉

중매군한테서 라월의 이런 대답을 받아들은 부락장은 앙앙거렸다.

〈어느 놈이 내 먼저 챘더냐?〉

〈그와 이웃으로 사는 송풍이옵니다.〉

〈송풍, 하하하...〉

부락장은 어처구니없다는듯이 너털웃음을 웃었다. 여색에 눈이 어두운 부락장은 한번 먹은 마음을 굽히는 때가 없었다. 그는 송풍과 라월이 사이를 벌려놓고 라월이를 첩으로 만들리라 마음먹었다.

이튿날 부락장은 한무리 졸개들을 거느리고 송풍이네 집을 찾아갔다.

〈송풍이는 있느냐?〉

〈예이!〉

송풍이는 맨발바람으로 밖으로 나왔다.

〈민부를 뽑는데 네가 가야겠다.〉

〈아니...〉

〈무슨 잔소리냐?〉

〈소인이 가면 늙은 어머니는 누가...〉

〈래일 당장 떠나거라. 1년이야 1년!〉

부락장은 발을 탕탕 구르고 떠나갔다.

〈부락장님, 사정을 좀 봐주사이다!〉

〈제길! 시끄럽게 굴지 말아. 비켜!〉

앞길을 막으며 애원하는 송풍이를 보는채도 하지 않고 부락장은 사라졌다.

어두운 밤에 홍두깨에 얻어맞은듯이 송풍은 멍해서 서 있었다.

그날 저녁, 소쩍새가 〈소쩍, 소쩍〉하고 피나게 울어대였다.

송풍과 라월이는 언약을 맺던 강가에서 만났다. 언제나 달콤한 꿈과 행복만을 안겨주던 강가였건만 오늘은 그렇지 못하였다. 이따금 썰렁한 바람이 을씨년스럽게 불어왔다.

송풍이는 라월이에게 부역에 나가게 된다는 것을 이야기하였다.

라월이는 짚이는바가 있는지라 입술을 깨물었다.

〈내 가난하다보니 라월이에게 속태우게 되었소.〉

이 말은 송풍의 저주에 찬 부르짖음이었고 라월에 대한 송풍의 미안한 마음이었다.

〈이건 다 부락장의 음험한 작간이애요. 난 죽더라도 그대만을 기다리겠어요. 안심하고 가셨다가 몸 성히 돌아오세요.〉

라월이는 눈물이 핑 도는것을 어찌할 수 없었다. 그는 울먹울먹한 목소리로 자신의 일편단심의 마음을 보여주었다.

〈세상은 왜 이리도 무정하고 우리 운명은 왜 이리도 기구하오.〉하고 송풍이는 한탄하였다.

송풍이를 슬픔과 비애만 안고 가게 할 수 없는 라월이는 눈물을 닦고 얼굴에 맑은 웃음을 띠웠다.

〈걱정하지 마세요. 하늘이 무너져도 솟아날 구멍이 있대요. 일년 후에 그대가 돌아오면 우린 꼭 함께 살림을 꾸리자요.〉

설음에 찬 제 가슴을 달래며 길 떠나는 사람에게 슬픔을 안기지 않으려고 애쓰는 라월의 마음을 누가 모르랴. 송풍이는 더 듣고만 있을 수 없었다.

〈라월이!〉

송풍은 라월이를 와락 끌어안았다. 마치 누가 라월이를 빼앗아갈까봐 두려운듯이.

〈이승에서 같이 못살면 저승에 가서라도 함께 살 뜻이에요. 근심말고 다녀오세요.〉

〈난 굳이 믿겠소!〉

송풍은 라월의 어깨를 쓰다듬었고 라월이는 도란도란 속삭이었다.

〈우린 달이 둥근 날 언약을 맺었어요. 거기 가서 달이 둥글면 나를 본듯하세요. 난 달이 둥글면 그대 온줄 알겠어요.〉

〈사람들은 달이 거울처럼 밝다는데 둥근달이 거울이면 얼마나 좋겠소. 그대 얼굴 달에 비치면 내가 보고 내 얼굴 달에 비치면 그대가 보고.〉

〈꼭 그렇게 보일거에요.〉

송풍이 민부로 끌려간지 얼마 지나지 않아서 부락장은 중매군을 내세웠다.

〈라월이, 부락장의 애첩이 돼봐유. 돈이 있겠다, 권세가 있겠다, 얼마나 뜨르르하겠소.〉

〈돈도, 권세도 다 싫어요. 썩 물러가요.〉

〈해해... 깊이 생각해보라니간. 괜히 욕을 보지 말구.〉

라월이는 중매군을 표독스럽게 쏘아보았다. 당장 큰일이라도 저지를 것 같았다. 중매군은 혀를 더 놀리여볼 엄두도 내지 못하고 슬밋슬밋 물러나는 수밖에 없었다.

〈나으리님, 이 일은 천천히 도모해야겠나이다. 소뿔도

아닌걸 어떻게 단김에 빼겠나이까!〉

〈속에 불이 일어, 그래 희망이 있더냐?〉

〈해해… 열번 찍어 넘어가지 않는 나무가 어데 있나이까. 차츰 되겠지유.〉

중매군은 눈을 껌뻑하였다.

부락장은 쳐다보며 한숨을 내쉬였다.

중매군은 능글스럽게 웃으며 말했다.

〈급히 먹는 밥에 목이 멘다고 했어유.〉

〈음.〉

중매군은 그 할랑거리는 혀로 끝내 부락장을 누그러들게 하였다.

일년이 지나서 다른 마을 민부들은 다 돌아왔으나 송풍이만은 돌아오지 않았다.

애간장 태우며 기다리던 라월이는 철부지 아이처럼 엉엉 울었다. 억울하고 분했으나 어데 가서 하소연할 곳도 없었다.

며칠이 지나자 송풍이가 성을 쌓다가 돌에 치여 죽었다는 풍문이 돌았다.

〈그인 사망될 수 없어. 그인 꼭 돌아올거야.〉 라월이는 눈물을 하염없이 흘리며 되뇌이었다.

중매군은 하루에도 두세축씩 찾아와서 입에 침이 마르도록 부락장의 첩으로 들어가라고 권고하였다.

죽은 사람을 눈이 빠져서 기다리겠느냐, 아까운 청춘을 버리겠느냐, 부귀영화를 누릴 때가 되지 않았느냐고 고아대였다.

라월이는 중매군이 점점 더 징글스러워지고 구역질이 났다.

〈보기 싫어요! 듣기 싫어요! 썩 물러가요!〉하고 벌이 쏘듯 쏘아주었다. 그리고 중매군을 향하여 빗자루며 목침이며를 닥치는대로 쥐여뿌렸다.

그제야 중매군은 비명을 지르며 내빼였다.

일은 사납게만 번지여갔다. 참다 못하여 악이 난 부락장은 한무리 졸개들을 보내였다.

〈부락장의 마음을 풀어주지 못하겠거든 당장 빚을 물어. 빚을 물지 않으면 종으로 잡아가겠어.〉

라월이는 더는 배기기 어렵게 되였다. 그는 시간이나 늦추려고 비는수 밖에 없었다.

〈비천한 몸이오나 두 랑군을 섬길 수 없사오니 좀 더 기다려 주소이다.〉

〈그래 송풍이 안오면 가겠느냐?〉

〈송풍이 정말 사망되였으면 가겠나이다.〉

〈미친년!〉

졸개들이 돌아간 후 라월이는 죽고 싶었다. 하지만 혹시 송풍이 살아와서 자기를 그리며 눈물 지으리라 생각하니 가슴이 저리여 죽을 수도 없었다.

부락장의 등살에 시달리며 이핑계 저핑계로 석 달이나 더 끌었건만 송풍은 그냥 소식이 없었다.

부락장의 졸개들이 이번에는 바오래기를 들고 나타났다.

〈오늘은 애첩이 되겠느냐 종이 되겠느냐? 애첩이 되겠다면 가마에 실어가고 종이 되겠다면 묶어 가겠다.〉

라월이는 무릎을 꿇고 애원하였다.

〈오늘 밤 송풍의 제를 지내고 래일 아침에 떠나겠사오니 꽃가마를 가지고 와주세요.〉

졸개들은 입이 헤벌쭉해서 돌아갔다.

그날 밤은 교교한 달빛이 흐르는 밤이였다. 라월이는 새옷을 갈아입고 송풍이와 언약을 맺던 강변으로 나갔다. 그는 송풍이와 리별하던 곳에 가서 바위 돌우에 돌 한 사발을 떠놓고 절을 하였다.

〈비나이다, 비나이다, 달님께 비나이다. 우리네 연분을 저승에 가서라도 소원대로 되게 하여 주시옵소서!〉

라월이는 머리를 들고 달을 바라보다가 백하수에 몸을 던지였다.

백하수도 구슬프게 울며 보드라운 모래와 흙을 실어다가 라월의 시체를 봉긋하게 묻어주고는 물길을 돌리였다.

3년 후에 민부의 고역에서 해방받은 송풍이는 고향으로 돌아왔다. 고향은 그에게 기쁨 대신 고통만 안겨주었다. 어머니도 돌아가셨고 라월이도 영원히 갔다.

내가 무슨 죄를 졌기에 내 운명은 이리도 기구하냐? 하늘아! 땅아! 말해 보아라! 그가 이렇게 외쳐도 하늘도 땅도 대답이 없었다.

라월의 비극이 그에게 준 타격은 자못 컸다. 그는 휘청휘청 백하수 강변으로 걸었다. 라월이와 함께 거닐던 아름다운 강변이였다. 그러나 오늘은 그에게 뼈저린 슬픔만 안겨주었다. 마을 사람들이 알려 주던대로 송풍이는 라월이를 찾아갔다. 무덤우에는 미인송 한 대가 자라고 있었다. 연두색 잎들이 다브룩이 피어난 추억과 고통을 함께 주었다.

송풍은 그 미인송을 안고 쓰다듬으며 통곡하였다.

〈라월이 어데 있소? 왜 나를 두고 혼자 갔소!〉

한바탕 울고 난 송풍이는 이를 악물었다.

〈나의 행복을 짓밟은 자를 행복하게 살게 할 수 없다.!〉

그는 이렇게 중얼거리며 마을로 들어왔다. 그는 말 한마디 없이 부락장네 집에 곧추 들어가서 불을 질렀다. 화광이 충천하자 송풍이는 앙천대소하면서 라월의 묘지로 돌아왔다.

〈라월이! 나의 라월이!〉하고 부르며 미인송을 끌어안던 송풍이는 붉은 피를 왈칵 토하고 그 자리에 쓰러지었다.

그의 시체로부터 뽀얀 안개가 일었다. 안개는 미인송을 감싸고 빙빙 돌다가 구중천으로 서서히 피어올라갔다. 그것은 송풍의 넋과 라월의 넋이 함께 천당으로 올라간 것이였다.

그 후부터 미인송은 우썩우썩 자라났다. 몇 해 지나지 않아서 가지마다 주렁주렁 열매를 맺었다. 열매가 익자 씨앗들은 바람을 타고 사면팔방으로 날아갔다. 그리하여 미인송들은 수려한 수림을 형성하였다. 후에 이 고장 사람들은 송풍과 라월의 미덕을 찬미하면서 이 미인송숲을 송풍라월이라고 불렀다. 바로 지금 이도백하에 있는 미인송 숲이 송풍라월이다.

구 술 자 : 박태준

수집지점 : 안도현 복흥

수집시간 : 1966. 2.

조정현. 최웅범, 〈백두산전설〉 조선민족사, 1989.

시조 문학에서 절개와 지조를 상징하는 소나무 시조는 다음과 같다.

이몸이 주거가서 무어시 될꼬 ᄒᆞ니
蓬萊山 第一峰에 落落長松 되야이셔
白雪이 滿乾坤ᄒᆞᆯ제 獨也靑靑ᄒᆞ리라

간밤에 부던 ᄇᆞ람에 눈서리 치단말가
落落長松이 다 기우러 가노ᄆᆡ라
ᄒᆞ믈며 못다 핀 곳이야 닐러 므슴ᄒᆞ리오

솔이 솔이라 ᄒᆞ니 므슨 솔만 녁이는다
千尋絶壁에 落落長松 내 거로라
길알에 樵童의 졉낫시야 걸어볼쏠 이시랴

더우면 곳퓌고 치우면 닙 디거늘
솔아 너는 엇디 눈서리를 모르는다
九泉의 불희 고둔줄을 글로ᄒᆞ야 아노라

아름다운 자연으로서의 소나무와 소나무의 실용성에 대한 묘사는 다음과 같다.

一曲은 어드미고 冠巖에 ᄒᆡ 빗췬다
平蕪에 닉 거든이 遠近이 글림이로다
松間에 綠樽을 녹코 벗 온양 보노라

솔아 심긴 솔아 네 어이 심겼는다
遲遲澗畔을 어듸 두고 예와 셧는
眞實로 鬱鬱ᄒᆞᆫ 晚翠를 알리 업서 ᄒᆞ노라

林泉을 草堂삼고 石床의 누어시니
松風은 검은고요 杜鵑聲은 노래로다
乾坤이 날더러 니로듸 홈게 늙쟈 ᄒᆞ더라

長松으로 ᄇᆡ를 무어 大同江에 씌워두고
柳一枝 휘여다가 굿이굿이 믿믜는듸
어듸셔 妄伶엣 거슨 소혜 들라 ᄒᆞ는이

끝으로 소나무와 사랑의 은유법에 대한 표현을 들어 보자. 송죽과 송백은 '노군자의 덕'을 상징한다. 관습적 이미지를 벗어난 독창적 은유의 표현은 다음과 같다.

뫼온님 괴려ᄂᆞ니 괴는 님을 츠괴리라
새님 변오마오 녜 님을 조ᄎᆞ리라
눈속의 솔가지 것거 이내뜻을 알리라

여기 나오는 '솔가지'는 변하지 않는 사랑을 나타낸 어휘이다. 비록 눈에 덮여 얼른 보기에는 달라진 것처럼 보이지마는 눈 속에 있는 솔가지는 예나 지금이나 다름이 없다는 것을 나타내려고 한 것이다. 우리가 관습적으로 이해하고 있는 솔에 대한 이미지와는 크게 차이가 있음을 알 수 있을 것이다.

잔 솔밧 언덕 아릭 굴죽갓튼 고릭실을
밤마다 장기 메여 씨더지고 믈을쥬니
두어라 즈긔 미득이니 他人竝作 못ᄒᆞ리라

이 작품은 전체가 메타포어로 되어 있는 엉뚱한 시조이다. 잔솔밭이 있는 언덕 아래 썩 기름지고 좋은 논을 얻어서 밤마다 쟁기를 메고 가서 씨를 던지고 물을 주니 그 즐거움이 얼마나 큰가. 이 논이 본시 내 힘으로 사서 얻은 논이니 결코 다른 사람과 함께 농사를 지어 수확을 거둘 수는 없는 노릇이다. 얼른 보기에는 농사일을 읊은 것 같이 보이지마는 "밤마다 장기 메여 씨더지고 믈을 쥬니"라는 데서 에로티시즘의 은유임을 쉬이 간파할 수 있게 되어 있다. 따라서 '잔솔밭'은 음모(陰毛)의 메타포어임은 물론이다. 이렇게 되면 우리가 관습적으로 이해하고 있는 소나무의 이미지는 완전히 깨뜨려지고 마는 것이니 이 메타포어는 거의 완전무결하다고 할 수 있을 것이다.

비록 이러한 파격적인 메타포어가 있다고는 하나 우리의 옛시조에 나타난 소나무는 여전히 관습적이고 전통적인 이미지를 이어받은 것이 그 주류를 이루고 있기 때문에 옛시조의 소나무는 결국 조선조 문학의 정체적(停滯的)인 성격을 보여 주는 증거가 될 수도 있을 것 같다.

V. 마무리

한국인의 민족수(民族樹)는 소나무이다. 소나무를 일러 언필칭 백목지장(百木之長)이요, 만수지왕(萬樹之王)이요. 노군자(老君子)라는 칭함도 과장이 아니다.

소나무는 나무라는 개념을 넘어선 인격적 존재, 신적(神的) 존재로 다가온다. 그것은 금송(金松)의 경우처럼 신이담(神異譚)까지 낳고 있다.

산멕이기 풍속대로 한민족은 저마다 소나무 신체(神體)를 한 그루씩 지니고 살아왔다. 다만 오랜 세월 속에 변질되고 억압 당해 우리 것을 잠시 잊었을 뿐이다. 그럼에도 불구하고 저 깊은 마음의 안벽에

는 늘상 소나무가 푸르게 자리하고 있음을 부인할
길 없는 것이다.

그같은 자리메김과 인상찍기는 성장하기 이전부터
시작된 것이다. 그 예가 솔바람 태교(胎敎)이다.

아이를 가진 임산부가 소나무 아래에 정좌하여 솔
잎을 가르는 장엄한 바람소리를 온몸으로 맞아, 밉
고 고운 정이며, 시기와 증오, 원한 등 갖가지 앙금
을 가라앉히고 솔바람 소리를 태아에게 들려준다고
한다. 이같은 태교는 장래 아기의 성장에 크게 유익
하며 그같은 철학적인 양질의 지혜는 놀랍다 아니할
수 없다.

참고 문헌

山林經濟·芝峰類說·臨瀛誌·朝鮮 巫俗考(李能和,
    啓明 17號, 1)
名 時調 鑑賞(李相寶, 乙酉 文庫, 1971)
口碑 文學 槪說(張德順 外, 一潮閣, 1971)
韓國 名 時調選(李泰極, 正音社, 1974)

나무 百科(任慶彬, 一志社, 1977)
韓國 詩歌의 民俗學的 硏究(金善豊, 螢雪 出版社,
    1977)
韓國 農耕 歲時의 硏究(金宅圭, 嶺南 大學校 出版
    社, 1985)
성주神의 本鄕考(金泰坤, 史學 硏究 vol.21, 翠汀
    金聲均 敎授 華甲 紀念 論叢, 韓國史學,
    1969)
성주풀이(李杜鉉, 箕軒 孫洛範 先生 回甲 紀念 論文
    集, 1972)
成造神歌(孫晋泰, 朝鮮神歌遺籃, 1930)
韓國 民俗 綜合 調査 報告書〈全12卷〉(文化財 管理
    局, 1969~1981)
韓國의 禁忌語·吉兆語(金聖培 編, 正音社, 1975)
韓國 口碑 文學 大系 2~8〈江原道 寧越郡 篇 ①〉(金
    善豊, 韓國精神文化硏究院, 1986)
한국 고전 시가론(정병욱, 신구 문화사, 1977)

우리 문학에 나타난 소나무의 모습과 그 상징

김 근 태 (숭실대 강사)

I.

소나무는 사군자인 梅·蘭·菊·竹과 함께 우리 문학에서 뿐만 아니라 여러 예술분야에서 가장 보편적인 소재로 형상화되었던 식물 중의 하나가 아닌가 한다. 모든 식물이 두려워하는 추위에 아랑곳 하지 않고 겨울에도 푸르고 싱싱한 잎을 간직하면서 산중에 홀로 고고히 향기를 머금고 피는 그런 모습을 두고 우리 선인들은 주위의 어떠한 고난과 변화에도 굽히지 않는 군자의 모습으로 비유해 예술의 소재로 삼았던 것이다. 그런데 사군자가 "각자 높은 품격과 지조를 가진 뚜렷한 자연물로 인식되면서도, 전체적으로는 개별 꽃이 갖는 특성과 아름다움보다는 하나의 커다란 상징으로 부각되어"(구미래, 한국인의 상징체계) 쓰인 반면, 상징성이 유사하여 이들과 자주 짝을 이루어 쓰였던 소나무는 이들과는 다른 상징의 체계를 나름대로 갖고 있는 것으로 보인다. 본 발표에서는 의인체(가전체) 소설과 시조문학에 나타난 소나무의 다양한 모습들을 검토하고 그 상징적 의미를 체계적으로 살펴 소나무라는 사물이 우리나라 사람들의 의식 속에 어떻게 자리하고 있는가 하는 문화적이고 심층적인 의미의 일단을 밝혀 보는데 촛점을 두고자 한다.

II.

사물들을 의인화시켜 등장인물로 삼고 그들의 행위를 통해 교훈적인 주제를 제시하는 의인체 문학이 고려말에 유행하여 조선초기까지 성행하였는데, 이 가운데 〈竹夫人傳〉(고려말 李穀 지음), 〈抱節君傳〉(조선초 丁壽崗 지음), 〈安憑夢遊錄〉(조선초 신광한 지음), 〈花史〉(조선초 임제 지음) 같은 식물을 의인화한 작품들에서 소나무가 한 사람의 작중인물로 등장한다.

〈竹夫人傳〉은 죽부인(대나무)이 주인공으로 등장하는데, 줄거리는 선조 대대로 이어내려온 竹氏의 家風과 氣質을 인간의 역사상 사건에서의 쓰임새에 대응시키다가, 죽부인의 일대기 묘사에 이르러 그녀의 婦道에 대하여 칭송하고 끝을 맺는 것으로 되어 있다. 여기서 松公(소나무)이 그녀의 남편으로 나오는데, 이 송공을 묘사한 대목을 보자.

"송공은 군자이다. 그 평소의 操行이 우리집과 서로 짝이 된다"하고 드디어 아내로 보냈다.
송공은 부인보다 나이가 18세 위인데, 늦게 神仙을 배워 穀城山에 노닐다가 돌로 화하여 돌아오지 않았다.

앞의 것은 죽씨 가문에서 松大夫의 집안과 배필을 정하는 부분이고, 뒤의 것은 송공이 신선술을 배워 돌아 오지 않아 결국 죽부인이 외롭게 삶을 마치게 된다는 대목이다. 흔히 松竹으로 일컫는 것처럼 소나무와 대나무는 지조와 절개의 상징이란 면에서 짝으로 함께 인용되어 왔는데, 이 작품에서는 부부관계로 설정되어 있는 점이 흥미롭다. 사물에 性을 부여하는 방법을 중심해서 본다면 소나무는 여기에 나온 것처럼 줄곧 남성으로만 표현되고 있다.

그러나 무엇보다도 이 작품에서 주의 깊게 보아야 할 것은 소나무라는 사물이 내포하는 상징성 중 두 가지 큰 줄기를 이루는 유교적인 이미지와 신선적인 이미지가 벌써 중첩되어 나타나고 있다는 점이다. 몸가짐을 통해서는 군자의 태도를, 長壽와 탈속적 의미의 관련을 통해서는 신선의 이미지가 환기되는 것이다. 이러한 소나무가 지닌 상징성의 두 차원은 뒤에 가서 좀더 상술하기로 한다.

신광한이 지은 〈안빙몽유록〉에도 소나무가 한 명의 작중인물로서 형상화되어 나타난다. 이 작품의 줄거리는 주인공 安憑이라는 사람이 꿈 속에 모란이 왕으로 있는 화초왕국에 초대되어 李夫人(오얏) 班姬(복숭아꽃) 徂徠先生(소나무) 首陽處士(대나무) 東籬隱逸(국화) 玉妃(매화) 芙蓉城主(연꽃) 등과 시를 읊고 놀다가 돌아오는 길에 그 잔치에 참석하지 못한 한 미인(躑堂花)의 하소연을 듣는 순간 우뢰소리에 잠을 깨게 되고 후원에 나가 보니 꿈 속의 일들이 모두 꽃들의 괴변임을 알게 되었다는 이야기로 되어 있다. 작중인물들은 모두 고유한 색깔과 자태를 통해 특정한 화초가 의인화된 것으로 쉽사리 이해할 수 있다. 이 중에서 소나무가 의인화된 인물이 바로 조래선생인데, 소나무가 많다는 중국의 조래산에서 명칭을 따왔으며 송나라 石介선생이 조래선생으로 호를 삼고 이 산아래 살았다는 역사적 사실에 근거하여 명명된 것이다. 작품의 갈등은 조래선생, 수양처사, 동리은일, 부용성주 등의 남성인물들과 여왕, 이부인, 반회, 옥비 등의 여성인물들 사이에 존재하는 집단적인 삶의 방식차이에서 기인한다. 여성인물들이 사랑 슬픔 이별같은 과거지향적이고 감상적인 삶의 태도를 지니고 있다면, 남성인물들은 변화무쌍하고 번잡한 세상사를 부정적으로 인식하는 동시에 자신들의 삶의 방식을 계속적으로 추구하고자 하는 의지를 보여준다. 남성인물들의 대표격이라 할 수 있는 조래선생이 읊는 자화상적인 시를 보자.

조래산 아래 나룻 늙은 公이 풍상때문에 옛얼굴을 고치지는 않는구나. 가장 恨하는 바는 周王이 동쪽으로 수렵간 후 부질없는 명성을 얻어 秦나라 封號를 받음이라.

'풍상 때문에 얼굴을 고치지는 않는' 행위는 바로 소나무의 脫俗的이며 常靑하고자 하는 의지의 표현이다. 진시황이 태산에 올랐을 때, 비를 피한 연유로 五大夫라는 벼슬을 소나무에 봉했다는 고사를 인용하면서, 그같은 사실을 '가장 한스러운 것', '부질없는 명성'이라고 표현했다. 일시적이고 감상적인 태도를 비판하기 위한 남성적 어조tone로 매우 어울리는 개성을 창조했다고 할 수 있다. 작자인 신광한은 오랫동안 정치일선에서 소외되어 있으면서 詩와 神仙思想에 탐닉했었다는 기록을 여러곳에서 남겨놓고 있다. 이렇게 볼 때 남성인물들의 삶의 태도는 당시 작자 자신의 對現實認識을 간접적으로 표출하는 것이라고 해도 좋을 것이다.

임제의 〈화사〉는 제목에서 알 수 있는 것처럼 "꽃나라의 역사"를 그 내용으로 하고 있다. 3대(계절)에 걸친 꽃 왕국의 흥망성쇠를 정치적인 파란곡절의 은유로 표현하면서 당시의 현실을 강도높게 비판하는 작품이다. 이 작품에서 孤竹君 烏筠(대나무), 大夫 秦封(소나무)은 忠義之臣의 화신으로 표현되어 있다. 그들은 도탄에 빠진 백성을 구하기 위해 합심하여 매화를 왕으로 추대하여 나라를 創業하지만, 외척들에 의해 축출 당하거나 스스로 사퇴하고 만다. 소나무는 여기서 장군인 진봉으로 등장하는데, 어떻게 묘사되는지 살펴보자.

진봉의 字는 茂之인데, 그의 선조가 진나라로부터 봉작을 받았기 때문이었다. 그는 몸집이 후리후리하고 키가 컸으며 이미 늙어 허리는 굽었으나 창끝같은 푸른 수염은 보기만 해도 무사의 위풍이 당당하였다. 그의 재질은 국가의 기둥이 될만 하며 성품은 고결하여 특출하게 빼어나기를 좋아했다. 바람을 만나면 그의 소리는 맑은 운치를 띠며 엄동설한에도 그의 빛은 항상 울창하였다. 그러므로 栢直과 함께 국방의 임무를 맡고 밤낮을 가림없이 험산준령에서 함께 했다.

앞서 언급했던 〈안빙몽유록〉에서 조래선생이 노골적으로 비판했던 五大夫松의 후손을 직접 등장시켜 세상사에 적극적으로 개입하여 행동하는 인물로 표현해 놓았다. 그래서 신광한의 작품이 보여주는 주제의식과 정면으로 대비된다. 결과적으로 〈안빙몽유록〉의 탈속적이고 고고하다는 정신적 이미지보다는, 몸소 행동으로 실천하는 국가의 수호자로 표현되었다. 여기서 푸른 수염이라는 표현은 武人의 기상을 보여주는데 적절한 표현방법으로 도입되었다. 함께 언급된 백직은 잣나무이다. 논어에서 공자가 "날씨가 추워진 연후에야 소나무와 잣나무가 뒤 늦게 시든다는 것을 안다.(歲寒然後知松栢之後凋也)"고 한 것처럼 같은 침엽수로서 동질적인 성격을 가진 장수로 표현되었다. 소나무의 字가 茂之로 나오는 한편 잣나무의 자는 悅之로 나오는 것도 "소나무가 무성하면 잣나무가 즐거워 한다"는 옛말에 따른 형상화 방법이다. 장수로 표현된 松栢은 그러나 외척과 권신들의 반란으로 비유된 계절의 변화로 인해 얼마가지 않아 유배당해 죽거나, 스스로 사퇴하여 물러나고 만다. 작품의 초반에서 의지적이고 강직한 인물로 표현된 것과 너무 어긋나 많은 아쉬움을 준다고 할 수 있다.

작자는 이야기의 중간에 중간에 자신의 논평을 덧붙여 놓았는데, 다음은 식물과 인간의 관계에 대해 언급하는 총론부분이다.

하늘과 땅 사이에 사람은 모두 같은 인류이지마는 꽃은 천백 종류가 있고 사람이 진실로 같을 수 없는 것은 꽃의 수명이다. 자연은 사시에 따라 꽃을 피게 하며 사람은 꽃을 보고 사시를 분변한다. 이것으로 보면 사람들이 꽃처럼 信이 있다고 하겠는가. 꽃은 피어도 봄바람에 사례하지 않으며 꽃은 떨어져도 가을철을 원망하지 않는다. 이것으로 보면 사람이 꽃처럼 어질다고 하겠는가. 혹은 흙탕 속에 나서도 서로 지위의 고하와 귀천을 다투지 않고 번영하여 영락을 똑같이 하니 그의 공정한 마음도 또한 사람과는 다르다. 그러므로 꽃은 지극히 어질고 믿음직하고 공정하며 또 수효가 많고도 오래 살아서 자연의 원리를 그대로 보전하고 있는 것이다. 그 많은 수효로서 나라를 건설한다면 무엇이 어려우며 어질고 미덥고 또 그처럼 지극히 공정한 마음으로서 임금노릇을 한다면 그 무엇이 어려울 것인가.

꽃과 인간의 모습을 인격적인 부분에서 서로 비교하여 설명하는 부분으로, 이를 통하여 본문의 내용을 보충할 수 있다. 앞에서 발표자가 언급하였던 작중인물의 아쉬운 퇴장에 대해 작자는 계절의 변화에 따른 꽃의 凋落은 오히려 "어질다"고 평가했다. 나아가서 꽃의 세계에 나타난 임금과 신하의 관계를 인간세계의 그것으로 비유하면서 임금과 신하의 역할을 곳곳에서 역설한다. 이렇게 보면 임금과 신하 사이의 정치적인 역할 관계를 적극적인 차원에서 분석하여 논평하는 議論的 부분이 강조되어 서사적인 긴장관계는 다소 풀어지는 대신 주제의식이 비정상적으로 강화되어 있다. 이 작품에 등장하는 꽃의 세

계가 바로 정치적인 알레고리로 읽힐 수 있게 하는 까닭이 여기에 있는 것이다. 작품의 맨 끝 부분인 인용부분은 얼핏 보면 꽃의 덕성에 대한 단순한 예찬인 것처럼 보이지만 자신의 지나치리만큼 날카로운 현실비판 내용을 일층 완화시키는 자기변명의 효과를 얻고 있다.

혼탁한 세상과 거리를 두면서 홀로 고고한 자세를 갖고자 했던 〈안빙몽유록〉의 조래선생과는 달리 〈화사〉에서는 악한들로부터 세상을 수호하는 보다 적극적인 인물, 그러면서도 세상의 여건이 용납하지 않으면 언제라도 물러날 수 있는 어진 성격의 인물로 소나무는 창조되어 있다.

III.

의인소설에 나타난 소나무의 모습은 한 등장인물로 형상화되어야 한다는 제약으로 인해 즉물적이기보다는 비유적인 측면으로 묘사되는 경향이 강했다. 시조문학에 나타나는 소나무의 모습은 그 보다 훨씬 다채롭고 다른 관련사물들과도 자유롭게 결합되어 나타나는 양상을 드러낸다.

전통적인 유교적 발상에서, 흔히 소나무의 여러 종류나 모습 가운데 유독 사시사철 변치 않는 낙낙장송의 이미지가 많이 쓰였음을 알 수 있다.

이 몸이 죽어가서 무엇이 될고하니 봉래산 제일봉에 낙낙장송 되얏다가 백설이 만건곤할 제 독야청청하리라   (성삼문)

더우면 꽃 피고 추우면 잎지거늘 솔아 너는 어찌 눈서리를 모르는다. 九泉의 뿌리 곧은 줄을 글로 하여 아노라   (윤선도)

고인이 소나무의 덕을 기릴 때 대개는 이와 같은 눈서리를 모르는 소나무의 절개를 칭송했다. 청청한 소나무와 즐겨 짝을 이루는 소재중의 하나는 눈·서리로서, 순간적으로 세상을 덮어 현혹시키는 不義한 세력들(성삼문)이거나, 가장 변화무쌍한 현실(윤선도)을 상징한다. 또 소나무와 대비적인 의미로 자주 쓰이는 사물은 〈안빙몽유록〉의 여성인물들과 같은 성격으로 특징지워지는 "桃花"나 "李花"이다. "장송이 푸른 겻에 桃花는 붉어 있다 / 도화야 자랑마라. 너는 일시 春色이라. / 아마도 사절 춘색은 솔뿐인가 하노라"(백경현)와 같은 작품에 나오는 "桃花"나 "春風 桃李花들아 고은 양자 자랑마라 / 蒼松 綠竹

을 歲寒에 보려무나"(金裕器)와 같은 작품에 나타난 "李花"이다. 도화나 이화는 장송(창송)보다는 아름답지만 그것은 일시적인 자태에 불과하므로 견줄 바가 못 된다고 보았다. 이 경우 일시적인 자태를 자랑하는 꽃들은 아첨하는 신하로, 장송은 충신으로 각각 알레고리화되었다. 소나무를 직접적으로 충신이나 인재로 비유한 작품으로는 다음의 것을 들 수 있다.

간밤에 불던 바람에 눈서리 치단 말가. 낙락장송이 다 기울어 가노매라 하물며 못다 핀 꽃이야 일러 무삼하리오.　　　　　　　　　　　　(유응부)

어인 벌레인데 낙락장송 다 먹는고 부리 긴 딱다구리는 어느 곳에 가 있는 고. 空山에 落木聲 들릴 제 내 안 둘 데 없어라.　　　　　　　(무명씨)

두 작품에서 화자는 기울어가거나 벌레먹어가는 낙락장송에 대해 우려하면서 동시에 정치적인 견해를 은유적으로 피력하고 있다.

다음으로 소나무는 仙的인 취향을 보여주는 작품들에서 탈속적인 내용을 보여주는 상징물로 많이 사용된 것을 볼 수 있다.

솔아래 아이들아 네 어른 어디 가뇨. 약 캐러 가시니 하마 돌아오련마는 산중에 구름이 깊으니 간 곳 몰라 하노라.　　　　　　　　　　(박인로)

蒼巖에 션난 솔아 너 나건디 몃 천년고 너는 셔 잇거니 張子房은 어듸 가니 至今이 子房곳 잇드면 遠從遊를 하리라　　　　　　　　(무명씨)

솔아래 앉은 중아 너 앉은 지 몇 천년 고 山路 험하여 갈 길을 모르는다. 앉고도 못 이는 정이야 너나 내나 다르리　　　　　　　　　(무명씨)

앞서 잠시 언급한, 소나무의 중심 이미지 가운데 다른 하나는 장수한다는 것인데, 이것은 인간의 수명연장 욕구때문에 형성된 것이다. 유한한 수명을 연장시키기 위해 하는 神仙的인 方術의 습득과 그러한 생활태도의 지향은 모든 인위적인 것을 벗어날 때에만 가능하다. 소나무가 脫俗 혹은 超俗的인 이미지를 지닌 사물로 인식된 까닭이 이러한 요구를 만족시키는 모습을 갖추고 있기 때문이다. 〈솔아래

아이들아…〉는 공간이 세속적인 삶을 거부하는 곳으로 암시적으로 설정되고 있고, 〈蒼巖에 션난 솔아…〉는 역사상의 인물로서 신선이 되었다는 張良과 천년 솔을 대비시키며, 〈솔아래 앉은 중아…〉는 천년송과 노승의 일치감을 촛점으로 하여 표현의 묘를 얻고 있다. 역설적이지만, 세 작품 모두 화자가 누군가를 불러내는 방법을 통해 이미 형성되어 있는 세계로 들어간다. 이미 형성되어 있는 세계란 작품에만 존재하는 세계 혹은 가상의 세계이다. 화자가 존재하는 〈지금 여기〉와 가상의 〈거기〉는 속세와 탈속의 또 다른 이름에 지나지 않는 것이다. 여기서 화자가 존재하는 공간과 가상의 세계가 명확히 분리되어 있다는 점을 두고 우리는 화자와 시적 대상이 한결같이 어느 정도 거리를 두고 있는 것을 이해할 수 있다. 아마도 이러한 거리인식 문제를 좀더 예각화할 수 있다면, 우리는 유교적 명분과 현실론에 대응되는 반이념으로서 신선사상이 지니는 문화적인 가치를 언급할 수 있게 될 것이다.

IV.

소나무가 제재로 등장하는 시조 작품들을 훑어 보노라면 조선후기의 작품으로 시대가 내려올수록 소나무의 부분부분이 또한 나름대로 독특한 이미지로 사용되면서, 점차 전통적으로 형성된 비유의 제약으로부터 자유로와지는 흐름을 볼 수 있다. 예를 들어 소나무의 전체적인 표상은 솔가지(松枝), 솔불, 松根, 松肌(떡), 솔바람(松風, 松籟), 松聲 등으로 분화되면서 소나무가 지니는 즉물성을 회복해 가는 양상을 보여준다. 대표적인 몇 작품만을 예로 들어 보자.

碧山 秋月夜의 거문고를 비겨 안고 興대로 曲調 집허 솔 바람을 和答할 제 때마다 소리 冷冷함이어 秋琴 號를 가졌더라　　　　　　　(안민영)

화자는 푸른 산 가을 달 밤에 솔바람에 맞추어 곡조를 부르고, 호가 추금인 강대응이란 사람이 곁에서 거문고를 타는 모습을 표현했다. 소나무를 스치는 바람은 이 작품의 전반적인 분위기를 형성해 주고 있다.

山村에 客不來라도 寂寞든 아니 하이 花笑 鳥能言이요 竹喧 人相語라 松風은 거문고요 杜鵑聲이 노래로다 아마도 나의 이 부귀는 눈 흘기 리 업는이　　　　　　　　　　　　　　(김수장)

화자는 손님도 찾아 오지 않는 산촌에 있다. 꽃은 웃고 새는 말을 잘하며, 댓잎 스치는 소리는 사람들이 말하는 듯하고 솔바람 소리가 거문고요 두견새가 노래부르니 이에 지나는 樂이 없다는, 유유자적한 삶을 노래하고 있다. 자연을 있는 그대로 즐기려는 삶의 태도가 서려 있는데, 이러한 바탕에는 개인의 삶에 대한 지향점이 나타나 있다. 사실, 어떠한 사물을 기존의 눈으로 보지 않고 새롭게 보겠다는 의식에서 개성적인 미의식이 싹튼다고 한다면, 우리는 지금 그러한 예들을 보고 있는 것이다.

이밖에도 松窓이나 松壇, 松臺 같이 소나무가 건축적 요소의 일부로 되어 시적인 언어로 쓰인 경우도 상투적으로 나타난다. 한편 소나무에 기생하는 겨우살이로 만든 松絡을 소재로 한 작품도 몇 편 눈에 띄는데 내용이 색다르므로 인용해 본다.

줌 놈도 사람인양 하여 자고 가니 그립더고 줌의
松絡 나 베옵고 내 족도리란 줌놈 베고 줌놈의 장
삼은 나 덥삽고 내 치마란 줌놈 덥고 자다가 깨야
보니 둘의 사랑이 송락으로 하나 족도리로 하나
이튿날 하던 일 생각하니 못 니즐가 하노라
(무명씨)

송락이란 소나무에 기생하는 겨우살이로 만든 중이 쓰는 모자이다. 여기서는 여인이 쓰는 족도리와 대비되는 性의 상징물로 쓰였다. 당시의 性的인 타락상을 중과 여인의 소유물인 쓸 것을 통해 상징화하면서, 세태를 풍자하고 있다. 그것은 문란한 성생활 자체에 대한 통렬한 비판이라 할 수도 있겠다. 그러나 인간적인 측면에서 본다면 억압된 기존관념의 거부라는 측면에서 섣불리 〈好 不好〉라는 잣대로 평가할 수는 없지 않을까.

V.

지금까지 간략하게 소나무가 소재로 쓰인 의인체 소설과 시조 작품들을 검토 하면서 하나의 사물이 지니는 내포적 의미가 어떻게 변화되어 쓰였던가를 살펴 보았다. 결국 특정한 소재가 상투적일 정도로 거의 고정된 의미로 반복되다가 어느 정도 즉물성을 회복해 가는 방향으로 변화되는 양상을 포착할 수 있었다. 유교적이거나 신선적인, 이원적 관념하에서 사물의 의미가 제약을 받아 자물성 자체보다는 관념의 등가물로 쓰이다가 점차 개성적인 주제표현을 위해 쓰이게 됨을 볼 수 있었는데, 사물의 전체적인 이미지가 점차 세분화되는 과정과 일치함도 살필 수 있었다.

소나무에 관하여

박 희 진 (시인)

1
한국의 落落長松, 그런 소나무는 서양엔 없다.

2
바위에도 뿌리를 내릴 수 있는 나무는 소나무 뿐.

3
一家風이란 말의 뜻을 알려거든 소나무를 보아라.

4
포플러는 詩人이고 소나무는 哲學者.

5
솔잎 사이로 새는 달빛으로 목욕을 할까나.

6
뜰에 소나무 서너 그루 있으면, 집은 草家三間이
라도 좋다.

7
오라, 벗이여, 松花다식 안주에다 松葉酒 들어보세.

8
청솔방울 따다가 白磁접시에 수북히 담아놓다.

9
떨어진 솔잎은 뿌리에 쌓여 솔잎방석 되나니.

10
오백년 묵은 白松을 만나러, 나는 가끔 조계사에
들른다.

11
하루 한번은 소나무 아래 좌정하여 명상에 잠겨
볼 일.

12
문어발처럼 드러난 뿌리건만, 오히려 정정한 소나

무에 입맞추다.

13
겨울 山行에서 목마르거든, 솔잎 위에 쌓인 雪花
를 먹어라.

14
풍우상설을 하나로 꿰뚫는 常綠의 지조, 소나무는
위대하다.

15
가을 햇살 받고, 碧空의 솔잎이, 白金의 바늘로
바뀌는 걸 보게나.

16
소나무를 그렸으나, 氣가 빠졌으니, 죽은 소나무
나 다름이 없지.

17
白雲台의 소나무엔 가끔 흰 구름이 白鶴인 양 앉
는다.

18
오늘은 天地상통, 소나무는 氣韻생동, 이몸은 詩
韻생동.

19
저 아슬아슬한 낭떠러지의 소나무 보소. 운명과
자유의 기막힌 일치.

20
아이들은 저마다 관솔불 켜들고, 달맞이하러 동산
에 오르다.

21
소나무의 속껍질, 송기로 옛사람은 떡도 만들고

죽도 쑤었음.

22
솔숲에 나있는 작은 길을 가고 또 가면 道人을 만나리라.

23
格으로 보나 韻致로 보나, 그 소나무는 가위 神品일세.

24
내가 화가라면 소나무의 이모저모 천장쯤 그리겠다.

25
솔껍질들이 물고기 비늘을 닮은 걸 보니, 여기는 바닷속일지도 몰라.

26
소나무 좋아하는 사람은 틀림없이 靈性的 감각이 뛰어난 사람.

27
歲寒의 松栢처럼, 秋史는 역경에서 더욱 그 기개를 떨쳤나니.

28
솔숲에 들어가면 나는 머릿속이 靑磁하늘처럼 개운해진다.

29
사슴은 짐승 중의, 학은 새 중의, 소나무는 나무 중의 靈物일세.

30
마른 솔가지 타는 맛에 홀려서, 옷자락 태운 시절도 있었음.

31
저 松下石上의 神仙이 보이는가, 슬하에 웅크린 호랑이 한마리도.

32
솔잎도, 송기도, 송진도 바치고, 마지막엔 燒身供養도 불사하다.

33
天界의 仙女들이 지금도 가끔 그리워하는 것이 雪嶽의 소나무들.

34
소나무는 그 그늘에조차 엷은 보라빛 神韻이 감돈다.

35
바다가 보이는 솔숲에서 한 여름을 나봤으면.

36
老僧은 용케 솔껍데기 손으로 처음이자 미자막 佛字를 쓰다.

37
소나무는 氣덩어리, 그래서 바위에도 능히 뿌리를 내리는 것임.

38
송이버섯 캐러 가세. 송이산적 안 먹고 가을을 어찌 나랴.

39
종일 솔숲에서, 솔바람 들었더니, 이몸에서도 솔향기 나다.

40
사람의 나이도 耳順은 돼야, 소나무가 제대로 시야에 들어오리.

41
소나무는 地氣와 天氣가 만나서 이룩한 걸작. 절묘한 조화.

42
솔잎 냄새와 솔잎 자국 없으면 송편이 아니다.

43
신라의 赤松이, 일본 廣隆寺의 미륵상으로 아직도 살아 있소.

44
솔잎에 맺힌 이슬만 모아, 차를 달여서, 부처님께 올릴까나.

45
각별히 운치 있는 巨松 앞에 서면, 절로 옷깃이 여미어지네.

46
해구름바위물은 소나무의 더없이 친근하고 위대한 벗들.

47
오오 소나무. 너 저만치 서있는 靈感이여, 詩의 원천이여.

48
松韻을 들을 줄 아는 귀라야 별들의 숨소리를 들을 수 있다.

49
소나무 한 그루, 머리에 지닌 바위섬이니, 千年孤松島라.

50
하늘과 땅이 더불어 타는 樂器가 바로 소나무인

것이다.

51

이 나라 山水에서 소나무 뺀다면 얼마나 적적하
랴.

52

소나무가 병들면 나라가 기우나니, 松契 만들어
소나무 보호하세.

53

그 유유자적하는 老哲學者의 號를 아는가? 聽松이
라네.

54

소나무여, 영원해라, 늘 푸른 소나무여, 나무의
古典이여.

安眠島의 소나무

1

몸은 다소 구부정하더라도
균형과 조화를 잃지 않는 것이
소나무의 格이요 멋인 줄 알았는데………

安眠島의 소나무는 다르다.
허리가 곧곧하다.
죽
죽 뻗어 있다.
백년을 一瞬에 꿰뚫은 소나무들,
수만 그루 소나무가
모여서 하늘을 받들고 있다.

2

가장 좋은 소나무 遺傳子가
가장 좋은 흙 물 바람 햇빛을 만나면.
이렇게 거침없이
죽
죽 뻗는 걸까.

3

소나무들은
속으로 기도를 드리고 있다.

〔보이지 않는 蒼空의 하느님,
저희들은 각별히 선택된 까닭에
더없는 복락을 누리고 있나이다.
이제 저희들은 정성껏 힘 모아
아름답고 정결한 융단을 짰나이다.
하느님 그렇게 아득한 높이에만
계시지 마시고,
더러는 지상으로 가까이 오소서.
이 융단 위에서 휴식을 취하소서〕

그러면
하느님은 응답하시나니.
가장 맑은 純金의 햇살과
가장 무구한 太古의 바람 한 자락을 보내시어,
소나무들이 우줄우줄 춤추게,
소나무들이 저마다 樂器 되어
한 가락 타게, 일제히 타게.

4

이런 때
솔 숲을 찾게 된 사람은 축복된 사람.
누구나 절반 쯤은
저절로 道人 된다.
온몸의 무수한 땀구멍마다
길이 나기 때문.
솔솔 바람이 통하기 때문.
하늘에선 神氣 받고
땅에선 靈氣 받아
그는 비로소 純人間으로 되돌아 가기 때문.
바로 자신도 自然의 일부이자
宇宙의 한 핵심임을 깨닫게 되기 때문.

그는 귀가 하나 쯤 더 생겨서
하늘·땅이 相通하는 소리를 듣게 된다.
松韻과 하나 된 하느님 숨소리를 듣게 된다.
소나무들이 내는 거문고 소리를 듣게 된다.
그는 눈이 하나 쯤 더 생겨서
소나무들이 엮어 짠 융단 위에
별들이 수놓인 하느님 옷자락
펄럭이는 것을 똑똑히 보게 된다.

소나무와 정서생활

이 훈 종 (우리문화연구원)

한국 사람은 소나무로 지은 집에서 소나무 땐 연기를 맡으며 살다가 소나무 관에 담겨 솔밭에 가 묻힌다고 했더니 너무했다고 한 이가 있었으나 그것은 엄연한 사실이다.

우리의 생활을 정신적인 면과 물질적인 쪽으로 나누어서 생각할 때, 소나무처럼 우리에게 꿋꿋한 기개를 일깨워 준 나무도 없을 것이다. 송죽같이 굳은 절개로 대표되는 소나무의 덕성은 오랜동안 우리 정신생활의 지주를 이루어 왔다.

송백이 추위에도 이울지 않는 다는 것은 논어에 이미 공자의 말씀으로 올라 있고, 중국의 가장 오랜 역사서인 사기에도 '송백은 온갖 나무의 어른이 되어 궁궐을 지킨다'고 하였다.

필자는 어려서 창덕궁 궁장을 끼고 뒤 산길을 걸으면서, 담 안으로 하늘을 덮을 듯이 어울린 소나무의 가지 사이로 날다람쥐가 활공하며 옮아다니는 것을 하염없이 쳐다보았으며, 연줄을 밟아 특별한 주선으로 종묘에 들어가서는 대낮에도 컴컴하도록 어울린 장송 사이 길을 걸으며 숙연한 기분에 잠겼었는데, 일제말기 저들의 발악으로 참아볼 수 없는 몰골이 되고 말았다. 그 뒤 일본에 갔을 때 니꼬오에 들렀더니 그곳 명물인 두아름이 넘는 삼나무 숲은 손톱자욱 하나 나 있지 않았다. -죽일 놈들 같으니-

간밤에 부던 바람 눈서리 치란말가? 낙락장송이 다 기울어 가란 말가? 하물며 못다 핀 꽃이야 일러 무심하리요?

단종때 사육신의 한분인 유 응부가 남겼다는 작품이다.

솔이 솔이라 하니 무슨 솔만 여기는다? 천심절벽에 낙락장송 내 긔로다. 길 아래 목동의 접낫이야 걸어볼 줄 있으랴? 솔이라는 이름을 가진 기생이 자기 절개를 뽑낸 작품이다.

이몸이 죽어가서 무었이 될꼬하니 봉래산 제일봉의 낙락장송되었다가 백설이 만건곤 할제 독야청청 하리라

역시 사육신으로 이름난 성삼문의 작품이다. 그런데 여기 절개를 논하기 위해 자주 등장하는 낙락장송이 뜻하지 않은 곤욕을 치르고 있다. 국내에 나온 사전마다 예외없이 이렇게 나있는 것이다. "가지가 축축 늘어진 큰 소나무" 이건 당치도 않은 소리다. 낙락이라는 말에 드믄드믄하다는 뜻도 있긴 하지만 꿋꿋하다는 것이 본래의 뜻이요, 중국 기록에도 소나무의 높고 큰 모습이라고 나 있을 뿐이다. 서울 연희 전문학교 가까이 노고산동에 굉장히 큰 늙은 소나무가 있어서, 이것도 정 2품을 봉해 사람으로 치면 망건 관자랍시고 커다란 광두정을 박은 편철을 망건삼아 둘러 씌웠었는데, 이것이 기이하게도 여러 가닥 가지가 반 공중에서 축축 늘어져 있어 그 일대 주민들이 낙락장송이라고들 하였고, 천연기념물로 지정되었었는데 노쇠해서 말라 죽어 지금은 없으나, 그 사진을 필자는 갖고 있다.

그런데 광복 직후 국문학 고전작품의 해독이 세가 나자, 강원도 출신의 모씨가 그 시조집의 주를 내면

서 자기의 연희전문 다니던 때의 기억으로 그렇게 설명한 것이 굳어져서 이제는 돌이키지 못할 형편이 되고 말았다.

이런 현상은 다른 데도 있어서 송백같이 굳은 절개라 하여 소나무와 같이 치는 잣나무 비슷한 수종에 가문비 나무 야지에서 말하는 젓나무가 있다. 상가지가 말라 죽으면 곁의 가지가 대신 곧장 자라 상가지를 이루는 때문에 산소 언저리에 흔히 심는데, 그 열매가 잣 비슷하면서 잣만은 못하여서 산중에서 젓이라고들 하는 것을 자음접변으로 전나무로 들리여서 지금껏 ㄴ받침을 해서 쓰고 있으니 딱한 노릇이다.

또, 우상복엽이 싱그럽게 퍼지는 북나무 그 잎에 달리는 오배자를 농촌에서 붕이라고들 하건만 내내 북나무로들 쓰고 있으니 이 역시 모를 일이다.

분야는 다르지만 대머리 독수리도 말이 안되는 소리다. 대머리 독자를 붙여서 독수리인 것을 또 한번 대머리로 만들어 놓다니 잔인한 얘기다.

고려말엽에 이곡이라는 분이 지은 죽부인전은 대나무의 절개 높은 일생을 의인화해서 쓴 작품인데, 이 역시 작품내용을 한 번 읽어 보지도 않은 작자들이 여름에 더위를 식히노라 쓸어 앉고 자는 대오리로 결은 침구를 그린 것이라고 설명한 것이 나돌아서 지금껏 혼란을 빚고 있다.

그런데 그 가운데 주인공 죽부인이 절개가 높아 원만한 혼처쯤 상대도 않았는데 송대부 곧 소나무가 짝을 짓자고 청혼을 하자 부모도 권장하여서 맞춰줬더니 이 양반이 늙으막에 신선술을 좋아해 곡성산에 노닐다가 돌이 되어 버려서 돌아오지 않자, 외로이 만년을 보냈다는 것으로 되어 있다.

여기 곡성산이란 그 유래가 복잡하다. 진시황을 치려다 실패하고 쫓겨다니던 장량에게 소서라는 진귀한 책을 주어 일깨워 준 기이한 노인이, 뒷날 나를 보려거든 제북땅 곡성산 아래 누런 바위가 있겠는데 그게 곧 나니라 했다는 고사에 유래한 것이다.

그런데 그의 책으로 배운 장량이 한 고조를 도와 통일천하의 과업을 이룩하고 나서는, 세간의 부귀공명을 등지고 유명한 신선인 적송자를 따라가 버려서 뒷날 한신이 같은 비참한 꼴은 당하지 않았다하여 길이길이 명철보신의 표본으로 화제가 되고 있는 이야기다.

신선술의 깊은 내용은 잘 모르겠으나 속계의 욕심을 끊고 홀가분하게 살다 가자는 것이겠는데, 그네

들이 벽곡이라고 하여 곡식을 안 먹는 일은 요새도 하는 이가 곧잘 있다. 생식이라고 하여 그들은 일체 불때서 익힌 음식을 아니 먹고 더운 방에서 자질 않으며 철저한 금욕생활을 한다. 독립군에 종사하였던 노인을 한분 만났는데 그의 말이 밥을 해 먹을래도 연기만 나면 왜병이 달려 오는 때문에, 어쩔 수 없이 생식을 했는데, 콩을 소금물에 불궈 갖고 다니며 솔잎을 산중에서 뽑아 씹어 삼키면 됐고, 취사도구를 갖고 다닐 필요가 없으며, 무엇보다도 군살이 빠져 몸이 가벼워서 날내게 옮겨 다닐 수 있어 다시없이 좋더라고 한다.

삐쩍 야위고 먹기도 적게 먹어 겉보기에 욕심 없이 보이는 이를 흔히 선풍도골에 송신학성-소나무 같은 생김새의 두루미의 성질이라고 하는데 소나무에 두루미를 배치한 도안은 미술품 중에도 자수의 소재로 환영을 받는다.

그러나 두루미는 소나무에 깃들지 않는다. 세계적인 희귀조 황새가 소나무에 둥지 틀고 사는 것이 인상 박혀서 전이하여 합성된 모양이다.

신선 얘기를 쓰다 보니 생각이 난다. 박연암은 그의 민옹이라는 전기에서, 주인공 민씨가 여럿이 묻는 말에 하 시원시원히 대답하니까 누군가가 물었더란다.

"영감님은 신선을 보셨오이까?"

"보다마다! 가난한 사람이 신선이지 달리 있겠오? 부자는 항상 더 살지 못해 끼룩끼룩 하지만 가난한 사람은 세상이 다 귀찮고 싫으니 세상에 애착을 않는 것이 신선 아니겠오?" 하였다고 기술하였다.

신선되려고 도 닦는 이가 솔잎을 즐겨 먹는다지만 삼사월 긴긴 해에 배에서 쪼로록 소리는 나고, 배길 수 없어 동네 앞 야산의 초근 목피가 남아나지를 않았다. 특히, 줄기차게 올라 오는 소나무 새 줄기의 기름진 모습은 줄인 백성의 눈길을 끌었다. 독초인 줄 알면서도 무릇을 캐어다 고을 적이면 송순을 베어다 밑에 깔았고, 아이들은 송기를 그냥 물고 빨아서 허기를 면했다.

고구려 장군 온달이 소시적에 산에 가 느릅나무 껍질을 벗겨 오던 것은 그것이 영양분이 있어가 아니라, 솔잎과 송기를 먹으면 변이 비해져서, 이것을 활하게 하는 효능이 있기 때문이오, 한편 살찐 놈 따라 붓는다던 부황증을 없애는데 필수품이었기 때문이다.

궁한 얘기는 그만하고 솔과 부산품을 멋으로 먹는

풍습이 있다. 늦은 봄 산 빛갈이 다 흉칙해 보이도록 송화가 앉으면, 산촌에서는 그것을 쳐다가 안마당에 널었다. 노랗고 뽀얀 그것을 모아 조청에 버무려 다식을 박았는데 풍미가 그만이었다.

소나무 순을 쳐서 넣어 빚은 것이 송순주요, 솔잎을 켜켜로 놓아서 빚으면 송엽주가 되는데, 최근에는 솔잎과 설탕을 교대로 깔고 밀봉에 삭혀서, 청량제로 마시는 풍이 있는데, 청혈제로의 효능이 있다 하여 인기를 끈다.

찬바람이 나면서 인기를 끄는 송이버섯은 버섯 중의 왕으로 하도 비싸 감히 먹어 볼 생의를 못하는데 웃기는 것이 그 이름이다. 본래 송이라 쓰는 이 글자는 버섯용이지 다른 발음이 없다. 그러나 첫 인상으로 그리 읽은 것이 굳어졌으니 시속을 따를 수 밖에 ....

그러나, 누가 무어라 해도, 소나무가 주는 맛있는 음식은 송편이다. 하 널리 보급돼 있어서 "송편으로 목을 따 죽을 노릇이라"는 속담이 통할 정도로 친근감이 있다. 전에 중학교 교재에 객지에 나와 있는 여학생이 추석을 쇠고나서, 저희들끼리 송편을 빚어 먹었는데 찔적에 솔잎을 깔지못하여서 옳은 정취를 느낄수 없었다고 쓴것이 있었는데 실감나는 소리다. "두 놈은 구덩이 파고 여덟놈은 등 두드리는 것이 뭐냐?" 등등. 수수께끼를 던지면서 조잘거리고, 가족끼리 모여앉아 오손도손 빚어야 제맛이 나고, "달아 달아 밝은 달아" 하는 동요는, 그 독특한 오박자 리듬과 함께 우리네 정서의 바탕을 이룬다.

소나무로 집 짓는 얘기는 첫 머리에도 썼지만 우리는 소나무 아니면 잣나무로 집을 지어야 직성이 풀린다. 아무리 줄기차더라도 다른 종류의 나무는 잡목이라 하여 건축재로는 쳐 주지 않는다.

내가 자란 시골집은 보잘 것 없는 초가였으나 대청의 마루 청널만은 일품이었다. 하도 매끄럽고 좋기에 여쭤 보았더니 유래는 이러하였다. 산판에서 화목으로 몰벌을 하는 것이 아니라 재목을 낼 때는 한 그루씩을 값쳐서 매매했는데, 나무를 베다가 곁의 나무를 쓰러뜨리면, 그것도 한그루 값을 쳐서 받는 것이 법이었더란다.

그래서 재목을 내어 가는 사람은 먼저 곁가지를 모조리 쳐 내리고 꼭 쓸만한 길이로 위서부터 도막을 쳐서 달아 내리는데, 조림할 적에 심은 묘목이 어려서는 약간 비뚜름했다가 뿌리를 내리면 부터 곧장 자라는 때문에. 땅 위 자가웃 정도에서 으례

구부러지게 마련이란다. 그래서 꼿꼿한 재목을 낸 끝에는 언제나 무릎 높이만한 그루터기가 남게 마련이요, 그것은 임자 없는 물건이 된다.

그것을 한 1년내버려 두었다가 이듬해 겨울 베어서 쪼개면 맨 밑동이기 때문에 옹이나 가지 하나 없는 송진에 담뿍 절은 이런 좋은 청널을 얻는다는 것이었다.

꼭 한마디 기둥 높이쯤에서 자르고 두었다 베면 어떻게 되겠는가 여쭤 보고 싶었으나 어른 말씀에 귀를 다는 것 같아 말았는데 이것은 연구해 볼만한 문제다. 송백 이외의 다른 나무를 건축재로 썼을 때, 오래 되면 반드시 좀이 먹든지 명탈이 나는데 이것은 혹 송진의 작용이 아닐까? 그렇다면 잣나무같이 곧게 자라는 나무나 요새 그 흔한 포플라 나무에 송진 처리를 해서 압축하면 좋은 목재를 얻을 수 있는 것은 아닐지? 그 방면 전문가들의 관심과 연구를 기대한다.

이 얘기를 어느 자리에서 했더니, 좌중의 노인 한 분이 그렇게 소나무를 벤 그루터기 밑에는 복령이 앉는다고 한다. 소나무 죽은 뿌리에 생기는 땅속 버섯인데, 한약제로 고가품이다. 특히 이것은 청혈제의 구실을 한다니 요새 이상비만증이 성한 중에 의약용으로 한번 눈길을 돌려볼만한 일이다.

이렇게 소나무에 기생되는 것으로 송라라는 것이 있다. 아이들 수수께끼에 "궁둥이에 송락 쓴 것이 무엇이냐?" 하는 것이 있는데, 소나무 높은 가지에 기생하는 이 풀로 원추형의 모자를 엮어서 승려들이 쓰고 다녔는데, 지금은 산대놀이에 등장하는 중의 차림새 외에는 구경할 데가 없다.

또 한가지 요긴한 일용품으로 솔뿌리가 있는데, 지표 가까이 가늘고 길게 뻗은 것을 잘라다 말뚝이나 기둥에 걸고 좌우로 억세게 잡아다녀 훑으면 부드럽고 질긴 줄기를 얻어낼 수 있다. 민간에서는 주로 함지나 이남박같은 목기 터진 것을 꿰매는 소용으로 쓰는데, 무엇보다도 체를 매울 때 겹쳐진 양끝을 꿰매 마무른 것이 그것이요, 옛날 솥을 닦는 솔은 이것으로 층층이 묶어, 닳아서 주는대로 밑에서 부터 벗겨버리며 썼다.

질기고 손에 닿는 촉감이 좋을 뿐만아니라 물에 담그며 오래 써도 곰팡이가 슬거나 변질하지 않았으니, 소나무의 특질을 고스란이 지니고 있어서일 것이다.

"길바닥 터진데 솔뿌리 걱정한다" 하는 속담도 있

지만 물건이 터지면 뒷산에 올라가 솔뿌리를 잘라다 내손으로 꿰매면 됐으니 옛날 생활은 그냥 유장하기만 하였다

짚 방석 내지 마라 낙엽엔들 못앉으랴 솔불 혀지 마라 어제 진 달 돋아온다. 아이야 박주산채일망정 없다말고 내어라.

유명한 한석봉의 작품으로 전해지는 시조이라.

관솔이라 하여, 소나무의 가지를 치면 거기 남은 꼬투리로 송진이 뭉쳐 대단히 괄게 된다. 고장에 따라서는 솔따뱅이라고 하는데, 마당에 모여 앉을 때면, 잘게 쪼개 돌 판에 올려놓고 태워서 밝히는데 불빛에 비해 거름이 심하다. 숙종조에 나온 요로원야화기에도 저녁 먹을 때 솔불을 켜려 하니 객이 "솔불이 매워 괴로운지라, 내 행중의 촉을 내어 켜라"한 대, 납촉을 밝히니 빛이 황홀하더라"고 나와 있다.

그런데 이 솔불을 최근까지도 벽지에서는 볼 수 있었다. 1930년대말 동해안의 어느 가정에서 방 귀퉁이에 꼭 제비 둥지를 마주 대한 것같이 설치한 것을 보았는데, 한뼘쯤 되는 공간에다 관솔을 포개놓고 지피는데, 의외로 밝고 그으름은 덮개가 받아 주어서 걱정할 정도는 아니었다.

바닥엔 대삿자리를 갈았던데, 거기서 그 불 밝히고 올챙이묵과 도토리술에 취하며 하루밤 즐겼더라면 좋았을 것을, 그런 멋을 안 것은 몇십년 뒤 일이요 기회는 다시 돌아오지 않았다.

어렸을때 동네 영감이 하던 얘기다. 층층으로 낳은 아기들을 엄마는 세우 업어 주라 하였는데, 하나 있던 형이 어찌나 약아 빠진지, 업을 적마다 솔잎으로 맨살을 꼭꼭 찔러서 아기는 한사코 자기에게로만 덤벼 들어, 더욱 괴롭고 힘들더라면서 그나마 형이 앞서 간 것을 서글퍼하는 눈치였다.

학교에 들어간 뒤로 방학만 되면 까귀를 들고 올라가 늙은 소나무의 보굿을 찍어서 떼어 가지고 돌아와 낫과 칼로 깍아서 아니 만드는 것이 없었다. 호박잎 대를 잘라 맞춰 호스를 만들어, 도랑물을 끌어다 연못을 만들고, 배를 만들어 띄우고 양옥집도 세웠다.

철이 들자 일본인 혼다박사의 아까마쓰망국론을 전하여 듣고, 소나무에 대한 애정은 적지 아니 서먹해졌다. 옛 책에도 말하기를 "송백 밑에서는 그 땅이 걸차지 못하다" 했으니, 그 나무 밑에서는 풀이 자라지 않기 때문이다.

그러나 집 가까이 소나무동산은 풀이 무성하지 않기 때문에 제일로 뱀이 무섭지 않아서 소년들이 모여 전쟁놀이를 하기에 십상이었다. 그런 중에 교재에서 정송강의 관동별곡을 읽었는데, 그 끝부분 가까이 "송근을 베어 누워 풋잠이 얼핏 드니..."한 것이 나온다. 주변 흙이 빗물에 씻기다 보니, 굵은 소나무의 뿌리가 들어나, 어떤 것은 실제 베개 굵기만 한 것이 뻗어 있어, 한잔 먹은 김에 베고 눕기에 안성맞춤이다.

소나무 그늘에 얽힌 얘기가 있다. 일제하 일본 정계에서 한가닥하는 오자끼라고 저들 깐에는 양심 있다는 정객이 한국을 찾아왔는데, 민족 지도자중의 대표격으로 월남 이상재선생께 면담을 청했다. 저들의 풍습은 대개 요정으로 초청하여 술잔을 주고 받으며 담화하는 것이 보통이나 선생껜 그게 통할 이 없다. 그래서 먼저 사람을 보내 양해를 구하고 정해진 시간에 통역 한사람만을 대동하고 도보로 가회동 막바지의 여덟 칸짜리 납작한 초가집을 방문했더니, 찾는 소리를 듣고 머리가 반백이나 된 협수룩한 노인이 문간까지 나왔다.

"어! 오셨구랴! 우리 응접실로 갑시다."

안에 들어가 헌 돗자리 만 것을 옆에 끼고 나오더니 앞장서서 뒷산으로 오른다. 소나무 아래 편편한 곳을 골라 그것을 펴고 손짓으로 이른다.

"그리 앉으시오. 자네는 가운데 앉게. 나는 이리 앉을게니."

그리고서 얘기는 상당히 장시간 격의없이 오갔다고 하는데 그는 저희 땅에 돌아가 그러더란다. "이번에 조선 나갔다가 히도이 오야지- 지독한 영감태기- 를 만나고 왔어, 도대체 돈이고 영예고 현실적으로 속된것은 아무 것도 싫다는 상대하고야 얘기가 통해야지..."

내집은 서울 동쪽 교외에 있어 방문객은 그리 없지만, 이런식 응접실은 곧잘 활용하고 있다.

고향 가까이 소두둘기벌이라는 데가 있어서 뻘건 흙이 얼마나 차질든지 밭을 갈려면 소를 자꾸 두들겨야 했기 때문에 생긴 이름이라고들 한다.그러나 함경도 지방엔 소두둘기라는 지명이 처처에 있다. 본시 소나무로 뒤덮인 펀던이 졌던 곳이다. 소두들기 벌도 그렇던 곳을 개간한 것인데, 혼다박사의 설도 경청할만하고 소나무에 대한 애정도 저바릴 수 없으니, 어떻게 양편할 길이 열렸으면 좋으련만····

소나무 형태의 조형적 분석

김 영 기 (이화여자대학교 미술대학 교수)

소나무의 형태가 우리의 조형 의식에 어떻게 작용했는가를 이해하는데는 몇가지의 문제가 있다. 그것은 1.소나무 형태로부터의 영향이 우리의 조형 의식에 있어서 특별히 언급될 만큼 큰 비중을 차지하고 있는가. 2.여기서 제시하는 소나무 형태가 과연 우리의 풍토에서의 보편성을 가지고 있는가. 3.소나무의 조형적 개념은 다른 미술 분야들과 어떤 공통된 게슈탈트적 집단화 요소를 가지고 있는가 하는 것 등이다. 이러한 몇가지 관점의 규명을 통하여 소나무가 가지고 있는 조형적 개념을 분석해보자.

조형 의식에 관한 연구에서 소나무가 논의되어야 하는 가장 중요한 이유는 우리의 조형이나 건축에 있어서 소나무가 차지하는 부분은 우리의 풍토적 특성상 매우 광범위하면서도 다양하기 때문이다. 그러므로 우리의 조형 의식을 올바로 해명하기 위해서는 소나무가 어째서 이와 같은 형태를 가지게 되었으며 우리는 그것에 어떠한 의미를 부여해 왔는가. 그리고 더 나아가 우리의 의식 속에 이러한 소나무에 대한 개념이 어떻게 존재하고 있는가에 대한 폭넓은 탐색이 요구된다고 하겠다. 먼저 소나무가 자라나는 과정과 토양의 관계부터 분석해 보자.

1. 토양과 소나무

토양은 인류의 의식주와 깊은 관계를 가지고 있다. 즉 그것은 인간 생활에 필수적인 많은 원료를 제공하는 근본적인 바탕이기 때문에 결코 떼어 놓고는 생각할 수 없는 요소라고 할 수 있다. 원래 토양이란 암석이 오랜 세월 동안의 풍화작용과 침식작용을 통하여 퇴적되어 이루어지는 물질로서 지형, 기후, 식생, 하천이나 조수, 그밖의 인위적인 제(諸)인자 등의 상호 작용을 모재(母材)로 해서 생성되는 것이다. 우리 나라의 토양은 지표의 대부분이 고기 암층(古期岩層)으로 이루어져 있는데다가 또 침식이 심한 지역에 자리잡고 있기 때문에 모암(母岩)으로부터 멀리 떨어진 곳에 형성되는 운적토(運積土)보다는 주로 정적토(定積土)로 구성되어 있다. 따라서 우리 나라의 토양에는 모암의 성질이 현저하게 나타난다. 이러한 점은 우리 나라 토양의 단면을 보면 쉽게 알 수 있다.

우리 나라의 토양층은 대부분 매우 얇게 이루어져 있다. 즉 우리의 노년기 지형은 모암의 형태가 거의 드러날 정도로 침식이 진행되고 있다. 우리나라 연평균 강수량은 전체적으로 500~1300mm정도이지만 대부분의 지역은 800~1000mm에 이르고 있는데 이와같이 비교적 많은 강수량으로 인하여 거의 모든 풍화 산물들이 낮은 곳으로 이동하는 현상을 보이고 있으며 더우기 비가 오면 산들이 이루고 있는 경사면을 따라 빗물이 급격히 계곡으로 합류하여 급류를 형성하기 때문에 이러한 현상은 더욱 심화될 수밖에 없는 것이다. 이러한 현상은 토양층이 두텁거나 평평한 형태의 지형을 가지고 있는 지역에서는 찾아보기 어려운 현상이다. 그러므로 우리 나라에서 계곡의 갑작스러운 범람으로 인하여 당하는 조난 사고는 우리의 지형적인 특성을 잘 모르기 때문에 일어나는 경우라 하겠다.

토양에 대하여 직접적인 영향을 주는 것은 강수량과 수분의 증발량, 그리고 그에 따른 습도 등이다. 특히 온도와 물은 토양의 특성에 중요한 요소가 된다. 왜냐하면 모암의 화학적 변화는 고온 다습한 조건에서는 촉진되지만 저온 건조한 환경에서는 저하되기 때문이다. 또한 식물에 많은 영향을 주는 미생물도 기온이 상승하면 그 활동이 활발해져서 이물질의 부식을 급속히 진행시키는 반면 한냉한 지역에서는 분해되지 않고 남아 있는 이물질이 지표를 덮게 되는 것이다.

일반적으로 토양은 사토(砂土), 점토(粘土), 사점토(砂粘土) 등으로 구분된다. 여기서 사토란 모래흙을 말하는데 습기와 함께 유기물질까지 모두 밑으로 빠져나가 버리기 때문에 식물이 크게 자라기 어렵다. 또한 점토는 우리 나라에서 흔히 볼 수 있는 빨간 흙으로서, 수분을 흡수하면 질퍽거리고 건조해지면 돌같이 단단해져 버리는 성질을 가지고 있기 때문에 역시 식물이 자라는데 적합한 토양이라고 할 수 없다. 그러므로 우리나라와 같이 우기와 건기가 교차하는 지역에서는 사점토가 식물의 생육에 적합한 토양이라고 할 수 있다.

여기서 토양을 언급하는 것은 토양과 나무의 형태 사이에는 매우 밀접한 관계가 있기 때문이다. 다시 말해서 우리가 흔히 볼 수 있는 소나무의 구불구불한 형태는 토양 및 식생과 상관관계를 가지고 있다. 앞에서도 언급한 것처럼 우리나라의 토양은 모암이 거의 드러날 정도로 토양층이 얇게 형성되어 있다. 이영노(李永魯)는 '한국의 송백류'에서 토양과 관련된 소나무의 형태를 이렇게 설명하고 있다.

깊은 산 속 빽빽히 들어차 있는 소나무와 전나무는 곧게 자라 하늘을 찌를 듯이 솟아 있고, 그 수관(樹冠)도 길쭉한 타원형을 이루고 있다. 반대로 메마른 동산에 듬성듬성 서 있는 소나무는 줄기가 굽은 것이 많고 수관도 넓은 반달 모양으로 나타나는 것을 볼 수 있다.

이와 같이 구불구불한 소나무 형태는 뿌리를 깊이 내릴 만한 두터운 토양층을 갖지 못하는 데서 기인하는 현상이다. 대체로 나무의 형태는 토양층과 관계가 있는데 즉 뿌리에서 빨아들이는 수분과 양분이 충분할 때에는 줄기가 죽죽 뻗어 올라가 곧은 형태가 되지만, 모암이 드러날 정도로 메마른

토양에서 자라는 소나무는 마치 제한된 화분에서 자라는 분재와 같이 키가 작고 구불구불한 형태로 성장하게 되는 것이다.

우리는 어디서나 구불구불하게 자생하고 있는 소나무들을 흔히 볼 수 있다. 따라서 우리나라와 같이 소나무가 전국적으로 분포되어 있는 나라에서 소나무에 대하여 특별한 관심을 갖는 것은 당연한 일이다. 그러나 소나무에 대한 우리의 태도나 우리가 소나무에 부여한 의미가 무엇인가에 따라 그것이 우리의 의식에 미친 영향은 다르게 나타난다. 그러므로 이러한 소나무 형태가 우리에게 어떻게 의식되어지고 또 어떠한 조형의식을 형성하게 하였는가 하는 것은 매우 흥미있는 문제가 아닐 수 없다.

이 몸이 죽어 가서 무엇이 될고 하니
봉래산 제일봉에 낙락장송(落落長松)되었다가
백설이 만건곤(滿乾坤)할때 독야 청청(獨也靑靑)
하리라
                                        – 성삼문 –

더우면 꽃피고 추우면 앞지거늘
솔아 너는 어이 눈서리를 모르는다
구천(九泉)의 뿌리 곧은 줄을 그로 하여 아노라.
               – 윤선도, '오우가(五友歌)' 중에서 –

성삼문의 시조에 나타난 소나무는 어떠한 시련과 고통이 닥쳐온다 해도 의연히 그 꿋꿋한 푸르름을 지키겠다는 선비의 기개를 상징적으로 표현하고 있다. 사람이 한번 죽는 것은 정한 이치이지만 죽어서도 그 기개의 당당함을 후세에 보이겠다는 의미가 눈서리가 내리는 고난 가운데서도 스스로의 푸르름을 지켜 나가는 소나무의 인내와 꿋꿋함으로 드러나 있다. 또한 윤선도의 시조에서는 소나무의 형태는 비록 구불구불하지만 그 기개와 정신만은 꿋꿋하게 뿌리를 내리고 있는 것으로 나타나 있다. 우리 조형예술의 가장 보편적인 특징 중의 하나는 사물의 외부적인 특징들을 넘어서서 그 내면을 형상화하는 것이라고 할 수 있다. 이와 마찬가지로 우리는 소나무에 대해서도 겉으로 드러난 형태보다는 그것에 부여된 의미를 더 좋아해 왔다. 그리고 이러한 의미는 지금도 우리의 생활 속에서 '소나무 정신'으로 굳건히 살아 있다.

한때 소나무를 '망국 소나무'라 하여 멸시 했던

적이 있었다. '소나무 망국론'은 일본의 임학자였던 혼다 세이로꾸(本多靜六)가 1922년 '동양학예잡(東洋學藝雜)'이라는 잡지에 '일본의 지력(地力)의 쇠퇴와 적송(赤松)'이라는 제목으로 다음과 같은 요지의 글을 발표한데서 나온 것이다.

소나무는 지력이 약한 곳에서도 자라고 건조한 땅에서도 잘 견딘다. 산은 원래 비옥하고 풍요한 곳이다. 따라서 자연의 이치대로 말한다면 소나무가 아닌 다른 나무가 산을 차지하고 있어야 옳다고 할 수 있다. 그러나 인간이 자연의 숲을 파괴한다면 지력이 낮아지게 되고 자연히 소나무가 들어오게 된다. 오늘날 국세가 부진한 나라는 일반적으로 황폐되어 있기 때문에 그곳에는 소나무밖에 생육하지 못하며, 따라서 소나무의 번성은 국세가 쇠약해 있음을 말해 준다. 다시 말해서 소나무는 그 나라의 지력이 척박하다는 것을 나타내는 지표적(指標的)인 나무인 것이다. 만일 인간이 자연을 더욱 파괴한다면 그것은 결국 사막으로 변하고 말 것이다.

위 글의 논리에 따른다면 소나무는 원인이 아니라 결과라고 할 수 있다. 따라서 '소나무 망국론'은 위 글의 내용을 잘못 이해한 데서 기인된 것이다. 또한 그것은 누군가의 의도적인 조작에 의해서 된 것일 수도 있다. 그러나 우리가 관심을 갖는 것은 '소나무 망국론'이나 생태학적인 식생의 분포 상황과 지력의 관계 따위가 아니라 소나무가 우리의 정신 세계와 의식에 미친 영향이므로 더 상세한 것은 다음 기회로 미루어 두자

청산은 어찌하여 만고(萬古)푸르르며
유수(流水)는 어찌하여 주야에 그치지 않는고
우리도 그치지 말아 만고상청(萬古常靑)하리라.
- 이율곡 -

여기서 청산은 상록수, 즉 소나무로 뒤덮힌 산을 의미하는 것이고, 만고상청하리라는 것은 소나무가 지니고 있는 변함없는 푸르름, 다시 말해서 젊은 소나무의 정신을 말하는 것이라고 할 수 있다. 그렇게 볼때 이 시조는 소나무의 변함없는 푸르름과 물결의 그치지 않는 흐름을 인간의 의식으로까지 승화시키고 있는데 이와 같이 우리의 조형의식은 자연의 현상을 인간의 정신적 현상으로 고양시키는 것을 중요한 특징으로 삼고 있음을 알 수 있다.

우리는 '한결같다'는 말과 '변함 없다'는 말을 거의 유사한 의미로 사용한다. 그러나 조형적인 개념으로 보면 한결같다는 것은 질감적인 의미가 짙고 변함없다는 것은 일종의 리듬의 의미를 강하게 포함하고 있다. 그러므로 앞의 시조에서 변함 없다고 하는 것은 단순히 조형적인 의미에서 변화가 없다는 것을 뜻하는 것이 아니라, 그치지 않고 흐르는 강물이나 만고에 푸르른 소나무와 같은, 즉 우리의 마음속 깊은 곳에 내재되어 있는 맑고 깨끗하고 강인하고 굽히지 않는 의식의 바탕을 말하는 것이라고 할 수 있다. 그러므로 우리 말에 송죽지절(松竹之節: 소나무처럼 꿋꿋하고 대나무 같이 곧은 절개)이나 송교지수(松喬之壽: 소나무같이 장수함)와 같은 소나무로 상징되는 말이 많은 것도 당연한 일이라고 하겠다.

이와 같이 우리에게 있어서 소나무는 보이지 않는 많은 교육적 의미를 가지고 있다. 따라서 소나무에 대한 조형적 분석을 통하여 우리의 의식 깊은 곳에 자리잡고 있는 조형 개념을 끌어낼 수 있을것으로 생각된다.

2. 소나무의 조형적 분석

어떤 대상을 조형적으로 분석하려 할때 우리는 몇 가지의 중요한 문제, 즉, 1.분석의 도구가 되는 조형 이론이 서구적인 방법과 그 논리에 바탕을 두고 있으며 2.이러한 서구적 조형이론을 도구로 해서 우리의 조형 세계를 분석한다는 것이 서구와 우리 사이에 존재하는 문화, 예술, 사상, 사고 방식과 생활 양식에 있어서의 현저한 차이점들에 비추어 볼 때 과연 가능한가 하는 등의 문제에 부딪치게 된다. 다시 말해서 서구의 예술과 제(諸)이론을 바탕으로 해서 이루어진 서양의 조형 원리와 동양의 예술과 그 이론을 바탕으로하는 동양의 조형 원리를 잘 결합한 범세계적 조형 이론이 확립되어 있지 못한 현실에서 서양의 이론이 수용되더라도 어떻게 객관적인 분석이 가능할 수 있겠는가 하는 것이다.

중국이나 일본의 전통적 미학 사상은 비교적 서구에 많이 소개되어 있지만 우리는 그럴 수 있는 기회를 거의 가지지 못했으며 또한 알려질만한 미학 이론이나 조형이론이 빈곤한 것도 사실이다. 우리의 조형이론은 동양사상의 바탕과 그 범주안에서 형성되어 왔으며 따라서 동양 예술의 근거 위에서만 올바로 이해될 수 있다는 원칙은 분명히 존재한다. 그

러나 한국과 중국, 그리고 일본을 주축으로하는 극동 문화권 안에서 오늘날의 우리 예술은 아직도 독자적인 위치를 확립하지 못하고 있다. 그리고 그것은 우리의 조형예술가들의 예술 활동에 있어서 반드시 이해하고 넘어가지 않으면 안되는 우리의 사상과 철학이 새로이 밀려드는 조형 이론들 속에서 제대로 자신의 자리를 차지하고 못하고 있기 때문이다. 그러므로 앞으로 우리의 조형예술에 있어서 가장 중요한 목표는 우리의 조형 예술 속에 살아 숨쉬는 우리의 미학 사상을 바탕으로 하는 조형원리의 확립이라고 할 수 있다. 그것이야말로 우리 예술의 존재를 확립하는 가장 빠른 길이라고 하겠다.

서구의 조형 예술은 앞에서 말한 바와 같이 자연 환경의 도전과 위협을 극복하기 위한 서구인들의 합리적이고 분석적인 태도를 바탕으로 형성되었다. 따라서 그들의 조형예술은 자연에 대립하는 인간의 지식구조를 자신의 토대로 삼고 있으며, 그로 인하여 인공적인 구조물의 성격이 강하게 나타난다. 그러나 동양은 다르다. 그리고 그러한 '다름'은 결코 우열(優劣)의 문제가 아닌 고유한 특성의 영역에 속하는 문제인 것이다. 이러한 점에서 볼 때 먼로(Thomas Monroe)의 다음과 같은 말은 엄정한 비판을 통한 이해없이 서구의 조형 예술을 추종하는 사람에게 시사하는 바가 매우 크다고 할 수 있겠다.

만약에 서구의 미학자들이 동양의 예술과 그 이론을 계속 도외시하려고 한다면 그들은 자신의 저술에 대하여 그것이 범세계적인 것이라는 잘못된 주장을 하기보다는 차라리 '서양 미학'이라고 좀더 정확하게 이름 붙이는 것이 나을 것이다.

동양의 조형 예술은 자신과 자연을 동일시함으로써 자신을 자연으로부터 분리된 존재가 아니라 그 안에 거하는 화(和)의 존재로 인식하기 때문에 서양과 같은 논리적 지식구조를 확립하려고 하지 않는다. 이와 같은 사고 방식은 Socrates가 말한 '나는 내가 아무것도 모른다는 것을 안다.'라는 말이나 노자의 '사람은 안다는 것을 모르는 것이 최선이다.' 등의 표현에서 그대로 드러나는데 이러한 동양의 사상과 서양의 합리적이고 분석적인 사상을 결합한다는 것은 그러므로 매우 어려운 일이라고 할 수 있다.

동양과 서양의 조형 예술의 관계에 있어서 우리는 동양의 사상을 바탕으로 해서 서양의 사상을 비교평가하는 경우와 서양의 조형 원리를 도구로 해서 동양의 조형예술을 분석평가하는 경우를 생각해 볼 수 있다. 서구의 조형 원리는 추상적이거나 관념적이지 않고 합리적, 논리적인 분석을 바탕으로 하고 있기 때문에 시각적인 현상을 분석하거나 이해하는 데 있어서는 대단히 유용한 도구가 될 수 있다. 장점인 동시에 힘이라고 할수 있으며 그들의 조형 원리의 체계에도 잘 나타나고 있다. 그러므로 소나무에 대한 조형적 분석이 서구의 조형 이론에 의하여 이루어짐으로써 오히려 우리의 조형 이론체계에 한 걸음 더 나아갈수 도 있을 것으로 생각된다.

서구의 조형 원리는 일반적으로 선을 직선과 곡선, 자연적인 선과 인공적인 선 또는 기하학적인 선, 수직선과 수평선, 그리고 대각선 등으로 분류하여 인식한다. 또 그 언어 속에 담겨진 서구의 개념도 우리와는 매우 다르다. 우리는 서구와 같이 점과 선의 인위적 개념을 설정해 놓고 1, 2, 3 차원을 구분하지 않으며 우리에게는 작은 점도 인간의 시각을 자극하기에 충분한 에너지를 가지고 있을 수 있다. 또한 그들에 의하면 점이 시간과 공간의 관계 속에서 일정하든 불규칙적이든 운동을 하게 되면 그 궤적으로 인하여 선과 형태가 만들어지게 되는데 그러나 이러한 정의는 우리의 조형 원리에서는 때때로 기학적인 관념에 불과할 수 있다. 왜냐하면 선을 인식하기 위해서는 먼저 점이 설정되어야 하는데 그 점은 위치만 있고 질량도 부피도 없는 것으로 인식되기 때문이다.

이러한 기학적인 개념을 가지고 분석하기에는 소나무는 좀 곤란한 대상이라고 할 수 있다. 우리가 지각할 수 있는 세계에서는 아무리 미세한 입자라 할지라도 부피와 질량을 가지고 있다. 그러므로 질량과 부피가 작다하여 기하학적인 점으로 취급할 수는 없는 일이다. 또한 선의 경우에 있어서도 1차원으로서의 선이란 이 세상에 존재하지 않으며 그것은 다만 개념일 뿐이다. 이와 같이 우리가 자연 환경속에서 눈으로 지각하고 경험하는 대상들은 모두 질량과 부피를 가지고 있기 때문에 기하학적인 개념을 가지고 그것을 분석한다는 것은 모순이라고 하지 않을 수 없는 것이다.

그러나 서구의 조형이론은 모든 대상을 점, 선, 형태, 질감, 색채, 명암 등의 요소로 분석하고 통합한다. 예를 들어 사과를 그릴때 우리는 마음속에서 사과가 가지고 있는 선, 형태, 질감, 색채, 명암 등의 요소로 그것을 분석한 뒤 종이위에서 다시 통합하며 그러한 과정을 통하여 사과는 실제의 모습과 같이 재현된다. 그것은 마치 모든 소리를 일곱 음계로 분석한 뒤 다시 통합함으로써 재현되는 음악의 경우와 같은 것이라고 할 수 있다. 그러나 실제의 조형 표현에서는 이러한 요소들 중 작가가 선택한 어떤 부분들을 강조하거나 억제함으로써 대상물을 그대로 묘사하는 것이 아니라 새롭고 독특한 조형 이미지를 창조하게 된다는 점을 알아 둘 필요가 있다. 이렇게 볼 때 서구의 조형 이론의 분석적인 방법은 소나무에 대한 좀더 명확한 인식을 가능하게 할 수 있을뿐만 아니라 그러한 분석을 통하여 우리의 조형 예술의 세계에 보다 구체적으로 접근할 수 있을 것으로 생각된다.

이러한 입장에 따라 여기서 규명하려고 하는 것은 먼저 소나무에 대한 지각적 분석을 통하여 선에 대한 우리의 고유한 개념을 살펴보는 일이다. 그리고 그 다음으로는 서구의 조형 원리로는 분석할 수 없는 우리가 보고 듣고 느끼면서 살아가는 과정을 통하여 이루어 온 우리의 사상과 문화 속에서의 소나무에 대한 조형적인 분석을 고찰하게 될것이다. 이때에는 한국인의 고유한 사상과 언어 속에서만 이해될 수 있는 보다 본질적인 개념들, 즉 서구적인 개념의 조형 언어로는 인식할 수 없는 고유한 한국적인 문화라는 관점에서의 비본질에 대한 상대적인 개념들을 다루게 될것이다.

먼저 사진 1과 2를 통하여 우리 나라의 소나무를 마음속에 그려보자.

우리가 지각하고 있는 세계에서는 수없이 많은 선들이 지각의 대상으로서 우리의 시각을 자극하고 있다. 수평선, 굽이치는 듯한 들판, 바라보이는 산들의 겹겹이 교차하는 능선, 굽이굽이 흐르는 강줄기, 바람에 흔들리는 버드나무 가지와 갈대들, 또는 도시 속의 수직적인 빌딩이나 도로 등 이루 헤아릴 수 없이 많은 선들이 우리를 둘러싸고 있는 것이다. 그런데 이 모든 선들은 제각기 가늘고, 굵고, 가볍고, 무겁고, 섬세하고, 거칠다거나 또는 여성적, 남성적, 자연적, 기하학적, 인위적이라고 불리워질 수 있는 특징들을 가지고 있으며 경우에 따라서는 지적, 합리적, 인간적이라고까지 일컬어지기도 한다. 이러한 개념들은 그것이 내포하고 있는 물리적 개념만으로는 설명할 수 없는 것이라고 할 수 있다.

일반적으로 분류되는 직선, 곡선, 대각선, 수평선, 수직선 등과 그것이 우리에게 어떤 개념과 이미지로 지각되느냐 하는 것은 별개의 문제이다. 그것은 마치 '낙엽'과 '끝나 버린 인생'과의 관계가 같다. 이는 선의 종류나 그 특성에 따라서 그것의 의미가 엄청나게 달라질수 있다는 사실을 암시해 주고 있다. 그러므로 소나무의 조형적 분석은 이러한 관점을 고려해서 연구되어져야 할 것이다.

'선은 점의 무한한 궤적'이라는 말은 점에서 일정한 에너지가 작용함으로써 야기되는 점의 이동 현상으로부터 선이 발생하는 것으로 보고 있다. 따라서 선은 점＋에너지＋시간의 등식으로 이해될 수 있다. 이렇게 볼때 선을 이해하는 데 있어서 에너지 작용과 시간의 개념은 매우 중요한 의미를 가지고 있다고 하겠다.

우리는 어떠한 선을 지각할 때 그 선에 담겨진 에너지도 함께 지각한다. 예를 들어 어떤 사람이 종이 위에 연필로 선을 휙 그었을때 우리는 거기서 일종

사진 1

사진 2

의 에너지를 느낄 수 있다. 그리고 그 에너지는 감정에 의해서 해석되어지며 우리는 것을 하나의 심리적인 힘으로서 지각한다. 이와 같이 선이란 사물의 윤곽뿐만 아니라 감정이나 미적 즐거움까지도 나타낼수 있기때문에 우리는 이러한 기능을 통하여 우리의 마음과 정신을 표현할 수 있는 것이다. 물론 어떤 대상이든 간에 실제로 기하학적인 선을 포함하고 있는 것은 없다. 그러나 우리가 화폭에 표현하는 모든 기하학적인 선은 대상에 대한 지각 경험을 통하여 형성된 우리의 어떤 마음의 상태와 이형 동질의 관계를 가지고 있으며 따라서 우리가 주위의 모든 대상들로부터 어떤 선의 개념을 추론하는 것은 정당화될수 있다. 결국 선으로 분석한다는 것은 선의 개념으로 분석한다는 것과 동일한 의미를 가지고 있는 것이다.

그러면 소나무에서 우리는 어떠한 선의 개념을 찾아낼 수 있는가? 소나무의 형태에서 지각되는 선은 대체로 다음과 같이 분석될 수 있다. 즉, 1. 소나무와 배경의 경계선에서 느껴지는 소나무의 윤곽선, 2. 성장의 리듬과 연륜을 지각할 수 있는 소나무 줄기의 양감의 선, 3. 생명력의 기운이 생동함을 느끼게 하는 소나무 전체 형상의 위로 상승하는 듯한 선 등이 그것이다.

사진 3은 소나무의 윤곽선이다. 우리는 이 선에 대한 분석을 통하여 1차원적인 선의 개념을 들여다 볼수 있다. 앞에서 기술한 바와 같은 선의 분류에 따르면 이것은 자연스러운 곡선에 속한다고 할 수 있다. 그러나 자세히 살펴보면 우리는 이 소나무의

윤곽선으로부터 곡선뿐만 아니라 전체적으로는 위로 상승하는 수직선을 지각할 수 있다. (그림 1의 점선 부분) 그러므로 이것은 위로 성장하려는 수직지향적 속성과 전체의 역학적인 균형을 위하여 수직 균형을 취하려는 속성을 동시에 포함하고 있기 때문에 단순히 곡선이라고만 할수는 없다. 이렇게 볼 때 이것은 수직적 직선이면서도 직선이 아니고 곡선이면서도 곡선이 아니라고 할 수 있을것이다.

우리는 구불구불한 소나무의 형태를 수직으로 곧게 자란 나무에 비하여 못생겼거나 아름답지 않다고 말하지 않는다. 오히려 우리는 직선으로 뻗은 나무는 멋이 없다고 표현한다. 유년기나 장년기 지형에서는 수직으로 곧게 뻗은 나무가 보편적인 나무의 형태일 것이다. 그리고 이렇게 곧게 뻗은 나무들 사이에서 굽은 나무는 좋은 나무라고 할 수 없다. 그러나 노년기 지형의 굽이굽이 흐르는 산의 능선과 그 사이를 흐르는 강. 그리고 구불구불 휘어올라가는 소나무의 줄기들이 하나로 어울려 멋진 조화를 이루고 있음을 우리는 알고 있는 것이다.

직선은 논리적, 합리적, 기하학적 개념을 가지고 있으며 자연에는 존재하지 않는다. 따라서 직선은 인위적인 선이며 인간이 만든 구조물에만 공통적으로 나타난다. 또 직선은 도구에 의해서만 표현이 가능하다. 왜냐 하면 인간의 손으로 직선을 그을때 그것은 맥박의 떨림과 흔들림에 의해 기하학적인 직선이 될 수 없기 때문이다. 반면에 소나무의 구불구불한 형태에서 유추해 낸 곡선은 자연적인 선이며 그것에는 자연적인 이치가 담겨 있다. 우리의 조형의 아

사진 3. 제각기 형태가 다른 우리의 소나무

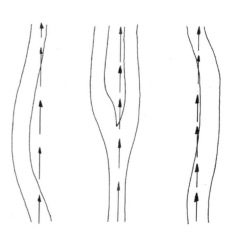

그림 1.

름다움이 '선의 예술성'에 근거를 두고 있다는 것은 이미 일반화된 사실이며 그것은 곧 직선의 예술이 아니라 곡선의 예술임을 뜻한다. 더욱이 이 곡선의 예술은 인위적인 것이 아니라, 자연의 이치를 존중하는 개념이 그 바탕을 이루고 있다는 점에 유의할 필요가 있다. 이러한 자연의 이치에 대한 존중은 우리의 모든 조형 예술에서 공통적으로 나타나는 현상이다.

위에서 말한 자연 속의 이치는 우리의 모든 조형 예술 속에 깊이 흐르는 미학적 개념이라고 할 수 있다. 일본의 건축이나 공예품에서 즐겨 기하학적인 각을 세우는 것은 이러한 이치에 어긋나는 조형 형태이다. 왜냐하면 나무는 원래 둥근 형태를 이루고 있고 자연에는 모서리가 없는 것이 이치이며 더 나아가 날카로운 각에 의하여 인간을 심리적으로 긴장시키는 것은 긴장으로부터 긴장이 해소되어지는 쪽으로 움직이는 인간의 보편적인 심리 현상에 역행하는 행위이기 때문이다. 이렇게 볼 때 어떠한 조형 형태에 대하여 자연의 이치를 바탕으로 접근하는 것과 합리적인 태도로 접근하는 것은 전혀 다른 것이라고 할수 있다.

우리는 기하학적인 형태와 강렬한 색채의 대비를 통하여 이루어진 추상화나 기계적인 디자인을 좋아하지 않는다. 이러한 심리 현상은 우리에게는 매우 보편적인 현상이라고 할 수 있다. 예를 들어 우리나라 사람들은 대체로 인상파의 그림을 그들의 사상에 관계없이 좋아한다. 왜냐하면 인상파 그림은 사물들을, 안개 속에 희미하게 드러나는 아침의 산이나 구름에 가리워진 듯한 하늘 또는 반투명한 커튼을 통해 내다본 시골 풍경 등과 같이 확실한 실상이 아니라 이미지로 표현하고 있기 때문이다. 이러한 인상파 그림의 특성에 대하여 Herbert Read(리드)는 다음과 같이 말하고 있다.

Cezanne(세잔)의 작업은 사물을 비추는 저 거울과 같은 상상력의 차원에서 정확하게 기계적으로 재생하는 것으로부터 벗어나는 일이었고, 또한 Cezanne의 재현은 어떤 의미에서는 형이상학적 개념으로서 사물의 배후에 '진짜 시각상'이 존재한다는 생각을 바탕으로 하고 있다. 이러한 예술 개념은 어딘지 모르게 동양의 예술개념과 동일한 것으로 보이며 단지 동양 화가들의 리듬이나 조화가 직관적인데 반해서 그는 인식적이라는 차이점을 가지고 있을 뿐이다.

석도(石濤)는 '회화란 자아에서 형성되는 마음의 감정을 붓으로 연구하는 것'이라고 말했다. 따라서 형태와 그 색채의 실체에 얽매이지 않고 사물을 표현하는 동양의 회화는 거울에 비친 듯이 정확하게 현실을 묘사하는 것에 익숙하지 못하다. 이와 마찬가지로 우리는 소나무를 바라볼때 소나무 그 자체가 아니라 우리의 마음에 일고 있는 소나무에 대한 감정과 이미지를 중시한다. 이렇게 볼 때 '붓을 마음에 맡기고 물 흐르듯 가면 저절로 묘(妙)를 얻을 수 있다.'는 말이 의미하는 바와 같이 소나무의 굽은 선은 대단히 비기하학적인 것으로서 저절로 얻어진 묘선(妙線)이라고 할 수 있다. 따라서 이러한 맛과 멋을 이해하려면 먼저 합리로부터 탈출하지 않으면 안될 것이다.

우리 나라의 소나무의 선은 앞에서도 말했듯이 직선의 범주와 곡선의 범주를 동시에 포함하고 있다. 따라서 인식의 논리적 측면에서 본다면 그것은 직선과 곡선이라는 서로 다른 두 종류의 인식의 사이에 있는, 즉, 직선도 곡선도 아닌 개념이라고 할 수 있다. 다시 말해서 그것은 직선으로 인식할 수도 곡선으로 인식할 수도 없는 논리적으로 애매함과 모호함의 개념을 가지고 있는 선이다. 그러므로 서구의 합리적이고 논리적인 사고의 기준에 의하면 그것은 애매하고 모호한 부조화의 개념을 드러내는 선이라고 할 수도 있을 것이다.그러나 한국적인 사고 방식으로는 오히려 정확하고 분명한 인위적인 선이야말로 멋없고 부자연스러운 선으로 인식된다.

현상학적으로 볼때 어떠한 사실이나 실체에 대한 인식이 때와 장소, 그리고 사람에 따라 달라진다면 도대체 어떤 것이 참인식이냐 하는 문제가 제기될 수 있다. 여기서 현상학에 있어서의 현상은 물질로서의 현상이 아니라 경험으로서의 현상이라는 것을 이해한다면 소나무의 구불구불한 선에 대한 우리의 구체적인 의식은 곧 우리의 경험에 의한 현상이라고 할 수 있을것이다. 다시 말해서 그것은 나무 뿌리와 흙의 관계와 같이 우리의 삶의 터전에 바탕을 두고 있는 경험의 일단이라고 할 수 있다. 이러한 점에 비추어 볼 때 적어도 우리에게 있어서 소나무의 선에 대한 조형적 개념을 서구적인 기준으로 이해하고 판단하는 것은 옳지 않은 일이라고 하겠다. 이러한 점은 인간에 대한 우리의 태도에도 그대로 적용될 수 있겠는데 예를 들어 우리는 지나치게 합리적인 사람, 즉, 그언행에 있어서 애매함과 모호함이 전혀 없는 정확하고 차가운 사람을 좋아하지 않는다. 왜 냐하면 그러한 사람에게는 거의 인간미가 느껴지지 않기 때문이다. 이와 같이 우리는 전통적으로 능력 이나 외면보다는 인간성을 더 중요하게 여겨 왔으며 이러한 사고 방식과 함께 소나무의 구불구불한 선에 있어서의 애매함과 모호함 그리고'글쎄''우리'등의 말이 가지고 있는 의미 한계의 불명료함 등은 하나 의 게슈탈트를 이루고 있는 것으로 이해해도 좋을 것이다.

3. 지각 현상으로서의 소나무선의 조형성

사진 1과 2로부터 우리는 단순한 하나의 선이 아 니라 선의 집합을 지각할 수 있다. 이 사진에서 보 이는 소나무 선들은 하나도 같은 것이 없다. 조형의 원리에서는 반복을 통하여 어떤 개념을 강조하는 경 우가 많은데 예를 들어 어떤 곡선은 유사한 다른 곡 선들과 곡선을 이룸으로써 강조되기도 하고 반대로 또 어떤 곡선은 많은 직선들을 배경으로 할때 더 강 조되기도 한다. 이렇게 볼때 그림 2는 전자의 경우 이고 그림 3은 후자의 경우라고 할수 있는데 전자의 경우는 순응의 조화를 그리고 후자의 경우는 대비와 대립에 의한 조화를 나타태고 있다.

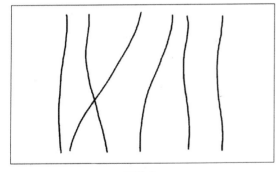
그림 2.

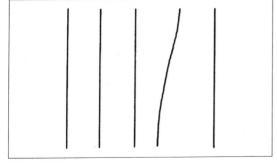
그림 3.

여기서 순응의 조화라고 하는 것은 위에서 언급한 바 있듯이 유사한 이미지들과의 조합을 통한 조화를 말한다. 그리고 이러한 순응의 조화는 긴장감, 부조 화, 극단, 지나친 자극등이나 또는 그림 3에서 볼 수 있는 단조로운 무미 건조함이 아니라 변화 속의 조화를 그 특징으로 한다. 그림 2를 보면 선 하나 하나가 우연적인 것처럼 보이며 이 우연적으로 보이는 선들이 한데 어우러져 지각적 사건이 아닌 그냥 지 나쳐 버릴 수도 있는 자연스러운 멋의 어우러짐을 나타내고 있다. 이러한 조화는 그 자체에 인위적인 어떤 조작을 부가해야 할 필요성을 느끼지 않게 한 다. 동시에 그것은 그 배경을 이루고 있는 자연 환 경의 조형적 개념과 게슈탈트를 이루고 있기 때문에 위의 구체적인 삶을 통하여 자연스럽게 경험되어진 것이라고 할 수 있을 것이다.

그러면 우리의 지각의 선택성에 비추어 볼때 우리 는 과연 어떠한 조형적 개념에 관심의 초점을 두고 있으며 그러한 조형적 개념의 여과 과정을 통하여 무엇을 선택하고 있는가?

그림 3을 보면 다섯개의 직선의 배열 사이에 끼워 져 있는 하나의 곡선은 분명 서로 대립되는 부조화의 개념을 가지고 있다. 그리고 이 곡선은 지각적 사건 이 되기에 충분하며 직선과 곡선의 대립과 갈등은 우 리의 시각을 긴장시키고도 남는다. 동시에 그것은 직 선과 곡선 사이의 상대적 관계에 의하여 즉 곡선의 개념은 직선에 의하여 그리고 직선의 개념은 곡선에 의하여 더욱 명확해진다고 할수 있다. 여기서는 절대 성보다는 상대성의 개념이 강조되며 따라서 직선과 곡선이 제각기 독립적으로 자신의 개념을 드러내는 것이 아니라 일종의 집합의 성격이 강하다고 하겠다. 이러한 점에 있어서 아른하임(Arnheim)은 이렇게 말했다.

인간의 지각적 사고에 있어서 유사성이란 단편적 인 동질성에 의존하는 것이 아니라 본질적인 구조 적 특징들의 유사관계에 의존하며 하나의 온전한 정신은 어떤 대상에 대해서도 그것 자체가 가지고 있는 맥락의 법칙에 따라 자의적으로 그것을 이해 한다.

이렇게 볼때 그림 2는 선들의 단편적인 동질성이 아니라 구조적 특징들의 일치관계에 의하여 하나의 게슈탈트를 이루고 있기 때문에 본질적 특징들의 결 합이라고 말할 수 있을 것이다.

우리의 문화가 소나무에 대해 각별한 의식을 가져왔다는 것을 부정할 사람은 아마 없을 것이다. 훗설(Husserl)의 스승이었던 심리학자 브렌타노(Brentano)는 자신의 유명한 학설인 '의식의 지향성(指向性)'에서 다음과 같이 말했다.

의식은 반드시 무엇에 대한 의식이다. 대상을 갖지 않는 의식이란 생각할 수 없다. 우리는 언제나 무엇인가를 보면서 무엇인가를 느끼고 생각한다. 그러므로 의식의 지향성은 곧 의식의 역동성에 있다고 얘기할 수 있다.

이와 같은 이론에 동의한다면 우리의 의식에 있어서 소나무란 단편적 의식이 아니라 현상학적 의식에 의해서 표착된 대상,즉 의미 대상이라고 할 수 있다. 그렇다면 우리는 어떠한 의식의 지향성으로 인하여 이소나무의 선을 좋아하고 그것에 관심을 가져 왔는가? 이러한 질문에 대한 대답이 바로 우리의 조형 행위를 이끌어 가는 역동성을 말해 줄수 있을 것으로 생각된다.

인간은 자신이 존재하는 세계 속의 한 존재에 지나지 않는다. 그러나 인간은 바위나 소나무나 책상과 같이 세계를 구성하고 있는 일부분적인 존재가 아니라 주위의 여러 존재들과 세계,그리고 더 나아가 자가 자신의 존재까지도 의식하는 존재이다 .그러므로 의식이라는 개념은 정신의 여러 차원을 의미한다고 할 수 있다. 그것에는 감각,감성,감정,이성 등 모든 정신적인 개념들이 내포되어 있다. 따라서 소나무에 대한 우리의 의식 속에도 이러한 모든 정신적인 개념들이 포함되어 있는 것이며 비단 소나무에 대해서뿐 아니라 앞에서 말한 바와 같이 지형의 구조나 기후 조건, 그리고 뒤에 언급할 건축이나 도자기의 경우에 있어서도 마찬가지라고 할 수 있을 것이다.

그렇다면 우리의 조형 형태에 있어 이러한 정신차원은 구체적으로 어떻게 이해되고 있는 것일까? 소나무의 선이 가지고 있는 개념의 본질은 칼로 자른 듯이 날카로운 절단미가 아니라 형태와 바탕의 애매모호한 경계선으로부터 오는 미묘한 맛이라고 앞에서도 말한 바 있다. 직선이 아무리 합리적이고 과학적이고 명확하고 필연적인 특성을 가지고 있다 해도 우리에게는 비인간적이고 너무나 당연한 것으로 받아들여지기 때문에 우리는 그것을 좋아하지 않는다. 그리고 우리가 관심을 기울이는 대상이 아니라면 그

것은 적어도 우리에게는 아무런 의미도 없는 것이 되어 버린다. 예를 들어 우리를 둘러싸고 있는 수없이 많은 대상들이 항상 우리의 시각을 자극하고 있지만 우리는 우리가 관심을 가지고 있는 대상만을 지각한다. 그리고 그것은 우리가 어떤 대상과 소통하는 방식이 매우 선택적이라는 것을 암시해준다.

사진기는 동등한 민감성을 가지고 모두 사물의 디테일(detail)을 기록하지만 인간의 시각은 그렇지 않다. 어떤 대상을 관찰하는 경우에 우리의 시각은 그 순간의 디테일 그것도 정밀한 물리적인 측면이 아니라 그 대상의 두드러진 특징들 다시 말해서 하늘의 푸르름, 소나무의 곡선, 바위의 부후한 형태 등 부분적인 특징만을 파악한다. 이러한 경향은 무지한 사람들이나 어린이뿐 아니라 조형 언어에 익숙한 사람들에 있어서도 마찬가지로 나타난다. 이와 같이 우리는 대상들이 가지고 있는 본질적 특징들 가운데서 우리가 좋아하고 관심을 가지는 것 또는 우리의 주의를 끄는 것만을 직관적으로 선택한다. 그러므로 우리가 만든 모든 문화적 대상들 역시 어떤 선택적 지각으로부터 얻어진 경험의 시각적 서술, 또는 조형적 서술이라고 할 수 있을것이다.

우리의 사물에 대한 인식 태도는 일반적으로 소나무뿐 아니라 모든 사물들에 대하여 편견이나 선입관을 배제하려는 현상학적 개념을 가지고 있다고 할 수 있다. 여기서 박이문(朴異汶)의 현상학적 서술에 대한 내용을 인용해 보자.

현상학적 서술의 대상이 경험이라고 한다면 경험적 서술이란 대체 어떤 것인가? 그것은 비현상학적 서술, 즉 지각적 서술과 어떻게 다른가? 소나무라는 하나의 대상은 크기와 색깔, 냄새, 그밖의 여러 가지 공간 속에 존재하는 성분으로 되어 있기 때문에 본 대로 서술할 수 있지만 현상학적 서술 대상인 소나무에 대한 나의 지각, 즉, 경험은 그러한 성분을 소유하고 있지 않다. 따라서 언뜻 보기에 기술할 아무 것도 없는 것같이 생각된다. 그러나 좀더 생각하면 이런 경험에도 기술될 내용이 있다. 모든 경험은 언제나 구체적인 사건이다. 그것은 반드시 시간과 공간 속에서 구체적인 사람을 통하여 생긴다. 나는 지금 뜰에 소나무가 있음을 경험하고 있으며 왼쪽에서도 바른쪽에서도 그 소나무를 볼 수 있다. 이 모든 경우에 나는 조금씩 다른 측면에서 소나무를 보고 있으며 그때마다

조금씩 다른 의식 상태에 있게 된다. 이와 같은 한 대상에 대한 여러가지 서로 다른 구체적인 측면은 현상학적 서술 대상이 될 수 있다. 이러한 현상학적 서술의 우선적인 목적은 어떤 하나의 대상에 대한 가장 원초적인 인식 즉 아무런 편견이나 선입관없는 순수한 지각이 무엇인가를 드러내는데 있다. …(중략)… 엄격한 의미의 현상학, 즉 훗설(Husserl)이 말하는 현상학은 보다 정확하고 좁은 의미에서의 현상학이다. Husserl에 있어서 위의 현상학적 서술은 아주 기초적인 현상학적 작업에 지나지 않는다. 그리고 이런 작업을 거쳐 현상학이 노리는 인식의 표적은 내가 어제와 오늘, 그리고 왼쪽과 오른쪽에서 지각했던 뜰에 있는 똑같은 소나무 자체인 것이다. 그것은 마치 카메라의 초점을 맞추려고 렌즈를 이리 돌렸다 저리 돌렸다 하는 작업과도 같은 것이며 또는 파묻힌 고물단지를 덮은 흙을 가려내는 일과 비교된다. 이보다 더 적절한 비유를 상상할 수도 있다. 어려서부터 찍은 수많은 복순이의 사진을 생각해 보자. 두 말할 필요도 없이 그 모든 사진들은 각기 다르다. 때로는 거의 몰라 볼 만큼 다르다. 그럼에도 불구하고 그 다른 여러 사진들은 다같이 똑같은 복순이

를 지각케 하는 어떤 요소를 가지고 있음에 틀림없다. 그러므로 이 다양한 사진을 살펴보면서 복순이의 본질적인 모습을 찾아 밝혀 내려는 작업이 필요하다. 바로 이러한 작업이 현상학적 서술이요, 찾아내고자 하는 복순이의 본질적 모습이 그러한 서술의 목적이 된다. 따라서 어떤 한장의 사진만을 보고 '이것이 복순이다.'라는 판단을 경솔히 내려서는 안될 것이다. 이와같은 극히 신중한 태도를 Husserl은 '현상학적 에포케(Epoche)', 즉, '임시 판단정지'라고 부른다.

소나무의 조형적 분석에서 중요한 것은 소나무에 대한 조형의 원초적인 인식, 즉, 편견이나 선입관이 없는 순수한 조형성의 지각이 무엇인가를 드러내는 일이며 좀더 엄격하게는 소나무에 대한 본질적 개념이 조형의 현상학적 서술이란 관점에서 경솔한 판단이 되지 않도록 하는 것이다. 그러므로 소나무의 조형적 특성은 위에서 언급된 바와 같이 우리나라 전반에 걸쳐 소나무들이 가지고 있는 선의 무수히 다른 물리적인 형태가 아니라 그 다른 모습들에 공통적으로 포함되어 있는 어떤 본질적인 개념을 의미하는 것이라고 할 수 있다.

소나무의 조형에 대한 원초적인 인식을 밝혀 보기 위해서 사진 4를 예로 들어보자. 사진 4를 하나의 소나무를 동서남북에서 바라본 모습이다. 이 사진에서 보는 바와 같이 우리의 소나무

사진 4. 동서남북 네 방향에서 본 우리의 소나무

사진 5

줄기에서 지각되는 선의 물리적인 형태는 각각 그 모양이 다르게 나타난다. 즉, 하나의 소나무에 대한 인식이 보는 방향에 따라 다양한 모습으로 나타나고 있다. 그러나 사진 5처럼 수직으로 자란 나무의 경우는 동서남북 어느쪽에서 보든지 그 대체적인 형태가 동일하다 .이와 같이 직선적인 형태는 시각 방향에 따른 다양함을 가지고 있지 않기 때문에 그것에 대한 지각 경험도 매우 단순하다고 할 수 있다. 이에 반하여 사진 4의 굽은 소나무의 선은 시각의 방향에 따라 다르게 인식되며 따라서 그 지각 경험도 다양하다. 그러므로 이러한 경우에는 Husselr이 말한 바 현상학적 에포케(Epoche)가 강조될 수 밖에 없다고 하겠다.

우리의 소나무 형태가 가지고 있는 이러한 특성은 그것을 바라보는 우리의 시각과 그에 따른 조형적 개념을 한 가지 관점에만 국한시키지 못하게 한다. 아마도 이 때문에 어떤 제한된 관념에 얽매이지 않는 우리의 고유한 인식태도가 형성되었을 것으로 생

각된다. 그리고 이러한 인식은 사물을 결정론적으로 판단하고 이해하려 하기보다는 사물에 대하여 항상 자신을 불확실한 상태로 남겨두려는 사고 방식으로 발전하였을 것이다.

이러한 현상은 우리의 조형의 세계에서도 볼 수 있다. 흔히 한국 공예의 특징은 순박한 맛, 구수한 맛, 큰 맛 등으로 표현되어진다. 그리고 이러한 특징은 자연을 정복의 대상으로 보거나 인간의 지식을 드러내거나 또는 자신이 만든 조형물 속에 자신의 위대함을 드러내려는 의식이 전혀 없기 때문에 순수한 것이라고 할 수 있다. 굽이굽이 휘어 있는 소나무의 선. 어느쪽에서 바라보아도 나름대로 조화를 이루면서 다양한 그 자연스러움은 굳이 인간의 꾸밈의 맛을 첨가할 필요를 느끼지 못하게 한다. 여기서 큰 맛이란 '본맛', '맏맛' 또는 후덕한 맛이라고 할 수 있다. '본맛'의 본(本)이란 본가(本家), 본명(本名), 본론(本論)등이 의미하는 바와 같이 원래의 뿌리,정작 해야 할일 또는 다른 불순물이 섞이지 않은 순수함 등의 뜻을 가지고 있으며, 또한 '맏맛'의 맏은 맏딸,맏아들,맏며느리 등과 같이 첫째, 우두머리, 중심의 의미를 가지고 있다. 다시 말해서 큰 맛이란 본질적인 순수함과 '형만한 아우 없다.'는 말과 같이 의연하고 믿음직스러운 느낌을 주는 후덕한 맛을 말하는 것이다. 그리고 순박한 맛, 구수한 맛은 흠잡을 데 없이 반반하거나 지나치게 세련된 분명하고도 명확한 맛이 아니라 거친 듯하면서도 소박하고 마음을 편케 해 주는 그런 맛이다. 그러므로 우리의 조형 예술은 정밀하게 인위적으로 다듬어지지 않은 자연 그대로의 꾸밈없는 여유와 꾸밈없으면서도 무언가 더 크고 심오한 것을 담고 있는 특징을 가지고 있다고 하겠다.

우리의 조형 예술이 가지고 있는 이러한 특징들은 아무도 인간의 편견이나 선입견에 의하여 사물을 꾸미지 않고 또한 자신을 드러내지 않으려는 겸허한 마음을 바탕으로 하지 않고서는 이루어질 수 없을 것으로 생각된다. 수직선으로 곧게 솟은 나무를 보고 있으면 우리의 소나무는 상대적으로 약하고 무기력하고 보잘것 없는 것으로 비쳐질수도 있다. 그러나 사실은 그 속에 푸르름을 지키며 독야 청청하는 정신의 기개와 강인한 생명력이 있는 것이다.

앞에서도 말한 바 있지만 건축가 Henry Van de Velde 는 '선(線)은 힘'이라고 했다. 선에는 예술가가 강조하고자 하는 의도가 나타나 있게 마련이며

사진 6

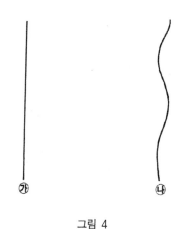

그림 4

그것이 재료에 의한 표현이든 감정의 표현이든 간에 그 선에 나타난 감정과 힘은 분명히 예술가의 마음의 상태이다. 그리고 그 힘은 다른 사람들에 의해서 지각되어진다. 이것은 다른 자연의 사물들에 있어서도 마찬가지이다. 건강한 나무에서는 건강한 힘이 지각되고 시들어 가는 나무에서는 시들은 힘이 지각되는 것이다.

그렇다면 소나무의 선에서는 어떠한 개념이 지각되는 것일까? 소나무를 한참 바라보고 있노라면 수직으로 뻗어나간 다른 나무들보다 오히려 사진 6과 같이 꿈틀거리며 올라간 소나무의 선에서 생명의 운동과 팽창의 리듬이 더 잘 지각된다. 그림 4를 보면 '가'의 직선보다는 '나'의 곡선에서 힘의 진행 개념이 더욱 뚜렷하게 강조되고 있다. 예를 들어 우리는 누구나 미꾸라지, 뱀장어, 뱀등이 앞으로 진행할 때 '나'와 같은 형태를 취하는 것을 경험한 적이 있다. 그러므로 우리는 이러한 지각 경험을 통하여 '나'가 더 활발하게 앞으로 진행해 나갈 수 있다는 것을 이해한다. 이와 같이 소나무의 곡선에서 생명의 성장감은 오히려 더 강조되어 굽이치며 성장하는 소나무의 곡선을 '용트림한다'고 표현하는 것도 이러한 이유때문이라고 할수 있다. 동시에 그것은 외부로만 드러나는 생명감의 표현이 아니라, 그 속에 흐르는 생명력에 대한 하나의 은유라고 하겠다.

참고 문헌

1. 김연옥, '한국의 기후와 문화(한국 문화 총서

9)', 이화여대 출판부, 1985, pp. 24~28

2. 윤태림, '한국인', 현암사, 1971, pp.77~85

3. J.Jacobl, 'The Psychology of C.G.Jung' 7th ed., Routledge & Kegan Paul, Londo., 1968, pp.7~8, 10.

4. 권혁재, '지형학', 법문사, 1983, p.9-10, 127-129.

5. 이어령, '한국인의 신화', 서문당, 1975, p.208

6. 김열규, '한국인의 시적 고향', 문리사, 1978, p.123

7. 이중환, 이영택 譯註, '택리지(擇理誌)' 삼중당, 1975, p.133

8. T.Hawkes, 오원교 譯, '구조주의와 기호학', 산서, 1984, p.24

9. 최창조, '한국의 풍수 사상', 민음사, 1984, p. 24

10. 오지호, '현대 회화의 근본 문제', 춘추사, 1968, pp.348~349

11. M.D.Duncan, 'Communication and Social Order', London, Oxford University Press, 1970, p.56

12. 김상일, '한철학', 전망사, 1985, p.81

13. 이항령, '한국 사상의 원류', '민족 정통사상의 연구', p.25

14. 윤사순, '퇴계 철학의 연구', 고려대 출판부, 1986, p.151

15. 강석우, '신(新)한국 지리지' 대학교재출판사, 1989, p.31, 35-36, 42

16. Joseph Machlis, 신은선 譯, '음악의 즐거움 上' 이화여대 출판부, 1982, pp.10~11

17. Kandinsky, 안정언 譯, '점·선·면' 미진사, 1982, pp.51~52

18. 김영기, '한국적 조형 의식에 관한 연구(석사학위논문)', 서울대학교 환경대학원, 1976, p.57

19. R.Linton, 전경수 譯, '문화와 인성(人性)', 예음사, 1984, p.16

20. 유걸, '미국 건축과의 비교를 통한 한국 건축의 이해', '현대 미술회관 뉴스42', 1986, p.4

21. 석도(石濤),김종대 譯註, '화론(畵論)', 일지사, 1982, p.113, 124-125.

22. R.E.Faukner, 'Ziegfield and G.Hill Art Today', New York, Rinehart and Winston, 1966, p.329

23. C.G.Mueller, 이태형 譯, '감상 심리학(현대 심리학 전서6)', 익문사, 1980, p.141

24. 이영노, '한국의 송백류(한국 문화 총서11)', 이화여대 출판부, 1986, p.57

25. R.Arnheim, 김춘일 譯, '미술과 시지각' 홍성사, 1981, p.224

26. 박이문, '현상학과 분석철학', 일조각, 1983, p.32-33, 35-36

傳統 造景樹로서의 소나무의 利用과 配植

윤 영 활 (江原大學校 林科大學 綠地造景學科 教授)

1. 序 論

전국 山河 어디에서나 볼 수 있는 소나무는 우리의 鄕土樹로서 우리 주변에 익숙해진 나무이며 목재로서의 이용뿐만 아니라 예로부터 象徵的이고 鄕土적인 個性美를 지닌 造景用樹로서 각광을 받아왔다. 우리 한국의 傳統的 造景樣式은 自然風景式이면서 상징적이며 寫意的인 特性을 지녀왔는데, 소나무는 이러한 傳統造景的 성격과 더불어 굳굳한 氣象과 節槪 그리고 長壽 등 소나무가 지닌 個性美는 우리의 민족성과 부합하여 造景樹로서의 愛用을 받아왔다.

오늘날 우리 주변의 住居空間이나 公園 같은 休息空間에는 造景植物 재료로서 鄕土樹種 또는 傳統的 造景樹種이 많이 사용되고 있는데 한때는 외래樹種 또는 원예종의 이용이 범람하다시피 하였으나 우리 고유의 傳統문화에 대한 깊은 애착과 인식 변화으로 造景에서도 우리의 멋이 풍기도록 하고 우리의 것을 찾는 의미에서 소나무를 비롯한 傳統的인 造景樹가 다시 그 가치를 인정받고 愛用되고 있음을 알 수 있다.

이렇게 예로부터 傳統的 造景樹로 이용되어온 소나무는 한때 解放以後 70年代後半까지 造景樹로서의 사용이 잘 안되어오다가 80년대에부터 사용되기 시작하여 최근에는 우리 傳統造景 空間을 表現하는데 없어서는 안될 주요한 造景樹로서 가치를 인정받게 되었다.

2. 傳統 造景樹로서의 소나무

예로부터 우리 先人들은 산수의 아름다움을 찾아 한적한 땅에 자리를 잡고 살면서 솔과 대를 심어 高節을 자랑하여 왔음을 알 수 있듯이 소나무는 오래전부터 造景樹로서 사용되어져 왔다.

중국 진나라때 陶淵明의 歸去來辭에 나타난 바와 같이 閑寂한 곳에 집을 짓고 은둔생활을 하면서 松, 菊, 竹을 주변에 造成하여 지낸 것에 유래되어 소나무는 우리 나라에서도 高麗와 朝鮮時代에 국화및 대나무와 더불어 수양을 위한 은둔처를 꾸미는데 없어서는 안될 상징적 의미를 지닌 대표적 造景樹로 여겨져 성행되어졌다.

三國史記 列傳 崔致遠條에 보면 헌강왕때 崔致遠이 亂世를 만나 벼슬을 그만두고 한적한 곳에 臺謝樓閣을 짓고 그 주위에 松竹을 심어 꾸몄다는 기록으로 보아 이미 三國時代부터 그 由來를 찾아볼 수 있다.

高麗時代에도 소나무가 庭園樹로 등장함을 볼 수 있는데 庭園관련 문헌에 庭中松, 園中養松등의 표현이 자주 등장한 것을 보면 庭園樹로 많이 活用되었음을 알 수 있다. 朝鮮時代初 世宗때 姜仁齊(姜希顔의 호)는 화목의 품계를 9등급으로 나누고 그중 소나무를 竹, 蓮, 菊과 더불어 1品階에 두어 높은 풍치와 뛰어난 운치를 자랑한 것으로 보아 소나무의 관상적가치를 높이 사고 있다.

또한 姜希顔의 양화소록에 의하면 "소나무는 성질이 괴팍하여 잘 살지 않으며 옮겨심을때 굵은 뿌리를 끊고 흙으로 잘 덮어 두었다가 다음해에 옮기면 잘 산다"라 하여 소나무의 造景的 이용을 위해 成木을 뿌리돌림하여 이식을 용이하게 하는 기술을 설명하고 있다. 또한 "무릇 노송을 감상하는 법이 가지와 줄기가 굼틀거리고 후미지며 말라붙은 묵은 등걸이 많고 잎이 가늘고 짧으며 송방울 매달린 가지에는 만년화가 늘어붙고 바위사이에 붙어사는 놈이 상품이 된다" 라고 한 것으로 보아 소나무의 조형적 가치와 個性美를 품평하고 있다.

高麗와 朝鮮時代에 있어 傳統造景樹로서의 소나무의 選好度 조사를 보면 高麗時代에는 소나무가 배나무, 매화, 대나무, 살구, 앵두나무 등과 더불어 가장 많이 애용된 것으로 나타났으며[9], 朝鮮時代에도 버드나무 등과 더불어 가장 선호된 造景樹로 나타났다[8].

이와 같이 옛부터 造景用樹로 이용되어온 소나무가 현대에 오면서 한동안 사용이 거의 안되다가 최근에 들어서면서 傳統的 의미성과 個性美를 다시 인정받아 현재는 주요한 傳統的 造景樹로서 각광을 받고 있다.

이는 당초 소나무가 造景樹로서 갖춰야 할 구비조건인 생산, 이식, 공해 등의 문제가 있다지만 이런 제약을 어느 정도 완화해주면 도시空間에서도 충분히 생육이 가능하면서 소나무의 個性美를 나타낼 수 있음을 보여주는 것이다. 결국 傳統造景樹로서의 소나무는 우리 곁으로 돌아와 훌륭한 造景植物 재료로 재등장하게 되었다.

3. 造景樹로서의 소나무의 外形的 特性

밀생된 수림속 소나무의 군집形態美와는 달리 造景樹로서의 이용은 單木的 個性美를 지닌 樹形을 景觀木으로 많이 활용하고 있다. 소나무의 조형적 個性美는 樹冠, 樹幹, 가지, 葉, 根張 등에 의해 특징적으로 나타나며 특히 樹幹의 생김새는 樹形을 구성하는 가장 주요한 역할을 한다.

소나무는 전국어디서나 생육가능하여 植栽이용의 폭이 넓어 造景樹로서도 널리 사용되어질 수 있는 나무이다.

소나무의 生態學的 固有樹形은 無限根 (indefinite trunk)을 지닌 圓錐形 (pyramid)군의 將棋形 (spadelike)이며, 변종인 반송(Pinus densiflora for. multicaulis Uyeki)은 有限根 (definite trunk)의 扇形 (cusion-like)이지만 생육환경의 입지에 따라 고유의 형이 여러 形態로 變形되어 나타날 수 있다.

1) 樹冠

樹幹 위에 가지와 잎으로 구성되고 있는 부분으로 幼木에서 老木으로 가면서 形態가 변화되며 또한 생육 環景에 따라서도 변형된다.

울폐된 수림속의 소나무는 지하고가 높아지며 樹冠은 주로 상부에 발달하고 하지의 발육이 부진하게 나타난다. 어릴 때에는 樹冠과 가지의 발달이 균형을 이루고 成木으로 성장하면서 樹幹의 모양과 가지의 뻗음 등에서 소나무 고유의 樹形을 갖춘 形態美가 나기 시작하여 노목에 이르면 가지가 처지며 지하고가 더욱 높아져 고목풍을 나타내게 된다.

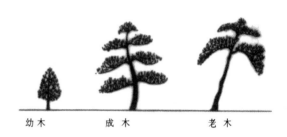

幼木   成木   老木

그림 1. 소나무의 수령에 따른 外形的 樹冠變化

2) 가지(枝)

主枝와 小枝로 이루어지는데 소나무의 主枝는 대체적인 생김새를 결정하며 小枝는 섬세한 아름다움을 나타낸다. 그러나 소나무는 맹아력이 약해 한번 손상된 부위의 가지는 회복력이 없어 본래 樹形을 회복하기 힘든 단점이 있다.

3) 樹幹

樹幹은 樹形을 구성하는 가장 중요한 인자이며 특히 소나무의 조형적미는 樹幹에 의해 좌우된다고 할 수 있다. 이 樹幹의 形態에 따라 造景配植에 이용되는 용도도 달라질 수 있다.

소나무의 樹幹 특히 고유성 및 생육환경에 의해 여러 形態로 특징적으로 나타나는데 그림 2와 같이 曲幹, 斜幹, 蟠幹, 懸崖, 누운형, 雙幹, 그리고 多幹 등의 形態를 볼 수 있으며 이와 같은 樹幹美를 造景

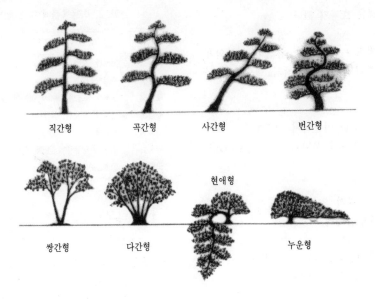

직간형   곡간형   사간형   번간형

현애형

쌍간형   다간형   누운형

그림 2. 소나무의 생육환경에 따른 여러가지 幹形

植栽에서 적절하게 활용할 수 있다.

4) 葉

소나무의 잎은 초록색을 나타내어 우아한 느낌을 주며 특히 葉群은 뿌리와 樹幹에 비해 葉面積이 적고 밝아 탐스러움을 준다.

5) 根張

樹體를 힘차게 받들며 지표위에 뿌리가 나와 있는 形態를 根張이라 하는데 이는 樹幹基部에 연결되는 뿌리의 일부가 굵게 비대하여 노출되는 경우로서 오래된 소나무의 根張은 힘차고 굳건한 모습을 보여준다. 유령시기에는 없다가 수령이 많아짐에 따라 생기며 50-100년이 되면 아름다운 根張美를 볼 수 있다.

4. 소나무의 造景配植

옛부터 傳統的으로 庭園에 造景用으로 사용되어진 소나무가 현대에 와서 활용이 잘 되지 않은 것은 공해에 약하고 成木으로써의 이식이 힘들고 이미 산야에 소나무가 널리 생육하고 있어 감상의 기회가 많고 산림용으로써 만의 고정인식이 되어 왔다는 점. 그리고 농장에서 생산되는 造景用 소나무가 거의 없었다는 점 등의 이유로 한때 造景配植에 이용이 잘 안되었는데. 환경공해의 억제 및 개선. 成木이식기술의 개발 등으로 도시 공간에서도 생육과 성장이 가능하고 있으며 그리고 농장에서 造景用樹로써 생

산이 되고 있다는 변화 등에 의해 현재는 소나무의 造景이용화가 점차 증가하고 있다. 소나무는 鄕土美와 고유의 個性美 등 우리 정서에 맞는 鄕土 造景用 樹로써 다시 인정 받아가고 있다.

1) 造景植栽 수법에 따른 기본植栽

造景植栽에 있어서 그 기법에는 크게 나누어 均齊美. 장엄미 등의 효과를 위한 정형식(formal style)과 자연경관을 묘사하여 자연스러움을 강조한 자연식(natural style) 등으로 대별되며 이들 정형식과 자연식의 적절한 혼합으로 植栽效果를 얻기 위한 혼합형을 들 수 있다. 이와 관련된 造景用 配植재료로써 소나무의 植栽응용 pattern을 보면 다음과 같다.

- 單植
  소나무를 가장 중요한 자리 즉 현관앞이나 중앙교차점의 중앙空間 그리고 직교축의 交點에 심어 경관수로서 이용한다.
- 對植
  축 좌우에 같은 크기의 소나무를 두그루씩 한짝으로 짝지어 植栽한다.
- 列植
  직선상에 同形의 소나무를 일정간격으로 일직선상에 植栽한다.
- 交互植栽
  같은 간격으로 서로 어긋나게 植栽하는 것으로

樹列을 두껍게하는 효과가 있다.

- 集團植栽(群植)

  소나무를 집단적으로 全空間을 완전히 피복되게 植栽함으로써 하나의 덩어리로써의 질량감을 나타내게 한다.

- 散在植栽

  반송과 같은 소나무를 이용하여 한그루씩 드물게 흩어지도록 심어 하나의 무늬와 같은 pattern을 이루게 植栽한다.

- 背景植栽

  하나의 경관에 배경적 역할을 하도록 소나무를 구성시키는 植栽방법이다.

- 群落植栽(生態的植栽)

  生態學的 사고방식을 도입하여 소나무를 다른 여러 樹種과 조화되도록 植栽한다.

2) 소나무의 대상空間에 따른 配植의 特性

도심에서의 造景植栽대상空間은 여러 가지가 있지만 몇가지 대표적 대상지를 선정하여 소나무의 配植用途에 따른 形態를 보면 각종 도시公園의 公園樹, 주택 및 주거지 부근의 庭園樹, 빌딩, 公共建物 등 前庭廣場의 景觀木, 가로 및 도로변의 녹화 및 綠陰樹, 그리고 防風, 防雪, 防塵 등 재해방지목적의 대상지에 대한 機能植栽를 위한 防災樹 등의 용도로 활용될 수 있다.

표 1. 대상空間에 따른 配植의 特性

對象地	用途	植栽類型	造景美
도시公園	公園樹	單植, 群植, 列植, 群落植栽	集團美, 均齊美, 調和美
주택庭園	景觀木(庭園樹)	單植	景木
前庭廣場	景觀木(庭園樹)	單植, 群植, 列植	景木, 集團美, 均齊美
가 로 변	綠陰樹(街路樹)	列植, 群植	均齊美
방 재 지	防災樹(防風, 防雪, 防塵)	群植, 列植	集團美

3) 이용목적에 따른 配植의 特性

造景植栽를 하는 목적은 필요한 空間에 자연을 도입하여 푸르름과 정서적 안정감을 주게 하며 주위환경을 아름답게 가꾼다는 목적 외에 여러가지 유익한 기능 즉 녹음, 防雪, 防風, 防潮 등 植栽목적에 따라 그 효과를 기대할 수 있다.

표 2. 이용목적에 따른 配植의 特性

目的別	植栽對象空間	植栽形態
街路樹	도로변, 公園	景觀植栽
綠陰樹	주거지, 公園	景觀植栽
防風樹	농경지, 도로변, 취락지, 해안변, 도시개활지	機能植栽
防雪樹	산악지, 도로변, 취락지, 도시개활지	機能植栽
防潮樹	해안변	機能植栽
庭園樹	주택 및 공동주택, 公園, 前庭廣場	景觀植栽
公園樹	公園, 휴양지	景觀植栽

4) 소나무의 樹幹形態에 따른 配植

소나무에 있어 樹幹은 소나무의 個性美를 나타내는 가장 주요한 부위이며 생육환경에 따라 여러 形態의 모양이 나타나는데 이러한 樹幹의 특징적 形態를 造景的 측면에서 표 3과 같이 配植에 이용할 수 있다.

표 3. 소나무의 樹幹形態에 따른 配植

樹幹形態	植栽地	植栽形態
直 幹	公園, 휴양지, 機能植栽地	群植
曲 幹	公園, 庭園	모아심기, 單木
斜 幹	公園, 庭園	모아심기
蟠 幹	公園, 庭園	單木, 景觀木
懸 崖	연못가, 벽천, 테라스	單木
누운형	accent 용 또는 지피용 수식공간	單木 또는 群植
雙 幹	公園, 庭園	主木, 景觀木
多 幹	公園, 庭園	單木

5. 造景用 소나무의 生産流通

소나무는 造景用으로 사용할 만한 形態를 갖추기에는 성장기간이 장기간 소요되고 또 그동안 소나무의 造景樹 이용이 잘 안되었던 관계로 유목에서부터 키운 成木은 거의 찾아 볼수 없었고 기존 산야의 소나무를 이식하여 이제까지 造景用樹로 많이 활용해 왔다. 즉, 시중에 유통되고 있는 造景用 소나무의 成木 또는 노령목은 주로 택지조성, 산업단지조성, 도로개설, 골프장 조성 등 개발로 인하여 구릉 및 임야를 개발지로 용도변경할 때 현존 소나무식생을 이식하여 농장에서 활착시켜 造景用樹로 기른후 시장에 공급하여 왔다. 아직 소나무는 성장이 오래 걸리고 造景樹가격이 高價여서 조경식물재료로써 보편적으로 폭넓게 활용되지 못하고 있지만 造景樹 생산이 본격화되면 造景用樹로 널리 사용될 것으로 추측된다.

점차 소나무에 대한 造景樹로서의 선호와 애용이 늘면서 현재 造景樹 생산업계에서 소나무를 치수부터 농장에서 길러 造景樹로 육성시키고 있다.

6. 結言

소나무는 우리나라 고유의 멋을 풍기는 傳統的 造景樹로써 애용되어온 나무이다. 소나무를 造景空間에서 이용한다는 것은 결국 우리 고유의 傳統주거생활문화의 색채를 띠게하는 주요한 요소임에 틀림이 없다. 외국에서 들어온 화사하고 사치스러운 그런 모습이 아니라 高雅하고 高節의 상징성을 지닌 傳統造景樹이다.

우리 산야에 흔히 볼 수 있어 소나무의 個性美와 景觀美를 강하게 인지하지 못하는 점이 없지 않지만 자연의 파괴가 심한 도시 환경에서 자연의 도입과 환경개선이라는 造景行爲를 통해 우리 고유의 창조적 傳統空間의 중요성과 더불어 우리 鄕土樹種인 소나무의 도시녹화에 활용성을 기대해본다. 물론 生態的인 문제를 고려하고 다른 樹種과의 조화를 이루면서 여러 가지 形態의 配植에 응용한다면 소나무의 個性美를 造景的으로 가치있게 활용할 수 있을 것이다. 소나무는 전국 어디서나 사용될 수 있는 造景樹로서 이식기술의 개선, 都市公害의 감소 등이 선행된다면 특히 도시空間에서도 폭넓게 사용될 것으로 본다.

앞으로 소나무는 우리 곁에 있는 우리 민족 고유의 정서적 상징성과 個性美를 지닌 傳統造景用樹로 계속 남을 것이다.

참고 문헌

1. 정동오, 이조시대의 정원에 관한 연구, 조경학회지. 1974.
2. 임경빈, 나무백과, 일지사, 1974
3. 강희안, 양화소록, 을유문화사, 1974.
4. 윤국병, 고려시대 정원용어에 관한 연구, 한국정원학회지, 1982
5. _____, 정원수 재배와 배식, 홍농출판, 1974
6. _____, 조원학, 일조각, 1974.
7. _____, 조경배식학, 일조각, 1978.
8. 윤영활, 이조시대화 현대에 있어 정원수목의 선정과 추세, 한국정원학회, 1984
9. 윤영활, 고려시대의 정원에 관한 연구, 한국정원학회지, 1985.

경복궁의 복원과 소나무

신 응 수 (경복궁 복원 도대목, 무형문화재 74호 보유자)

경복궁의 복원

일제의 침략 정책의 일환으로 파괴 변형시킨 경복궁의 기본 궁제를 복구하여 수도 서울의 상징적 문화 유산으로 삼기 위해서 총 공사비 298억원이 소요되는 경복궁의 복원 사업은 1990년 9월부터 옛 건물지에 대한 발굴 조사 작업을 시작으로 1999년까지 10개년 계획으로 복원 공사가 진행 중이다.

1991년 왕의 처소인 강녕전(건평 145.5평) 복원을 시작으로 1993년 12월까지 왕비의 처소인 교태전(건평 82.8평), 생전, 경성전, 연길당, 응지당, 흠경각, 함원전을 복원하며 94년부터는 침전 주위 회랑과 빈전(왕과 왕비의 승하후 그 혼령을 모신 곳)인 태원전과 동궁(왕세자가 거처하던 곳)인 자선당, 비현각도 복원하여 경복궁이 정전, 편전, 빈전, 동궁을 갖춘 조선 정궁의 기본 궁제를 되찾게 된다.

경복궁 복원에 필요한 건축자재와 재목의 종류

경복궁의 복원에는 크게 세가지 종류의 건축 자재가 필요하다. 화강석, 기와, 그리고 목재이다. 궁궐의 건축에는 일반 가옥이나 사찰의 건축과는 달리 오직 소나무 만이 목재로서 사용될 뿐이다. 사찰의 경우, 소나무와 느티나무, 전나무, 참나무 등을 기둥이나 그밖의 건축부재로 사용하였지만, 조선시대의 모든 궁궐은 전부 소나무를 재목으로 사용하였음을 오래된 궁궐의 건축 실측이나 보수 공사를 통하여 알 수 있었다. 즉 궁궐의 경우에는 사찰이나 일반 민가와는 달리 오직 소나무만이 건축을 위한 목

재로서 사용되었을 뿐이다. 이렇게 소나무만 사용하게 된 근본적인 원인은 소나무가 우리 나라에서 자라는 나무 중 우두머리 나무였기 때문으로 생각이 된다. 즉 목조 건축물을 만드는데 소나무가 다른 여타의 나무들 보다 뒤틀림이 적고 송진이 있어 비나 습기에 잘 견디는 나무였기 때문으로 생각된다. 그러한 이유로 기둥, 도리, 대들보, 서까래, 창호 등 궁궐 복원에 필요한 모든 목재가 소나무 한 수종에 의해서만 사용되었다. 이러한 사실은 민가나 사찰의 건축에 여타 종류의 나무들이 사용된 사실과는 엄격히 구별되는 사실이다.

경복궁 복원에 필요한 소나무의 양

경복궁 복원에 필요한 나무는 각재가 약 110만 재가 소요가 되며, 원목으로는 약 200만 재가 소요되니 엄청난 양이라고 할 수 있다. 11톤 트럭으로 약 500대의 양이니 엄청난 원목이 소요되며, 산에서 침전 복원 공사에 필요한 선별된 원목이 200만 재이니 이들이 모두 소나무로부터 충당 되어야 하기 때문에 적절한 크기와 양의 소나무를 공급하는 것이 경복궁을 복원하기 위한 가장 중요한 과업 중의 하나였다.

경복궁 복원에 사용되는 소나무의 산지

현재 경복궁을 복원하기 위해서 소요되는 소나무는 대부분이 강원도 양양군 현북면 삼산리, 면옥치리, 장리, 명주군 사천면 사기막리, 성산면 어흘리, 삼척군 원덕읍 이천리에서 생산되는 나무이며, 경북

봉화, 울진 등 필요한 나무를 찾아 험한 산을 답사하고 다닌 어려움은 필설로 다 할 수 없지만, 우선 강릉 영림서 산하 각 관리소에 협조를 얻고 지역 주민을 통해서, 특히 송이를 따는 사람들로부터 큰 소나무가 있는 곳의 정보를 접할 수 있었다. 주민들에게 노임을 지불하며 큰 소나무가 있는 곳을 찾아내 산림청의 협조를 얻어 어려운 여건 속에 벌목, 운반하여 복원에 임하고 있다. 그러나 송이가 나는 곳을 송이 채취꾼들이 안내를 하지 않으려고 하는 것을 느낄 수 있었다. 그 이유는 하룻밤에 기십만 원의 수입을 올릴 수 있는 송이밭이 소나무를 벌채함으로서 송이밭이 파괴되어 송이 생산을 지속적으로 할 수 없기 때문이기도 하였다.

경복궁 복원에 필요한 소나무의 규격

1917년 11월에 창덕궁에 큰 화재가 나서 대조전 등 모든 침전이 불에 타버렸다. 이때 일제는 정궁인 경복궁의 파괴 정책으로 강녕전 교태전 등 침전을 헐어 창덕궁 침전 복원으로 옮겨 갔고, 강녕전은 희정당으로 교태전은 태조전 복원으로 옮겨 갔다. 강녕전에 사용된 목재 규격은 바로 희정당 건물을 실측 대들보의 규격이 길이 35자(10.6m), 가로 세로가 1자 8치(54.5×54.5cm)로 원목일 경우 35자×말구 2자 5치(10.6m×76 cm)의 목재가 사용됐으니 현재 이런 소나무를 구하기란 쉬운 일이 아니다. 하물며 경복궁의 근정전에 소요된 목재의 크기와 방대한 양을 생각하면 그 시절의 소나무들이 얼마나 장대한 숲을 이루고 있었는지 상상해 볼만도 하다.

경복궁 복원에 사용된 백두산 소나무 (장백송)와 우리 소나무의 비교

경복궁을 복원하는데 한민족의 구심점이며 단군 신화가 깃들인 백두산의 소나무를 사용함으로써 민족의 긍지를 높이는 계기를 마련해 보자는 뜻에서 원목을 수입했으나, 이는 중국 장백산맥의 길림성 안북 지역에서 벌채한 것으로 대들보 4개, 기둥 28개를 들여와 강녕전에 사용하였다. 그러나 도입된 소나무의 강도가 우리 소나무에 비해 약하다는 것을 알 수 있었다. 나라의 귀중한 문화재인 경복궁과 같은 고건축물을 복원하는데는 백두산 소나무가 부적절하다는 사실을 알게 된 이후로 백두산 소나무를 궁궐의 복원에 더 이상 사용할 수 없다고 판단하게 되었다.

우리 소나무가 이렇게 다른 외국산의 나무에 비해서 강한 이유는 4계절이 뚜렷한 계절적인 특성이 주된 이유인 것으로 생각이 된다. 또한 우리 풍토에서 자라는 우리 소나무의 경우, 송진의 질과 송진의 함량이 백두산의 소나무나 외국의 소나무와 틀린 것이 아닌가 하는 생각을 하게 되었다.

우리 선조들이 남겨 놓은 목조 건축물로 영주 부석사 무량수전, 봉정사 극락전 등은 천년에 가까우며 앞으로도 그 이상 보존 될 것임을 상상할때 우리의 소나무 재질이 얼마나 우수하고 나무 중에 최상급의 나무라 아니 할 수 없을 것이다.

소나무의 벌채 시기

수년동안 벌채하는 산판 일을 직접 참여해 보고 또 지금까지 목공사의 경험으로 볼때 소나무의 벌채 시기는 절기로 처서가 지나서 입춘 전으로 알려져 왔다. 그러나 처서가 지난 구월에도 나무에는 수분의 함량이 많고 눈이 쌓여 있어도 입춘의 절기에 가까우면 이미 나무는 물이 오르고 생장을 시작하기 때문에 생장이 멈추게 되는 시절은 낙엽이 지는 10월부터 1월이 가장 벌채에 적합한 시기로 본다. 땅이 얼어있기 때문에 목재의 하산이나 운반에도 용이하고 이때 벌목한 나무는 부패에도 강하며 집을 지어도 색갈도 좋으며 터지고 뒤틀림도 적다. 봄이나 하절기에 벌목한 목재는 한창 성장하는 때이므로 목재도 약하며, 벌레가 쉽게 구멍 뚫는 것은 물론 장마 때문에 하산 운반도 어려우며 장마를 치를 경우 목재의 송진이 빠져나가 색이 변하고 쉬 부패한다.

건축 자재에 필요한 소나무 특성: 적송, 육송, 백송

다년간 산판에서 벌채를 하며 경험한 일인데 육송은 적송에 비하여 빨리 생장한다. 흉고직경이 1자 5치(약 45cm) 될 정도로 자라는데 약 70년에서 100년 정도의 생장 기간이 걸리는데 비하여 적송의 경우는 똑 같은 크기로 자라는데 약 150년에서 200여 년이 소요된다.

적송은 보통 생육 환경 조건이 좋지 않은 척악지나 암석지가 많은 곳에서 생산된다. 벌채업자들의 말에 의하면 적송의 씨를 생육 환경 조건이 좋은 곳에다 파종을 하여 나무를 키워 보아도 육송으로 자란다고 알려져 있다. 최근 삼척 지방의 해발 1000여 미터의 산이 높은 지역에서 소나무 삼 십만 재를 벌채하였는데도 흉고 직경이 70cm-80cm의 나무도 여러 본 벌채되었으나 벌채된 소나무들 중 한 그루도 적송은 없었던 사실을 생각할 때, 적송은 품종이라기보다는 생육환경에 따른 소나무가 가지고 있는 고유의 생장(육) 특성이 아닌가 생각 된다.

육송이 태백산 줄기를 타고 동과 서로 나누어 볼 때 서쪽 지방의 나무가 동쪽 지방의 나무보다 재질이 무르다. 쉽게 말해 서쪽 지방이 빨리 성장한 반면 강도가 떨어지며 쉽게 부패하는 반면, 동쪽 지방의 소나무는 강하다는 것이 벌채업자나 제재업을 하는 사람에게는 널리 알려져 있는 사실이다. 제재소에 야적된 영동지방의 소나무와 영서지방의 소나무 사이에는 비나 습기에 의한 부패 정도가 확실하게 구별이 될 정도이다.

그밖에 다른 한 가지의 소나무의 생육 특성이 산판일을 하는 벌채업자들에게 알려져 있다. 적송, 육송에 이어 다른 한가지 생육 특성을 나타내는 소나무는 백송이다. 여기서 일컫는 백송이란 통의동의 천연기념물 백송을 뜻하는 것은 아니라, 나무의 재질이 하얀 소나무를 말하는 것이다. 나이테가 셀 수 없을 정도로 좁고, 속이 희다. 이들 말에 의하면 사람도 오래 살면 흰 머리가 나듯 적송이 수명이 다해 송진이 내리면 이렇게 회어진다며 극히 보기 드물다고 한다.

청와대의 대통령 관저 건축물의 책임을 나한테 의뢰해 왔을 때 준비된 원목을 보니, 굵은 소나무가 없다는 이유로 외국산 나무인 라오스 소나무가 준비가 되어 있었다. 청와대의 한식 건물을 짓는다는 것은 나에게 있어서 나라를 위한 중요한 역사이기 때문에 우리 소나무를 가지고 지어야 한다고 주장을 하게 되었다. 나의 의견이 받아들여져 강원도 명주군 사기막리와 연곡면 신웅리에서 필요한 소나무를 겨울에 벌채해 험악한 지형과 많이 쌓인 눈때문에 벌채한 소나무는 헬리콥터로 우송하였다.

사실은 2년 전에 송이 채취꾼들로 부터 좋은 소나무가 있다는 이야기를 듣고 산을 3시간 동안 오른 뒤에 험한 산기슭에 수명이 거의 다 되어 가는 적송이 많이 산재해 있는 것을 발견하고 언젠가 경복궁 복원 공사에 사용하면 적격이겠다고 생각 중이던 나무였다. 이렇게 수명이 다 되어가는 소나무들은 적절한 때 벌채하여 사용을 해야만 그 밑에서 자라고 있는 형질이 좋은 치수들이 또 자라 올라서 옳은 숲을 이룰 수 있다고 믿는다. 청와대의 경우, 이들 명

주산 소나무 덕분에 외국의 나무는 한 그루도 사용하지 않았다. 이때 나이테를 셀 수가 없는 앞에서 서술한 목재의 색이 흰나무를 볼 수 있었다. 이런 백송은 아주 귀하기 때문에 벌채업자들은 한토막이라도 구해서 간직하기 위해서 개인적으로 부탁을 하던 기억이 새롭다.

우리 나라 소나무의 생장 형태와 우리 건축물과의 조화

나무가 가지고 있는 자연적인 형태인 원목 굴곡을 그대로 이용하는 목조 건축술의 지혜를 우리 조상들은 발달시켜 왔다. 일본의 처마선은 일직선인 반면에 우리처마선은 네귀가 날아갈듯 추녀가 들려 아름다운 곡선을 이루고 있다. 이러한 곡선의 지붕을 만들기 위해서 필요한 추녀와 서까래에 우리의 소나무가 딱 들어 맞는 것을 알 수 있다.

영동 지방의 경우, 소나무가 곧게 자란다. 그러나 곡재로 자란 큰 원목의 추녀감을 구하는 일이 더 힘들다는 사실도 이야기 하고 싶다. 외국에서 도입되는 나무들의 경우 우리 지붕의 추녀 곡선을 떠받쳐 줄 수 있는 곡재는 구하기 힘들고 곧은 나무를 깎아서 추녀에 사용할 경우, 원목의 굵기는 굽은 나무보다 훨씬 더 굵어야 하는 반면에 나무의 강도는 굽은 나무보다 못하다는 사실을 여러 목재 건축물의 붕괴 현장에서 경험할 수 있었다.

궁궐의 경우 퇴보, 대들보, 종량 등 모두 곧은 나무를 사용하는 반면에, 민가의 건축물인 경우에는 굽은 소나무의 자연적인 형태 그대로를 대들보로 사용한다.

추녀의 곡선에 따라 서까래도 곡재라야 한다. 이러한 경우, 굽은 나무를 사용해야 옳은 추녀의 곡선이 나와 우리 건축의 특징인 알맞은 처마 곡선을 만들어 그 집의 조화가 이루어져 그 집 전체의 분위기가 판가름된다. 곧은 소나무는 곧은 소나무대로 재목의 구실을 하지만, 굽은 소나무도 역시 우리 건축물의 중요한 소재로 사용되었다. 부여 무량사의 극락전 보수 공사때 외국산 소나무의 직재로 추녀를 보수한지 10년 만에 추녀 4개가 하중을 견디지 못하고 부러진 사실을 직접 목격했다. 소나무의 경우, 직재는 직재대로 곡재는 곡재대로 우리 재래의 목조 건축에 그 용도가 적절히 사용되어 왔으므로 반드시 구하기 힘들어도 적소에 우리의 건축에 맞는 나무를 사용하여야 한다.

개벌에 의한 벌채 작업과 소나무 치수의 보호

1991년 경복궁 복원의 총책을 맡고 목재 구입에 너무나 어려움이 많아 벌채업에 직접 참여해보니 본인은 이해가 안되는 부분이 있었다. 수종 갱신을 위하여 개벌한다지만 소나무는 씨앗으로 묘목은 심지 않아도 큰 소나무 주위에는 자연 생산된 소나무가 많이 자라 올라 오고 있다. 건축재에 쓰려면 흉고직경 16cm 이상은 되어야 가는 연목이나 탄광의 갱목들에 필요한 부재가 1 본씩 나온다. 흉고 직경 15cm 이하는 탈피하여 6자나 9자 12자로 잘라도 아무 데도 쓸 수 없다. 계약서에 보면 흉고 6cm는 수고가 6m-9m나 되며 흉고 10cm는 수고가 약 7-10m, 흉고 14cm는 수고가 9-11m로 한창 자라는 소나무를 한 임지에서 수 백 그루씩 매목하여 전량 벌목해버려야 된다는 계약 조항이다. 업자는 필요도 없는 나무를 임목 대금을 물고 벌채 노임을 지불해 가며 밑둥을 잘라 버려야 하니 안타깝다. 가뜩이나 솔잎 혹파리가 기승을 부려 소나무 숲이 줄어드는 이 때 후대 우리 나라의 필요한 나무의 재목을 원활히 공급하기 위해서도 소나무 숲을 옳게 가꿀 필요가 있다. 임학을 전공하시는 학자들과 산림 행정을 담당하시고 계신 분들의 중지가 모아져야 할 부분이라 믿는다.

소나무에 얽힌 이야기나 구전되어 오고 있는 이야기

경복궁의 복원과 소나무에 대한 두서없는 이야기를 마감하기 전에 이일을 하면서 소나무에 대해 전해 들은 몇 가지 이야기를 하고 끝을 맺고자 한다.

소나무에는 기가 있다는 사실을 산판의 벌채꾼들로부터 들을 수 있었다. 청와대 대통령 관저 신축 공사와 경복궁 복원에 필요한 소나무를 조달하기 위해 산판일에 직접적으로 참여한 적이 한 두 번이 아니다. 그럴 때마다 매번 경험하게 되는 사실은 비탈이 험한 경사지에서 벌채 작업의 진행 사항을 관찰하기 위해 다니다가 금방 큰 소나무가 베어진 그루터기를 보면 경사가 급한 지형에 비하여 평탄한 발 디딜 자리를 제공해 주기 때문에 좋고 작업 사항을 관찰하기에도 전망이 좋아 자신도 모르게 그루터기에 올라서게 된다. 그때마다 벌채하는 사람들은 다급한 목소리로 내려오라고 소리친다. 막짤린 소나무의 그루터기에 서지 말라는 것이다. 아마도 잘려진 소나무에서 나오는 나무의 기가, 그것도 생명이 끝

나므로 해서 소나무로 부터 나오는 슬픈 노기가 인간에게 나쁜 영향을 미쳐 병을 일으킨다는 믿음 때문에 산판 일을 하는 사람들은 그러한 그루터기 짤린 자리에 서는 것을 기피하는 것인지도 모르겠다. 아마도 가스같은 것이 나오는 것이 아닐까? 나무가 가지고 있는 신령스럽고 신성스러운 기운 때문은 아닐까 하고 나 스스로 생각하기도 한다.

산에 벌채하기 전에 산신께 무사고를 기원하는 고사를 들이는데 이 때는 필히 산돼지(숫놈으로 검은 돼지)를 실고 와서 직접 산에서 잡는다.

동해안의 경우, 울진, 삼척으로 해서, 양양까지 송이가 생산된다. 물론 전국 어디서나 소나무가 있는 곳에서 송이가 생산되지만, 양양산과 명주산의 송이가 가장 높은 값을 받는다. 소나무 역시 삼척이나 울진에서 자란 소나무보다 양양산 소나무가 특히 적송의 재질이 좋다는 것이 나의 경험이다. 이러한 사실로 송이의 질과 소나무의 재질 간에는 밀접한 상관 관계가 있는 것이 아닌가 하고 생각한다.

우리 소나무의 경우, 태풍으로 쓰러진 나무나 수명을 다하여 죽은 나무의 경우에도 옹이는 여전히 그대로 온전하게 간직하기 때문에 목조각을 하는 사람들은 이와 같은 죽은 소나무의 옹이을 조각재로 산을 누비며 채취한다.

현재 솔잎 혹파리가 영동지방에 기승을 부리고 있는데 솔잎 혹파리의 피해를 받은 소나무의 경우, 솔잎 혹파리 때문에 잎이 상하고, 체내에 가지고 있는 송진이 소진 돼 건축 자재로 쓸 수가 없어 너무도 안타깝다.

봄철에 눈이 녹으면, 소나무를 벌채하고 난 뒤 남은 그루터기 부근을 길다란 쇠 꼬챙이를 가지고 땅 속 밑을 탐색하여 복령을 채취한다. 복령은 지상부인 소나무의 줄기가 잘린지 보통 3년이 지나 위의 그루터기가 부패되었을때 소나무 밑의 뿌리에서 생긴다고 알려져 있다. 산골의 사람들은 눈이 녹는 봄철에 바랑을 메고서 긴 쇠 꼬챙이를 가지고 산을 헤메면서 복령을 캐낸다. 이 복령은 소담스럽게 고구마처럼 생긴 알맹이로서 잘라서 약재로 사용하거나, 차를 다려 먹기도 한다.

소나무는 우리 건축물에 없어서는 안될 소중한 나무일 뿐만 아니라, 우리 생활에 뿌리 깊이 관련되어 있음을 다시 한 번 알 수 있다.

솔 빛, 솔 바람, 솔 맛, 솔 향기, 솔 감

- 소나무와 오감(五感) -

김 기 원 (한국 농촌 경제 연구원 초청 연구원)

序

森林은 물리환경이면서도 같은 녹색의 물리환경인 도시공원이나 조경된 유원지 등의 풍경에서 얻는 이미지와는 다르게 지각되고 기억된다. 그 이유는 삼림에는 삼림이 가지고 있는 신비스런 매력의 소스와 힘이 있기 때문이다.

나무와 숲의 여러가지 구성요소들은 인간의 五感에 걸러져서 갖가지 감흥을 일으키게 된다. 아름다운 꽃, 신록, 단풍, 설경으로부터는 視覺的 즐거움을, 각종 산열매와 산채로부터는 짜릿한 味覺的 자극을, 꽃향기와 숲 속의 나무와 풀잎의 싱그러운 향내음으로부터는 嗅覺的 도취를, 물소리, 새소리, 쇄락한 바람소리 등으로부터는 聽覺的 신선함을, 그리고 계곡의 맑은 물로부터는 알싸한 觸覺的 흥분을 얻는다.

소나무 -

늘푸른 암초록 잎의 색깔, 줄기의 붉은 빛, 열악한 입지환경 속에서도 우람하고 힘차게 자라는 그의 기상에서 오는 剛直性과, 그리고 어느 곳에서나 잘 적응하여 자라면서 형성하는 줄기와 가지의 부드러운 곡선에서 오는 柔軟性은 소나무가 지닌 두가지 대표적인 외연적인 특성이라고 할 수 있다.

우리는 흔히 지나간 우리 민족의 역사 속에 나타난 민족적 성격을 말할 때에 은근과 끈기로 표현하고 있는데, 이것은 바로 소나무의 특성에서 비롯되지 않았나 생각된다. 즉, 소나무의 강직함은 우리 민족의 끈기요, 소나무의 유연함은 우리 민족의 은근함으로 비유될 수 있을 것이다. 자연으로서의 소나무의 특성이 인간으로서의 우리 민족의 성격과 유관한 것은 어디에서 기인하는 것일까.

소나무는 그의 강직성과 유연성만으로 자기 자신을 다 표현하고 있는 것 같지는 않으며, 그렇기에 소나무를 대하는 사람도 강직성과 유연성만으로 그의 전부를 이해할 수는 없을 것이다. 비자연과학적 분야에서 소나무를 이해하기 위한 시도는, 특히 문학과 예술의 여러 장르에서 記述과 寫生, 혹은 記譜를 수단으로 표현되어 나타나고 있으며, 이를 통해서 소나무의 특성들이 잘 묘사되어 왔다.

인간의 오감에 비춰진 소나무는 과연 어떤 모습일까 하는 측면에서의 시도는 소나무라는 자연물을 생물학적이고 생태적인 분석에 의한 이해의 시도가 아니라, 순전히 인문적이고 인간적인 측면에서 이해에 접근하는 것이라서 소나무를 좀더 감각적이고 사실적으로 파악하는 데에 도움을 주지 않을까 하는 생각을 해본다.

視: 솔 빛, 솔 색깔- 소나무와 視覺性

수목이 인간의 시감각에 자극을 주어 지각을 일으키는 영향 인자는 여러 가지가 있지만 두 가지 중요한 인자는 빛(色)과 모양이다.

소나무가 지니고 연출하는 색깔은 다른 침엽수나 花木에 비해서 전혀 화려하지도 않으며 연중 거의 같은 색상을 유지하고 있다. 그런데도 불구하고 멋과 韻致를 자랑하는 것은 바로 이러한 수수한 빛깔 때문이 아닌가 생각된다. 나무의 윗부분부터 소나무의 색을 구분하여 보면, 잎은 녹색, 新梢는 연한 녹색, 小枝는 회색, 윗부분 줄기는 적갈색, 아랫 부분 줄기는 회색으로 되어 있다.

솔빛은 눈을 감고 있어도 사계절의 빛과 색깔이 온 몸에 배여 온다.

봄의 새싹에서 나타나는 연두색과 잎의 짙은 초록색이 어우러져서 동류의 원리에 의한 기가 막힌 同化와 調和를 연출한다. 성숙한 수꽃은 노란빛을, 암꽃은 자주빛을 나타낸다. 소나무의 봄의 색은 아무래도 노란색이라고 해야 할 것 같다. 송홧가루가 날릴 무렵에 솔밭에 서서 익은 송화송이마다 죄다 엄지 손가락이나 대젓가락으로 털어 모으던 기억이 아직도 생생한데, 바람이 좀 심하게 불면 가루가 주변에 있던 못자리 판으로 날려 온통 노랗게 변하곤 하는 것도 이 무렵의 풍경이다.

겨울의 색깔은 한 폭의 그림이다. 무엇보다도 殘雪이 雪花처럼 솔가지나 굵은 가지에 앉아 있을 때의 모습이란 경험한 사람이라면 장관이라고 할 수 있을 것이다. 짙은 초록과 흰색의 대비는 무어라 말할 수 없을 만치 아름다운 운치를 자아낸다. 솔가지와 눈이 가지고 있는 색은 회색과 흰색으로서 우리는 이것을 흔히 무채색이라 부른다. 초록색은 유채색이다. 무채색과 유채색이 이 정도로 잘 어울려 자연 그대로의 멋진 풍경을 연출하는 예도 드물 것이다.

소나무의 사계절에 따른 색채변화는 거의 대부분의 상록침엽수와 같이 그다지 큰 변화를 보이지 않는다. 안정적이라고 할 수 있다. 이것은 색채학에서 말하는 초록색의 상징적 표정(Symbolical Expression of Color)에 잘 나타나 있다. 대표적인 표정은 평화, 위안, 안식, 공평, 안전 등이다. 이처럼 초록색은 안전색으로서 그 색상효과에 있어서 심리적으로 작업, 정신 집중이나 사색의 발전을 위해서 이상적인 환경을 준다(최영훈, 1985).

한편, 소나무의 내부 색채는 邊材는 담황색, 心材는 적갈색인데 강직하게 자라서 심재가 황적색을 나타내는 소나무를 黃腸木이라 하여 조선시대 때에 임금의 관으로 사용되었다 한다.

산을 가면 소나무는 늘 자기 모습대로 서 있다. 색깔도 화려하지 않고 모양도 그리 다듬어지지 않은 채로. 그러나 그의 색과 모양으로 도시 내의 修景을 연출하는 녹지의 많은 부분들이 유수한 화목용 조경수들을 제치고 이제는 소나무로 장식되고 있다. 그러나 심겨진 그에게서 고유의 빛과 모양새를 잃고 있음을 볼 때마다 아타까와 할 뿐이다.

音 - 聽: 솔 바람 소리 - 소나무의 소리와 音樂性 - 소나무와 聽覺性

나뭇잎에 스치는 바람소리 중에서 가장 듣기 좋은 소리는 활엽수 중에는 포플러이고 침엽수 중에는 소나무일 것이며, 그 중에서도 더 듣기 좋은 것을 골라야 한다면 서슴없이 소나무 스치는 바람소리일 것이다.

포플러 스쳐가는 하늬바람 소리는 살랑살랑 낭낭인다. 특히 여름밤 마당에 자리 펴고 누워 별을 보며 이 살랑거림을 듣노라면 심신이 모두 바람에 실리는 기분이었다. 그러나 유감스럽게도 낙엽이 지면 이것마저 듣지 못한다.

소나무는 늘푸르고 늘 같은 잎의 배열로 스치는 바람을 맞는다. 침엽 사이를 헤집고 나온 바람소리는 어떤 소리일까. 나도향은 '碧波上에 一葉舟'에서;

'소나무는 바람이 있어야 그 소나무의 값을 나타낸다. 허리가 굽은 늙은 솔이 우두커니 서 있을 때는 마치 그 위엄이 능히 눈서리를 무서워하지 않지마는, 서늘한 바람이 '쏴아' 하고 지나가면 마디마디...중략' (김근태, 1992에서 재인용)라 하여 솔바람 소리를 '쏴아' 하고 힘차게 표현하고 있다.

소나무 시인 박희진(1991)은 '松韻을 들을 줄 아는 귀라야 별들의 숨소리를 들을 수 있다'에서 솔바람 소리를 다음과 같이 읊고 있다;

'바람에 불리우면 소나무는 갖가지 소리를 내게 된다. 그 중에서도 가장 운치있는 맑은 소리가 송운인 것이다. 보통 솔바람소리가 아니므로, 보통 귀로는 들을 수 없다. 저 밤하늘 별들의 숨소리를 들을 수 있을 만큼 영묘한 귀라야, 능히 송운을 들을 수 있다'

시인은 '松韻'으로 표현한 것으로 보아서 좀 더 부드러운 톤(tone)을 가진 것으로 짐작되지만, 솔밭에서 영적인 귀로 얻은 것에 따라서는 강약을 더할 수도 있을 것이다.

솔밭에서 나는 솔바람 소리는 어쨌든 보통의 나뭇잎을 스쳐가는 소리가 아님은 분명하다. 그 소리를 적절한 의성어로 표현할 수 없음은 우리의 귀가 도시의 소음에 너무 굳어져 있음인지도 모른다.

솔잎을 스치는 바람소리가 하나의 음악소리로 들리는 것은 솔잎의 배열상태가 고르게 되어 있어서, 아무리 강하고 불균일한 풍속과 풍향을 가진 바람이라 할지라도 세세한 솔잎사이를 지나면서 아름답게 조율되는 지도 모른다. 소나무가 연출해 내는 자연음은 청아하고 신선하다.

소나무를 주제로 하여 작곡된 음악을 듣는 것은 어떨까.

산, 숲, 나무나 풀, 꽃, 새 등 자연물을 소재로 하여 樂曲을 쓴 음악가들이 많다. 그 중에서 이탈리아의 작곡가 레스피기는 '로마의 소나무'(Pini di Roma)라는 곡을 썼는데, 그는 아름다운 가락과 환상적인 음악적 향기로 풍경을 묘사하는 방법이 능수능란한 작곡가로 알려지고 있다. 천 년의 역사를 자랑하는 古都 로마, 여기저기 늘어선 유적과 검푸른 초록의 근엄한 자태를 내보이며 우뚝우뚝 서 있는 소나무. 언제 어디서 보나 그 모습만 보아도 믿음직스러운 소나무이다. 1924년에 초연된 이 곡은 교향시로서 네 부분으로 구성되어 있다: 제 1부 보르게莊의 소나무, 제 2부 카타콤(지하묘지)의 소나무, 제 3부 지아니콜로의 소나무, 제 4부 아피아 거리의 소나무. 후에 레스피기는 '소나무' 라는 별장에서 타계했는데 소나무와는 밀접한 관계가 있는 음악가이다. 흔히 이탈리아 사람을 우리와 같은 반도 사람이라 하여 성질이 유사하다고 하는데, 혹시 그런 연유로 이탈리아 사람들도 소나무를 좋아하고 있을까.

소리 없이도 소나무는 하나의 음악이다. 멀리 보기만하여도 그 솔잎사이에 무슨 소리가 배어 있는지 알기 때문이다.

味와 香-嗅: 솔 맛과 솔 향기 -
소나무와 味覺性과 嗅覺性

소나무는 꽃에서부터 뿌리까지 우리 민족의 음식문화에 지대한 영향을 끼쳐 왔다.

송홧가루는 다식의 원료로 사용되어 고급 음식의 진열상에 차려지고, 이것은 또 피를 맑게 한다 하여 청혈 강장제로도 사용되었다. 특히 초봄에 樹液이 오를 무렵 소지에서 나오는 白皮(속껍질)로 솔기떡(송기떡)을 만들어 구황 식량으로도 이용되곤 하였다. 어느 날 학교 다녀오는 길로 솔향기 그윽히 밴 솔밭에 들어가 송기를 단맛에 짓무르도록 벗겨 먹다가 너무 먹는 바람에 입 주위가 부르튼 적이 있었던

추억이 있다.

솔잎은 건조하여 장기간 보관해도 그 맛과 향기가 변질되지 않는다고 한다. 그렇기에 매서운 한 겨울에 채집한 솔잎은 1년 동안 보관해 두어도 그윽한 솔향기를 늘 풍긴다고 한다. 솔잎을 사용하여 만드는 송편에는 솔잎 향이 물씬 배어 있어서 그 맛이 일품이다.

솔잎으로 만든 음식을 먹은 중에 잊을 수 없는 추억으로는 솔잎 茶에 얽힌 것이 있다. 수 년 전, 바닷가에 위치한 암자에 가족들과 조부님의 위패를 모시고 난 후, 식사 전에 여스님께서 내온 솔잎 茶가 하도 향기도 그윽하고, 또 날씨도 더운 지라 몇 잔을 들이켰더니 얼마 안가서 취기가 돌아 몸가누기가 힘들었던 기억이 난다. 조상 대대로 알코올에 약했던 우리들이라 발효된 솔잎 茶에도 힘이 들어 했다. 향기도 도에 지나치면 독이 되는 법인가 보다.

소나무는 특히 술을 빚는데 많이 이용되고 있는데, 이를테면 松葉酒, 松下酒, 松筍酒, 松實酒 등이 있다. 송하주는 동짓날 밤에 솔뿌리를 넣고 빚어서 소나무 밑을 파고 항아리를 잘 봉하여 두었다가 그 이듬해 낙엽이 질 무렵에 먹는 술로 알려지고 있다 (임경빈, 1991).

소나무 뿌리에서는 高附加 價値의 원료와 제품이 나오는데 신장 약으로 쓰는 복령(伏笭/伏靈)과 식용의 송이가 그것이다. 간솔가지는 예로부터 조명재료로 이용되어 왔고, 송진은 살균력이 강하고 風濕을 없앤다 하여 한약재료로도 사용한다. 한편, 독일과 스웨덴에서는 솔잎의 섬유로 실을 뽑아 만든 의복을 입고 다니면 폐결핵, 류머티즘 환자가 효험을 본다는 의료풍속이 있었다 한다(장준근, 1993).

오라 벗이여 송화다식 안주에다 송엽주 들어보세(박희진, 1991). 한가위 지난 밤에 이그러지는 달빛을 솔잎 사이로 받아가며 향기 그윽한 솔잎 茶 한 잔 씩 권하는 것은 어떨까.

솔바람처럼 청아하고 솔향기처럼 냄새가 신선하고 향긋한 향기를 지닌 나무는 아마도 없을 것이다. 공기를 청신하게 하고 심신을 맑게 해 주는 것은 그 어느 나무도 흉내내지 못할 것이다.

觸: 솔 감(소나무의 감촉) - 소나무와 觸覺性

소나무는 사실 외형상 그 질감에 있어서 전체적으로는 거친 나무이다. 침엽인데다가 잔가지도 엽흔으로 인하여 상처가 나 있고 굵은 가지와 줄기도 수피

가 벗겨짐으로 인해서 거친 질감을 나타낸다.

그러나 일정한 거리를 두고 보면 왠지 대단히 운치가 있어 보이고 굳이 풍류를 즐기는 사람들이 아니라 할지라도 소나무에 대하여 한 줄의 미사여구를 생각하게 할 정도로 부드러운 질감을 주기도 한다. 물론 그것은 활엽수에서 찾아보기 힘든 잎의 세세함, 잔가지의 부드러움, 그리고 줄기의 유연성 등등의 탓도 있겠지만, 아마도 지나간 6,000 - 7,000여년 동안 우리 곁에 늘 같이 생활하여 우리의 감각에 용해되어 있어서가 아닌가 생각된다.

한 그루의 우람한 소나무를 안아 보면서 느끼는 감촉은 같은 크기의 다른 나무에서 느끼는 촉감과는 전혀 다른 것이다. 그것은 바로 또한 우리의 皮膚와 소나무의 樹皮가 접촉될 때에 물질적인 交互를 하는 것이 아니라 정신적이고 정서적인 交感이 작용하기 때문이다. 소나무의 감촉은 역시 강직하면서도 유연한 것이다.

結

식물의 변태(Die Metamorphose der Pflanzen)라는 소논문도 발표하여 자연과학에 확고한 이론을 가지고 있던 괴테(J. W. von Goethe)도 젊은 시절엔 많은 소나무(물론 우리 나라 소나무는 아니었겠지만)를 식재했다고 전해지고 있다(H.J.Weimann, 1982). 그는 특히 자신의 知覺을 자연과 완전히 同調시켜서 생각하고 이해하고자 노력했다. 독일 라이프치히(Leipzig) 대학의 물리학자요 철학자이자 심리학자였던 페히너(G.T. Fechner) 교수는 식물의 靈的 生活에 깊은 관심을 갖고 연구했는데 내면으로부터 소리가 나오고, 내면으로부터 향기가 나온다라는 말을 남겼다(황금용, 황정민 옮김, 1993).

괴테나 페히너나 모두 식물의 이해에 있어서 조직적이고 과학적인 측면에 의지한다기 보다는 먼저 인

간적인 정서와 심리를 갖고 접근했던 사람들이라고 생각된다. 이와 같은 방법 또한 나무나 숲을 문화적인 측면에서 이해하고 연구하는데 더 많은 도움을 주리라는 생각을 하게 된다. 인간의 오감에 의한 자연물과의 관계를 파악하는 것도 이와 같은 취지에서다.

소나무는 주지하는 바와 같이 '솔'이라고도 하는데, 그 뜻은 上, 高, 元 등으로 곧, 나무 중의 최고 우두머리 나무라는 의미를 가진 나무이다. 무엇 때문에 소나무가 나무 중의 나무가 되었는가. 그것은 바로 솔빛과 솔바람 소리와 솔맛과 솔향기와 그리고 소나무의 감촉이 우리의 문화 속에 오랜 동안 녹아 있고, 우리는 그 어느 나무에서도 소나무에서와 같은 오감적인 특성을 발견하지 못하기 때문이다.

참고 문헌

김근태, 1992: 소나무-역사/문학: 한국문화 상징어 사전, 한국문화 상징어 사전

편찬 위원회편. 동아출판사. 1992.

김기원, 1993: 숲의 문화 예술적 가치표현. 숲과 문화 제2권 제1호. pp. 50-61.

박희진, 1991: 소나무에 관하여. 다스림.

임경빈, 1991: 소나무: 한국민족문화대백과사전. 한국정신문화연구원. pp. 656 -665.

장준근, 1993: 산야초의 신비 34/35 - 솔잎, 송진. 한국일보 1993. 1월.

최영훈, 1985: 색채학 개론. 미진사. pp. 37-47.

황금용, 황정민 옮김. 1993: 식물의 정신세계(원저자; Tompkins, P.; Bird, C., 1972: The Secret Life of Plants). 정신세계사.

Weimann, Hans-Joachim, 1982: Ausgewaehlte Goetheworte und -zeichnungen. AFZ. Nr. 11.

소나무와 관련된 전통 민간 요법

이 해 정 (산림조합중앙회 홍보실)

1. 서 론

소나무라는 말을 들으면 자연스럽게 떠오르는 이미지가 있다.

씩씩한 기상과 절개, 지조따위로서 유교사상이 지배하던 시절 군자로서 가져야 할 덕목과 견주어 소나무가 많이 비유되어 왔다. 이는 문학속에 그대로 반영되어 수많은 글과 그림으로 남겨져서 전해지고 있기도 하다.

뿐만 아니라 기존에 발표된 소나무와 관련된 전통 생활에 대한 보고서에서 잘 살펴볼 수 있듯이 소나무가 가지고 있는 상징적 의미로 인해 영수(靈樹)니 신수(神樹)니 또는 상서목(祥瑞木)이니 숭앙하면서 금기불제(禁忌불除)의 한 방법으로 많이 이용되기도 하였다. 이렇듯 소나무는 우리 민족과 함께 해오면서 어느새 가장 낯익고 친근한 나무로 다가와 있다.

이러한 소나무가 고유의 이미지나 상징성에 의해서만이 아니라 소나무가 지니고 있는 자체성분으로 인해서도 우리 선조들의 사랑을 받아왔다고 한다. 먹을 것이 부족하거나 몸이 아플 때 구황식품(救荒食品)으로 치유제(治癒劑)로 슬기롭게 이용해왔던 것이다.

본고는 민가에서 뿐만아니라 한방의 약제로서도 널리 이용되고 있는 소나무의 전통 민간요법 부문에 초점을 맞추어 소나무가 가지고 있는 약효와 그 쓰임새 그리고 조제법(調劑法) 등을 조사하여 기술함으로서 전통 생활 속에서 소나무가 어느만큼 생활과 밀접한 관계를 가지고 있었나를 알리고자 한다.

2. 소나무의 성분

소나무의 신선한 잎에는 0.1-0.3%의 아스코르빈산, 카로틴, 비타민 B·C·K·쓴맛물질, 옥실팔티민산, 플라보노이드, 안토시안, 7-12%의 수지, 5%까지의 탄닌질, 탄수화물인 P-노나코산, 유니페르산을 주성분으로 하는 에스톨리드형랍과 키나산, 시킴산, 정유가 있다.

껍질에는 16%까지의 탄닌질, 안토시안, 피마르산, β-시토스테린, 디히드로-β-시토스테린, 글루코탄닌이 있으며, 기름에 풀리는 물질에는 아라히딜알콜(에이코자놀),테트라코자놀이 있다.

목부에는 테르펜히드라트, 피노실빈 0.11-0.25%, 피노실빈모노메틸에스테르 0.21%, 디히드로피노실빈 모노메틸에스테르 0.01%, 피노쨈브린 0.02%, 피노반크신 0.01%, 프로피온 알데히드, 쩨로틴산, 유니페르산이 분리되며 목부를 건류하면 테레빈유와 타르가 얻어지는데 타르에 톨루올과 스티롤이 있다.

어린 가지와 마디의 기름에는 65-70%의 카니폴, 아비에틴산과 정유가 들어있다.

생송진은 정유70%, 수지25%로서 마르젠, 테르페놀, α-, β-카렌,α-, β-피넨, 세스쿠이테르펜인 론기폴렌이 있다.

꽃가루에는 아데닌, l-히스티딘, 0.34%의 콜린, 이소람네틴, 쿠에르세틴이 있고, 씨에는 시킴산이 있다.

3. 소나무 부위별 약용법

약용으로 쓰이는 것은 주로 적송으로서 솔잎, 소나무 가지의 마디, 꽃가루, 솔방울, 소나무 순, 송진, 복령 등을 약으로 쓴다.

1) 솔잎(松葉)

옛부터 솔잎은 장기간 생식하면 늙지 않으면서 몸이 가벼워지고 힘이 나며 흰머리가 검어지고 추위와 배고픔을 모른다고 해서 신선식품(神仙食品)이라 했다. 동의보감(東醫寶鑑)에도 "솔잎은 풍습창(風濕瘡)을 다스리고 머리털을 나게 하며 오장을 편하게 하고 곡식 대용으로 쓴다."고 말하고 있다. 현대의 민간요법 안내서에도 솔잎에 함유되어 있는 옥실팔티민산이 젊음을 유지시켜주는데 강력한 작용을 한다고 밝히고 있다.

향약집성방에 의하면 솔잎을 먹는 방법은 솔잎의 적당량을 좁쌀알처럼 잘게 썰어 보드랍게 갈아 한번에 8g씩 술에 타서 먹으라 했으나 먹기가 수월치 않다. 그래도 몸이 거뜬해지고 힘이 솟으며 추위를 타지 않고 앓지 않으면서 오래 살기를 원하는 이들이 복용했던 방법이므로 한번 시도해 봄직도 하다.

한방에서는 약술 형태로 하여 복용하는게 많으며 수렴성 소염작용과 통증을 진정시키고 피를 멎게 하며 마비를 풀어주는 작용으로 인해 다친데, 습진, 옴, 신경쇠약증, 머리털 빠지는데, 비타민 C부족증 등의 치료에 쓴다. 솔잎에는 탄닌성분이 들어 있어 설사를 멈추는 작용에도 쓰이고 클로로필을 분리하여 피부 질환 고약의 원료로 이용되기도 하며 이외에도 중풍으로 입과 눈이 삐뚤어졌을 때, 감기 기운이 있을때 등에도 효과적이다.

솔잎은 아무 때나 신선한 잎을 따서 그대로 써도 되나 일반적으로 겨울철에 딴것을 제일로 친다. 사용량은 하루 12- 20g 정도를 사용하는 것이 좋고 외용약으로 쓸 때는 달임물로 씻거나 짓찧어 즙을 짜서 발랐다. 솔잎을 오래 먹어 변비가 있을 경우 콩가루나 느릅나무의 甘皮가루를 섞어 먹으면 된다.

청솔잎을 매일 2- 3개씩 씹어 그 즙을 먹으면 암에 걸리지 않는다는 솔깃한 설도 있으나 밝혀진 바 없다.

〈 적용의 예 〉
• 솔잎주 : 막걸리 1 리터에 딴 솔잎 300~400g을 넣고 공기가 안 통하도록 밀봉한다. 15일이 지난 다음 찌꺼기를 버리고 한번에 한잔씩 하루 3번

공복에 마신다. 습기가 많은 곳에 생활하거나 중풍으로 요통이 발생된 질환에 유효하다.
• 솔잎차 : 불가의 이름 높은 고승들이 즐겨 마시는 차로 머리나 근육이 피로할 때, 신경통, 관절염, 팔다리 마비, 괴혈병, 동맥경화증, 고혈압의 예방과 치료에 쓴다. 솔잎 300g, 설탕 200g, 잣 20g을 준비한 후 솔잎을 깨끗이 씻어 물기를 없앤 다음, 물에 솔잎을 넣고 60℃에서 10시간동안 우려낸다. 솔잎물이 우러나면 솔잎을 체에 받아내고 설탕을 탄 다음 잣을 넣어 적당량 마신다.
• 솔잎베게 : 신경쇠약증 치료에 쓰인다. 그늘에서 말린 솔잎과 박하잎을 9 : 1의 비율로 섞어 베개를 만들어 베고 잔다. 한번 만든 베게는 2, 3일마다 속을 바꾸어 넣는다. 이렇게 하면 잠이 잘 오고 깊이 잔다.
• 솔잎땀 : 신경통이나 풍증치료를 위해 한증막에 솔잎을 깔고 한증한다.

이외에도 편하게 복용하는 방법으로는 솔잎을 믹서 등에 갈아 벌꿀을 풀어 먹는 방법 등이 있다.

2) 소나무가지의 마디 (松節)

소나무 마디는 약명으로 송절(松節)이라고 하는데 이부위는 송진이 많아서 예전에는 이것으로 불을 붙이곤 하였다. 이것을 약으로 이용할려면 아무때나 줄기를 베어 마디부분을 잘라낸 후 껍질과 겉줄기를 깎아버리고 송진이 밴 속줄기만을 햇볕에 말려 사용한다. 붉은 밤색이고 송진 냄새가 나며 기름기가 있는 것이 좋은 것이다.

맛은 쓰다. 풍습을 없애고 경련을 멈추며, 경락을 통하게 하고 아픔을 멈추게 하는 작용으로 뼈마디 아픔, 경련, 각기, 타박상 등에 쓴다. 류머티즘성 관절염에도 쓴다.

하루 9 - 15g을 달임약이나, 약술 형태로 먹는다. 한의학에서는 나무의 가지들이 사람의 사지관절질환을 치료한다고 하는데 이것도 그런 종류의 하나인 것으로 생각된다. 우리 나라 사람들은 이 요법을 잘 이용하고 있지 않고 있으나 중국에서는 이미 임상실험까지 거친 약물이다. 진통 효과와 아울러 근육 운동을 왕성하게 하며 울혈된 것을 풀어주고 소염작용도 한다. 단, 극심한 빈혈 환자는 피하는 게 좋다.

〈 적용의 예 〉
• 송절주 : 솔마디 200g을 40%의 술 1리터에 담

가넣고 약간의 설탕을 첨가한 다음 밀폐시켜서 따뜻한 곳에 3 - 7일 동안 두면 진액이 모두 용출되어 나온다. 이것을 하루 3번 한번에 10 - 15ml씩 공복에 마신다. 사지가 저리고 시고 아프며 근육이 당기면서 구부리고 잘 펴지 못하는 증상에 유효하다.

3) 꽃가루 (松花粉, 松黃)

송화다식(松花茶食), 송화밀수(松花密水) 등 고급 민속식품으로도 많이 이용되는 소나무 꽃가루는 약명으로 송화분(松花粉)이라고 하는데 늦은 봄 완전히 피지 않은 수꽃방울을 따서 말린 후 꽃가루를 털어내어 쓴다. 색이 노랗고 부드러우며 잡질이 없고 유동성이 큰 것이 좋은 것이다. 맛은 달다. 풍습을 없애고 기운을 돋구어주며 피나는 것을 멈추게 한다. 실험에 의해 밝혀진 부분들이다. 몸이 허약하거나 대장염, 감기, 머리 아픔, 다쳐서 피가 나는데, 곪은 상처에도 쓰인다.

소나무 꽃가루에 다른 약을 섞어 쓸 수 있으나 이 약 한 가지를 쓰는 경우가 많다. 외용약으로 쓸때는 가루를 뿌려준다. 비허기증, 위 및 십이지장궤양에는 꽃가루를 하루 3번 한 번에 3g씩 물에 타서 먹는다. 갓난 아이 습진에는 꽃가루3g, 로감석가루 3g을 닭알 노른 자위 3개에서 얻은 기름에 개어서 하루 1-3번 발라준다. 그러나 이미 곪은 데는 효과가 없다.

〈 적용의 예 〉
• 송화산 (松花散): 만성 소대장염으로 배끓는 소리가 나거나 헛배가 부르며 아프고 소화가 되지 않는 것 같은 설(泄)하는 증상이 있는 데 쓴다. 송화가루 15g, 밤가루80g을 고루 섞어 한번에 4- 6g씩 하루3번 끼니전에 꿀물에 타서 먹는다. 따뜻한 물에 타서 먹어도 된다.
이외에도 송화침주가 있다.

4) 송진 (松脂, 松膠, 松脂香)

옛 기록에 보면 송진을 100일 이상 먹으면 배고픈 것을 모르고 1년 동안 먹으면 100살 난 젊은이도 30살난 청년처럼 젊어지며 오래 산다고 하여 송진을 많이 이용했으나 오늘날에는 일부 스님과 민간 식이법에서나 가끔 이용될 뿐 그리 대중적이지는 않다. 이들 전래 효능에 대해 학문적으로 뒷받침되지 않기 때문이 아닌가 한다.

송진의 약효는 새살을 나게하고 아픔을 멈추며 살균력이 강하고 고름을 빨아낸다고 한방 의학서들은 밝히고 있다. 약으로 쓰기 위해서는 소나무 껍질에 상처를 내어 흘러내린 송진을 물에 넣고 끓여 약천 2겹에 걸러 찬물에 넣어 엉킨 덩어리를 그늘에 말리어 깨쳐서 가루내어 쓴다. 부스럼, 덴 데, 습진, 악창, 옴, 머리헌 데 등 외용약으로 쓴다. 이는 송진의 정유 성분이 피부 자극 작용, 억균 작용, 염증을 없애는 작용을 하기 때문이다. 이전에는 장염, 궤양, 폐농양 등에 하루 5- 6g을 가루약, 알약 형태로 먹었으나 지금은 먹는 약으로 잘 쓰지 않는다.

〈 적용의 예 〉
• 송진을 법제하는 방법 : 큰 가마에 물을 붓고 시루를 올려 놓은 다음 시루바닥에 깨끗한 모래를 1치 두께로 깔고 그 위에 송진 12g을 넣고 뽕나무로 불을 땐다. 송진이 솥에 흘러내리면 이것을 찬물에 넣어 굳힌다. 이것을 3번 반복하면 송진이 백옥같이 되는데 이렇게 정제한 송진 600g에 흰솔뿌리, 흰단국화 각각 300g을 넣고 함께 가루내어 졸인 꿀에 반죽하여 천여번 짓찧어 벽오동씨 만하게 알약을 만든다. 하루에 50알씩 빈속에 데운 술로 먹는다. (왕실의 "내시내훈"(內侍內訓)에는 반드시 뽕나무재와 같이 물에 풀어 이를 쪄서 법제해야만 약효가 있다고 하기도 한다.)
• 항문주위염: 송진50g에 암모니아 10g을 넣고 끓이면 노란 고약이 되는데, 이것을 국소에 붙이면 염증을 빨리 곪게 하고 고름을 빨아낸다.
• 멀미 : 송진 콩알만한 것을 더운 물에 타서 먹으면 멀미가 나지 않는다.
이외에도 송진술, 송지탕 등이 있다.

5) 솔뿌리혹 (茯苓, 白茯苓, 赤茯苓, 茯神)

복령은 오래된 소나무를 벌채한 후 4, 5년이 경과하면 뿌리에 생기는 불완전 균류로서 한약재로 귀하게 여기고 있다. 얼마전 농진청에서 인공재배에 성공하여 품종 등록을 마쳤다는 보고가 있었다.

채취는 봄부터 가을 사이에 솔뿌리혹 꼬챙이로 소나무 주변을 찔러보아 솔뿌리혹이 있는가를 알아낸 다음 균체를 캐내어 흙을 털고 껍질을 벗겨 적당한 크기로 잘라서 햇볕에 말려 이용한다. 솔뿌리혹이 있는 곳은 흔히 땅이 터지고 두드려보면 속이 빈소리가 나며 또 주변에 흰균체가 있거나 소나무 뿌리에서 흰노랑 색의 유액이 흘러나오는 특징이 있다.

흰것을 백복령, 붉은 것을 적복령, 소나무 뿌리를 둘러싸고 있는 것을 복신이라 한다.

약으로 쓰는 형태는 크기가 일정하지 않고 고르지 못한 덩어리로 겉에는 껍질을 깎아 버린 칼자리가 있고 색은 젖색 또는 붉은색이다. 질이 굳고 잘 깨지며 무겁다. 깨진 면은 과립 모양이다. 솔뿌리혹의 껍질을 말린것(茯笭皮)은 겉이 검은 밤색이고 안쪽 면은 흰색 또는 연한 밤색이다.질은 연하고 탄성이 있다. 이것도 약으로 쓴다.

성분은 다당류인 파키만이 약 93% 들어있다. 파키만은 포도당이 사슬모양으로 결합된 물에 풀리지 않는 물질이다. 그리고 파키민산, 에부리코산, 폴리포텐산A, C 등의 트리테르페노이드가 들어 있다. 그밖에 단백질, 기름, 에르고스테롤, 레치틴, 아데닌, 콜린, 포도당, 과당, 많은 양의 무기질이 들어 있다.

맛은 달고 심심하다. 오줌을 잘 누게 하고 비장을 보하며 담을 삭이고 정신을 안정 시킨다. 약리실험에서 이뇨작용과 혈당량 낮춤작용, 진정작용 등이 밝혀졌다. 복령의 다당류는 면역 부활작용, 항암작용을 나타낸다. 비허로 붓는데 복수, 담음병, 게우는 데, 설사, 오줌장애, 가슴이 할랑거리는 데, 건망증, 잠장애, 만성소화기질병 등에 쓰인다. 특히 백복령은 비장을 보하고 담을 삭이는 효능이 좋고 적복령은 습열을 없애고 오줌을 잘 누게하는 효능이 좋다. 복신은 진정작용이 세므로 잘 놀라면서 가슴이 두근거리는 데와 잠장애, 건망증에 쓴다. 솔뿌리혹 껍질도 오줌을 잘 누게 하므로 붓기에 쓴다.

달임약, 가루약, 알약 형태로 먹으며 다른 한약재와 함께 쇠약자, 만성위장병, 피로 회복 등의 약제로 널리 이용된다. 현재도 수종(水腫)과 강정(强精), 항암효과가 뛰어나서 한약재로 수요가 계속 늘어나고 있다.

〈 적용의 예 〉

• 솔뿌리혹을 먹고 장수하며 늙지 않게 하는 방법: 흰솔뿌리혹 18, 흰국화 9를 가루내어 법제한 송진에 버무려 달걀 노른자위만하게 알약을 만든다. 한번에 1알씩 하루2번 술에 타 먹는다. 100일동안 먹으면 얼굴빛이 좋아지고 윤기가 돌며 늙지않고 오래 살 수 있다. 쌀초를 먹지 말아야 한다.

• 복령大丸 : 피부 노화를 막는 영약으로 복령 두

푼, 흰국화 말린것 세푼, 창포 구푼, 원지 두푼, 5년근 인삼 5가지를 곱게 갈아 가루내어 송진가루에 섞어 꿀로 개어 계란만하게 알로 만들어 먹는다.

• 복신산 : 몸이 허하고 심기가 약해 잘 놀라면서 가슴 두근거리고 잘 잊어 먹는 것을 치료한다. 백복신 40, 백작약 20, 인삼 20, 원지 12, 석창포 40을 가루내어 한번에 12g씩 물 1잔에 대추 3개를 넣고 6분간 달여 더운 것을 먹는다.

• 솔뿌리혹산 : 임신중 오줌이 시원하게 나오지 않는 것을 치료하며 적복령, 돌아욱씨 각각 40g씩을 보드랍게 가루내어 한번에 8g씩 하루 3번 더운물에 타서 먹는다.

이외에도 복령산, 복령탕, 솔뿌리혹반하탕, 솔뿌리혹정기산 등이 있다.

6) 솔씨(松實, 松塔)

맛이 쓰나 독은 없다. 풍비와 한기로 몸이 허해지면서 기운이 약해진 것을 치료하며 허한 것을 보한다. 음력 9월에 따서 그늘에 말려 사용한다.

〈 적용의 예 〉

• 솔방울씨 먹는 방법 : 솔방울씨를 따서 굳은 껍질을 버리고 짓쩧어 고약처럼 만들어 한번에 달인만큼씩 하루 3번 먹는다. 100일동안 먹으면 몸이 거뜬해지고 300일동안 먹으면 하루에 500리도 갈수 있으며 낟알을 먹지 않고도 살수 있고 오래 먹으면 장수한다. 갈증이 나면 물을 마시더라도 법제한 송진과 같이 먹는 것이 좋다.

7) 기 타

소나무 줄기나 뿌리의 속껍질은 약명으로 송피(松皮)라고 하는데 벌채한 소나무의 줄기나 뿌리에서 속껍질을 벗겨 말려서 쓴다. 소나무 속껍질은 지혈, 지사, 소염, 방부 등의 작용을 한다. 그리고 5-6월에 뜯어쓰는 소나무 순(松筍)은 원기를 돕고 풍습과 두통을 없애며 지혈시키는 작용을 한다.

이외에도 옛날 왕실에서는 솔뿌리혹 목욕과 솔잎 목욕을 회춘과 장생의 최고 비방이라 하여 이를 즐겨 이용하였으며 노적송 숲속의 샘물은 불노묘약이라며 임금의 수라상에 올렸다고 한다.

3. 맺음말

이상과 같이 고문헌과 한방 의학서에 나타난 소나

무와 관련된 약효와 민간 요법 부문에 대하여 살펴 보았다. 많은 문헌들이 나름대로의 비방이라 내세우고 있어서 어느것이 더 효과적인지는 실험을 통해서 확인하는 작업을 할 수 없었기에 가장 보편적인 것을 기준으로 소개하였다.

의학이 발달하기전 약이 귀했던 시절의 이야기라 터무니 없이 과장된 부분들도 많이 있다. 그러나 그냥 웃어 넘길 일만은 아니다. 조사과정에서 소나무만큼 모든 부위가 완벽하게 이용되고 있는 나무의 예는 찾아 보기 어려웠다. 진정 우리 생활 속에 깊숙히 파고 들어 서민들과 함께 해온 우리 겨레의 나무라는 것은 쉽게 알 수 있었다.

생활 속의 예를 계속 발굴해서 체계화 시키는 것도 전통생활에 대한 복원과 함께 의미있는 일이 될 것이라 생각된다. 약효가 나타나는 부분들의 성분조사를 통해 계속적인 연구가 이루어졌으면 하는 바램이다. 소나무의 유효한 약효를 널리 알리고 육성하여 우리 소나무의 우수성을 입증한다면, 세계 어디를 내놓아도 부끄럽기 않은 나무가 되리라 확신한다.

산골 사람들과 소나무

전 우 익 (경북 봉화 거주 농민)

사람들이 집에서 아해를 낳던 시절에는 아이가 태어나면 솔문을 세워 태어남을 기뻐하고 금줄을 쳐서 새로운 생명을 보호했습니다.

금줄은 왼새끼를 꼬았지요. 계집아이면 숯껑과 솔잎을 꽂고, 사내아이면 고추와 숯껑과 고드렛돌을 끼웠지요. 솔, 숯, 솔잎이 인간의 탄생을 알리는 징표였습니다. 태어나자마자 솔과 인연을 맺은 셈이지요.

이렇게 저렇게 살다가 늙어 죽으면 소나무 관에 넣어 솔밭에 묻혀 이승을 하직하고 영귀어본택(永歸於本宅)했습니다.

이처럼 태어나서 죽을 때까지 시골 사람들은 소나무한테서 막중한 은혜를 입으며 살아왔습니다.

듣고, 보고, 겪고, 느낀 소나무 이야길 더듬어 보겠습니다.

산모의 첫 국밥도 갈비나 솔가지를 태워 끓였고, 아해가 태어난 지 사흘째인 삼날이나 이렛째인 칠날이 되면 소나무 소반에 수북이 담은 이밥(쌀밥)에 미역국과 쌀과 정화수 차려 삼신 할머님께 산모의 건강과 새로운 생명이 별 탈없이 자라기를 빌었습니다.

그 아이가 크면 들판과 함께 소나무 우거진 산이 놀이터가 되고, 솔방울을 노리개 삼고 솔씨를 발라 먹었습니다. 좀 더 크면 봄마다 물오른 솔가지를 꺾어 껍질을 벗겨 하모니카 불듯 송기를 갉아 먹고 물을 빨아 먹었습니다. 그 맛은 꿀맛보다 더 나았지요. 꿀은 귀했지만 송기야 지천으로 있었습니다. 지

금의 과학 지식으로도 그건 굉장한 보약임에 틀림없을 것 같습니다.

송화가 피어 날기 전에, 엄마랑 아지매들이 송화를 따서 천 위에 널어 피어난 송화가루를 물로 이겨 잡티를 없앤 다음 말라 간수했다가 제사 때마다 잔치때 송화 다식을 만들었습니다. 아득한 옛이야기가 되었습니다. 쌀이 귀하던 당시에는 송홧가루와 쌀을 맞바꾸는 걸 보았습니다.

겨울에는 어른들을 졸라 소나무 토막으로 만든 팽이를 다 떨어진 신을 신고 얼음판에서 돌리고, 국민학교에 들까 말까 할 때부터 작은 지게를 지고 갈비를 끌고 다녔는데, 갈비 끄는 시간보다 노는 시간이 더 많았지요.

갈비 이야기 나온 김에 소나무가 땔감으로 몇 가지로 나누어지는가 써봅시다.

둥치 자른 건 장작인데 바싹 말랐을 때와 꽁꽁 얼었을 때가 가장 패기가 좋습니다. 평떼기로 사고 팔았습니다. 속감은 접-백단으로 거래했는데, 밭세가 좋아야 하루 50 - 60단 따 먹을 수 있고 청소깝 때는 4단 지면 한짐 됩니다.

갈비를 보통 하루 두 짐 합니다. 깍지로 장을 만들어 지우는데 네 다섯장이면 한 지게 감이 됩니다. 알갈비는 상당히 마디고, 상 일꾼들의 갈빗짐은 기름이 졸졸 흐를만큼 아담한 예술 작품 같습니다.

농군이 예술가란걸 갈빗짐에서 느낄 수 있습니다. 갈빗짐을 지게 작대기로 받쳐 놓고 꽈지로 다듬는데 솜씨가 대단해요.

농사를 알뜰히 하고 나뭇가리가 넉넉한 집에는 몇 해 묵은 갈비가리가 하나쯤 있습니다. 곰삭고 묵은 갈비가리가 사람들한테 주는 감흥은 별난 것이 있습니다. 넉넉함, 여유로움, 뚝심같은 걸 그 갈비가리가 풍기는 것 같았습니다.

장작 타는 냄새, 속깜 타는 냄새, 갈비 타는 냄새가 다 다르지요. 독특하고 애틋한 향기를 피웁니다.

정월 보름 찰밥할 때면 마른 솔가지인 맨자리를 해다 찰밥을 짓게 하고, 자른지 5-6년 되는 소나무 뿌리를 도끼로 쳐서 뽑아 오는데, 깨두거리라 해서 장작과 함께 소죽이나 군불을 지피는데 송진이 박혀 불광이 좋습니다.

저의 마을 집들은 다 소나무로 지은 집입니다.

집안에는 소나무로 만든 가구들이 많은데 궤짝, 반, 책꽂이, 책상, 함지박, 소죽 푸는 통빼기, 밥 주걱, 필통, 크고 작은 통, 떡 괴는 틀, 적 괴는 틀, 목침, 자리틀, 뒤주, 등잔, 벼 널 때 골을 지우는 밀게, 눈칠 때 쓰는 종가래, 재털이가 있습니다.

엷게 켠 송진 박힌 소나무로 전기 갓을 만들었더니 빛깔이 대단했습니다. 소나무의 신비스런 한 부분을 본 셈입니다. 국민 대학의 전영우 선생님께서 사진을 찍어 갔으니까 그 분한테 가면 구경할 수 있습니다.

아까 장작 때어 군불 넣고 갈비 때어 밥하는 것만 이야기 했는데, 장작 땐 잉골(남은 숯불)은 다리미에 담아 옷도 다리고, 꺼두었다가 숯으로 썼고요. 갈비 때어 밥한 불에 간고등어 구어 먹고, 고구마랑 감자도 구어 먹고, 밤도 구어 먹었는데 맛이 별 납니다. 특히 고등어는 갈비 땐 불에 노릇노릇하게 구어야 제맛이 납니다.

그 재를 콩나물 시루에 받쳐 잿물을 빼서 빨래도 하고, 똥과 버무려 못자리 거름도 하고, 조금 남겨 명(목화)씨에 버무려 명을 갈기도 했지요.

화로에 불을 담아 윤도(인두) 꼽아 옷을 하면서 윤도질(인두질)하는 집안이 지금도 간혹 있습니다. 저도 겨울에는 화로에 불 담아 방안 공기를 덥히고 자리 맬 때는 손을 녹이기도 합니다.

몇 해 전에 우이(牛耳)선생님이 오셔서 화롯불 담아 보자 하셔서 화롯불 쪼이는 선생님 모습을 보면서 숱한 생각했습니다.

바로 옆집이 떠나고 집을 뜯는다기에 제가 맡았습니다. 이웃 사람이 죽는 쓸쓸함을 이웃 집 뜯는데서 느꼈습니다.

저의 집보다 한 100년쯤 오래된 집인데, 짜맞춘 마루를 헐어보니 마루판 두께가 5cm나 됩니다. 두 치로 켜서 다듬어 쓴 모양입니다. 1000년도 더 견딜 수 있도록 튼튼하게 지었구나 싶었습니다. 100년 자란 나무로 100년이 지난 검누른 송판을 들여다 보며 지나간 사람들의 기품을 짐작해 보고, 그들의 호흡은 여유로운데 우린 팔딱팔딱 숨가쁘게 살고 있구나 싶었습니다.

사람의 됨됨이가 건축에 그대로 나타나는 걸 실감했습니다. 조급하게 어디로 가겠다고 안달을 하고 있는지 무작정 달려가는 자신을 느껴봅니다. 그들이 만든 물건 귀한 줄 아는 척하고 그들의 삶을 배우려 들진 않습니다.

밭에서 일하다 목 마른 때, 산에 오르다 물 먹고 싶을 때 솔잎을 씹습니다. 거뜬히 목마름이 가셔집니다.

이웃 친구들은 죽은 소나무 뿌리에서 복령도 캡니다. 봄철의 햇솔방울로 술도 담구고, 그리 멀지 않은 지난 날에 제사 때나 잔치엔 반드시 공기 송편도 했습니다. 솔잎은 한 겨울 높은 산꼭대기 솔잎이 가장 좋답니다. 만리풍(萬里風) 솔잎이라 한답니다. 솔밭에는 버섯 중의 제일 좋은 송이가 나는데, 봉화에서 많이 납니다. 뼈마디가 아플 땐 솔잎 뜸질도 하지요.

이처럼 솔이 인간들한데 가져다 주는 은공은 한이 없습니다. 우리가 모르는 공덕이 훨씬 많겠지요.

산천을 아름답게 꾸며주는 공덕과 사람의 마음을 순화시켜주는 힘같은 건 한량없이 귀한 거지요.

추사 선생께서도 세한도에 솔을 그리시고 송백의 절개를 기리셨으며, 김삿갓도 무제(無題)란 시로 사각송반(四脚松盤)을 노래했지요.

四脚松盤粥一器 天光雲影共徘徊
主人莫道無顔色 吾愛靑山倒水來
네다리 소나무반 묽은 죽그릇에
하늘과 구름 그림자가 함께 비쳤구나
주인 무안하다고 말하지 마오
청산이 물에 거꾸로 비치는 걸 좋아해요

먼 옛날 도연명 선생은 솔을 두고 다음과 같은 시를 지었지요.

蒼蒼谷中樹
冬夏常如玆

年年見霜雪
誰謂不知時

　골짜기에 조용히 서 있는 소나무는 겨울 여름 한
결같이 푸르다. 그 푸르름은 해마다 닥치는 서리와
눈을 뿌리치고 이겨내기에 간직할 수 있는 것이다.
푸르름이란 시대를 초월해서 이루어지는 게 아니다.
시대를 뼈저리게 느꼈기에 끝끝내 간직할 수 있다.
해마다 눈과 서리를 뒤집어 쓰는데 누가 감히 노닥
거리느냐, 시대를 모른다?

　끝으로 나무 장사 이야기 하나 양념 삼아 해봅니
다.

　이야기란 시공을 초월합니다. 춘양 골짜기 농군이
장작한 짐 지고 춘양 장에 팔러 갔다 나뭇전에 지게
작대기로 장작짐 세워 놓고 살 사람을 기다리고 있
는 판에 아해들이 숨바꼭질하다 한 놈이 그 지게 작
대기를 차서 지게가 넘어졌는데 깔려 다쳤어요.

　관리가 와서 劃之爲獄으로 동그라미를 그려 그 안
에 갇혀 있다 억울하고 답답해서 도망쳐서 곧은 낚
시로 고기 낚는 강태공을 찾아가서 사정을 하소연합
니다. 강태공 왈, 2 - 3자 되는 대나무를 구해다 마
디에 구멍을 뚫고 물을 가득 채운 걸 백사장에 누워
서 배 위에 세워라 했습니다.

　관가에서 범인을 잡으려고 점을 쳤더니, 물밑 석
자에 장작꾼이 누워 있으니 물에 빠져 죽은 게 확실
해서 찾지 않기로 했다는 이야깁니다. 점도 이쯤 되
면 해볼만 합니다.

　시들어가는 농촌. 솔마저 혹파리에 걸려 벌겋게
죽어 갑니다.

　눈에 보이는 불길한 징조가 이러니 보이지 않는
엄청난 징조가 한발한발 닥쳐 오는 것 같습니다.

93.8.10.

숲과 문화 총서 1
소나무와 우리 문화

엮 은 이 전영우
펴 낸 이 이수용
제판인쇄 홍진프로세서
편   집 두솔기획
제   책 민중제책
펴 낸 곳 秀文出版社

1993. 8. 15 초판발행
1999. 9. 9 재판발행

출판등록 1988. 2. 15 제 7-35
132-033 서울 도봉구 쌍문 3동 103-1
전화 904-4774, 994-2626 FAX 906-0707

*파본은 바꾸어 드립니다.

ISBN 89-7301-501-X